実務者のための
土質工学
Geotechnical Engineering 　大根義男 著

技報堂出版

序　言

　筆者は土木技術者の一員として長年にわたり，主として土に関係のある実務に携わってきました．それらはフィルダムの設計や施工，あるいは農業用各種構造物の建設等であります．1968年8月から大学にお世話になりましたが，これは恩師山口柏樹先生の勧めによるものでした．大学にお世話になろうと決意した理由の一つは，実務に直結した学問を身につけた若い技術者の養成の必要性を痛感したからであり，またもう一つの理由は長年実務を担当してきた中で，多くの技術的問題点に遭遇し，これらはいずれも土木工学の分野において未解決で，早急な解決が求められた課題でありましたので，これらについて学び，研究することでした．

　筆者は大学卒業後，愛知用水公団（現・水資源開発機構）にお世話になりましたが，まず指示された仕事は土やコンクリートの材料試験でした．愛知用水事業の中には，水源池としての牧尾ダムを始め，3ヶ所の調整池ダム，また総延長約110 kmの幹線水路，さらには1 200 kmに及ぶ支線水路が含まれていました．これら各種構造物の大多数は土を主体としたもので，コンクリート構造物は比較的少なく，開水路の一部，トンネル，サイフォンあるいは各ダムの導水路や洪水吐などでした．トンネルの巻き立てにはコンクリートポンプを，また開水路のライニングにはスライディングフォームが使われ，いずれも我が国では初めての経験であり，それだけにコンクリートの配合試験には多くの労力を費やす結果となりました．また，各ダムはすべてフィルダムであり，特に牧尾ダムではコア用土として火山生成物である礫混じりのローム質土を利用しました．当時，三軸圧縮試験機などお目にかかったことがなく，先輩の技術者を始め，誰一人として三軸圧縮試験等を経験した者はいませんでした．そこで最上武雄先生（当時・東京大学教授），山口柏樹先生（当時・中央大学教授）ならびに沢田敏男先生（当時・京都大学教授）を始め，米国のBenett（ベネット）博士やHilf（ヒルフ）博士らのご指導により三軸試験機を製作しダムの設計に必要な各種実験を行うことができました．堤体の設計はBenett博士の指導により行われましたが，修正フェレニウス（Fellenius）法という当時聞いたことのなかった安定解析法が採用されたためその理解に苦労しましたが，計画どおりに設計，施工を行うことができました．

　牧尾ダムに続いて東郷調整池ダムの設計，施工を担当しましたが，施工半ばにしてダムの上流斜面が崩壊しました．愛知用水事業は昭和36年9月から供用開始すべく突貫工事が行われましたが，竣工を目前にした同年6月の集中豪雨により，幹線水路沿線において100ヶ所余に及ぶ地すべりや盛土水路斜面の崩壊が起きました．夜を徹した復旧工事により何とか予定どおり供用開始の運びとなりましたが，これらの経験を通じて筆者は，実務において未解決な問題が山積していることを認識させられたのであります．これらは主に，フィルダムの設計や施工，地すべり，あるいは地下水の流動と斜面安定等の問題であります．大学にお世話になりましてから，フィルダ

ムの設計，施工を中心とし，これらについての研究を行ってきましたが，十分満足な成果が得られたとは考えられません．しかし，研究を進めるにあたり，恩師である山口柏樹先生，沢田敏男先生には常にご指導を頂き，また，先輩諸氏や愛知工業大学工学部都市環境学科土木工学専攻地盤研究室の成田国朝教授，同奥村哲夫教授には共同研究者として協力や貴重な助言を頂き，さらに，農林水産省や建設省（現・国土交通省）の技術者の皆様にはダム建設に関する委員会や研究会にも加えて頂き，多くを学ぶことができました．ここに各位に対し感謝の意を表する次第であります．

　最近，友人より土質構造物の設計や施工に関し，私の体験した諸問題を整理し，これらについて検討し，また，実施した対策等をまとめてみてはどうか，とのアドバイスを頂きました．活字にするのは甚だ僭越とも思いましたが，36年間お世話になりました大学を定年退職するにあたり，内容や成果はさておき，私が技術者として全力投球をしてきた事柄や体験したことなどをまとめておくことが皆様への恩返しにもなる，と最近考えるようになりました．さらに，活字にしてご批判を頂くことにより私自身新たな知見も得られ，またここで記述した内容が若い土木技術者に何らかのお役に立つのではないかと考え，技報堂出版にお願いし出版することにいたしました．本書をまとめるにあたり，上記成田国朝教授，奥村哲夫教授，同大学木村勝行教授ならびに，株式会社アイコ専務取締役中村吉男氏（NPO養賢科学技術研究所理事）には貴重なご助言を頂き，また同社技師鈴木安土氏，鳥山枝里女史を始め，同社の皆様にはお忙しいところをお手伝いをして頂き，さらに技報堂出版編集部の森晴人氏には原稿の校正や編集面で大変お世話なりました．ここに皆様方に心からの感謝の意を表します．

平成18年10月

著者しるす

目　次

第1章 概　説　1

1.1 はじめに 1
1.2 計画設計と実施設計の概要 2
1.3 調査と試験の概要 3
1.4 材料調査と試験の概要 3
1.5 計画設計の概要 4
1.6 実施設計の概要 4
1.7 施　工 5
1.8 数値解析の意義 5

第2章 地質と土質　7

2.1 はじめに 7
2.2 地質調査と土質試験 11
　　2.2.1 計画設計における調査，試験 14
　　2.2.2 実施設計における調査，試験 14
　　2.2.3 ボーリング孔の閉塞と利用 15
　　2.2.4 材料採取場の調査，試験 16
　　2.2.5 基礎地盤の調査，試験 18

第3章 土の分類と工学的性質　29

3.1 はじめに 29
3.2 土の分類 30
3.3 粒度分布と工学的性質 34
　　3.3.1 細粒分（0.075 mm以下）の含有率と工学的性質 35
　　3.3.2 シルトを多く含む材料の性質 36
　　3.3.3 シルト分や粘土分を多く含む材料の性質 36
　　3.3.4 膨張性鉱物を含有する材料 36
　　3.3.5 水に溶解する鉱物を含有する材料 37
3.4 土の物理的性質と工学的性質の変化 37

      3.4.1 概　要 37
      3.4.2 チキソトロピー土の盛立て方法 38
      3.4.3 チキソトロピーの性質を有する土の締固め特性 38
      3.4.4 乾燥した一般土の工学的性質 39
      3.4.5 細粒化しやすい土質材料 40

第4章　基礎地盤　41

  4.1 はじめに 41
  4.2 岩盤基礎とその分類 42
      4.2.1 火成岩 42
      4.2.2 堆積岩 43
      4.2.3 変成岩 44
  4.3 軟弱地盤と地盤改良 45
      4.3.1 概　要 45
      4.3.2 サンドパイル工法 45
      4.3.3 ペーパードレーン工法 50
      4.3.4 先行圧密工法（プレローディング） 51
      4.3.5 ウェルポイント工法 51
      4.3.6 置換工法 52
      4.3.7 サンド・コンパクション・パイル工法 53
      4.3.8 化学的地盤改良工法 53
  4.4 軟弱地盤の掘削と安定 54
      4.4.1 概　要 54
      4.4.2 ヒービングとパイピング（クイックサンド）現象とその対策 55
      4.4.3 周辺沈下対策 58
      4.4.4 砂地盤の液状化現象 59
      4.4.5 一般土質地盤 60

第5章　盛立て材料の相似粒度と締固め特性　63

  5.1 はじめに 63
      5.1.1 最大粒径とモールドとの関係 64
      5.1.2 相似粒度材料の製造 64
  5.2 Walker - Holtz の方法 66
  5.3 土質材料の突固めと締固め特性 68

5.4 転圧機械の機種と締固め特性...70
　5.4.1 転圧機種...70
　5.4.2 土またはロック材の締固め特性...73
　5.4.3 タイヤ系ローラーの締固め特性...74
　5.4.4 タンピング系ローラーの締固め特性...75
　5.4.5 複合転圧...77
　5.4.6 タンピングローラーの選定...77
　5.4.7 タンピングローラーの接地圧...78
　5.4.8 突固め試験と転圧機械...79
　5.4.9 タンピングローラーの脚長と締固め特性...81
5.5 礫分を含有する材料の工学的性質...81
　5.5.1 土質材料の礫混入量と透水性...81
　5.5.2 礫混じり土の圧密沈下特性...82
　5.5.3 材料の細粒化現象...83
　5.5.4 風化岩，軟岩の転圧による細粒化と締固め度...................................84

第6章 土中の浸透　87

6.1 はじめに...87
6.2 浸透の基礎理論...88
6.3 透水性の異方性地盤の浸透...90
　6.3.1 概　要..90
　6.3.2 透水性の異方性の扱い..90
　6.3.3 k_h，k_v の現場試験...91
6.4 流線網による透水問題の扱い...93
　6.4.1 流線網の性質...93
　6.4.2 異方性地盤内のフローネットと流量...93
　6.4.3 不均一地盤でのフローネット...95
6.5 堤体の定常浸透時の浸潤面...96
　6.5.1 概　要..96
　6.5.2 定常浸透時における浸潤面の性質...97
　6.5.3 浸潤面決定に関する Casagrande の方法...98
　6.5.4 均一ダムに対する Dupuit の仮定による解法...................................99
　6.5.5 中心コア型ダムの浸潤面決定法...100
　6.5.6 傾斜コア型ダムの浸潤面（福田の方法）...101

- 6.5.7 計算例 101
- 6.5.8 流線網 104
- 6.6 差分表示とリラクゼーション 104
- 6.7 図式解法 106
  - 6.7.1 Forchheimer の方法 106
  - 6.7.2 流線解析法 108
- 6.8 等価透水係数 108
  - 6.8.1 累層透水性の違い 108
  - 6.8.2 基礎地盤が2層からなる場合 109
  - 6.8.3 貯水池の底部を通しての浸透 110
  - 6.8.4 貯水池周辺の地山における浸透 112
- 6.9 非定常浸透 115
  - 6.9.1 基礎方程式と差分解法 115
  - 6.9.2 貯水位の降下に伴う中心コア型堤体内浸透水面の変動 117
  - 6.9.3 貯水位の急降下に伴う均一堤体内の浸潤面の変動 120
  - 6.9.4 貯水位上昇に伴う非定常浸透 121
- 6.10 不透水性ブランケットの設計 123
  - 6.10.1 概　要 123
  - 6.10.2 ブランケットの設計 124
- 6.11 リリーフウェルの設計 127
  - 6.11.1 概　要 127
  - 6.11.2 リリーフウェルの基礎理論 128
  - 6.11.3 部分貫入のリリーフウェル 132
  - 6.11.4 リリーフウェルの施工例 133
- 6.12 現場透水試験 134
  - 6.12.1 概　要 134
  - 6.12.2 定常揚水試験（自由水面を持つ場合） 134
  - 6.12.3 定常揚水試験（被圧水層の場合） 135
  - 6.12.4 非定常揚水試験（被圧水層の場合） 135
  - 6.12.5 オーガー孔内の水位上昇観測による方法 137
  - 6.12.6 ボーリング孔を利用する注水試験 139
  - 6.12.7 不透水層を有する地盤に対する前方法の拡張 141
  - 6.12.8 地表面付近より注水する方法（アメリカ開拓局の方法） 141
  - 6.12.9 循環式間隙水圧計のチップを利用した透水試験 142

  6.12.10　透水試験によるパイピング... 143

第7章　土の圧密現象　145

 7.1　はじめに... 145
 7.2　圧密理論（1次元）... 145
 7.3　正規圧密と過圧密土... 148
 7.4　地盤の圧密沈下... 148
 7.5　過剰間隙水圧の挙動... 149
  7.5.1　三軸圧縮試験による u_a, u_w の求め方................................ 149
  7.5.2　Hilf の方法.. 150
  7.5.3　盛土の施工中に消散する間隙水圧の実用的評価法....................... 151
  7.5.4　盛土休止と間隙水圧の挙動.. 153
  7.5.5　基礎地盤の斬増荷重時の圧密.. 154
 7.6　数値解析による施工中の間隙水圧の推定方法（沢田・鳥山の方法）の概要..... 154
 7.7　盛土の沈下量... 155

第8章　せん断強度　159

 8.1　はじめに... 159
 8.2　有効応力強度... 160
 8.3　せん断強度の意味と実務への適用... 160
  8.3.1　砂質土のせん断強度.. 160
  8.3.2　粗粒材料のせん断強度.. 161
  8.3.3　設計指針（国土交通省）.. 163
 8.4　粘性土のせん断強度... 164
  8.4.1　概　要.. 164
  8.4.2　正規圧密土の強度.. 164
  8.4.3　過圧密土の強度.. 165
  8.4.4　不飽和土の強度.. 166
  8.4.5　締め固めた粘性土（不飽和）の有効応力強度.......................... 167

第9章　斜面の安定　171

 9.1　はじめに... 171
 9.2　岩盤斜面の崩壊例... 171
  9.2.1　地山地下水の上昇による崩壊.. 171

        9.2.2　トップリング現象による崩壊 172
        9.2.3　グラウト施工時の崩壊 172
        9.2.4　湛水池内の崩壊 173
        9.2.5　泥岩斜面の崩壊 173
  9.3　岩盤斜面の崩壊対策 173
        9.3.1　地下水低下工法 173
        9.3.2　トップリング対策 173
        9.3.3　グラウチング時の崩壊防止対策 174
        9.3.4　貯水池内の崩壊防止対策 175
  9.4　土質斜面の安定 175
        9.4.1　地山の表層崩壊（土石流） 175
        9.4.2　周辺地の開発による崩壊 176
        9.4.3　設計の誤りによる崩壊 177
        9.4.4　芝生の透水性の低下による崩壊 178
        9.4.5　過剰間隙水圧による崩壊 178
        9.4.6　排水の不備による崩壊と対策 180
        9.4.7　地震力による崩壊 182
  9.5　斜面の安定解析 183
        9.5.1　設計値の決定 183
        9.5.2　安定解析法 186
        9.5.3　安定解析の簡便分割法 188
        9.5.4　簡便分割法を用いた計算例 189
        9.5.5　ウェッジ法の解説と例題 195
  9.6　土質斜面のすべり面の形状 196

第10章　泥岩類の工学的性質　　199

10.1　はじめに 199
10.2　泥岩掘削時の崩壊例 200
10.3　崩積泥岩の安定性 201
10.4　応力解放時に生起する負圧 202
10.5　泥岩の工学的性質の特徴 204
10.6　泥岩のせん断強度特性 205
10.7　盛立て材料としての泥岩の性質 206
        10.7.1　概　要 206

        10.7.2　泥岩材料の粒度特性 208
        10.7.3　強度低下と乾燥密度 210
        10.7.4　細粒化した材料の締固め特性 212
        10.7.5　泥岩類を用いた宅地造成の例 212

第11章　不飽和土の性質　215

    11.1　はじめに 215
    11.2　サクションとコラプス現象 216
    11.3　一軸圧縮強度とコラプス現象 218
    11.4　コラプス現象によるアースダムの崩壊 219

第12章　火山生成ロームの力学的性質　221

    12.1　はじめに 221
    12.2　盛立て時の強度低下 222
        12.2.1　盛立て工事 222
        12.2.2　動的三軸圧縮試験による検証 223
        12.2.3　転圧機械の走行による強度低下の推定 228
        12.2.4　火山生成ロームの特徴 229
    12.3　強度回復 230
        12.3.1　概　要 230
        12.3.2　突固めエネルギーと密度との関係 230
        12.3.3　突固めエネルギーと強度 231
        12.3.4　経時的な強度回復 231
        12.3.5　実務における強度低下の扱い 232
        12.3.6　盛土の施工管理 233

第13章　土質構造物の水理的破壊現象　235

    13.1　はじめに 235
    13.2　水理的要因による河川堤防やアースフィルダムの崩壊 235
        13.2.1　河川堤防 236
        13.2.2　フィルダムの水理的破壊現象 239
    13.3　水理的破壊現象によるフィルダムの崩壊例 241
        13.3.1　概　要 241
        13.3.2　水理的破壊現象の成田らの判定法 247

  13.3.3 水理的破壊現象に対する村瀬らの判定法 248
  13.3.4 水理的破壊現象に対する防止策に関する考察 252
 13.4 ゾーン型フィルターの粒度 256

第 14 章　土質構造物の耐震性　259

 14.1 はじめに 259
 14.2 土質構造物の地震による被害状況 259
  14.2.1 基礎地盤および堤体の強度不足による崩壊 260
  14.2.2 堤体頭部付近の応答加速度の増大による崩壊 261
  14.2.3 ロックフィルダムの地震時の被害 262
  14.2.4 ロックフィルダムコア部の水理的破壊現象による被害 263
 14.3 地震時の地盤の安定性 265
  14.3.1 地盤の液状化現象 265
 14.4 骨格構造を有する砂地盤の動的強度特性 269
  14.4.1 概　要 269
  14.4.2 動的強度特性 269
  14.4.3 動的強度と静的強度 271
 14.5 フィルダムの耐震性 272
  14.5.1 概　要 272
  14.5.2 地震応答加速度と震度法 273
 14.6 大型振動実験と震度法 275
  14.6.1 振動実験による崩壊形状 275
  14.6.2 フィルダムの崩壊の特徴 277
  14.6.3 大型実験による震度法の検証 280
  14.6.4 ロックの静的安息角（ϕ_i） 281
  14.6.5 加速度振動数と震度法 282
  14.6.6 ニューマークの地震時斜面安定評価法 282
  14.6.7 ひずみによる安定性の評価法 284
 14.7 フィルダムの耐震設計指針（案）の紹介 285
  14.7.1 概　要 285
  14.7.2 設計地盤震度 285
  14.7.3 堤体震力係数 286
  14.7.4 安定計算 286
  14.7.5 安全率 286

第15章 施工管理　291

- 15.1 はじめに 291
- 15.2 フィルダムの盛立て管理 292
  - 15.2.1 締固め度の基準 292
  - 15.2.2 一般土の施工管理基準の作成 293
  - 15.2.3 コアの締固め管理 294
- 15.3 施工管理試験 295
  - 15.3.1 現場密度試験 295
  - 15.3.2 D値，C値の評価 299
  - 15.3.3 ストック材料を用いた盛土の管理 300
  - 15.3.4 粗粒材料の施工管理 300
  - 15.3.5 品質管理 301
- 15.4 急速施工管理法 301
  - 15.4.1 急速施工管理の原理 302
  - 15.4.2 含水比の原理 304
  - 15.4.3 使用法 305
  - 15.4.4 計算例 306
  - 15.4.5 パラボラ法による最大湿潤密度の求め方 307
  - 15.4.6 改良法 308

第16章 観測設備　309

- 16.1 はじめに 309
- 16.2 間隙水圧計 310
- 16.3 沈下計 310
- 16.4 水平方向変位計 311
  - 16.4.1 アースダムの盛立て中の変形 311
  - 16.4.2 コア型フィルダム 312
  - 16.4.3 湛水時の斜面の変位 312
- 16.5 地震計の設置 313
- 16.6 各種計器の観測事例 314

索引 319

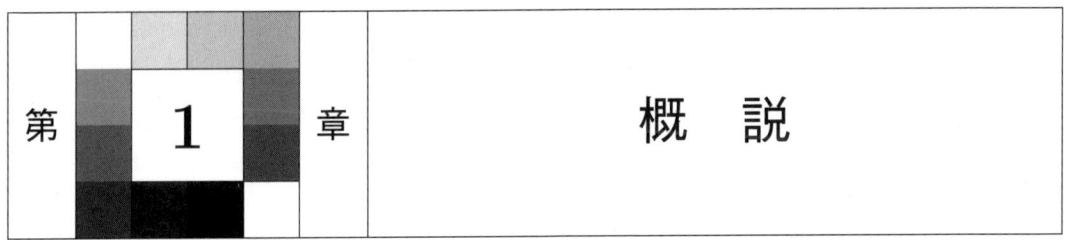

第 1 章　概　説

1.1　はじめに

　建設事業の分野では，自然界において様々な状態で存在する土，礫あるいは岩塊等を用いて各種構造物を構築する機会が非常に多いが，これらを材料として構築する構造物を**土質構造物**と称し，またこのような材料を総称して**自然材料**と呼んでいる．土質構造物は土のみを材料として構築するもの，土と岩塊とが様々な割合で混在するものを材料とするもの，あるいは土と岩塊とを別々に利用するものなど，その構造は多岐にわたっている．特に土は含有する水分量（含水比）により力学的性質を異にするので，どの程度の含水比の土を対象として構造物を設計するかが設計者に与えられた大きな課題である．基本的には土取場における自然含水比を中心として設計値が決定されることになるので，施工中に含水比がどの程度変化するかを予測し決定しなければならない．土取場の含水比は樹木を伐採し，表土剥ぎ取りをすることにより大きく変化することがあるが，その程度は樹木の大きさ，繁茂状態や土取場の広さ，地形および材料の物理的性質により異なる．

　また，盛立て中においても含水比は変化することがあるが，その程度は気象条件，土取り方法や撒出し方法あるいは施工速度，さらには周辺環境等に支配される．このため設計者はこれらをすべて勘案し安全性の高い，しかも経済性および施工性に優れた構造となるような設計を行わなければならない．

　以上のほか，土質材料をフィルダムなど重要水利構造物の遮水材料として利用する場合，物理的，力学的に理想的な材料を生産する目的で細，粗粒材料を適当量混合したり，強制乾燥や加水することもあるが，いずれの方法を採用するかは経済性，施工性や与えられた工事期間などにより決定されることになる．このように土質構造物の設計は他の一般構造物と比較してかなり面倒で，また施工も複雑になるのは避けられない．

　土質構造物の設計段階において特に大切なことは，設計者は施工時の自然環境の変化を統計的に処理し，予測し，また施工時に材料の力学的性質がどのように変化するかを見極め，さらに工事工程を念頭に置き，最も合理的で安全な，しかも施工しやすい構造となるような材料配置に心掛けなければならない．一方，施工者は設計者の意図する要点を十分理解し，より合理的な施工方法の採用に心掛けなければならない．このように土質構造物の設計，施工には土に関する深い知識と経験が要求され，机上で学んだ事柄がそのまま実務に適応できるものではない．

著者は，かつてブランケットの設計法や修正フェレニウス安定解析法を提案したベネット博士（P. T. Benett）や盛土の施工中に発生する間隙水圧の推定法を提案したヒルフ博士（J. F. Hilf）らの下でフィルダムの設計や施工に携わり，指導を受けたことがある．彼らは設計に先立ち納得するまで現場調査を行い，また時には土質試験を行い，さらに施工に先立って行われる盛立て試験の際には密度試験用の穴を自ら掘り，土に対する感触を確認している．そして設計に着手する段階では担当技術者を交えた設計会議が開かれるが，この会議には地質調査や土質試験を担当した技術者が同席し，また設計に必要なすべての資料，例えば施工期間や気象資料に至るまでが提示され，これらの資料を基に議論をし，設計方針を決定するという方法を採用している．

また，施工に際しては，設計を担当した技術者が施工担当者に対し設計思想と要点を解説する，という方法が採られ，これにより若い技術者は自ら設計，施工技術を習得し，また土木技術者としての責任を認識することになると思われる．ある時，突固め試験をしていたヒルフ博士に対し，そのような試験は私に任せて欲しいと申し出たところ，"土を扱う技術者は土と仲良くしなければならない，仲良くするためには自ら実験をすることである"と言われ，返事に窮したことがある．このように特に土質技術者は自らの手により土を直接扱うことが大切である．しかし，最近土質技術者の多くは研究者を含めて，実験や現場よりはむしろ机上での計算や解析を重視しているように思われるが，これは世界的な傾向でもある．土質構造物の設計，施工は他の鋼構造物やコンクリート構造物の場合とは異なり，常に画一的ではなく，このことは，設計者は施工の諸条件や方法を念頭に置いて設計しなければならないということであり，また，施工者は設計条件を満足させるためのより合理的な工法を選択し，施工にあたらなければならないということである．

1.2 計画設計と実施設計の概要

建設事業は例外なく**計画設計**，**実施設計**段階を経て施工に着手される．計画段階では必須の公共構造物の建設を除いて，すべての事業に対し**アロケーション**（経済評価）が行われる．経済的評価や社会的意義を判定するためには事業全体の簡単な設計を行わなければならないが，この設計を事業の**計画設計**，**概略設計**あるいは**予備設計**などと呼んでいる．また，アロケーションの結果，事業の必要性が確認され，認められれば事業は推進されることになる．この場合，改めて詳細設計が行われるが，この設計は工事を実施するためのものであり，これを事業の**全体実施設計**，または単に事業の**実施設計**という．

計画設計の段階では，まず市販されている地形図を基に事業の計画が立案される．例えば道路建設では複数の路線を図上で計画し，各路線に対し必要な構造物を想定し，また切土量と盛土量のバランスを考慮し，経済性や施工性などの面から総合的に路線候補地を選定する．このことは，ダムなどの建設計画でも同様で，地形図を用い机上で複数の建設候補地点を選定し，仮排水路や洪水吐等の付帯構造物，地質構成あるいは材料採取場の立地条件などを勘案して最終的にダムサ

イトとしての候補地が選定される．ダム建設では現地の地質や地形条件が優先され，ダム形式が決められるが，道路などの他の構造物では経済性や施工性を勘案し候補地が選定される．選定された各候補地に対し簡単な地質調査や試験を行い，候補地や路線の絞込みを行う．このため予備設計の段階での調査は各種構造物の建設予定地点を複数想定し，これを中心とし材料の採取場を含む，できる限り広範囲の地質構造を把握することが大切である．

1.3 調査と試験の概要

　予備設計の段階での地質調査は踏査を中心とし，既存の地質図を参考とし，崖部やその他，地層の露頭部を調査し，地層の走行や傾斜を明らかにする．また，踏査と併行して**ボーリング**や必要に応じて**物理探査**を行い，踏査結果の確認を行う．ボーリングの密度（数量）や深度は地質構造の複雑さ等により異なるが，予備設計の段階では構造物計画地点の地質構造の概略が明らかになれば，調査の目的は十分果たしたことになる．

　一方，ボーリングの際には，土質地盤に対しては通常，**標準貫入試験**や地盤の支持力，地盤強度に応じた各種**原位置試験**（サウンディング）が行われる．また，ボーリングにより採取した試料に対しては**比重**や**粒度**，アッターベルグ試験などの土の物理的性質を明らかにする試験が行われ，この結果を用いて**柱状図**および**地質構造図**を作成する．

1.4 材料調査と試験の概要

　土質構造物を経済的に，しかも安全に構築するには，構築材料を至近距離から採取し，安価の材料を最大限利用することである．そのためには材料採取場の調査や試験を十分な精度で実施し，材料の工学的性質を把握し，材料を種類ごとに分類し，それぞれの賦存量を確認する．そして採取場の地質構造から採取方法を想定し，材料の性質に応じた理想的な構造となるような材料配置を考える．例えば，道路建設では切土量と盛土量とがバランスするよう設計されるが，切土の部分から採取される材料が泥岩類を主体とするような場合，泥岩は風化やスレーキングしやすく，安定上好ましくないので，このような材料は構造的に風化の進行しにくい，しかもスレーキングの起りにくい場所に配置することが重要である．また，一方では風化やスレーキングにより強度が低下した場合を想定し，どのような環境下でどの程度強度が低下するかを実験的に確認し，想定される条件下における安定性を検証しておくことが大切である．泥岩類は自然状態においても安定性に乏しく，また盛土材料として利用する場合も，盛土の構造によっては一層不安定となるので，この種の材料の扱いには細心の注意が必要である（なお，泥岩の扱いについては第 10 章に詳述した）．特に，フィルダムの建設においてはダムサイト周辺から経済的に採取可能な材料として，**泥岩**や**頁岩**など水に対する抵抗性の低い材料に限られることがあるが，いかなる場合も経

済的に採取可能な材料をできるだけ多く利用するような構造を考え，これに必要な各種実験を行い，その力学的性質を把握し安定を確保するための対策を講じなければならない．過去，フィルダムの施工において，設計条件を満足しない材料が発生したとの理由により多量の材料を廃棄した例があるが，このことは明らかに材料の調査および材料試験の過ちか，あるいはフィルダムの建設では周辺材料を効率的に利用する，という設計の基本的思想を無視したものであると言わざるを得ない．

1.5　計画設計の概要

　計画段階における土質調査ではボーリングが主体となるが，ボーリングの際には粒度や比重などの物理試験を行うための試料を採取し，実験し，これらの結果に基づいて**土質柱状図**および**土質分布図**を作成する．また，このほか必要に応じて，ボーリング結果を確認し，簡単な力学試験を行うため**テストピット**（立坑や横坑）を掘削し，試料を採取する．

　力学試験は例えばせん断，圧密や突固め試験などであるが，これらの実験結果を用いて所要構造物の概略設計が行われ，これに対して建設事業費が概算され，事業の評価が行われる．経済効果や社会的意義において事業の必要性が認められた場合，事業を実施するための**全体実施設計**が行われ，事業は推進されることになる．

　実施段階における調査，試験は計画段階において実施した成果を補充する意味で行われるが，詳細調査，試験の結果，計画段階で予期しなかった事態にしばしば遭遇することがある．この場合は計画段階の設計の変更を余儀なくされるが，計画段階における一連の調査は精度的に十分なものではないので，多少の変更は止むを得ない．しかし，計画段階であるからといって変更を前提とするような設計は許されるものではなく，したがって，計画段階であっても不明な点や疑問点があれば，これを解明するための調査や試験を追加しなければならない．なお，計画段階での設計や実施設計を行うために行われる調査，試験の内容およびその方法については第**2**章に詳述した．

1.6　実施設計の概要

　実施設計は工事を発注し，実施するためのものであるので，詳細な地質調査，各種原位置試験や材料試験を行い，これらの成果に基づき，すでに述べた施工条件や施工方法等を想定，勘案して構造物の最終形状および構造を決定する．そして複雑な構造となる構造物に対しては**施工方法**や**施工順序**を明記した**施工図**を別に作成しておく必要がある．地質調査は計画設計において実施した内容のほかに立坑や横坑を追加し，地質構造を直接観察し，ボーリングや物理探査結果を確認し，また必要に応じて各種の**原位置試験**を実施する．原位置試験では構造物の目的に応じて**載荷試験**や**せん断試験**あるいは**透水試験**等が行われ，また室内試験では攪乱試料や不攪乱試料を採取

し設計に必要な各種**物理試験**や**力学試験**が行われる．

1.7 施 工

　土質構造物の設計や施工は，上述のように鋼構造物やコンクリート構造物とは異なり，自然材料を用いて構築するので，周辺環境や気象条件などあらゆる条件に支配されやすく，したがって，設計はかなりの想定や仮定に基づくことになる．想定や仮定に基づく設計には精度的に限界があるので，施工時における多少の変更は避けられない．設計変更は好ましくない，との意見もあるが，変更を認めないことを条件とした設計ではかなり余裕をもたせた設計となることは避けられず，かえって不経済となることがある．しかし，**設計変更を前提**としたような設計は厳に慎まなければならず，また，**施工上困難**が予想されるような設計は可能な限り避けるようにしなければならない．そのためには豊富な実務経験が要求され，特に，フィルダムのような重要構造物の設計や施工は有資格者により慎重に行われなければならない．また，計画段階はもとより実施段階の設計では，地質調査や土質試験を始め各種試験に多額の費用を投入するのは好ましくないので，構築材料に関しては，過去行われた実験結果（例えば**表 3.2**）を参考に力学的，工学的特性を検証することがより経済的であることは言うまでもない．

　一方，工事担当者は設計者の意図する事柄を十分理解し，設計条件を満足させるためのより合理的施工方法を見出し，これに従って工事を推進するよう努力しなければならないのは当然である．しかし，施工は机上で考えるほど単純ではなく，しばしば想定外の事態が発生することがある．この場合，工事関係者は施主側と直ちに協議し，工事が中断することのないよう努めなければならない．工事の中断は高価な重機械の稼動率に直結するので，経済的に好ましくないからである．そのためには，現場技術者は工事の進捗状況を常に把握しておく必要がある．しかし最近は，パソコンを用いて出来高管理や原価計算など室内業務に専念し，現場にはあまり姿を見せない技術者が少なくないような気がする．現場技術者ばかりでなく設計者も定期的に施工状況を観察，調査し，設計や施工の妥当性を検証するよう心掛けることが大切である．

1.8 数値解析の意義

　土木構造物の設計に対しコンピュータを導入したのは 1960 年頃と思われるが，当時は真空管を数十本並べた手製のものであった．しかし，数年後には立派なコンピュータが出現し，数日間を要した不静定構造物の構造計算や洪水吐の水面形の追跡などはいとも簡単に行われるようになった．同様に，土質工学の分野でもコンピュータが使われるようになり，土質構造物およびその基礎地盤の安定性や変形問題，あるいは土質構造物の地震時における加速度応答および安定問題に至るまで，その適用は土木工学のすべての分野にわたっており，従来経験的に処理されていた部

門に対しても理論的裏づけが可能になった．

　しかし，一方ではコンピュータを利用することによる弊害が出ていることも事実である．例えば，最近，土質構造物の安定解析結果の評価に際し，コンピュータを用いた解析結果であるから間違いない，と主張する技術者が少なくない．さらに，どのような解析法によるプログラムなのか，解析条件はどうなのか，あるいは解析に用いた設計諸数値の決定根拠や精度についても無頓着である．そして時には，解析方法の精度を上げるためだけに労力を費やし，満足している技術者を少なからず見かけることもある．解析に用いる**データの精度**と**解析方法**との**精度的バランス**の取れない解析結果は技術的には何の意味もなく，単なる計算結果であり，実践的ではなく自己満足に過ぎない．

　土質構造物の設計や施工は，すでに述べたようにコンクリートや鋼構造物とは異なり一義的に行うことはほとんど不可能であり，その実施にあたっては常に材料特性や気象条件を含む施工条件を考慮しなければならない．例えば，盛土構造物の設計段階では，盛立て時に材料の工学的性質にどのような変化が起こるかを想定し，これを実験により確認し，その条件下で実験を行い各設計諸数値を決定しなければならない．しかし，材料の物理的性質や力学的性質は多種多様であるので，これを見極め，合理的な実験のプログラムを作成するのは並大抵なことではない．これを容易にするためにはベネット博士やヒルフ博士のように，自ら現場に出て納得するまで調査し，材料実験を行い，土と仲良くすることであると思われる．しかし，最近はそのような努力もせず数値解析を行い，その結果がすべてであるかのように主張する技術者や研究者が少なくない．解析は幾つかの仮定に基づいて行われ，また解析に用いる諸数値も幾つかの仮定条件下で求めているので，その結果の**妥当性**や**精度的評価**は解析担当者自らが正直に行うべきものである．またその際，仮定条件あるいは解析に用いた諸数値の採用理由などを詳細に開示する必要がある．そして解析結果に対しては，常に技術的経験を交えて，その妥当性の有無を十分議論して結論を導くことが大切であり，必要に応じて解析条件を変えて議論することも重要である．以上述べたことはコンピュータ解析を否定するものではない．コンピュータ解析では入力データやプログラムの精度が結果の有用性を支配するので，結果を盲目的に信じた場合の弊害が大きいということである．

　さらに，コンピュータを用いた数値解析は，精度的議論は別として技術的知見を得たり，あるいは現場の現象を検証し，事故などの原因を究明するためのツールとしては極めて有用である．例えば，盛土や基礎地盤内で発生する変形や応力集中は構造物の安定性に支障をきたすことがあるが，この種の現象はどのような形状や土質条件下において発生するかを特定したり，あるいは，現場で発生した想定外の出来事や事故に対し解析条件や解析の諸係数を変えた**逆解析**を行うことにより原因の究明が可能である．また，このほかにも土質構造物の設計や施工に対するコンピュータ利用の意義は計り知れないものがあり，さらに技術の向上にも役立つものであるので，大いに利用されなければならない．問題は解析結果の解釈であり，また結果をどのように利用するかであるが，これについては**技術者自らの責任**において決断しなければならない．

第 2 章　地質と土質

2.1　はじめに

　地球の年齢は約 46 億年といわれ，その構造は**図 2.1** に示したように 4 層に大別され，表層部から**地殻**，**マントル**，**外殻**および**内殻**と命名されている．地殻の厚さは大陸部において 30〜40 km，海洋部において 6〜7 km であり，この部分はプレートとも呼ばれマントル対流の影響を受けて移動し，**図 2.1**（b）のような海溝や**写真 2.1** に示した地溝帯（割れ目）を形成する．地殻を構成する元素は表層部においては珪素（Si），アルミニウム（Al）を主成分とし，また下層部はこれらのほか，鉄（Fe），マグネシウム（Mg），カルシウム（Ca）や酸素（O）など 10 種以上に及ぶと言われている．これらの元素は，自然界においては通常，盤状（岩盤）に存在するが，長年にわたる太陽光や気象変化の影響を受けその表層部は風化し，細粒化して土砂化する．あるいは岩盤に亀裂が発生し塊状，すなわち岩塊となる．岩塊は洪水または風雨により運搬され，海底や湖底に堆積し成層するが，運搬過程において逐次細粒化し，**礫**，**砂**，**シルト**ある

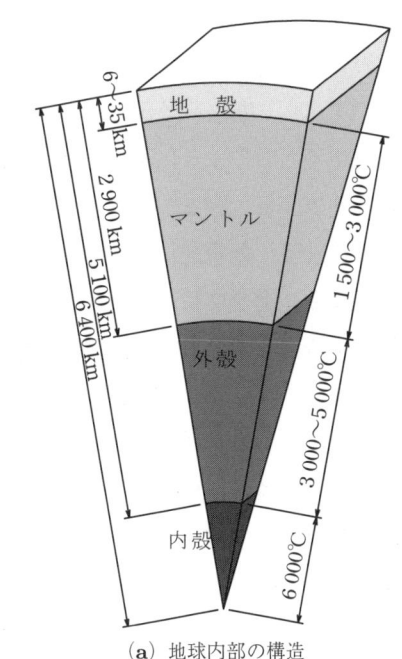

（a）地球内部の構造

←北米大陸プレート　ユーラシア大陸プレート→

写真 2.1　アイスランド（レイキャビック）

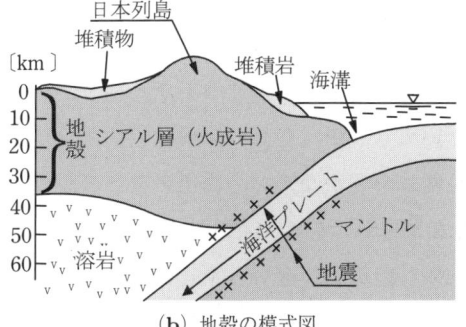

（b）地殻の模式図

図 2.1　地球の構造

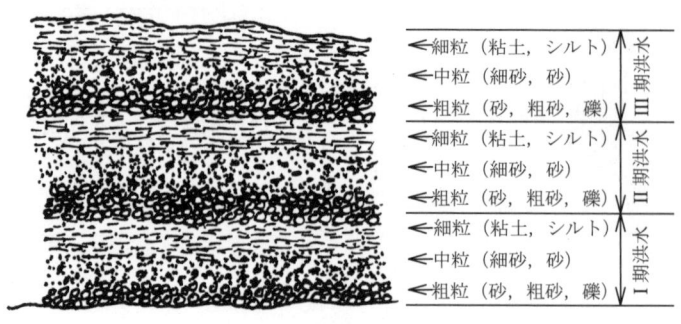

図 2.2 運積土層の堆積構造

いは粘土等の土に変貌する．これに対し岩盤がその場において風化が進み土砂化することもある．前者のように運搬される過程において土砂化し堆積したものを**運積土**といい，後者のようにその場で風化し土砂化したものを**残積土**と呼ぶ．当然のことながら岩塊は，遠距離から流され運搬されたものほど球形を帯び，また適当な割合で細粒分や粗粒分を含んでいるので，これを材料とした場合の安定性も優れている．また，水中において堆積，成層する際，懸濁状態の土砂は粗粒子ほど速く沈降し，細粒子ほどゆっくり沈殿するので，同時期に堆積した同一層でも下位は粗粒子，上位は細粒子というように漸変していることが多い．このような堆積，成層は通常，洪水ごとに複数回繰り返され，図 2.2 に示したように厚い累層を形成している．このことからも明らかなように堆積土層は，微視的には等方性とみなすこともできるが，工学的には**異方性**として扱うべきである．なお，図 2.2 に示した堆積状況は水の流れを無視し模式的に示したものであり，実際の堆積は水流の乱れの影響を受けるので図のように整然としたものとは限らない．

　堆積層群は，地質学的には堆積年代により表 2.1 のように第三紀や第四紀に分類され，第三紀堆積物は暁新世から鮮新世に至るまで 5 種に分類され，また第四紀堆積物は**洪積世**および**沖積世**に大別される．洪積世以前に堆積した土層は一般に硬く，力学的に安定している．また，沖積堆積物は比較的新しい堆積物で，現在から 1 万年前までの間の堆積物と定義され，多くの場合力学的に不安定である．一般に，前者の堆積土層群は**第三紀層**とか**洪積層**，また後者は**沖積層**と呼ばれているが，このほかにも前者を**一般土層**とか**一般土質地盤**，後者を**軟弱層**とか**軟弱地盤**と呼んでいる．沖積層のうち緩く堆積した砂層は，地震時において液状化しやすく，また粘性土層は圧縮性が大きく，せん断強度も低い．

　一方，岩質により異なるが，残積土には風化の極端に進行したものと風化のあまり進行していない部分とが混在し，未風化岩の部分の形状は柱状，扁平や塊状など様々である．このためその粒度はわずかな外力の作用により細粒化しやすく，これに伴い力学的性質も変化する．例えば図 2.3 は雲母片岩の残積土を盛立て用に採取してブルドーザーで撒き出し，タンピングローラーで転圧した後の粒度分布を比較して示したものであるが，図で明らかなように，材料を採取した時点での最大粒径は約 45 cm であるが，撒出し後は約 25 cm となり，さらに転圧するごとに細粒分

表 2.1 地質年代と地球上で発生した現象 [1)2)]

相対年代			造山運動の起こった時期	日本における造山運動など	絶対年代 (単位100万年)
新生代	第四紀	沖積世		(多量の火山灰が噴出)	0.01
		洪積世		(数回にわたる氷期)	1.8
	第三紀	鮮新世	(新第三紀)		5
		中新世			22.5
		漸新世	(古第三紀)		37.5
		始新世			55
		暁新世			65
中生代	白亜紀		アルプス造山運動	四万十造山運動 ⎫ 　　　　　　　⎬ 広島変動 佐川造山運動 ⎭ (各地に激しい火山活動) (本州は中央で両断)	141
	ジュラ紀				195
	三畳紀				230
古生代	二畳紀		バリスカン造山運動	秋吉造山運動 (高い部分が島状に分布) (本州は弓状に曲がる) (中国地方大しゅう曲)	280
	石炭紀				345
	デボン紀		カレドニア造山運動	阿部族造山運動 (清水・世田米・気仙しゅう曲)	395
	シルル紀				435
	オルドビス紀				500
	カンブリア紀				570
先カンブリア代	原生紀		チャーレン造山運動 キラーネ造山運動 ⎫ カレリア造山運動 ⎬ アシント造山運動		—
	始生紀		ローレンシアン造山運動 グレートベア湖造山運動 白海造山運動 マニトバ造山運動 アフリカなど (地球上最古の岩石)		—

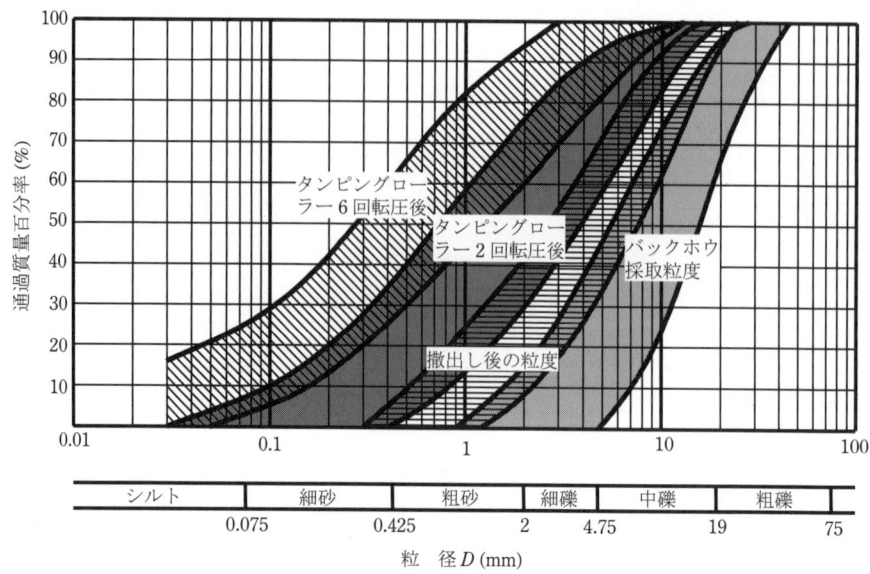

図 2.3 風化雲母片岩の細粒化

が大幅に増加していることがわかる．このように盛立てを目的として，材料に対し様々な外力を与えることにより**細粒化**が起こり，これにより力学的性質も変化する．このことは土質構造物の建設において極めて重要であるので，設計段階において，十分な調査，試験を行い，その特性を確認して設計に取り入れ，施工に役立てるようにしなければならない．

このほか，比較的新鮮な岩は使用目的に応じた粒径に破砕され，ロックフィル材やフィルター材として，また，コンクリートの場合は骨材として利用される．しかし，新鮮な岩であっても，岩の節理や層理あるいは採取方法および破砕方法などにより粒度特性が変化し，その影響が力学的性質にも及ぶので，あらかじめ現場において**発破試験**や**破砕試験**を行い，最も合理的な採取方法や破砕方法を決めておくことが重要である．

土木工学の分野では，このように自然界において様々な状態で存在し，また力学的性質の異なる岩塊や土を材料として構造物を建設する機会が多いが，このように自然材料を用いて構築される構造物はすでに述べたように土質構造物と呼んでいる．土質構造物は土のみを用いて構築するもの，土と岩塊が様々な割合で混在するものを材料とするもの，あるいは土と岩塊とを別々に利用する構造など多岐にわたっている．しかも土質材料の力学的性質は施工時の自然環境に大きく支配されるので，施工条件は他の一般構造物と比較してかなり厳しく，また施工方法も複雑になるのは避けられない．土質構造物の設計において最も大切なことは，施工時に材料がどのように変化するかを見極め，施工時の自然環境の変化を予測し，必要に応じて現場実験を行い，これに適合する最も合理的で安全な，しかも施工しやすい構造となるような材料配置に心掛けることである．一方，施工者は設計者の意図する要点を十分理解し施工にあたらなければならない．

2.2 地質調査と土質試験

　土木構造物に限らず，すべての構造物は地球の地殻を基礎として建設されるが，基礎となる地殻は総称して基盤と呼び，基盤は**土質地盤**と**岩盤**とに大別され，これらは一般に，**土質基礎**や**岩基礎**と呼ばれる．また，土や岩を用いて構造物を構築する場合は，これらをそれぞれ**土質材料**および**岩材料**等と呼ぶ．そして基盤の構造や材料としての物性を明らかにするための調査，試験を**地質調査**や**土質試験**という．地質調査や試験は，事業の計画設計と実施設計の段階でその精度や内容が異なることをすでに述べたが，いずれの場合も当初は踏査やボーリングを主体とし，必要に応じて物理探査を行い，可能な限り広範囲の地質構成，構造を把握する．**実施設計**の段階の調査，試験は計画段階において特定された構造物の建設計画地区に対し精査するものであり，ボーリングや物理探査等のほか，調査坑（立坑や横坑）を掘削して地質構造を確認し，これを利用して各種の原位置試験を行うことがある．物理探査の概要は**図 2.4** に示したように，地表面に受振器を配置し，爆薬を用いて地表面に衝撃を与え，地震波を記録器により記録する．結果の解析方法については専門書に譲るが，一例を**図 2.5** に示した[3]．

　ボーリング機械（図 **2.6**）には，ロッドを油圧で送る高速回転式のものと，手動や電動で送る低速回転式のものがある．前者はダイヤモンドビットを用い，主として岩盤削孔を目的としてい

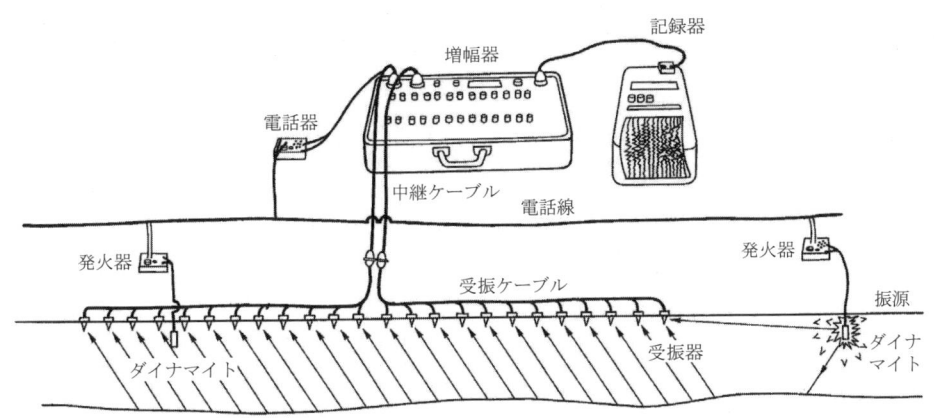

図 **2.4** 測定概念図[3]

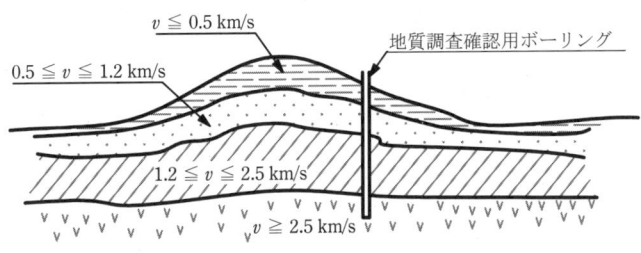

図 **2.5** 弾性波探査結果の模式図[3]

12 / 第 2 章　地質と土質

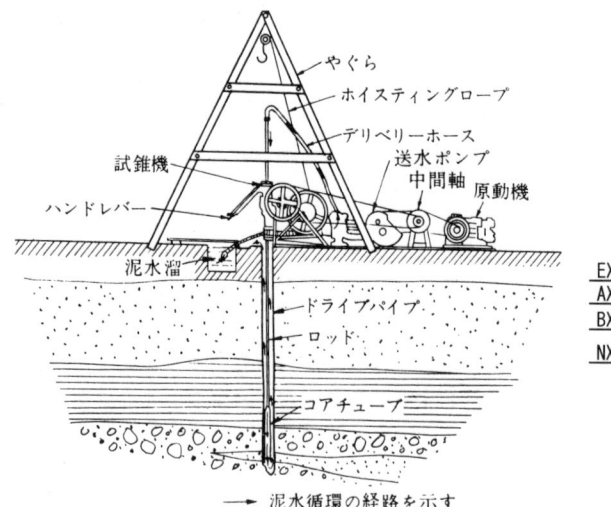

図 **2.6**　一般に使用されているボーリング機械[4]

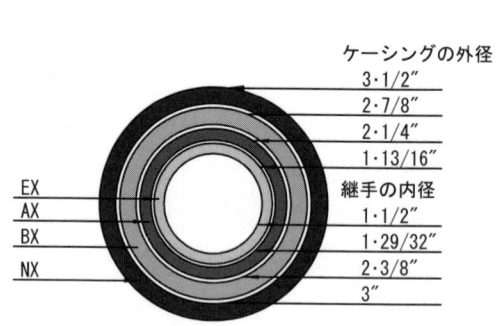

図 **2.7**　ボーリングの径[5]

る．孔径はコアの大きさ（直径）により図 **2.7** に示したように NX, BX, AX および EX などに分類されている．そして通常, NX は軟岩, BX, AX は中硬岩, EX は硬岩の削孔用として用いられるが, 初期の調査では岩質は不明であるので, 一般には BX, 直径 66 mm が使われている[4].

　低速ボーリングは土砂を対象とし, 削孔にはメタルクラウンが用いられ, その直径は通常 75 mm のものが用いられる. 調査段階ではコアの連続採取が好ましく, またボーリング孔を後に地下水位観測用等として利用することがあるが, この場合は直径 100 mm 程度のものが使われる. このほか, ボーリングには衝撃式（パーカッション）のものもあるが, この種のものは通常, 硬岩の掘削用であって調査用としてはあまり使

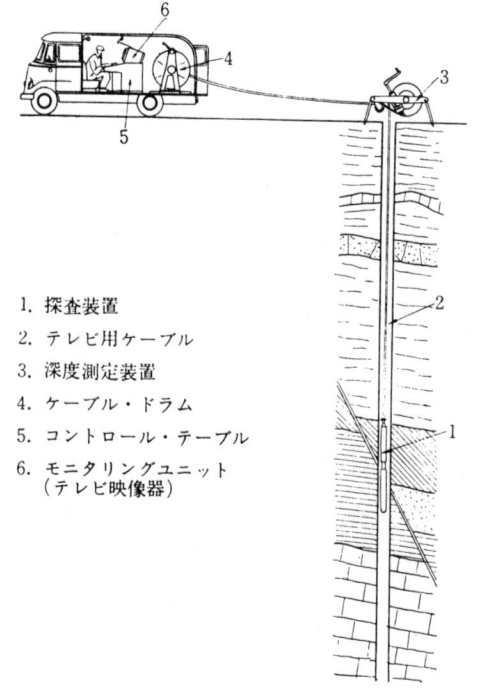

図 **2.8**　ボアホールテレビによる調査法[6]

われない．なお, 以上のほかに軟質の土質地盤に対しては人力によるポータブル式ボーリング機械他多くの方法があるが, これらをまとめてその手順や用法等について **表 2.2** に示した．

2.2 地質調査と土質試験 / 13

表 2.2 探査のためのボーリング法[7]

方法	手順	土の型および現場条件	制限	用法
オーガーボーリング（人力）	オーガービットを土中に回転させながら押し入れいっぱいになれば引き抜き空にする．オーガービット 2～8 in，らせん状または柱状の孔．	細粒で粘着性があり，かなり硬いものから軟かいものにわたる．または細粒で非粘着性で，密なものから粗にわたり，弱く膠結し，乾燥，または湿潤状態．オーガーの大きさにより 1/4 in ないし 1/2 in までの粒を含むもの．	約 20 ft．三脚を用いると 80 ft．地下水位以下の不安定な非粘着性土では満足な結果は得られない．硬い土においては時間がかかる．	(1) 削孔を進める．(2) 記録用データ．(3) 分類用代表の乱した試料，指数試験標準特性試験．(4) 現場貫入試験および透水試験用準備孔．(5) 乱さない試料採取用準備孔．
オーガーボーリング（動力）	上記と同様，動力ドリルを用いる．オーガービット 4～24 in，らせん状，円板，またはバケット，28 in 径以上は人がはいりうるものと考えられる．	上記と同種の細粒およびオーガーにより，3 in までの粒を含んだ粗粒土．	40 ft が経済的な深さ．特殊器具を用いれば 100 ft 以上．地下水位以下の不安定な粘着性のない土においては満足な結果は得られない．硬く密な土では時間がかかる．	上記と同様．
打込み管ボーリング	尖鋭な刃のある開管またはチューブを土中に回転させずに押し込む．引き抜いて土を除去する．薄肉または厚肉のチューブ 2～8 in 直径．	レス，硬いないし軟かい粘土，およびシルトなどのような細粒の粘着性のある土およびわずかに粘着性のある土．	器具により約 80 ft．比較的粗い細粒土．純粋の砂，または地下水位以下の粘着性のない土では満足な結果が得られない．	上記と同様．
パーカッション（チェーン）ボーリング	重量のあるタガネ先端ビットの衝撃によるたたき切り作用．注入水と切取りにより泥水ができるが，これはポンプ，またはシャクでときどき除去する．4 in 以上の孔に対して用いる．	玉石，軽石，硬い，密な細粒土および岩石を含んだ粗粒土．	不安定土または割れ目のある岩では満足な結果が得られない．記録用情報または分類用試料はない．	硬い，膠着層，粗い砂利，玉石，または他の障害物を通して，削孔を進行するため他の方法と併用する．
ウォッシュボーリング	軽量ビットの衝撃作用，ねじり作用でたたき切り，切り取る作用とともに，循環水のジェット作用で切り屑を除去する．直径 2 in から 8 in 以上の孔に対して用いる．	少量の砂利とわずかの玉石を含む細粒また粗粒土，かなり硬いものから軟かいものまで，弱く膠着したものから緩いものまで，地下水位以上または以下で可能．	記録用情報，または分類用試料は得られず，硬い層，または膠着層においては時間がかかる．	(1) ケーシングを必要とする不安定土を通して，削孔を進めるためには，他の方法と併用する．(2) 細粒土を貫通して基岩までの深さに到達する．(3) 地下水観測用孔を掘削する．(4) 地下水位以上の不透水性土，または地下水位以下の透水性土，不透水性土の試料採取，貫入試験用の取口を準備する．
ボーリング	短ストロークで上下させるパイプから下方に向けた高速水ジェットで土を侵食する．その土を水で上方へ運ぶ．2 in から 10 in 以上の直径の孔に対して用いる．	細粒または粗粒土，弱く膠着した非粘着性，または粘着性，地下水位以上，または以下で可能．	記録用情報，分類用試料は得られず，硬い粘性土では時間がかかる．	ウォッシュボーリングに対する (1)，(2)，(3) と同様．
ロータリーボーリング	ビットを動力回転させる．孔は 1 1/2 in から 10 in 以上の直径．	細粒土または粗粒土，縮ったまたは膠着した土および岩石．	記録用情報，分類用試料は得られず，玉石，巨礫を含んだ粗粒土では困難である．	(1) 削孔を進行する．(2) 現場貫入試験のための取口を準備する（掘削泥水を用いた場合，井戸透水試験や，地下水観測用には不適当）．(3) 乱した，または乱さない試料採取用の取口を準備する．
連続試料採取	打込み管ボーリング，または回転ドリル（コアボーリング），これによる削孔の結果として，試料ができる．		選択した方法による．	

2.2.1 計画設計における調査, 試験

計画設計の段階では, まず市販されている地形図を基に事業の計画が立案される. 例えば道路建設の計画設計では複数の路線を図上で計画し, 各路線に対し必要な構造物を想定し, また切土量, 盛土量のバランスを考慮し, 経済性や施工性などの面から総合的に路線候補地を選定する. このことはダムなどの建設計画でも同様であり, 地形図を用いて机上で複数の建設候補地点を選定し, 地質構造を基に仮排水路や洪水吐等の付帯構造物, あるいは材料採取場の立地条件などを勘案し, 最終的にダムサイトが決定される. このように予備設計の段階での地質調査は, 各種構造物の建設予定地点を中心に, 材料の採取場を含む, できる限り広範囲の地質構造を把握する. そのためには踏査を中心とし, 既存の地質図および崖部やその他の露頭部を調査し, 地層の**走行**や**傾斜**を明らかにする. 踏査と併行してボーリングや, 必要に応じて物理探査を行い, 踏査結果の確認を行う. ボーリングの密度（数量）や深度は地質構造の複雑さ等により異なるが, 計画設計の段階では構造物計画地点の地質構造の概略が明らかになれば, 調査の目的を達することができる. また, ボーリングの際には, 土質地盤に対しては通常**標準貫入試験**が行われ, 採取した試料に対し比重や粒度などの**物理試験**が行われる. 図 **2.9** はダムサイトの地質調査結果を示したが, 実際にはこのように単純ではないので模式的に示した.

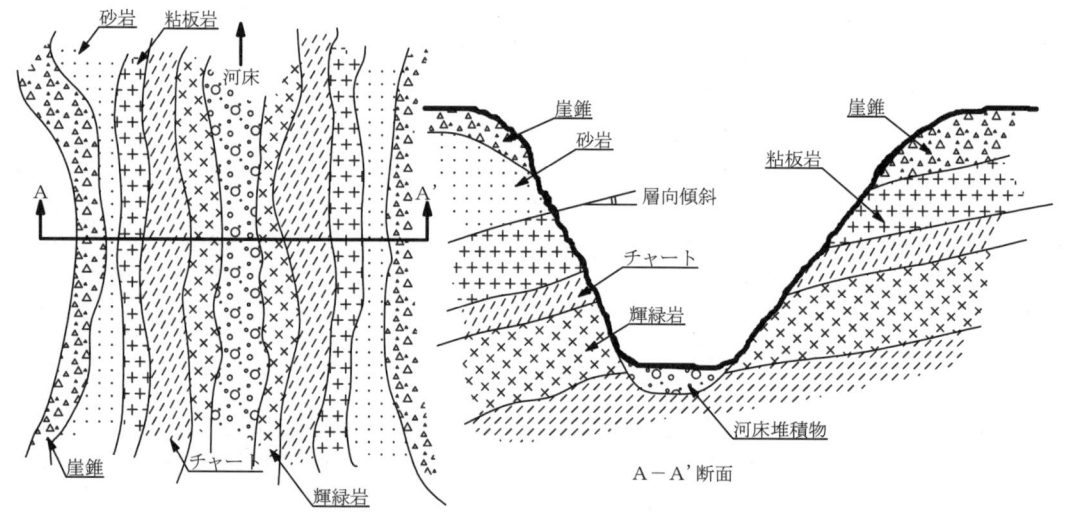

図 **2.9** 地質調査結果の模式図

2.2.2 実施設計における調査, 試験

計画設計段階と実施設計段階の地質調査や各種試験は, すでに述べたようにその内容や精度が異なる. 計画段階では事業の計画地域全体の地質構造を把握し, また試験はその工学的性質の概略を知るために行われる. これに対し, 実施設計の段階で行われる調査や試験は, 計画設計において事業の候補地として特定された地域に計画された各種構造物を設計し, またこれらの施工計

画を立案するために必要な資料を得るために行うものである．したがって，事業内容により構造物の種類や目的を異にするので，その内容により調査や試験の内容も異なる．例えば，河川堤防やフィルダム等の水利構造物の建設においては，基礎地盤ばかりでなく周辺を含む地質構成や地下水位およびその流動状況，さらには材料採取候補地および材料の種類や賦存量とそれらの工学的性質をも把握する．また道路の設計においては，各種構造物の基礎を始め掘削斜面や盛立部の安定問題等が検討される．各種土中構造物や杭基礎に対しては主として支持力に関する，例えばボーリング孔を利用した孔内横方向載荷試験が行われ，ダム等の基礎に対しては**原位置載荷試験**や**現場せん断試験**（例えば図 2.10）などが行われ，さらに掘削斜面に対しては，成層状態（走向，傾斜）や地下水の有無，あるいはせん断強度を把握するための調査，試験が行われる．

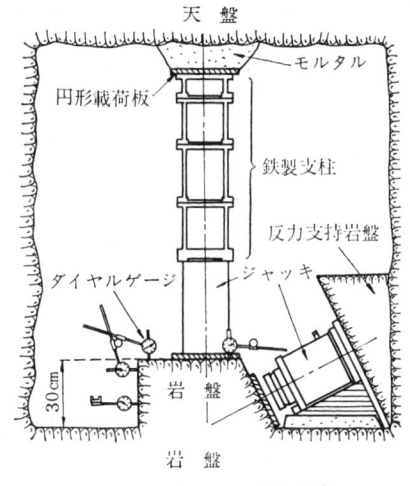

図 2.10 岩盤せん断試験[8]

2.2.3 ボーリング孔の閉塞と利用

水理構造物の建設，特にダム建設においては数多くの地質調査および原位置試験用のボーリングが行われる．このうち基礎地盤に対するボーリング孔は水道を形成し，ダム完成後の貯水時に様々な問題を引き起こすことがある．例えば，砂層と粘性土層との互層で構成される土質地盤上に建設されたアースダムにおいて，図 2.11 に示したように，堤体内の間隙水圧（浸潤面）が想定以上に上昇したり，一方，法先付近では砂を伴う多量の漏水量が観測されることがあるが，これらはすべて調査ボーリング孔をそのまま放置したためであり，ダムの安定に重大な影響を及ぼすことになる．

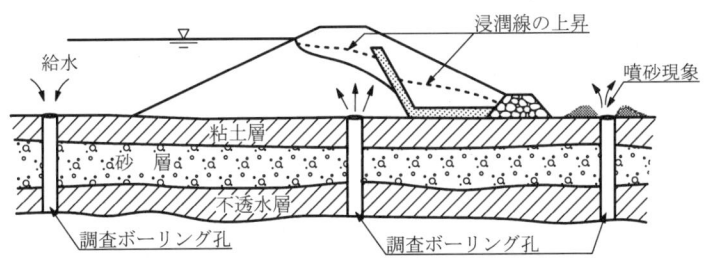

図 2.11 岩盤基礎の調査ボーリング孔

また，岩盤基礎においては図 2.12 に示したような例も経験されている．このダムは中心コア型ロックフィルダムであるが，ダム軸より上下流に対し，堤高（約 85 m）を上回る調査ボーリングが数ヶ所行われ，深度約 90 m において温泉帯が確認された．カーテングラウトは温泉帯上部まで計画され，理論的に十分な止水グラウトが実施された．しかし，初期湛水時に温泉水を伴う大量

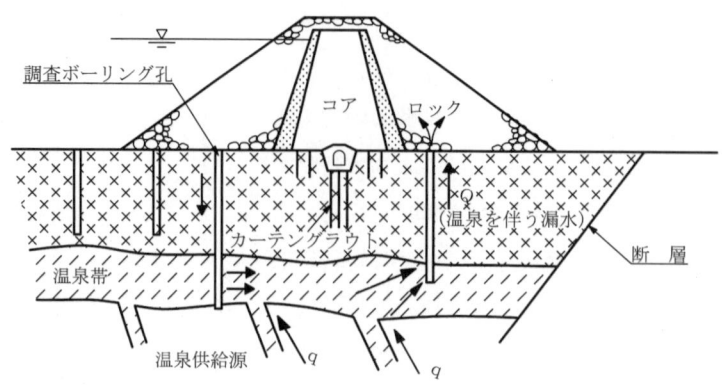

図 2.12 アースダム基礎の調査ボーリング孔

の漏水が確認され，漏水の主要因として，調査孔の放置が考えられた．

以上のように調査孔は貯水時に様々な問題を惹起することになる．このため，ダム建設にあたり，ダム軸より上流側の調査孔の閉塞は必至であり，また下流側に位置する調査孔については必要に応じて閉塞することになる．下流側の調査孔は**リリーフウェル**として利用し得るが，この場合は**パイピング防止用フィルター**の設置が必要となる．

2.2.4 材料採取場の調査，試験

材料採取場は事業計画や構造物の種類により，その場所が特定される場合とそうでない場合がある．道路建設や宅地造成工事では，切土量と盛土量とがバランスするような設計がなされなければならず，材料採取場は切土部として特定され，無条件で切土部の材料を造成用として利用することになる．造成量は斜面勾配や造成後の沈下量により決定されるので，材料採取場に対してはまず地質構造を明らかにし，材料の分布および賦存量を把握しなければならない．そして各材料に対し造成斜面の勾配や造成後の沈下量を推定するために各種試験が行われる．これらは例えば**突固め，圧密**あるいは**せん断試験**等であり，また**土量換算係数**を決定するための現場密度試験である．宅地造成などの盛立て工事において掘削量と盛立て量とが大きく相違することがあり，造成標高の変更を余儀なくされることがあるが，これらは実施設計段階における調査や試験の不足に起因するので十分注意しなければならない．

一方，水利構造物，例えばフィルダムの建設では，材料採取場は特別な場合を除いて特定されることはない．このため経済性，施工性においてダム建設にふさわしい材料の採取可能な地区が採取場として選定される．しかし，ダムサイトから極端に離れた，また近い地区からの材料採取は好ましくない．遠距離からの材料運搬は仮設道路の建設費や管理費あるいは重機械の燃料費において経済的な問題が生じるからであり，また，近距離からの採取は，運搬路の関係において不合理が生じ，逆に不経済になることがあるからである．

フィルダム建設の特徴は，ダムサイト周辺から経済的に採取可能な材料を最大限利用することであり，材料の性質や量によってダム形式が決定される．フィルダム建設では最低限の条件として不透水材料を確保しなければならないが，不透水材料の経済的確保が難しい場合はコンクリートやアスファルトによる**舗装型ダム**が採用され，この場合はダムの規模により粗粒材料の吟味が必要である．以上のように，フィルダム建設では材料を**不透水材料**と**その他の材料**に二大別し，それぞれの採取可能量を調査し，その工学的性質を明らかにしなければならない．材料採取場の調査では，不透水性材料に対してはボーリング（オーガーボーリングを含む）やテストピット（調査深度が浅い場合はトレンチ）が主体となるが，土取場全体の地質構成を把握する目的で，必要に応じて物理探査が行われ，また地下水が存在する場合は電気探査が行われることもある．その他の材料，例えば，土と岩とがランダムに混在するロック材やフィルター材に対する調査でも地質構成を明らかにすることが最優先されるが，概略的には採取場の地質が土砂を主体とするか，あるいは岩が主体なのかにより調査の密度が異なる．例えば，沖積堆積土層より古い運積土では，成層状態が比較的規則的であるのでボーリングやテストピットによる調査が行われる．これに対し岩を主体とする採取場は，岩の組成により岩質が突然変化することがある．特に，花崗岩，頁岩あるいは片岩等を主体とする場合は残積土の厚さや風化の程度，深度等が極端に変化することがあり，また，溶岩を主体とする場合は溶岩がフィンガー状に分布することがあるので，地質構造を正しく把握するのはかなり難しい．この種の地質構造地区における材料採取場の賦存量調査では，物理探査を主体とし探査結果をボーリングやテストピットにより確認する方法がとられる．

材料試験では，撹乱試料として採取された土質材料に対して，突固め，せん断，圧密あるいは透水等に関する試験が行われる．岩材料に対しては，まず風化の程度を調べる試験が行われ，その状況に応じて各種力学試験が行われる．図 **2.13** は土質試験用の撹乱試料の採取状況であり，図 **2.14** にはテストピットの掘削方法を模式的に示した．図では坑壁保護に矢板を用いているが，最近はライナープレートを利用することが多い．風化岩に対しては圧縮試験，細粒化，吸水膨張あるいはせん断試験が行われ，新鮮岩に対しては主として圧縮試験，せん断試験が行われるが，このほかにも必要に応じて**有害物質**の含有

個別試料は土の各層から採取し，混合試料は2つ以上の土層から採取する
図 **2.13** 試料採取トレンチ [5]

の有無を明らかにするための**化学試験**が行われる．さらに，コンクリートダムでは粗，細骨材の採取可能な地区と量とを把握し，**吸水性**や**耐久性**などの**工学的性質**あるいは**アルカリ骨材反応**など**化学的性質**を明らかにするための試験が行われる．

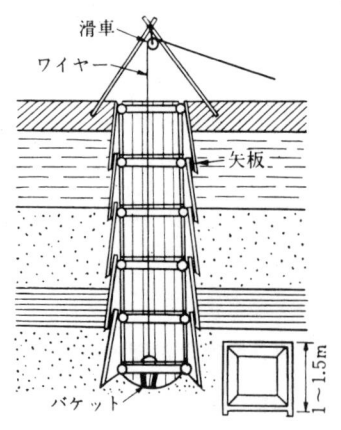
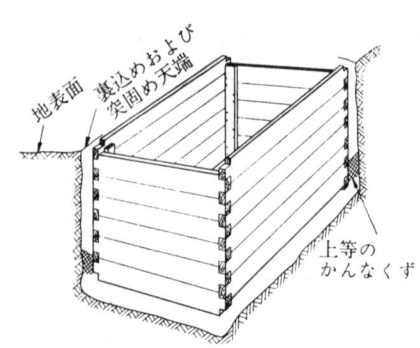

(a) 試掘坑（木製または鋼製縦矢板：側壁地質を観察しやすい）　　(b) 試掘坑の枠組（横矢板：側壁地質を観察しにくい）

図 2.14　試掘坑の枠組み [9]

2.2.5　基礎地盤の調査，試験

　基礎地盤は岩盤と土質地盤に大別され，さらに土質地盤は一般土質地盤と軟弱地盤に分類されることをすでに述べた．土木事業で扱う一般構造物の建設では，建設地点が特定される場合と，建設地点を任意に選択できる場合とがある．前者は他の構造物との関係において決定されるので，基礎地盤の地質的条件や周辺環境にはあまり関係なく構造物の建設計画が進められる．例えば，河川堤防の内陸側には排水用のポンプ場を建設することがあるが，この種の構造物は特別な場合を除いて躯体はコンクリートである．軟弱地盤上にコンクリート構造物を建設することは沈下や地震時の安定上好ましくないので，基礎地盤に対する十分な補強や改良が行われる．

　構造物の建設地点を任意に選択できる場合は，支持力を始め周辺地山の安定性に問題の少ない地点が選定されるのは言うまでもない．しかし基礎地盤は支持力のみによって評価されるものではなく，支持能力が十分であっても，すべての構造物が常に安全に建設可能ということではない．例えばダムの場合は貯水に伴う飽和により支持力が急激に低下することがあるので，調査ではこの点を十分な精度で明らかにし，またこれを判定するために必要な各種**原位置試験**を実施する必要がある．この場合の調査項目としては，地質構造を明らかにするためのボーリングや物理探査，ボーリング孔を利用した孔内載荷試験や透水試験（ルジオンテストを含む），あるいは現場載荷試験，さらには現場透水試験等が挙げられる．また，土質地盤を基礎とする構造物の建設では支持力，沈下あるいは破壊に対する安定性の検証が必要であるので，岩盤の場合と同様に，ボーリング調査と併行して透水試験や標準貫入試験を含む各種**サウンディング**，さらには**水浸時の強度低下**に関する試験等が実施される．

（1）岩　盤

　岩盤は，通常，**硬岩**と**軟岩**に大別されているが，その境をどこにおくのか現在のところはっき

りした定義はない．一部には圧縮強度を基にして分類し，硬岩であっても風化の程度によっては軟岩として扱うべきである，という意見もある．しかし，風化により軟化した岩は，泥岩のようにもともと軟質のものとは含有鉱物や結晶構造を異にするので，工学的には区別して扱うべきものと思われる．本書では，岩の地質年代，成因，構成物質などの面から，第三紀以新に生成された堆積岩のうち，砂岩，泥岩および凝灰岩などは風化の程度には関係なく軟岩，これ以外の火成岩や変成岩などを硬岩と呼び，これらの風化したものを，風化岩と呼ぶことにした．

風化の程度については**一軸圧縮強度**や**弾性波速度**を基に判定することとし，一軸圧縮強度が $30\,\text{N/mm}^2$ 以下のものを風化硬岩および軟岩と定義し，**表 2.3** のごとく分類した．表でわかるように第三紀以新の堆積岩（軟岩）の一軸圧縮強度の最大値は $30\,\text{N/mm}^2$ 程度であるが，その大多数のものは $10\,\text{N/mm}^2$ であり，さらに風化したものは $5\,\text{N/mm}^2$ であることから，$5\,\text{N/mm}^2$ 以下のものをもって風化軟岩とした．土木事業における一般構造物の建設では，上記分類による硬岩を基礎とする場合，支持力に関する問題はほとんど発生しない．しかし，ダムのような水利構造物の建設では，浸透問題や浸透に起因する地山崩壊などが考えられ，またその他の特殊構造物の建設（発電所など）では岩盤の変形やこれに伴う地山の安定が問題となることがある．一方，一軸圧縮強度が $10\,\text{N/mm}^2$ 以下に分類された軟岩類は工学的に様々な問題を抱えているが，これについては第 10 章において詳述した．なお，一軸圧縮強度が $5\,\text{N/mm}^2$ 以下のものは，リッパーにより容易に採取でき，また転圧することにより細粒化し土砂化することから，材料的には土質材料として扱うことができる．以上により岩盤に対する調査は，まず地質構造を明らかにするためのボーリングや物理探査を行い，次に岩を力学的見地から分類するための試験が行われ，続いて構造物建設後の環境変化により引き起こされる諸問題を想定し，これらを解決するために必要な各種試験が行われる．

表 2.3 岩塊の分類 [10]

特性＼分類	硬岩	風化硬岩	軟岩	風化軟岩
岩種	火成岩・変成岩		第三紀以新の堆積岩（泥岩類）	
一軸圧縮強度	$30\,\text{N/mm}^2$ 以上	$30\,\text{N/mm}^2$ 以下	$30\,\text{N/mm}^2$ 以下（$10\,\text{N/mm}^2$ 以下が最も多い）	$5\,\text{N/mm}^2$ 以下
吸水率	5 % 以下	5 % 以上	5 % 以上	5 % 以上
弾性波速度	2.5 km/s 以上	2.5 km/s 以下	1.0〜2.5 km/s	1.0 km/s 以下
骨材安定性試験（JIS A 1122）	5 サイクルで 12 % 以下	5 サイクルで 12 % 以上	5 サイクルで 12 % 以上でスレーキング	1 サイクルで粘土状になる
その他の特徴	採取には発破を必要とする	採取には主にリッパーを使用	採取は主としてリッパーで行うが，発破を必要とすることもある	ボーリングコアは堅い粘土状で乾燥時にひび割れを起こす
	ボーリングのコアは棒状	ボーリングコアは数センチの岩塊や岩片となり，粘土分も含む	ボーリングコアは棒状となるが乾燥時にひび割れを起こす	転圧によって粘土化する

岩盤の透水度は環境変化に対し様々な問題を惹起することがあるので，十分な精度でこれを明らかにしておくことが重要である．岩盤の透水度は，土質地盤の透水試験とは別に**ルジオンテスト**により明らかにされる．この方法はボーリング孔から岩盤中に水を圧入し，ボーリング孔長 1 m について，圧力 $1\,\mathrm{N/mm^2}$ のもとで $1\,l/\min$ の水が圧入される透水度を 1 ルジオンと呼んでいる[11]．透水係数と区別して表現するのは，土中の浸透問題は層流状態を前提としているのに対し，岩盤内では亀裂の寸法や数により**乱流状態**の流れが想定されるからである．したがって，**ルジオン値**を透水係数に置き換えて議論するのは誤りである．ただし，ダム基礎のように十分なグラウトを行い，開口亀裂を埋めた後は，水の流動は**層流**と扱い得るのでこの限りではない．

(2) 一般土質地盤

土質地盤は，比較的安定状態にある第四紀の洪積世以前の堆積土層および残積土層と，力学的に常に問題を有する堆積土層を区別して，前者を**一般土質地盤**，後者を**沖積地盤**と定義した．一般土質地盤に対する調査および試験は建設する構造物により異なるが，一般にはボーリング調査が主流となり，必要に応じて立坑や横坑の掘削，載荷試験が行われ，また撹乱試料や不撹乱試料を採取して各種土質試験が行われる．撹乱試料には盛土材料として利用するための試験，例えば物理試験および締固め，せん断，透水あるいは圧密などの力学試験であり，また不撹乱試料に対しては基礎地盤としての適否を検討するための試験，例えばせん断，圧密試験などである．フィルダムの建設では，地質調査の段階で現場透水試験は欠くことはできないが，これについては第6章で詳述する．

(3) 軟弱地盤

軟弱地盤は，多くの場合，粘性土層と砂層との累層で構成されている．層全体はわずかな外力の作用に対して変形しやすく，特に砂層の部分は地震外力に対して**液状化**しやすい．このため軟弱地盤上に構造物を建設する場合は，特殊な構造物の建設（例えば河川堤防や干拓堤防などの長大構造物）を除いて，一般には地盤支持力の改良が行われる．したがって，軟弱地盤の調査，試験は地盤改良を前提とし，これに必要な項目について実施される．これらは地盤の地質構造と構成する各層群の力学的性質を明らかにするものである．地質構造はボーリングにより，また力学的性質は**表 2.4** に示した**サウンディング**により明らかにされる．サウンディングには同表に示したように動的な方法と静的な方法がある．

1) 標準貫入試験（JIS A 1219）

この試験機はサンプラーとハンマーからなり，その規格は**図 2.15** に示すとおりである．

試験は，一般にはボーリング孔を用いて行われ，ボーリング深度が所定の位置に達した際，ボーリングビットをサンプラーに替え，これをハンマーで地中に打ち込む．打込み開始に先立ち，サ

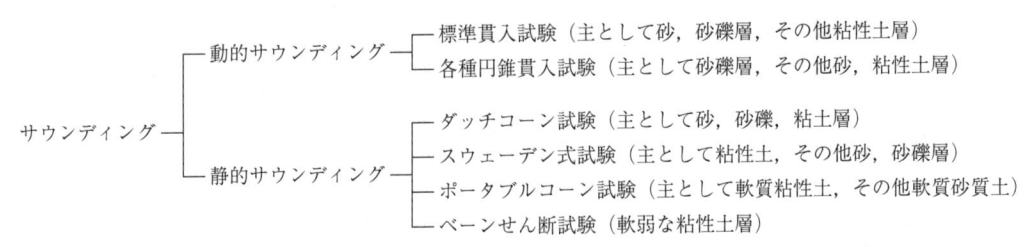

表 2.4 サウンディングの試験一覧

```
サウンディング ─┬─ 動的サウンディング ─┬─ 標準貫入試験（主として砂，砂礫層，その他粘性土層）
              │                    └─ 各種円錐貫入試験（主として砂礫層，その他砂，粘性土層）
              └─ 静的サウンディング ─┬─ ダッチコーン試験（主として砂，砂礫，粘土層）
                                  ├─ スウェーデン式試験（主として粘性土，その他砂，砂礫層）
                                  ├─ ポータブルコーン試験（主として軟質粘性土，その他軟質砂質土）
                                  └─ ベーンせん断試験（軟弱な粘性土層）
```

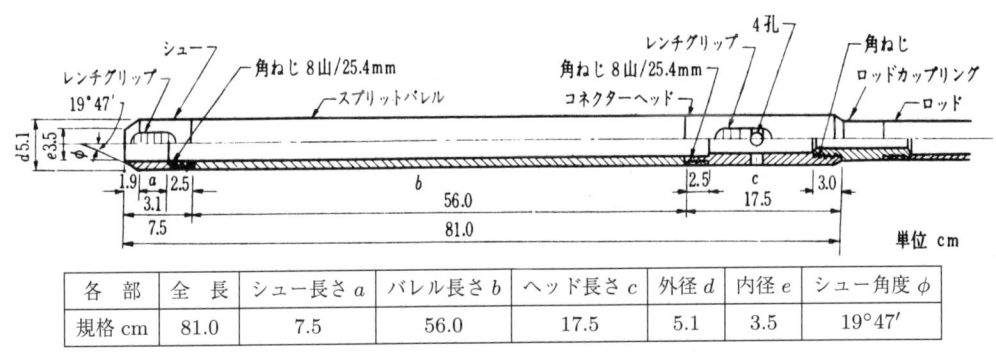

各 部	全 長	シュー長さ a	バレル長さ b	ヘッド長さ c	外径 d	内径 e	シュー角度 ϕ
規格 cm	81.0	7.5	56.0	17.5	5.1	3.5	19°47′

(a) 標準貫入試験用サンプラー

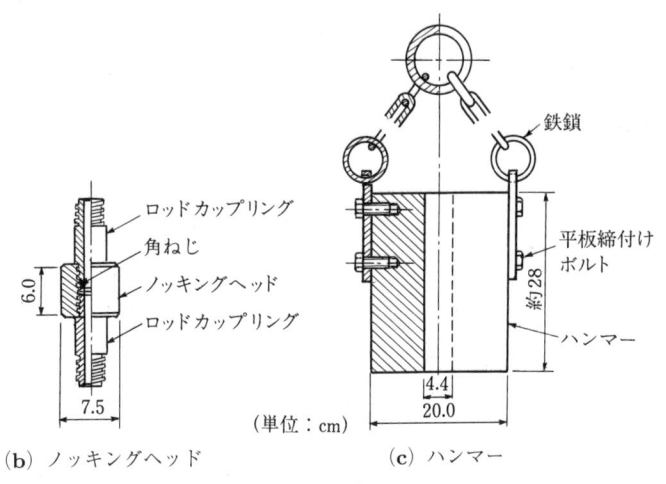

(b) ノッキングヘッド　　(c) ハンマー

図 2.15 標準貫入試験機具

ンプラーが約 15 cm 貫入するまで予備打ちを行う．その後，本打ち（貫入試験）を行い，サンプラーを 30 cm 貫入させるために要する打撃回数を求める．例えば，サンプラーを 30 cm 貫入させるために要する打撃回数が 8 回であったとすると，$N=8$ と表示される．なお，ハンマーの重量は 63.5 kg，落下高（自由落下）は 75 cm である．

a) N 値と内部摩擦角の関係

標準貫入試験の N 値と内部摩擦角（ϕ）との関係については，大崎他の提案があり，これを図 2.16 に示した[12]．また，「道路橋示方書・同解説Ⅳ 下部構造編（1996.11）」では N 値と ϕ との

関係を式 (2.1) で与えている．両者の関係は図 **2.16** からも明らかなようにばらつきが多く，したがって式 (2.1) は絶対的なものではなく，単なる目安であることに注意されたい．

$$\phi = 15 + \sqrt{15\,N} \leq 45°, \quad \text{ただし} \quad N > 5 \tag{2.1}$$

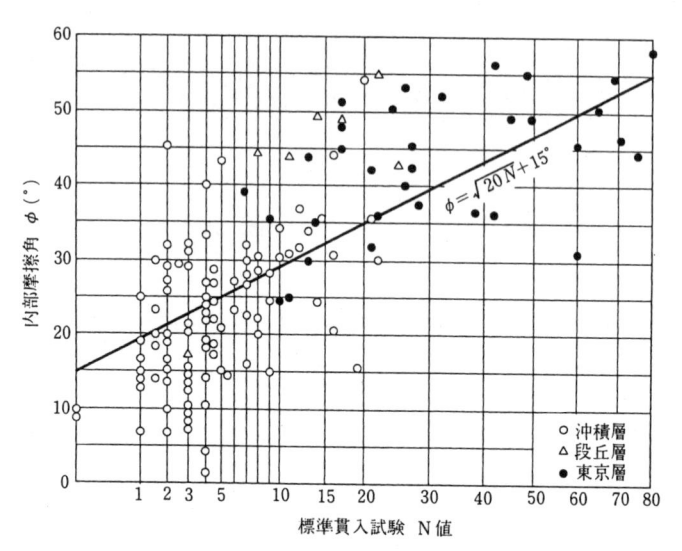

図 2.16 砂質地盤に対する N 値と内部摩擦角の関係（大崎）[12]

b) N 値と非排水強度との関係

標準貫入試験はもともと，砂や砂礫地盤の強度調査を目的として開発されたものであるが，最近は粘性土地盤の強度調査にも使われている．粘性土における N 値と非排水強度 (C_u) との関係は式 (2.2) で提示される．

$$C_u = \frac{1}{8} N \; (\text{tf/m}^2) \tag{2.2}$$

c) N 値と土圧係数との関係[13]

「鉄道構造物等設計標準・同解説」によると N 値と土圧係数との関係は**表 2.5**のように示されている．ここで示されている関係は，砂質土については実測値および $K_0 = 1 - \sin\phi$ を，また粘性土については土圧と水圧を合計した実測値をそれぞれ参考にして求めたものである[14]．

表 2.5 静止土圧係数[13]

土の種類			K_0
粘性土	硬い	$8 \leq N$	0.5
粘性土	中位	$4 \leq N < 8$	0.6
粘性土	軟らかい	$2 \leq N < 4$	0.7
粘性土	非常に軟らかい	$N < 2$	0.8
砂質土	非常に密な	$50 \leq N$	0.3
砂質土	密な	$30 \leq N < 50$	0.4
砂質土	中位，ゆるい	$N < 30$	0.5

N：標準貫入試験値

2) 動的円錐貫入試験（鉄研式）

この試験機は図 **2.17** に示すように，先端にコーンを取り付けたロッドをハンマーの自由落下で打ち込み，一定長の貫入に要する打撃回数から地盤強度を判定するものである[14]．

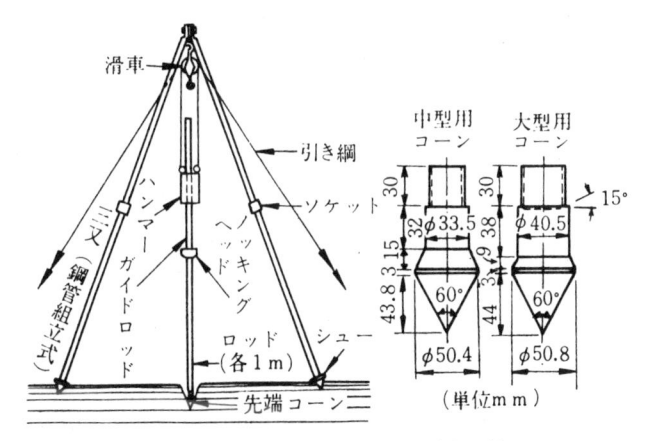

図 2.17 動的コーン貫入試験機（鉄研式）

表 2.6 動的円錐貫入試験機の仕様（鉄研式）

先端	ロッド	ハンマー	落下高	貫入量	回数記号
コーン	ϕ40.5 mm	63.5 kgf	75 cm	30 cm	N_d

試験方法は標準貫入試験と全く同様で，コーンを 30 cm 打ち込むのに要する打撃回数を求め，この値を N_d とすると，N_d は砂質地盤で深度 15 m，粘性地盤で 10 m 程度までの範囲で $N = N_d$ の関係が認められている．

3）ダッチコーン貫入試験（オランダ式二重管コーン貫入試験）

この試験機はコーンを取り付けたロッド（内管）とこれを囲む外管（二重管）からなっている．二重管によりロッドの周辺摩擦が分離されるので，精度は比較的良好と考えられる．

ダッチコーン貫入試験によりコーン貫入抵抗値 q_c（N/mm^2，MPa）が求められるが，q_c と N 値との関係は図 2.18 で与えられる．なお，砂質土および粘性土に対して，それぞれ式 (2.3) および式 (2.4) の関係が提案されている[4]．

砂質土（細砂・シルト質砂・粘土質砂）

$$q_c \fallingdotseq 4N \qquad (2.3)$$

粘性土（軟質）

$$q_c \fallingdotseq (4 \sim 17) c_u \qquad (2.4)$$

ただし，c_u：粘着力（非排水強度）

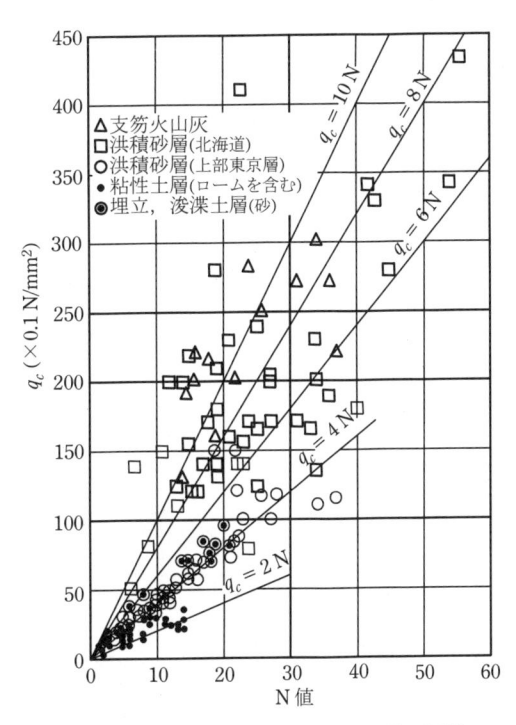

図 2.18 ダッチコーンの q_c 値と N 値の関係（室町，小林[15]）

4) スウェーデン式サウンディング試験

図 2.19 に試験機の仕様を示す．また試験機を q_u（一軸圧縮強度）と W_{sw}（ロッドの貫入が止まったときの荷重で 5, 15, 25, 50, 75, 100 kg のいずれかを示す），および q_u と N_{sw} との関係を図 2.20 に示した．ここに N_{sw} は貫入長 1 m 当りの半回数で，次式で与えられる．

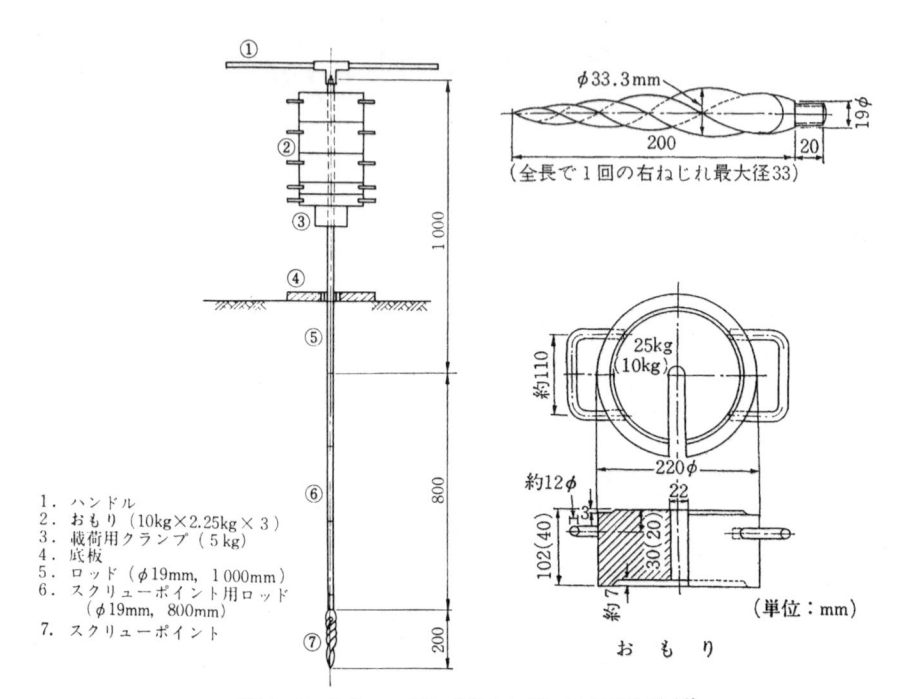

1. ハンドル
2. おもり（10 kg×2.25 kg×3）
3. 載荷用クランプ（5 kg）
4. 底板
5. ロッド（φ19 mm, 1 000 mm）
6. スクリューポイント用ロッド（φ19 mm, 800 mm）
7. スクリューポイント

図 2.19 スウェーデン式サウンディング試験機 [16)]

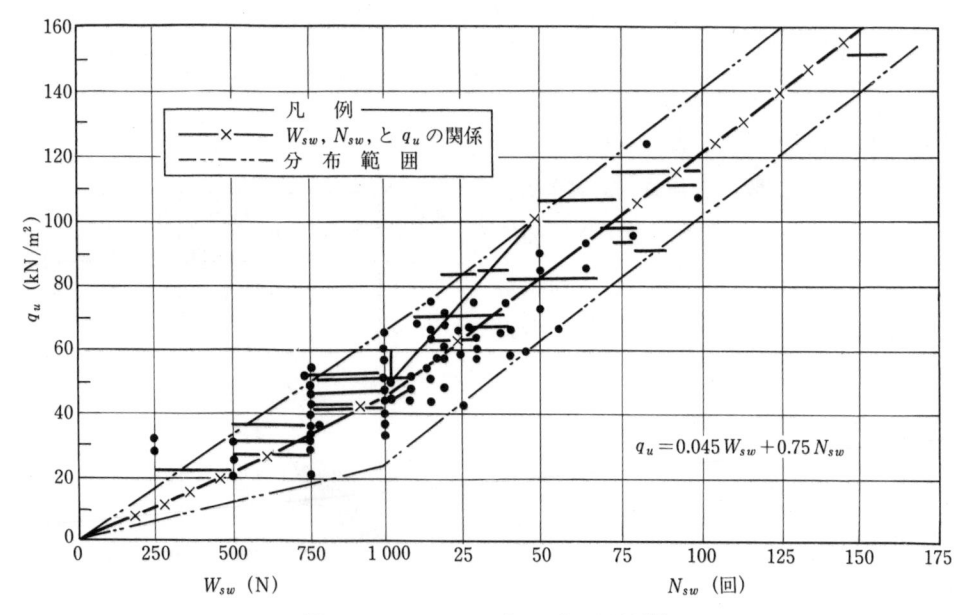

$$q_u = 0.045 W_{sw} + 0.75 N_{sw}$$

図 2.20 W_{sw}, N_{sw} と q_u との関係 [17)]

$$N_{sw} = \frac{100}{L} \cdot N_a \qquad (2.5)$$

ただし，N_a：半回転数，L：半回転数（N_a）に対応する貫入深さ（cm）

なお，この試験法については JIS A 1221 に詳細に述べられている．

5) ポータブルコーン貫入試験

この装置は図 2.21 に示したように，ハンドル付きプルービングリングと 1 本 50 cm のロッドと先端コーンからなり，ロッド 5 m 分を含めて全重量が約 8 kg 程度で軽量である．二重管式の場合は，全長にわたって外管が付くので，単管式の約 2 倍の重量と考えてよい．

この試験機は人力によって貫入するが，有効圧力は 2 人がかりで 1000 kN 程度であるので，測定可能な範囲は q_c が 1500 kN/m² 程度までである．また，測定有効深さは 5 m，測定可能深さは 10 m 程度である．

ポータブルコーン試験によって得られた土の強度は，貫入抵抗としてコーン指数（q_c）で表示されるが，q_c と一軸圧縮強さとの関係は，式 (2.5) で表すことができる[14]．

$$q_c \fallingdotseq 5 q_u \qquad (2.6)$$

ここで，q_c：コーン貫入抵抗（kN/m²），q_u：一軸圧縮強度圧縮強さ（kN/m²）

粘着力で表すと，

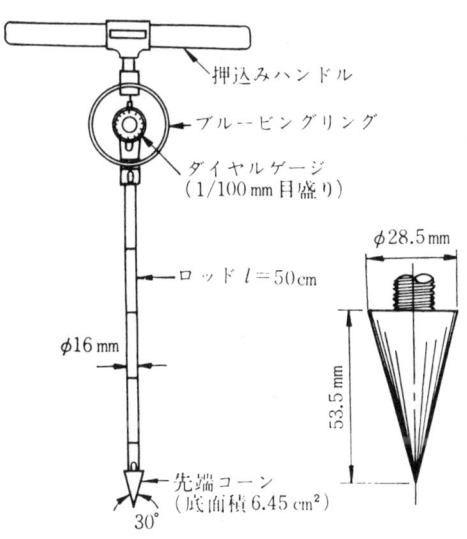

$$q_c \fallingdotseq 10 c_u \qquad (2.7)$$

図 2.21 ポータブルコーン貫入試験機

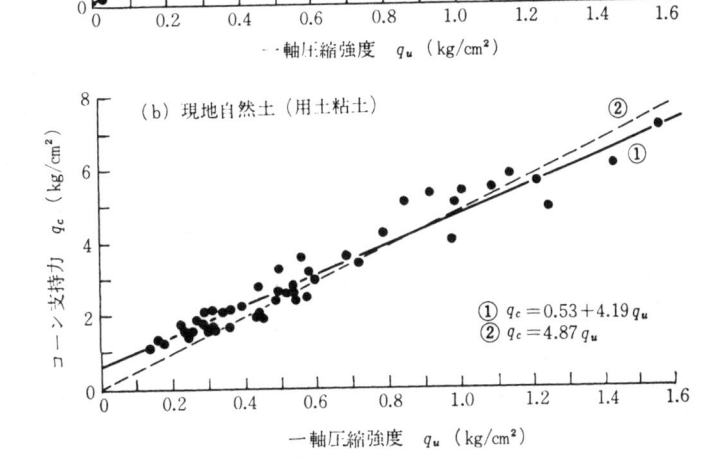

図 2.22 ポータブルコーンペネトロメーターによる q_c 値と q_u 値の比較実験例[18]

ここで，c_u：粘着力（kN/m^2）

図2.22は洪積粘性土と沖積粘性土におけるコーン貫入抵抗q_cと一軸圧縮強さq_uとの関係を示すものであるが，土質の違いにより多少の差はあるが実務的には式(2.5)が用いられている．

6) ベーン試験

ベーン試験機には準ストレンコントロール型（レバー方式）とトルクレンチ使用簡易型がある．図2.23および図2.24に両者の概略図を示した．原理はベーンの最大回転抵抗モーメント（M_{max}）を測定し，次式を用いて非排水せん断強さτを求める．

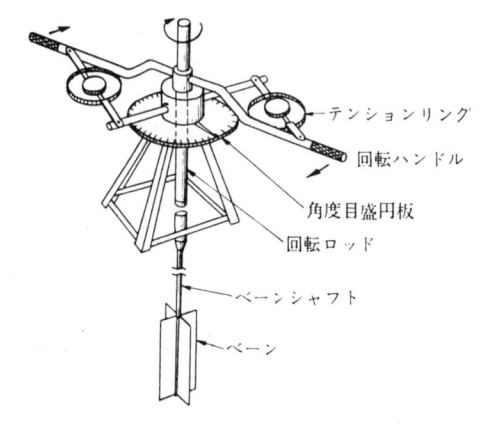

図2.23 準ストレンコントロール型ベーン（レバー方式）[19)20)]

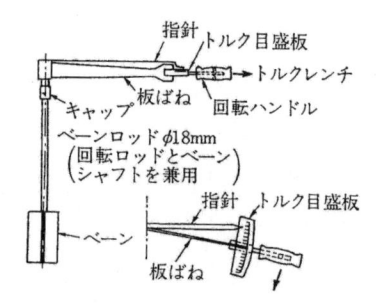

図2.24 トルクレンチ使用簡易型ベーン [19)20)]

$$\tau = \frac{6}{7}\frac{M_{max}}{\tau D^3} \quad (2.8)$$

ただし，D：ベーンの幅（直径），ベーンの高さ $H = 2D$

試験方法は，まず所定の深度までボーリングしてから孔底にベーンを押し込む（$H+5D$程度），二重管式ロッドの場合はボーリングせずに押し込むこともできる．次に回転角速度0.1度/秒を標準としてベーンを回転させ最大トルクを記録する．図2.25にベーン試験で得られた2τ値と一軸圧縮強度q_uとの関係を比較して示した．

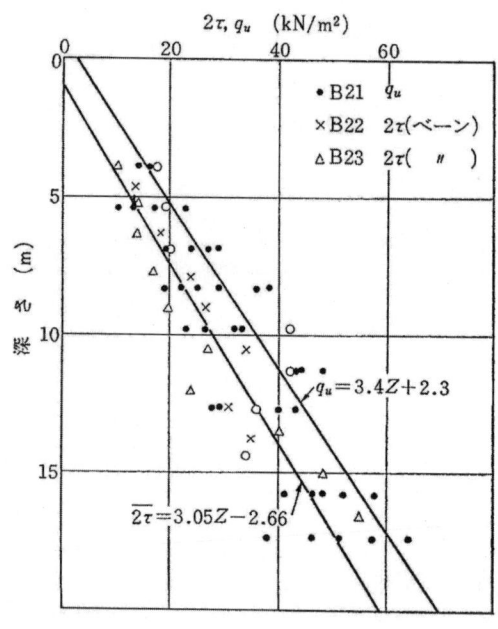

図2.25 ベーンテスト2τ値と一軸圧縮強さq_uとの比較 [20)]

(4) ボーリング調査における注意事項

a) ボーリング孔内の強度低下

地質調査では地質の種類に関係なく，ほとんどの場合ボーリング調査が行われ，このうち土質地盤に対しては，ボーリングの際に例外なく標準貫入試験が行われる．ボーリングの方法として，掘削中にボーリングロッドを通して水を供給し，掘削土砂を洗い流す方法と，掘削した土砂をサンプラーを用いて採取する方法がある．調査ボーリングでは例外なく後者の方法が採用され，サンプラーにより試料が採取される．ボーリング掘削が水面下で行われる場合，サンプラーは水中から引き揚げられるが，その際，ボーリング孔内の水も同時に掻い出される．このため孔内の圧力は減少し，時には負圧が発生することもある．このとき孔周辺の動水勾配が増大し，孔底部においてヒービングのような現象が起こり，壁面が崩壊することもある．各種のサウンディングはボーリング孔を利用して孔底に対して行われるが，粘性土層の場合，孔内水位の回復にはかなりの時間を要するので，サウンディングは高い間隙水圧の作用下で行われることになる．このことは地盤の強度を実際より低く見積もり，他の工学的諸量にも影響することになる．強度低下の程度は，孔内水深の高さ，地質構成あるいはサンプラー操作方法等により異なるが，標準貫入試験の場合，平均値として**約 10 %の低下**が経験されている．これを防止するには，貫入試験を行う深度に達した際，ボーリングのロッドおよびサンプラーの孔内からの引き揚げに十分注意し，孔内水位が大きく変動しないようにゆっくり引き揚げるなどの配慮が必要である．

b) スライムの清掃

ボーリングを水中で行う際，例外なく孔周辺から土砂が崩壊し，掘削時に発生するスライムが孔底に堆積する．また，上述のように，孔底付近には揚圧力が作用し，強度低下が起こる．これらの影響を軽減する目的で，貫入試験に際し，**深さ 15 cm 以上の予備打ち**を行う．最近予備打ちを省いていることもあるが，この作業は必ず実施するよう心掛けなければならない．

c) ロッド長さによる N 値の修正

地盤の深い位置における貫入試験では，打撃力によってロッドに弾性変形や継手部に塑性変形が生ずると考えられている．このためロッド先端部の貫入エネルギーが減少し，結果として N 値は大きく観測される．補正値については未だ結論は得られていないが，「道路橋示方書」では次式が提案されている[21]．ただし，式 (2.8) による修正値はごくわずかであるので無視されることもある．

$$\begin{aligned} N' &= N & (N \leq 20\,\mathrm{m}) \\ N' &= (1.06 - 0.003\,Z)N & (N \geq 20\,\mathrm{m}) \end{aligned} \tag{2.9}$$

参考文献

1) 竹内 均：生きている地球，教育社，1986／日経サイエンス，1977
2) 淺川 美利：土質工学入門，p.14，基礎土木工学講座（8），コロナ社，1996
3) 地盤工学会：地盤調査法，1995
4) 山口 柏樹，大根 義男：フィルダムの設計および施工，技報堂出版，1973
5) Bureau of Reclamation: Design of Small Dams, 1960
6) 小貫 義男：新編土木地質，森北出版，1968
7) Bureau of Reclamation: Earth Manual, 1960
8) 土木学会：土木技術者のための岩盤力学，1966
9) 最上 武雄，福田 秀夫：現場技術者のための土質工学，鹿島研究所出版会，1967
10) 大根 義男：盛立て材料としての岩塊の諸問題，土と基礎，Vol.32, No.7, 1984
11) 土木学会：土木技術者のための岩盤力学（昭和54年版），土木学会，1979
12) 大崎 順彦：建築基礎構造，技報堂出版，1991
13) 鉄道総合技術研究所：鉄道構造物等設計標準・同解説基礎構造物・抗土圧構造物，丸善，1997
14) 清水 昭男：地盤改良工法 調査・設計・施工のポイント，理工図書，1998
15) 室町 忠彦，小林 精二：q_c/N値の粒度による変化の実例について，サウンディングシンポジウム論文集，1980
16) 土質工学会：土質調査の計画と適用，1978
17) 地盤工学会：地盤調査の方法と解説，2004
18) 室町 忠彦：粘性土におけるコーン貫入抵抗と一軸圧縮強度との関係，土木学会誌，Vol.42, No.10, 1957
19) 土質工学会：土質調査法，1972
20) 松本，堀江，奥村：港湾技術研究報告，第9巻，第4号，1970
21) 阪口 理，梅原 靖文：土質調査法，土木学会編 新体系工学15，技報堂出版，1987

第 3 章 土の分類と工学的性質

3.1 はじめに

　岩，土等の自然材料は，粗粒分から細粒分に至るまで適宜混在するが，その混在状況は粒径加積曲線（粒度曲線）により表現される．そして粒度曲線の形状は**粒度分布**，または単に**粒度特性**といわれ，材料の力学的性質を支配する．細粒土に含まれる水は**吸着水**と**自由水**に大別される．粘土粒子は様々な理由により負の電荷を持ち，他方，水は**双極分子**を有するので，粘土粒子の表面には水分子が引き寄せられ薄い水膜が形成される．この膜を**吸着水層**といい，水分を吸着水と呼ぶ．この吸着水は外力を与えても容易に除去することができないので，自由水とは区別して扱われる．土の含水比といわれているのは土粒子に対する自由水の量のことである．なお，土の含水比を測定するため土を炉乾燥するが，炉乾燥により吸着水は除去されない．

　粘土粒子相互に働く粘性抵抗力は粘土分の量に依存するが，ある**限界値**（限界吸着水）を超えて加水すれば，この水は自由水として土粒子間に介在し，土粒子相互の結合力を弱めて土の変形抵抗を低下させ，遂には**液体状**を呈する．この液体状になる直前の含水比を土の**液性限界**（w_L）という．液性限界状態の土を乾燥すれば，乾燥過程において自由水は逐次減少し，土はばらばらの状態になるが，その直前の含水状態では吸着水と自由水とが適度に融合し，土粒子間には比較的高い結合力が生起し，変形抵抗も発揮される．このときの含水比を**塑性限界**（w_p）という．土をさらに乾燥すれば土はばらばらの状態になるが，多少の自由水は残留する（半固体状態）．そしてさらに乾燥することにより土中の自由水は完全に消失するので，これ以上乾燥しても体積変化は起こらない．体積変化が起こらない限界の含水比を**収縮限界**（w_s）という（図 **3.1** 参照）．以上述べた w_L，w_p および w_s を総称して**コンシステンシー限界**，または**アッターベルグ**（Atterberg）**限界**といい，この試験法は JIS A 1205-1980，A 1206-1970 で定められている．

　式 (3.1) に示したように液性限界から塑性限界を差し引いた値を塑性指数（I_p）と称する．この値は土の可塑性の幅を示すものであり，値が大きいほど含水比の変化に対する力学的性質の変化が小さい．砂分を含むシルト質土では I_p 値が小

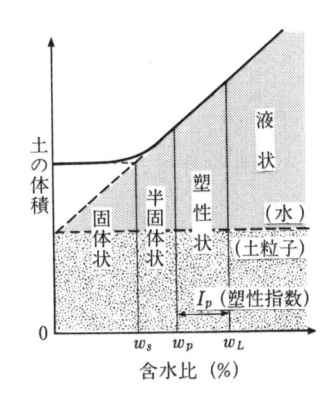

図 **3.1** コンシステンシー限界および含水比と体積変化との関係

表 3.1 粘土鉱物とコンシステンシー限界 [1]

	Ca^{2+}		Mg^{2+}		Na^+	
	w_L (%)	w_p (%)	w_L (%)	w_p (%)	w_L (%)	w_p (%)
カオリナイト	73	36	60	30	52	26
ハロイサイト	65	58	65	60	56	54
モンモリロナイト	177	63	162	53	700	97
イライト	100	42	98	43	75	41

さく，わずかな含水比の増加に対して軟化，流動しやすく，十分に締め固めた状態でも水の浸入により強度低下が起こることになる．

$$I_p = w_L - w_p \tag{3.1}$$

なお，コンシステンシー限界値は粘土鉱物の種類により異なり，Grim は実験の結果を表 3.1 のごとく示している [1]．

3.2 土の分類

土は異なる粒子が混在して構成されており，それぞれの粒子の混在割合によって名称が与えられている．わが国ではもともと米国開拓局（U. S. Bureau of Reclamation; USBR）の三角座標および統一分類法が使われてきた．三角座標による分類では，2.0 mm 以下を土と定義し，2.0〜0.42 mm を粗砂，0.42〜0.074 mm を細砂，0.074〜0.005 mm をシルト，0.005〜0.001 mm を粘土および 0.001 mm 以下をコロイドと命名し，図 3.2 の三角座標により，それぞれ**粘土**，**シルト質粘土**などと分類される [2]．この分類法は土を 2.0 mm 以下としていることからもわかるように，沖積の軟弱地盤を対象とし，その力学的特性を表現したものである．

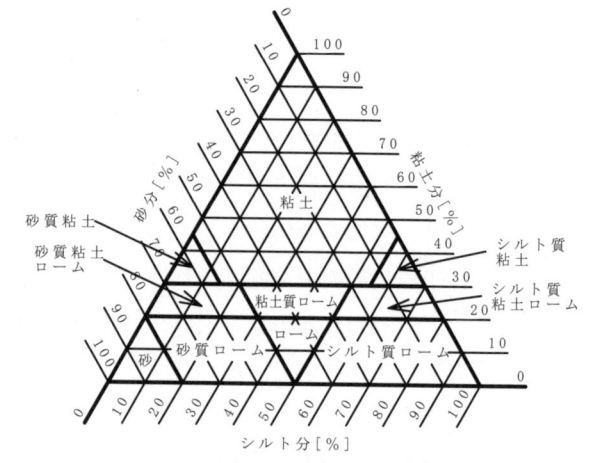

図 3.2 三角座標による土の分類 [2]

USBR の統一分類法は，もともと AASHTO（American Association of State Highway and Transportation Officials で 1973 年に AASHO が改称）により作成されたものである．米国開拓局は AASHTO 分類法に従って分類された **1 500 種以上**の土質材料に対し，**締固め**，**透水**，**せん断**などの各種力学試験を行い，この結果と土質材料の名称とを結び付けている．このため，この分類法は土質構造物，特にフィルダムの設計や施工を行う際に有用であり，一般に広く用いられている．

一方，わが国の場合は土質材料を物理的，力学的見地から**三角座標**により分類し利用してきたが，過去その分類方法は数回にわたり変更されている．現在は日本地盤工学会設定の2つの分類法，**三角座標法**と**日本統一分類法**が採用されているが，これらは基本的には USBR の方法を基にしている．しかし，USBR の方法とは内容を多少異にしている．すなわち米国で用いている統一分類法では，土質材料を粒径 **4.76 mm** 以下と定義しているのに対し，わが国では粒径 **75 mm** 以下としている．

最近，フィルダムの設計や施工に際し，日本統一分類法に従って材料を分類し，締固め試験やせん断試験等を行い，その結果を米国開拓局のものと比較して議論している技術者を見かけることがある．しかし，この議論は適当とはいい難い．材料の分類法に相違があるからであり，この点については十分注意しなければならない．今後，日本統一分類法に従って分類された材料に対し各種実験を行い，その結果を集積し，米国開拓局と同様の整理を行い，わが国独自の土の名称と工学的性質との結び付けを行う必要があろう．わが国の分類法に従った資料が整っていない現在，土質構造物の設計，施工に際し，特にフィルダムの設計，施工に対しては米国開拓局の分類法は有用であるので，ここでは米国統一分類法を紹介することにした．

材料の液性限界と塑性指数との関係によって分類される土の名称を図 **3.3** の**塑性図**に示した．統一分類法では土質材料をまず，5つの群に大別して，Gは礫，Sは砂，Mは無機質のシルト，Cは無機質粘土，Oは有機質のシルトと粘土をそれぞれ表す．また，各群はさらに細分されるが，その記号は前記5群の粒度配合や，コンシステンシー限界を表す修辞句の意味を持っている．さらに，結合材となる粘性土の少ない G, S の群においては，粒度配合の良否に応じて W, P とし，GW, GP の

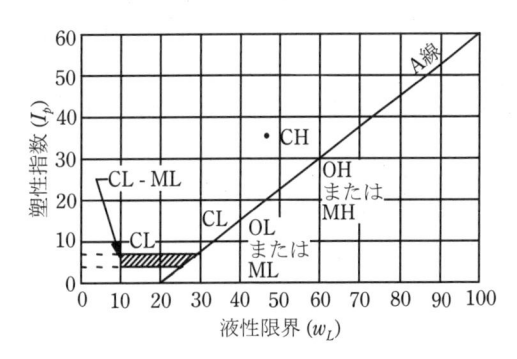

図 **3.3** 塑性図

ように表記する．一方，結合材として粘土が混入するときは GC, SC のように，さらにシルト質の混合材を含む場合は M を添えて SM と表示する．そして，M, C, O といった細粒土群で，塑性限界や圧縮性の低いものは添字 L により C_L, O_L と表し，同様にして高塑性のものに対しては添字 H を用い C_H, O_H, M_H などと分類する．このように各添字を記憶しておくことにより土質材料の性質を判定することが可能である．なお，各分類の詳細は図 **3.4** に示した．

表 3.2 は上述した米国開拓局で実施した土質材料の名称と，それぞれの工学的性質を結び付けた結果である．表中に示した各数値はすべてプロクター法（Proctor）により突き固めた最大乾燥密度を基準としたものである．プロクター規格は JIS のそれと同一であるので，わが国における土質構造物の設計，施工にあたり大いに参考となる．なお，GW, GP 材料の透水試験に限り大型試験機を使用し，最大粒径を 30 mm としているが，これ以外の試料はすべて −4.75 mm ふるい以

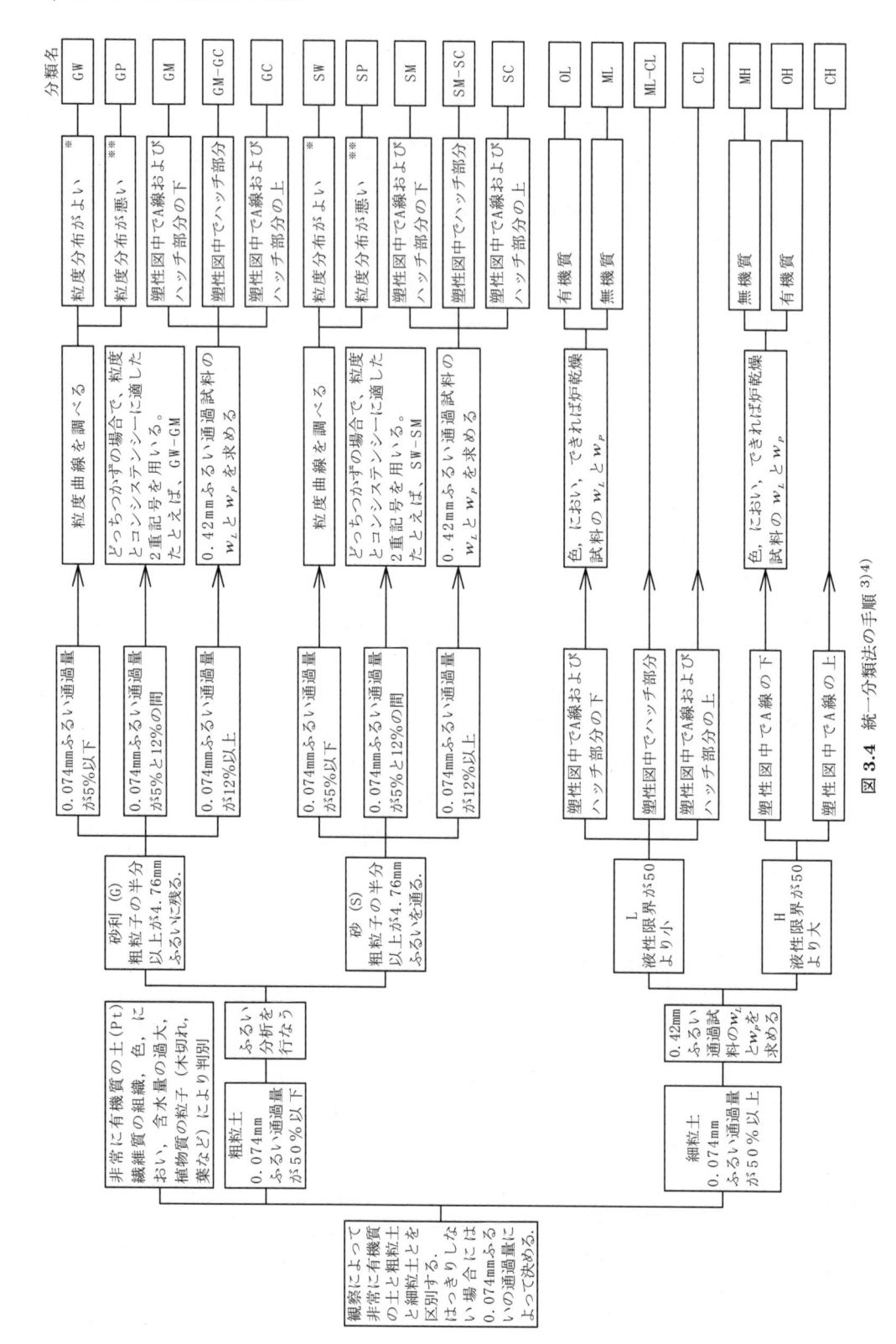

32 / 第3章 土の分類と工学的性質

粗粒土 0.074mmふるい通過量が50%以下	砂利 (G) 粗粒子の半分以上が4.76mmふるいに残る	0.074mmふるい通過量が5%以下	粒度曲線を調べる	粒度分布がよい※	GW
		0.074mmふるい通過量が5%と12%の間	どっちつかずの場合で、粒度とコンシステンシーに適した2重記号を用いる。たとえば、GW–GM	粒度分布が悪い※	GP
				塑性図中でA線およびハッチ部分の下	GM
		0.074mmふるい通過量が12%以上	0.42mmふるい通過試料の w_L と w_P を求める	塑性図中でハッチ部分	GM–GC
				塑性図中でA線およびハッチ部分の上	GC
	砂 (S) 粗粒子の半分以上が4.76mmふるいを通る	0.074mmふるい通過量が5%以下	粒度曲線を調べる	粒度分布がよい※	SW
		0.074mmふるい通過量が5%と12%の間	どっちつかずの場合で、粒度とコンシステンシーに適した2重記号を用いる。たとえば、SW–SM	粒度分布が悪い※	SP
				塑性図中でA線およびハッチ部分の下	SM
		0.074mmふるい通過量が12%以上	0.42mmふるい通過試料の w_L と w_P を求める	塑性図中でハッチ部分	SM–SC
				塑性図中でA線およびハッチ部分の上	SC
細粒土 0.074mmふるい通過量が50%以上	L 液性限界が50より小	塑性図中でA線およびハッチ部分の下	色、におい、できれば炉乾燥試料の w_L と w_P	有機質	OL
				無機質	ML
		塑性図中でハッチ部分			ML–CL
		塑性図中でA線およびハッチ部分の上	0.42mmふるい通過試料の w_L と w_P を求める		CL
	H 液性限界が50より大	塑性図中でA線の下	色、におい、できれば炉乾燥試料の w_L と w_P	無機質	MH
				有機質	OH
		塑性図中でA線の上			CH

非常に有機質の土 (Pt) 繊維質の組織、色、におい、含水量の過大、植物質の粒子(木切れ、葉など)により判別 → ふるい分析を行なう

観察によって非常に有機質の土と粗粒土と細粒土を区別する。はっきりしない場合には0.074mmふるいの通過量によって決める。

図 3.4 統一分類法の手順 [3][4]

表 3.2 土の種類とその工学的性質 [4]

分類記号	図示記号	標準突固め γ_{dmax} (kN/m³)	標準突固め W_{opt} (%)	間隙比 e_0	パイピング抵抗性	透水係数 K (cm/s) 範囲(平均)	透水度	せん断強度 c_0 (kN/m²)	せん断強度 c_{sat} (kN/m²)	せん断強度 ϕ (°)	せん断強度	施工管理の難易	開拓局遮水ゾーン実例数	築堤材料適否(ゾーン)	圧縮率 140 (kN/m²)	圧縮率 350 (kN/m²)	基礎地盤適否 支持力	基礎地盤適否 透水対策
GW		>19.1	<13.3	·	高	$1^{-8}\sim1^{-1}$ $(2.7^{-2}\pm1.3^{-2})$	透	·	·	>38	非常に高	非常に易	—	適(透)	<1.4	·	良	完全止水型
GP		>17.6	<12.4	·	高〜中	$5^{-3}\sim1^{-1}$ $(6.4^{-2}\pm3.4^{-2})$	透〜非常に透	·	·	>36	高	非常に易	—	適(透)	<0.8	·	良	
GM		>18.3	<14.5	·	高〜中	$1^{-7}\sim1^{-1}$ $(>3^{-7})$	半	·	·	>34	高	非常に易	4	適(不)	<1.2	<3.0	良	斜面先トレンチ
GC		>18.4	<14.7	·	非常に高	$1^{-8}\sim1^{-5}$ $(>3^{-7})$	不	·	·	>31	高	非常に易	4	適(不)	<1.2	<2.4	良	不要
SW		19.1±0.8	13.3±2.5	0.37± ·	高〜中	$5^{-4}\sim5^{-2}$ $(·)$	透	40±4	·	38±1	非常に高	非常に易	—	適(透)	1.4± ·	·	良	不完全止水壁
SP		17.6±0.3	12.4±1.0	0.50±0.03	低〜非常に低	$5^{-5}\sim1^{-1}$ (7.2^{-4})	透〜半	23±6	·	36±1	高	易〜中	—	適(透)	0.8±0.3	·	良〜不良	
SM		18.3±0.2	14.5±0.4	0.48±0.02	中〜低	$1^{-7}\sim5^{-4}$ $(7.5^{-4}\pm4.8^{-6})$	半〜不	52±6	20±7	34±1	高	易〜中	16	適(不)	1.2±0.1	3.0±0.4	良〜不良	
SM-SC		19.1±0.2	12.8±0.5	0.41±0.02	—	$(8.0^{-7}\pm6.0^{-7})$	—	51±22	15±6	33±3	高〜中	—	3	適(不)	1.4±0.3	2.9±1.0	—	—
SC		18.4±0.2	14.7±0.4	0.48±0.01	高	$1^{-8}\sim5^{-5}$ $(3.0^{-7}\pm2.0^{-7})$	不	76±15	11±6	31±3	中〜低	易〜中	7	適(不)	1.2±0.2	2.4±0.5	良〜不良	不要
ML		16.5±0.2	19.2±0.7	0.63±0.02	低〜非常に低	$1^{-8}\sim5^{-5}$ $(5.9^{-7}\pm2.3^{-7})$	不	68±10	9± ·	32±2	中〜非常に低	中〜非常に難	7	適(不)	1.5±0.2	2.6±0.3	不良	斜面先トレンチ
ML-CL		17.5±0.2	16.8±0.7	0.54±0.03	—	$(1.3^{-7}\pm0.7^{-7})$	—	64±17	22± ·	32±3	—	—	—	適(不)	1.0±0.2	2.2±0.0	—	不要
CL		17.3±0.2	17.3±0.3	0.56±0.01	高	$1^{-8}\sim1^{-6}$ $(8.0^{-8}\pm3.0^{-8})$	不	88±10	13± ·	28±2	中	易〜非常に難	10	適(不)	1.4±0.2	2.6±0.4	良〜不良	不要
OL		·	·	·	中	$1^{-5}\sim1^{-5}$ $(·)$	—	·	·	·	低	中〜難	—	否	·	·	不良	不要
MH		13.1±0.8	36.3±3.2	1.15±0.12	中〜高	$1^{-9}\sim1^{-7}$ $(1.6^{-7}\pm1.0^{-7})$	非常に不	73±30	20±1	25±2	低〜中	難〜非常に難	—	否	2.0±1.2	3.8±0.8	不良	不要
CH		15.0±0.3	25.5±1.2	0.80±0.04	非常に高	$1^{-10}\sim1^{-8}$ $(5.0^{-5}\pm5.0^{-8})$	非常に不	104±34	11±6	19±5	低	非常に難	1	適(不)	2.6±1.3	3.9±1.5	不良	不要
OH		·	·	·	—	$(·)$		·	·	·			—	否	·	·	不良	不要
Pt		·	·	·	—	—						締固め不能		使用不能			基礎から取り除くこと	

注 1) ・は資料不足を示す。
2) c_0 : 最適含水時の値。 c_{sat} : 飽和時の値。透水係数の $(1^{-3}\sim1^{-1})$ は $(1\times10^{-3}\sim1\times10^{-1})$ の略である。以下同じ。
※ 本表の各数値は，引用元の数値をSI単位系に換算した。

下の材料を使用したものである．したがって，礫分（＋4.76 mm）を含有する場合は，精度が多少低いため不等号により示されている．

なお，せん断試験（三軸圧縮）は不飽和と飽和の 2 種について行われたものである．不飽和土の試験方法は非圧密非排水せん断（UU）であり，試験中に発生する間隙水圧を測定し，せん断応力からこの値を差し引き c, ϕ を求めている．ここで示されている c, ϕ は有効応力表示の c', ϕ' と見なすことができる．

3.3 粒度分布と工学的性質

図 3.5 において粒度曲線群の範囲 a に示したように，細粒分から粗粒分を満遍なく含有する材料（均等係数で 30〜900）は，力学的に安定しており，締固め密度が大きく，せん断強度も高い．このような材料は「**粒度分布の良い材料（well graded material）**」と呼ばれている[4]．また，これを**タルボット（Talbot）指数** (n) で表現すれば $n \fallingdotseq 0.35 \sim 0.40$ である．なお，実際の粒度分布は多くの場合，図 3.6 に示したように通過率 P の大きい部分で粒径が急に大きくなるので，タルボット指数で粒度分布を表現する場合は，図に示したように粒度曲線の直線部分を延長し，D_m

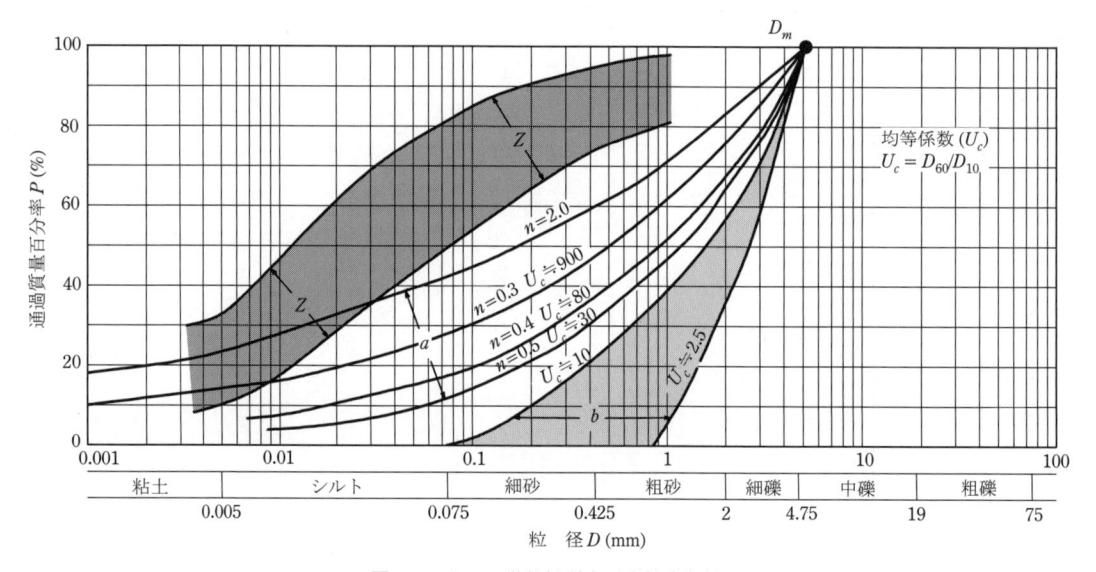

図 3.5 土の工学的性質を示す粒度塑性

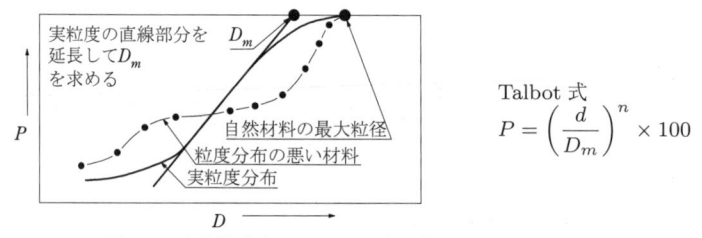

Talbot 式
$$P = \left(\frac{d}{D_m}\right)^n \times 100$$

図 3.6 自然粒度をタルボット式で表示する方法

を求めタルボット曲線に当てはめる．粒度曲線 b は粒径が均一に近い材料であるので，「**均一粒径材料（uniform graded material）**」と称する．自然状態，特に水中で堆積した土粒子はゆるく成層していることが多く，一般に不安定である．したがって地震等の振動外力に対して液状化しやすいが，よく締め固めることにより十分な安定性を確保することができる．また，**図3.6** ● 印曲線に示したようにタルボット式では表現できないような材料は「**粒度分布の悪い材料（poor graded material）**」といわれ，せん断強度や圧縮特性等の力学的特性があまり好ましくなく，したがって土質構造物用として利用する場合は設計や施工において十分な注意が必要である．また，**図3.5**の左上に示した粒度範囲（図中 Z）の材料は，ダムなどの水利構造物には一般には使われない[3]．これは材料を湿潤側で締め固めた場合，変形性に富み，施工性が悪い．一方，乾燥側で施工した場合，せん断変形に対し亀裂が発生しやすく，さらに多くの場合，十分締め固めても飽和度が低いので，飽和時に軟化しやすいからである（コラプス現象）．

3.3.1　細粒分（0.075 mm 以下）の含有率と工学的性質

　構築材料を締め固めた後の透水係数は細粒分の含有率に支配されるが，粒度組成の良い材料（タルボット指数が $0.25 < n < 0.35$）では，細粒分（0.074 mm 以下）の含有率が **10 ％以上の材料を不透水性，10 ％以下の材料を透水性材料**と見なすことができる．つまり細粒分を 10 ％以上含有する材料は，フィルダムなどの不透水性材料として利用可能である．一方，粒度組成の悪い材料（$n \geq 0.35$）で不透水性材料として利用できるのは，**細粒分を少なくとも 15 ％以上含有すること**が望ましい．なお，ここでは -4.76 mm の材料を対象としているが，実務においては $+4.76$ mm の，いわゆる礫分が含まれるので，この場合は礫を含む全体の粒度に対する細粒分の量を考えればよい．一般に不透水性材料（コア）では礫の混入量を約 55 ％程度まで許容するので，この程度において -4.76 mm の混入量が **10 ％以下であれば透水性，10 ％以上の場合は不透水性**と見なすことができる．

　細粒分の含有率が 10 ％以下で粒度組成の悪い材料では，施工時に細粒分と粗粒分とが分離することがあり，分離により細粒分が集中した部分では転圧後の透水性がかなり小さくなることがある（例えば $10^{-5} \sim 10^{-6}$ cm/s）．また，粗粒分が集中した部分では十分転圧した場合でも転圧エネルギーが粗粒子に阻まれて細粒子に伝達されず，細粒子部分の密度の増加は期待できない．このため細粒分は不安定な状態で粗粒子間に存在することになり，降雨時や貯水時に細粒分が移動し堤体全体の沈下を引き起こすことがある．ロックフィルダムの沈下が 10 年以上にわたり観測された例があるが，これは降雨や貯水による**細粒分の移動**によるものである．この種の沈下は多くの場合均一には起こらないので，堤体は局部的にゆるみ，したがって安定性にも影響することがある．

　細粒分の含有量が 10 ％以下（例えば 7〜8 ％）でも粒度組成の良い材料は，十分転圧することにより透水性はかなり低くなることがある（$10^{-5} \sim 10^{-6}$ cm/s）．また，含有率が 5 ％以下の材料は，明らかに透水性が高いので，フィルダムのフィルターやドレーンとして利用される．このよ

うな材料はしばしば均一粒度となるので、材質（軟質のもの）によっては転圧等により細粒化が起こりやすい。特に振動ローラーを用いた転圧で**細粒化**が起こりやすく、転圧面と直交する透水係数が不透水性部と同程度の 10^{-5}～10^{-6} cm/s となり、ドレーンの目的を達することができないので、施工にあたり十分な注意が必要である（フィルダムのフィルター、ドレーンについては13.4節で詳述した）。

3.3.2 シルトを多く含む材料の性質

シルト、粘土分を合わせて40％以上含有するような材料は扱いにくく、工学的には最も問題の多い材料である（例えば図3.5の $n \leq 0.25$）。この種の材料は含水比の比較的高い状態（最適含水比より3～5％湿潤側）で転圧した場合、わずかなせん断力に対し変形しやすく、強度も低く、さらに盛立て中に高い間隙水圧が発生する。また、転圧時にはその表面に亀裂が発生しやすく、**トラフィカビリティ**も悪く、これが斜面崩壊の誘因となることがある。反面、含水比が低い状態で締め固めれば、飽和度が低く弾性体のような挙動を示し、せん断変形に対し亀裂などが発生しやすい。また、これが飽和した場合は急激に軟化し（コラプス現象）、沈下して崩壊を招くことがある。さらに、中庸の含水比（最適付近）で締め固めた場合でも高いせん断強度は望めない。以上のように、この種の材料はフィルダムなど重要な構造物の構築に対しては単独ではほとんど使われない。同様の現象は風化の進んだ泥岩類でも経験された、との報告があるが、泥岩については第10章で詳述した。

3.3.3 シルト分や粘土分を多く含む材料の性質

第三紀の新鮮世や第四紀等の水中堆積土には均一粒径のシルト分（0.005～0.074 mm）を多く含む土層が存在することがある（図3.5のZ範囲）。この種の土は塑性指数の小さい細粒材料と呼ばれており、含水比の変化に対し**鋭敏**で、締固めが難しく、せん断強度も低く、圧縮性に富み、さらに盛立て時にはその表面に**亀裂**が出現しやすい。この種の材料は特別な場合を除いて、大規模な水利構造物の建設用として単独に使われることはない[3]。

3.3.4 膨張性鉱物を含有する材料[5]

粘土鉱物の代表的結晶構造には**カオリナイト**、**モンモリロナイト**および**イライト**などがあるが、このうちモンモリロナイト系鉱物は、低含水比の状態から水分が増加した場合、体積が増える膨潤性に富んでいる。膨潤性の鉱物を多く含む材料は土質構造物の構築用として好ましくなく、またこの種の鉱物を含有する自然斜面を掘削した際、降雨時に崩壊する危険性をはらんでいる。膨潤性鉱物の膨張圧は鉱物の風化環境や初期の含水比に依存するが、経験したところによると単位 cm^2 当り数 kg に達したことがある。この種の材料を用いて土質構造物を構築した場合、膨張した際強度低下が起こり、時には亀裂が発生し、これに雨水が浸入し、**流動崩壊**を招くことがある。

しかし，膨潤性材料を用いて十分安全な土質構造物を構築した例は数多く経験されている．これに対しては締め固めた後に**水の浸入を許さない**，あるいは**膨張圧を上回る拘束圧を与える**等の対策がとられている．

3.3.5　水に溶解する鉱物を含有する材料 [5]

火山生成物のガラス中にはSiやAlが多く存在することがあるが，これらは酸化鉄の作用により溶脱し，ゲル状の**アロフェン**を構成する．アロフェンは非結晶粘土鉱物であるので浸透水と共に流失することがあるので，この種の鉱物を含む材料は大規模な水利構造物の構築用としては適当ではないと考えられている．しかし溶脱量は一般には極めて少ないので一般の土質構造物の構築には特に問題はない，という意見もあり，構造的に多少の工夫を加えて，この種の材料を用いた土質構造物は過去に数多く存在する．

3.4　土の物理的性質と工学的性質の変化

3.4.1　概　要

岩盤が風化して岩塊となり，これが降雨や洪水期に流動し，流動の過程において細粒化し，土砂層や礫層を構成する（運積土）．また一方では，岩盤が現場においてそのままの状態で風化が進み土砂化する（残積土）ことをすでに述べた．土質構造物はこれらを材料として構築するが，構築にあたり材料の物理的，力学的性質を把握し，これを設計・施工に取り入れることにより，安全で経済的な構造物の建設が可能になる．

土の物理的性質，例えば土の比重や粒度組成，および粒度組成に起因する塑性などは土固有のものである．しかし，土を自然状態の含水比から極端に乾燥したり，転圧等の外力を与えることにより粒度組成が変化し，塑性の全く異なる土が出現することがある．特に火山生成物であるローム質土，風化花崗岩，雲母を含有する片岩類や泥岩，頁岩類は，外力の作用や乾燥による塑性の変化が著しい．例えば，関東ロームは自然状態において力学的に安定しており，一見サラサラしているが，これは粒子間の**吸着水**や**セメンテーション効果**によるものである．ローム土を手の平で数回こね返したり，突固めなどの外力を与えると，極端に軟化し液体状になることがある．しかし，この状態（含水比が一定）でしばらく放置すると，強度は再び元の状態，または元の状態より安定した状態に回復する．この現象は化学の分野において，物体に外力を与えることによるゾルからゲルへの変化，またしばらく放置することによるゾル化の現象に似ていることから，土の**チキソトロピー**（thixotropy）現象と呼んでいる．

風化花崗岩や雲母片岩類は，転圧などの外力を与えることにより容易に細粒化し，物理的，力学的特性は岩から土に変貌する．また泥岩類は拘束状態から解放されると容易に軟化し，あるいは水の浸入により**スレーキング**を起こし，泥濘状になることがある．土質構造物の構築にあたっ

ては，これらの材料をすべて利用することになるが，そのためには設計・施工に先立ち，その工学的性質を十分把握しておくことが大切である．

3.4.2 チキソトロピー土の盛立て方法

　チキソトロピーの性質を有する材料の盛立て方法には，2つの方法が考えられる．一つは，あまり大きな繰返し外力を与えずに転圧して盛り立てる方法である．他は，土が十分軟化するまで転圧し，数層盛り立てた後，盛立てを休止して強度回復を待った後に同様の盛立てを行い，この工程を繰り返して盛土を完成させる方法である．米国ハワイ州は表層土の大部分が火山性のロームで覆われているが，ここでは道路建設用としてしばしば火山性ロームを利用している．盛土をする際には自然状態の土をできるだけ撹乱せずに運搬し，また転圧は撒出し厚を大きく1m程度とすることによって，比較的安定した道路の建設に成功している．

3.4.3 チキソトロピーの性質を有する土の締固め特性

　この種の土は上述のように火山性ロームで代表されるが，自然状態の含水比からいったん乾燥すると組成の全く異なる土，すなわち自然状態の粒度組成より粗い組成の土が出現する．図 3.7 は関東ロームと一般粘性土に対し JIS エネルギーを与えて突固め試験を行った結果である．図中の一般土は自然含水比（w_{f1}）を中心として乾燥側および湿潤側に含水比を調整して突き固めた結果である．関東ロームは，自然含水比（w_{f2}）の状態から逐次乾燥させて突き固めた結果と，いったん 65% まで乾燥させた後に突き固めた結果，および 35% まで乾燥させた後に加水しながら突固め試験を行った結果を示している．この図から知れるように，w_{f2} から乾燥して突き固めると，一般土で見られるような最大乾燥密度は現われない．しかし，いったん乾燥させた後，加水しながら突き固めると，最大乾燥密度が明瞭に現われる．このことは，乾燥により複数の粒子が吸着

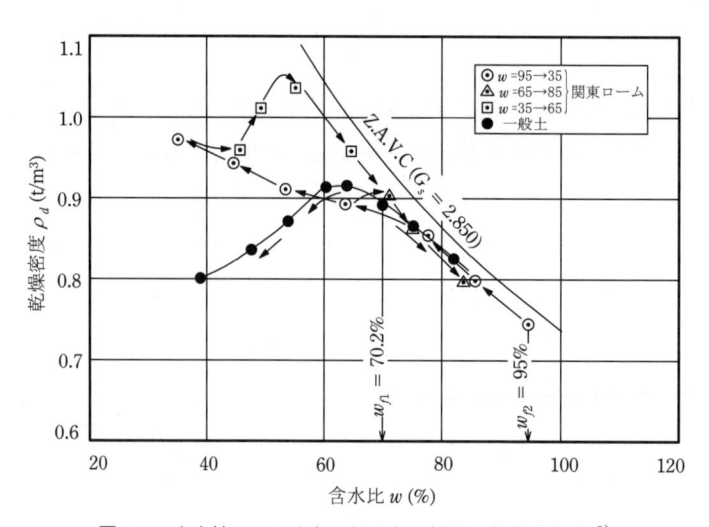

図 3.7 火山性ローム土と一般土との締固め特性の相違[6]

水やセメンテーション効果により結合し，新しい粗粒な粒子を形成したためである（団粒化）．このように粘性土をいったん乾燥することにより見かけ上新たな組成の土が生まれるが，火山生成ロームの場合は複数の粒子の結合が主として**セメンテーション効果**によるものであるのに対し，一般粘性土の場合は主として**吸着水の効果**によるものである．両者の違いは**セメンテーション効果**と**吸着水による結合力**であり，セメンテーションによる結合力は土が飽和した後においても消滅することはない．これに対し吸着水による結合力は飽和時に消滅するので，土は軟化することになるが，このことは次項で述べる乾湿時の粒度変化からも理解される．

3.4.4 乾燥した一般土の工学的性質

チキソトロピーの性質を有する火山性ローム質土の乾燥によるセメンテーション力は，水浸した後でも消滅しにくい．これに対し，一般粘性土の結合力は吸着水によるものであるので，飽和または湿潤状態で長期間放置するとその効果は低下し，結合した粒子はばらばらになり，元の粒度に戻る．図 3.8 は，いったん乾燥した粘性土を水中に数日間放置し，十分水浸した後に粒度分析を行った結果と浸水前の粒度とを比較して示したものであるが，この結果から両者の粒度組成の相違が知れる．すなわち，一般土の浸水後の粒度分布は浸水前と比較して粘土分において最大約 10 % 増加している．このことは，浸水することにより土の骨格構造が崩れ，土は軟化することを意味する．例えば十分乾燥した材料を用いてダムのような水利構造物を建設した場合，貯水により堤体が浸水飽和すれば堤体は軟化し沈下したり，崩壊することがあることを示唆している．事実，このような堤体の軟化現象により崩壊したと推測される事故は複数経験されている（これについては第 12 章において詳述した）．

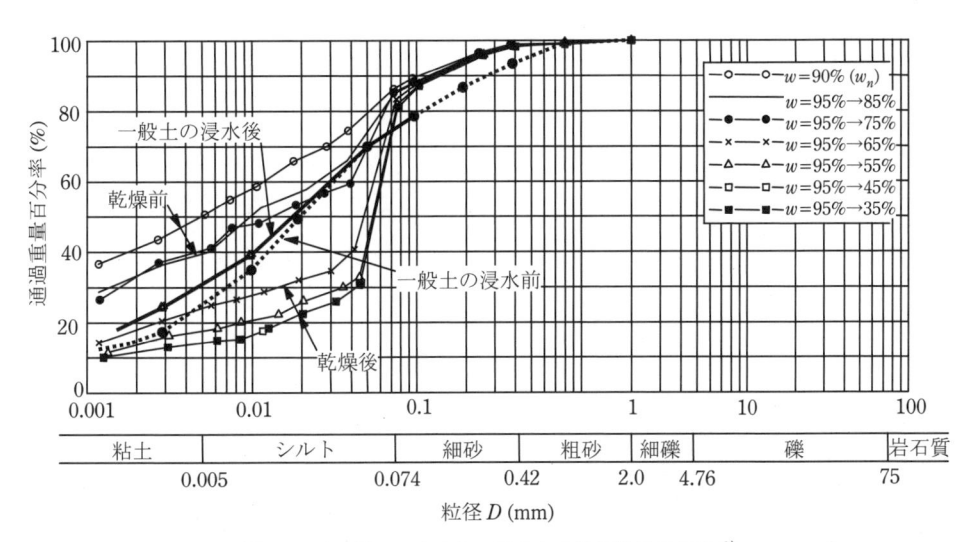

図 3.8 火山性ローム土と一般土との粒度特性の相違 [6]

また図 **3.8** には関東ロームの乾湿時の粒度の変化を比較して示したが，関東ロームの場合はいったん乾燥することにより粒径 0.05〜0.08 mm の量が約 50 % 程度減少する．しかし，この値は再度浸水してもほとんど変化しない．このことは，火山生成ローム質土はいったん乾燥することにより，工学的に火山灰特有のチキソトロピーの性質を失い，新たな組成の一般土に近い性質に変貌し安定性も向上することを意味する．

3.4.5 細粒化しやすい土質材料

風化花崗岩（DG）や泥岩類はわずかな外力を与えただけで容易に細粒化し，特に泥岩類では掘削などにより拘束圧を解放すると**風化**し，**膨張**して，**塊状**になる．これらを構築材料として利用する場合は，第 **10** 章で詳述したように，材料を強制的に細粒化しなければならないことがある．これは浸水時の強度低下や沈下を防止すためであるが，粒度組成の変化は締め固めた後の材料の力学的性質にも影響するので，設計の段階で，施工時にどの程度の細粒化が起こるかを見極め，設計値に反映させる必要がある．そのためには現場において，材料採取から撒出しや転圧に至るまで実際の施工と同じ条件で**盛立て試験**を行い，試験過程における材料の粒度組成がどのように変化するかを明らかにしておくことが大切である．これらは例えばショベル等で材料を掘削，採取したときの粒度，ブルドーザーで撒き出した回数と粒度との関係，あるいは転圧機械の種類，重量や転圧回数と粒度との関係等である．そしてこのような試験は，言うまでもなく設計に用いる諸数値を単に決めるためのものではなく，施工を担当する技術者の**経験的知見**，すなわち転圧回数と要求される設計条件を満たす粒度特性や締固まり程度等を観察し，感覚的に判定可能な知識を養うためでもある．

最近，現場の気象や環境条件，あるいは施工方法の違いによる材料の工学的性質の変化等を全く無視した実験を行い，その結果を何の議論もなしにそのまま利用してダムなど重要構造物を設計している例を見かけることがある．施工条件を満たさない条件下で行われた実験結果を用いて設計された土質構造物は多くの**設計変更**を伴うばかりでなく，**品質**等においても問題が残ることになるので，安全な構造物の建設は望めない．設計者はこの点を熟知し設計にあたらなければならない．

参考文献

1) Grim, R. E.: Applied Clay Mineralogy, McGraw-Hill, 1962
2) Bureau of Reclamation: Earth Manual, USA, 1960
3) James L. Sherade et al.: Earth-Rock Dams, Engineering Problems of Design and Construction, John Wiley and Sons, Inc., 1963
4) Bureau of Reclamation: Design of Small Dams, 1960
5) 山口 柏樹：土質力学（講義と演習），技報堂出版，1969
6) 水資源公団房総導水路建設所：長柄ダム工事誌，1991

第 4 章　基礎地盤

4.1　はじめに

　各種構造物の基礎となる地盤は工学的に土質地盤と岩盤に大別され，土質地盤は堆積年代により沖積地盤と一般土質地盤とに分類されることをすでに述べた．沖積地盤は多くの場合，ゆるく堆積し，特に粘性土層はせん断強度が小さく，圧縮性が大きく，また砂層は地震時に液状化しやすい．このように軟らかい沖積堆積土のことを一般に**軟弱地盤**と呼んでいるが，これに関する明確な定義はないようである．農林水産省のフィルダム設計基準では強度の面から軟弱地盤を区別し，標準貫入試験値（N値）が20以下を軟弱地盤と定義し，この種の地盤上に構造物を建設する際の注意を促している．また，これに対し，地盤工学会の用語集では「構造物の基礎地盤として十分な地耐力を有しない地盤」と定義している．しかし，このような定義は，荷重強度が大きくなるに従って，かなり堅固な地盤をも軟弱地盤と呼ぶことになるので，工学的イメージとは合わず適当な呼び方とは考え難い．このため，本書では人工的堆積土（例えば浚渫土）を含む沖積土層であることを条件とし，一般構造物を安全に支持することのできない地盤を「**軟弱地盤**」と呼ぶことにした．沖積層はすでに述べたようにほとんどの場合，砂と粘土層との互層からなり，しかもこれらは複数の独立した累層で構成され，**図4.1**に示したように，多くの場合大局的には傾斜している．このため，各砂層は独立した地下水位を形成し，下位の砂層ではしばしば**被圧水**が観測される．これらの被圧地下水は，圧密による地盤強度の増加を妨げ，これを基盤とする各種構造物の建設中や建設後に様々な問題を引き起こすことがある．建設中の問題としては，例えば地盤を掘削する場合は壁面の**崩壊**や**変形**，あるいは底盤の**ヒービング**に対する安定，およびこれらに起因する**周辺地盤の沈下問題**等である．また，建設後の問題としては，地下水や周辺の新設構造物による環境変化に起因する問題等である．

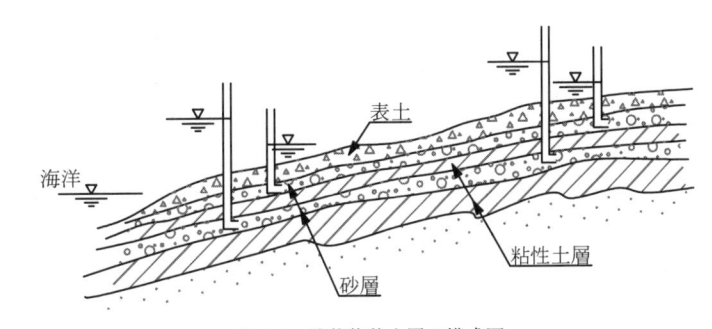

図4.1 沖積体積土層の模式図

支持力や沈下問題に対しては，現場の地盤状況と構造物の種類との関係において適切な工法，例えば対象土層に対する全面的および局部的な**置換工法**，あるいは**支持杭**，また，ヒービングや周辺地盤の沈下に対しては**深層混合による固化**，あるいは壁面崩壊に対しては**アースアンカー**などの工法が選択される．

4.2 岩盤基礎とその分類

地殻を形成する岩石は地質学的にその成因により，**火成岩**，**堆積岩**（水成岩）および**変成岩**の3種に大別される．日本列島を対象とした場合，量的に最も多く存在するのが**火成岩**であり，また，地球上で面積的に最も多く分布しているのは堆積岩で，その占める面積はおよそ75％に達するといわれている．火成岩は**岩礁**（マグマ）が冷却して固まったもので，冷却場所や冷却速さにより**深成岩**，**半深成岩**や**火山岩**などに分類されている．そして，深成岩は**花崗岩**，**閃緑岩**および**斑れい岩**，半深成岩は**石英斑岩**，**ひん岩**および**輝緑岩**，また，火山岩は**流紋岩**，**安山岩**および**玄武岩**などに分類される．一方，火成岩の含有鉱物は平均的に，長石分が約60％，石英分約12％，輝石分約12％，雲母分約5％，かんらん石分約3％，角閃石分約2％，その他約6％などとなっている．また，堆積岩は主として火山岩が風化作用により塊状になり，これが風雨や洪水により運搬，流される過程において細粒化し海底や低地に二次的に堆積し，これが地殻変動等により固化したものである．したがって，その造岩鉱物は基本的には火成岩とほとんど同じであるが，その成因により，**水成砕せつ堆積岩**，**火山砕せつ堆積岩**，**化学性堆積岩**および**有機性堆積岩**の4種に分類されている．そして，主な構成物質は，水成砕せつ岩は礫，砂，シルト，粘土などであり，火山砕せつ岩は火山礫，火山灰，火山塵などである．

岩盤は地質学的に，火成岩と水成岩に大別されるが，いずれも風化の進行に伴い強度が低下し，様々な問題を引き起こすことになる．このほか岩盤内の層理や節理の存在は構造物の基礎としての安定性を損なうことがあり，特に岩盤を掘削した場合は，**層理**や**節理**が崩壊を助長することがある．さらに泥岩で代表される水成岩を掘削した場合は，拘束圧の解放により**スレーキング**や膨張に伴う強度低下をきたし，地すべりや崖崩れ等を引き起こすことがある（第10章参照）．

4.2.1 火成岩

火成岩は岩礁が冷却し，固結したものであるが，固結した時の地球表面からの深さにより，深い順に**深成岩**，**半深成岩**および**火山岩**に分類される．火山岩は，岩礁が地表面下浅いところで急に冷えて固まったものであり，したがって鉱物が十分結晶していない斑状組織となっていることが多い．また，冷却する際には多くの場合，規則的方向をもって亀裂が発生するが，この亀裂を**節理**という．なお，火山岩は珪酸（SiO_2）の含有量によっても**表4.1**に示したごとく分類されている．また，火成岩の含有鉱物の平均的値を**表4.2**に示した．

表 4.1 火成岩の分類 [1]

岩　　種	酸性岩	中性岩	塩基性岩	冷却速度	組織		
					結晶の大きさ	結晶度	鉱物集合状態等
珪酸の含有重量百分率〔％〕	多　←────	66 ──── 52	────→　少				
色　　調	淡色　←───		───→　暗色				
比　　重	約2.7　←──		───→　約3.2				
深　成　岩	花崗岩	閃緑岩	斑(はん)れい岩	遅 ↑↓ 速	粗粒 ↑↓ 細粒	完晶 ↑↓ 半晶	等粒状 ↑↓ 斑状
半深成岩	石英斑岩	ひん岩	輝緑岩				
火　山　岩	流紋岩	安山岩	玄武岩				

表 4.2 火成岩の鉱物の平均組成 [1]

鉱物名	含有率（％）	鉱物名	含有率（％）
長石	60.2	かんらん石	2.6
石英	12.4	角せん石	1.7
輝石	12.0	その他	5.9
雲母	5.2	計	100.0

4.2.2 堆積岩

堆積岩は火成岩を母体とするものが多く，したがって造岩鉱物は火成岩とほぼ同様であるが，成因により**水成砕せつ堆積岩**，**火山砕せつ堆積岩**，**化学性堆積岩**および**有機性堆積岩**に分類されている．これらの主な構成物質とその名称および粒径や化学組成等を**表 4.3**に示した．

表 4.3 堆積岩の分類 [1]

	主な構成物質	粒径	砕せつ岩の名称
水成砕せつ岩	礫	2 mm より大	礫岩・角礫岩
	砂	0.074～2 mm	砂岩
	シルト	0.005～0.074 mm	泥岩
	粘土	0.005 mm 以下	粘土岩
火砕せつ岩	火山礫	4 mm より大	凝灰角礫岩
	火山灰	1/64～4 mm	凝灰岩
	火山塵	1/64 mm 以下	
化学性岩		主な化学組成	化学性岩の名称
	炭酸塩沈積物	$CaCO_3$	石灰岩
	珪酸質沈積物	SiO_2	チャート*
	塩類	$NaCl$，$CaSO_4 \cdot 2H_2O$	岩塩，石こう
有機性岩			有機性岩の名称
	石灰質生物遺体		フズリナ石灰岩，珊瑚石灰岩
	珪酸質生物遺体		チャート，珪藻土
	植物遺体		石　炭

* チャートは，珪酸質の珪藻や放散虫の遺体が堆積固結したもので，珪酸を主成分とする細粒の有機的堆積岩である．

4.2.3 変成岩

変成岩は火成岩や堆積岩が生成された後，これに高い熱や高圧が加わり鉱物組成や組織が変化して（変成作用）できたものである．そして岩礁が貫入する時の熱によって変成作用を受けた岩石を**接触変成岩**といい，造山運動のように広い地域にわたり熱，圧力が作用し，ひずみが発生してできたものを**広域変成岩**と呼んでいる．ダムなどの建設現場において，しばしばホルンフェルスと呼ばれる暗黒色の硬い緻密な岩盤に遭遇するが，これは砂岩や頁岩が熱による変成作用を受けた変成岩である．変成岩の分類と名称を**表 4.4**に示した．

以上，岩石の分類について述べたが，これらを各種構造物の基礎地盤として利用するためには，建設する構造物の目的に応じて要求される基盤としての力学的性質を満足していなければならない．これを明らかにするために各種地質調査や試験が行われる．地質調査はすでに述べたようにボーリングや物理探査，あるいは必要に応じて横坑や立坑を掘削し，坑内において現場せん断試

表 4.4 変成岩の分類 [1]

変成岩の種類と名称		もとの岩石	変成作用	変成の程度
接触変成岩	ホルンフェルス	堆積岩（火成岩のこともある）	接触	顕著
	大理石	石灰岩		
広域変成岩	粘板岩	粘土質の堆積岩	広域	弱 ↕ 強
	千枚岩			
	結晶片岩	堆積岩または火成岩		
	片麻岩			

表 4.5 電研式岩盤等級区分（田中 [2]）

記号	特徴
A	極めて新鮮なもので，造岩鉱物および粒子は風化，変質を受けていない．亀裂・節理はほとんどなく，あってもよく密着し，それらの面に沿って風化の跡はみられないもの．岩質は極めて堅固でハンマーによって打診すれば，澄んだ音を出す．
B	岩質堅固で開口した（たとえ 1 mm でも）亀裂あるいは節理はなく，よく密着している．ただし造岩鉱物および粒子は部分的に多少風化・変質が見られる．ハンマーによって打診すれば，澄んだ音を出す．
C_H	造岩鉱物および粒子は石英を除けば風化作用を受けてはいるが，岩質は比較的堅固である．一般に褐鉄鉱などに汚染せられ，節理あるいは亀裂間の粘着力はわずかに減少しており，ハンマーの強打によって割れ目に沿って岩塊がはく脱し，はく脱面には粘土物質の薄層が残留することがある．ハンマーによって打診すれば，濁った音を出す．
C_M	造岩鉱物および粒子は石英を除けば風化作用を受けて多少軟質化しており，岩質も多少軟らかくなっている．節理あるいは亀裂間の粘着力は多少減少しており，ハンマーの普通程度の打撃によって割れ目に沿って岩塊がはく脱し，はく脱面には粘土質物質の層が残留することがある．ハンマーによって打診すれば，多少濁った音を出す．
C_L	造岩鉱物および粒子は風化作用を受けて軟質化しており，岩質も軟らかくなっている．節理あるいは亀裂間の粘着力は減少しており，ハンマーの軽打によって割れ目に沿って岩塊がはく脱し，はく脱面には粘土質物質が残留する．ハンマーによって打診すれば，濁った音を出す．
D	造岩鉱物および粒子は風化作用を受けて著しく軟質化しており，岩質も著しく軟らかい．節理あるいは亀裂間の粘着力はほとんどなく，ハンマーによってわずかな打撃を与えるだけで崩れ落ちる．はく脱面には粘土質物質が残留する．ハンマーによって打診すれば，著しく濁った音を出す．

験，載荷試験や透水試験等を行い，あるいは不攪乱試料を採取して圧縮試験を行う．そして，これらの調査，試験結果を基に地質の平面的分布や構成構造あるいは層理，節理の走向，傾斜等を明らかにし，構造物の基礎地盤としての適否および周辺地山を掘削した際の安定性を判定するための資料を作成する．岩盤の工学的分類法については田中の方法，岡本・安江の方法や菊池の方法等があるが，次の田中の方法が一般に使われているようである．本書ではこの分類方法を**表 4.5** に示した．

また，この分類法に従って岩盤の現場せん断試験結果を整理すると**図 4.2**のようになり，この結果はダムなどの設計の際，参考にされている．

4.3 軟弱地盤と地盤改良

4.3.1 概　要

軟弱地盤の改良方法は，物理的に改良する方法と化学的に改良する方法とがある．物理的改良方法には，1) サンドパイル工法，2) 先行圧密工法，3) 動圧密工法，4) 置換工法などがあり，化学的に改良する方法には，1) セメントや生石灰を用いた固化工法，2) 深層混合法，3) その他の工法などがある．これらの工法を**表 4.6**にまとめて示した．ここでは実務において多く使われている主な工法について解説した．

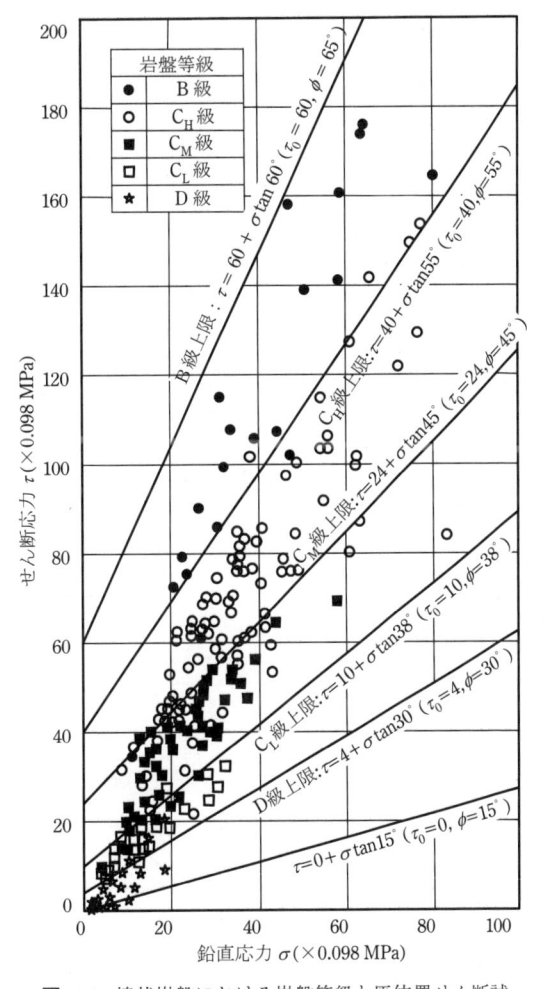

図 4.2 塊状岩盤における岩盤等級と原位置せん断試験結果との関係[3]

4.3.2 サンドパイル工法

この工法はバーチカルドレーン工法の一種であり，**図 4.3**に示したように軟弱地盤中に鉛直に砂柱を作り，地盤の圧密を促進させるものである．沖積地盤は多くの場合，粘性土層と砂層の互層で構成され，各堆積層は水平方向の透水係数が鉛直方向のそれと比較して数倍大きい異方透水性を示すから，本工法は圧密促進に対し有効に使われる．軟弱地盤では載荷により鉛直方向に沈下するだけでなく，側方流動により水平方向にも変形する．変形が大きくなればパイルは切断され，排水不能となる．この弊害をなくすため，最近はペーパーやプラスチックあるいは袋詰めドレーンなどが使われることがあるが，設計方法は基本的には同様で，以下のとおりである．

表 4.6 軟弱地盤の主な改良方法

```
地盤改良工法 ─┬─ 物理的改良工法 ─┬─ 置　換　工　法 ─┬─ 掘削置換工法 ─┬─ 全掘削置換工法
              │                    │                    │                └─ 部分掘削置換工法
              │                    │                    └─ 押出し置換工法（強制置換工法）
              │                    ├─ 載　荷　重　工　法 ─┬─ 段階載荷工法
              │                    │                      └─ プレローディング工法 ─┬─ 盛土荷重載荷工法
              │                    │                                                 ├─ 地下水位低下工法
              │                    │                                                 └─ 大気圧工法
              │                    ├─ 抑え盛土工法
              │                    ├─ バーチカルドレーン工法 ─┬─ サンドドレーン工法
              │                    │                            ├─ 袋詰めサンドドレーン工法
              │                    │                            └─ プラスチックボードドレーン工法
              │                    └─ 締　固　め　工　法 ─┬─ サンドコンパクションパイル工法
              │                                            ├─ バイブロフローテーション工法
              │                                            └─ 動圧密工法（重錘落下工法）
              └─ 科学的改良工法 ─┬─ 生石灰パイル工法
                  （固結工法）    ├─ 深層混合工法
                                  └─ 薬液注入工法
```

図 4.3 サンドドレーンの模式図

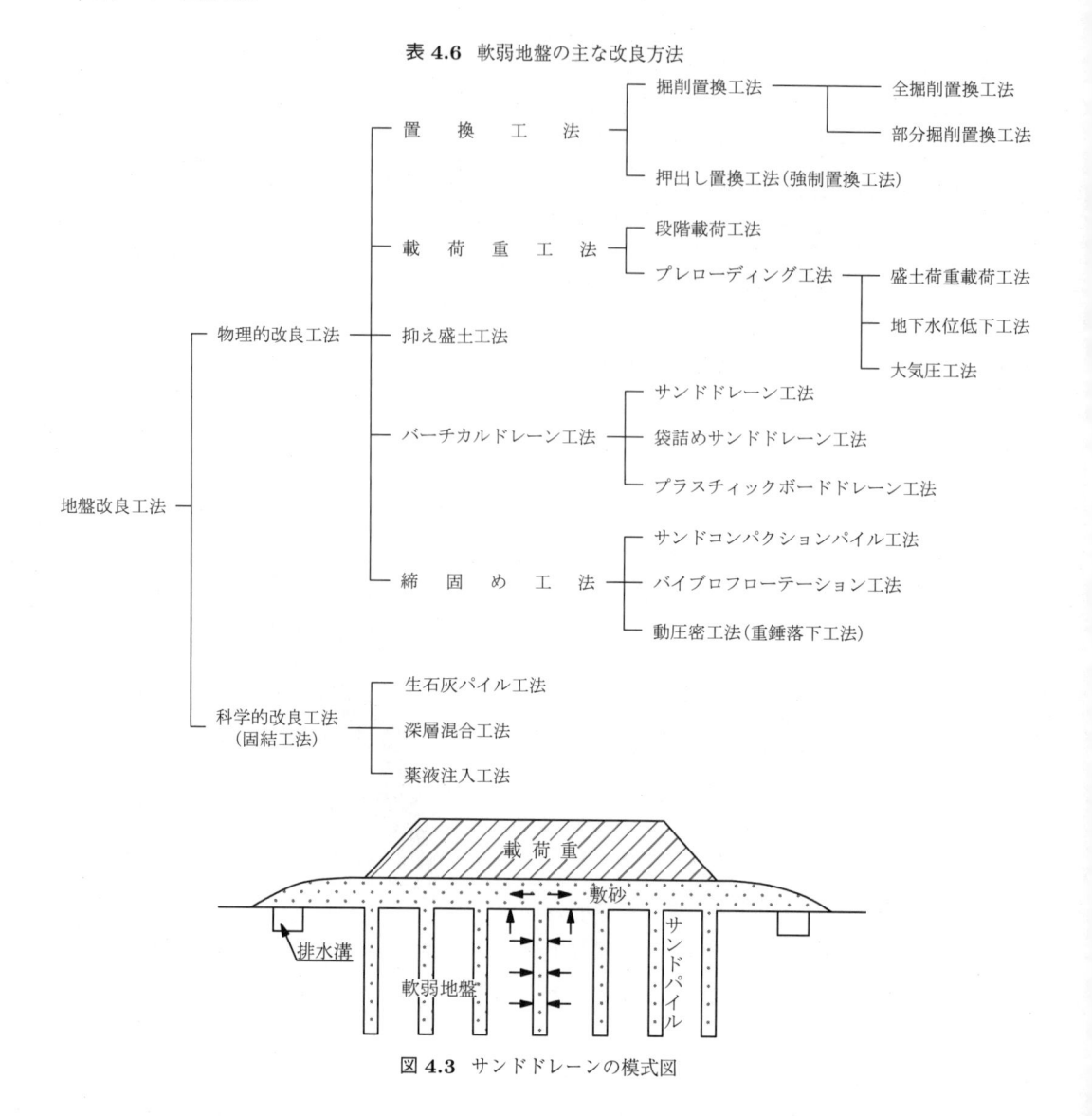

　サンドパイルを打ち込んだ際の圧密現象はテルツァギー（Terzaghi）の圧密理論を基礎として，過去種々の方法が提案されており，いずれの方法を用いて設計すべきかがしばしば議論されている．しかし圧密の進行程度や沈下量の算定に用いる土の諸係数の求め方，地盤の排水条件，あるいは地中応力の推定方法など極めて多くの不確定要素があるので，圧密理論をいくら厳密に駆使したとしても，実用的な意味はあまりない．ここでは，現在最も一般に用いられている **R. A. Barron** の方法を紹介することにした[4]．

　サンドパイルの配置には，**図 4.4** に示したように正三角形配置と正方形配置がある．

　いま，各パイルの直径を d_w，打設間隔を d とすると，排水される有効範囲（円筒とみなす）d_e は，

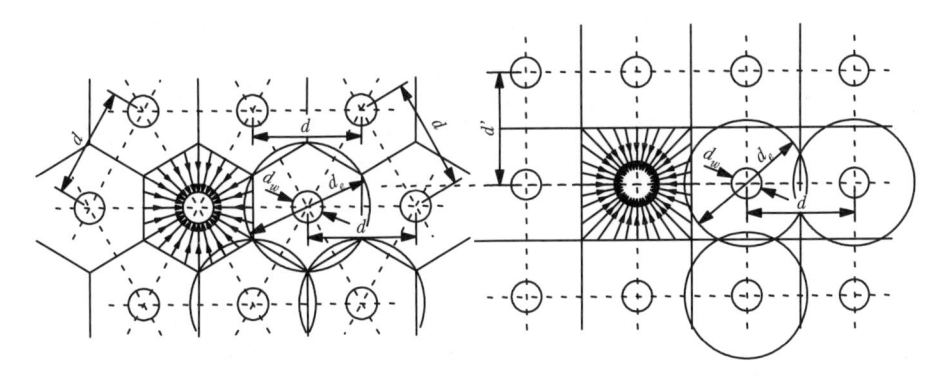

(a) 正三角形配置　　　　　(b) 正方形配置

図 4.4　サンドドレーンの配置と支配領域

三角形配置の場合　　$d_e = 1.050\,d$

正方形配置の場合　　$d_e = 1.128\,d$

となり，有効排水範囲内（d_e）における圧密の進行状態は，鉛直方向の排水と水平方向の排水を考慮した Terzaghi の圧密理論により求めることができる．すなわち，基本方程式は，

$$\frac{k_h}{\gamma_w}\left(\frac{\partial^2 u}{\partial x^2}+\frac{\partial^2 u}{\partial y^2}\right)+\frac{k_v}{\gamma_w}\left(\frac{\partial^2 u}{\partial z^2}\right)=m_v\left(\frac{\partial u}{\partial t}\right) \tag{4.1}$$

である．ただし，γ_w：水の単位体積重量，k_h, k_v：水平および鉛直方向の地盤透水係数，u：過剰間隙水圧，m_v：体積圧縮係数

上式を極座標に変換すると

$$\frac{k_h}{\gamma_w}\left(\frac{1}{r}\frac{\partial u}{\partial r}+\frac{\partial^2 u}{\partial r^2}\right)+\frac{k_v}{\gamma_w}\left(\frac{\partial^2 u}{\partial z^2}\right)=m_v\left(\frac{\partial u}{\partial t}\right) \tag{4.2}$$

となり，この式を以下の仮定に基づいて解けばよい．

(1) $t=0$ における u は粘土層内の各点において等分布である．
(2) 圧密期間中，砂柱の周辺における u は 0 である．
(3) 有効範囲（図 4.5 の d_e）の外側面は不透水面である．
(4) 圧密期間中の粘土表面および下端の u は 0 とする．

以上の条件のもとで式 (4.2) を解いた結果を図 4.5 に示した．すなわち同図は砂柱 1 本当たりの有効範囲（また有効径）d_e と砂杭の径 d_w との比を n とし，水平方向の時間係数 T_h と有効径内の平均圧密度 U_h との関係を示したものである．

$$n = \frac{d_e}{d_w} \tag{4.3}$$

$$T_h = \frac{k_h}{m_v\cdot \gamma_w}\frac{t}{d_e^2}=\frac{c_h t}{d_e^2} \tag{4.4}$$

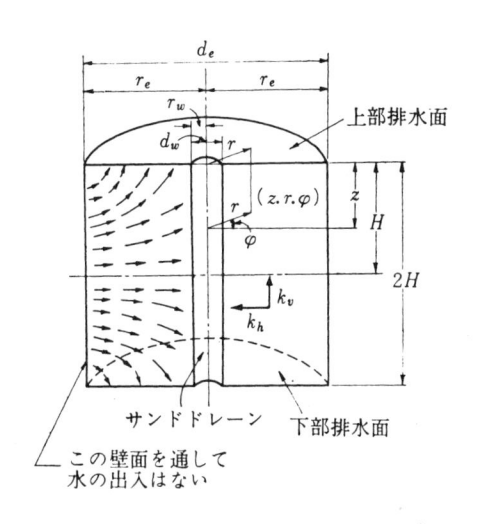

図 4.5　サンドドレーンの働き方の説明 [3]

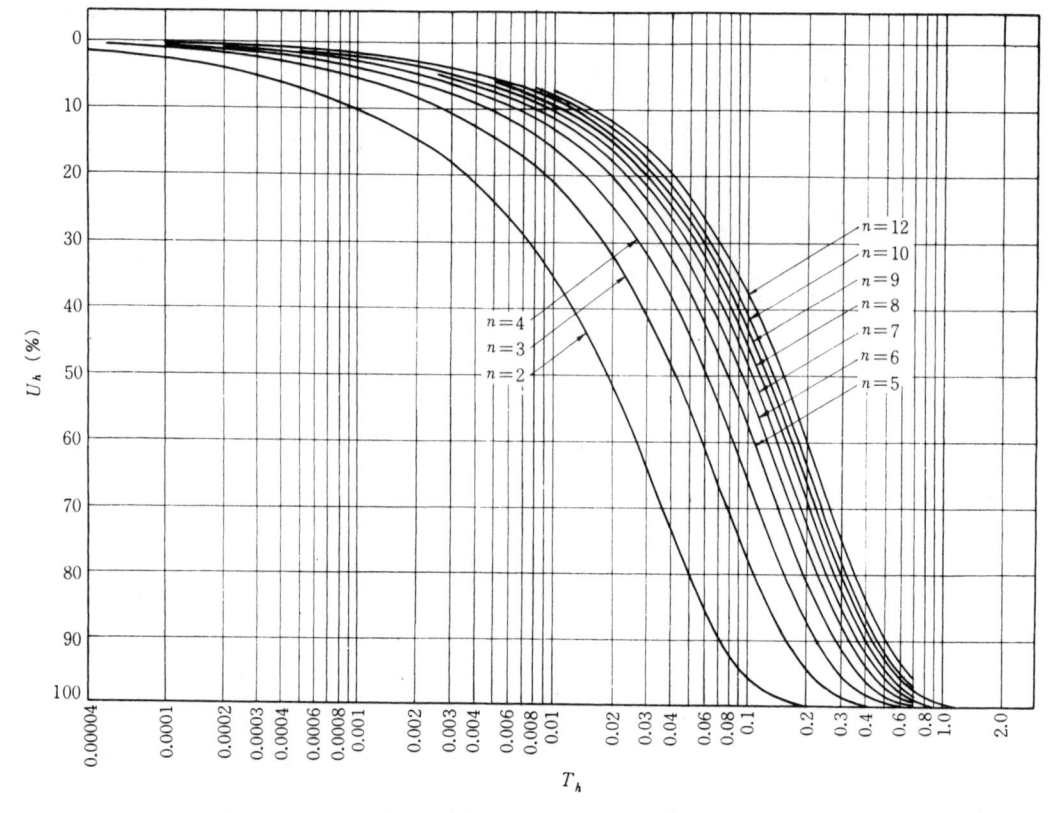

図 4.6 (a) U_h と T_h の関係[4]

ただし，c_h は水平方向の圧密係数である．いま，サンドドレーンを打設した地盤上に荷重 q が作用した際，任意の経過時間における有効円筒内の平均過剰間隙水圧を $\bar{u}$ とし，鉛直方向，水平方向の平均値をそれぞれ $\bar{u}_v$，$\bar{u}_h$ とすると，

$$\bar{u} = 1 - (1 - \bar{u}_v)(1 - \bar{u}_h) \tag{4.5}$$

となり，$\bar{u}_h$ は図 4.6 (a) により，また，$\bar{u}_v$ は1次元解である同図 (b) により求めることができる．しかし，実際には鉛直方向の排水は無視できるほど小さいので，$\bar{u} \doteqdot 1 - (1 - \bar{u}_h)$ としてよい．

サンドドレーンの設計にあたって，はっきりしておかねばならないことは，盛土計画と，ある時点における必要な圧密度 (U) である．すなわち，基礎のせん断強度は鉛直応力と経過時間（圧密度）に比例的に増加するから，基礎の破壊

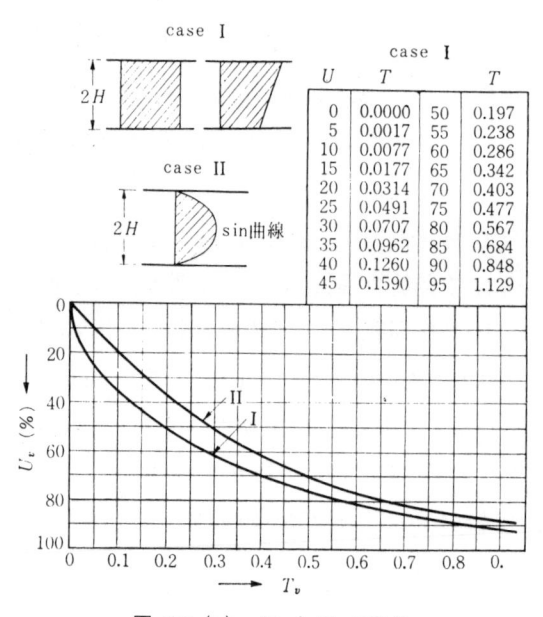

case I		case II	
U	T	U	T
0	0.0000	50	0.197
5	0.0017	55	0.238
10	0.0077	60	0.286
15	0.0177	65	0.342
20	0.0314	70	0.403
25	0.0491	75	0.477
30	0.0707	80	0.567
35	0.0962	85	0.684
40	0.1260	90	0.848
45	0.1590	95	1.129

図 4.6 (b) U_v と T_v の関係

が起こらない範囲でサンドドレーンの間隔を定めるには，**4.3.4** 項で述べたようにある経過時間 t における荷重強度とその時点で要求される**せん断強度の増分**（圧密による）を明確にしておく必要がある．ここで，盛土開始から圧密度 $U=50\%$ の得られる経過時間 t を次の諸数値を用いて求めてみよう（ただし，鉛直方向の排水は無視する）．

設計条件

　　サンドドレーンの径　：$d_w = 30$ cm（一般には $25 \sim 50$ cm）

　　サンドドレーンの間隔：$d = 200$ cm（一般には $2 \sim 4$ m）

　　圧密係数：$c_v = c_h = 1 \times 10^{-3}$ cm^2/s

とし，ドレーンを正三角形配置とすると，有効径は $d_e = 1.050 \times 200 = 210$ cm，したがって $n = d_e/d_w = 7$ となる．また，$U_h = 0.5$，$n = 7$ に相当する T_h は図 **4.6** (a) より $T_v = 0.11$ となり，式 (4.4) により

$$t_{50} = \frac{d_e^2 T_h}{c_v} = \frac{(210)^2 \times 0.11}{1 \times 10^{-3}} = 4\,851\,000 \text{ s} \fallingdotseq 56 \text{ 日} \tag{4.6}$$

となる．もし，56 日間に盛土される荷重が計画時のそれと相違する場合は d_w，d の値を適当に変え，最も経済的なドレーン間隔，ならびに径を決定する．

なお，過去において，軟弱地盤をサンドドレーンにより改良し，大規模なダムが数多く建設されている．代表的な例として，**Boundary** ダム（カナダ），**Göshenen** ダム（スイス），**Rough River** ダム（アメリカ）や**知多ダム**（愛知県企業庁）などがあり，これらの標準断面図を図 **4.7** ～ 図 **4.10** に示した．

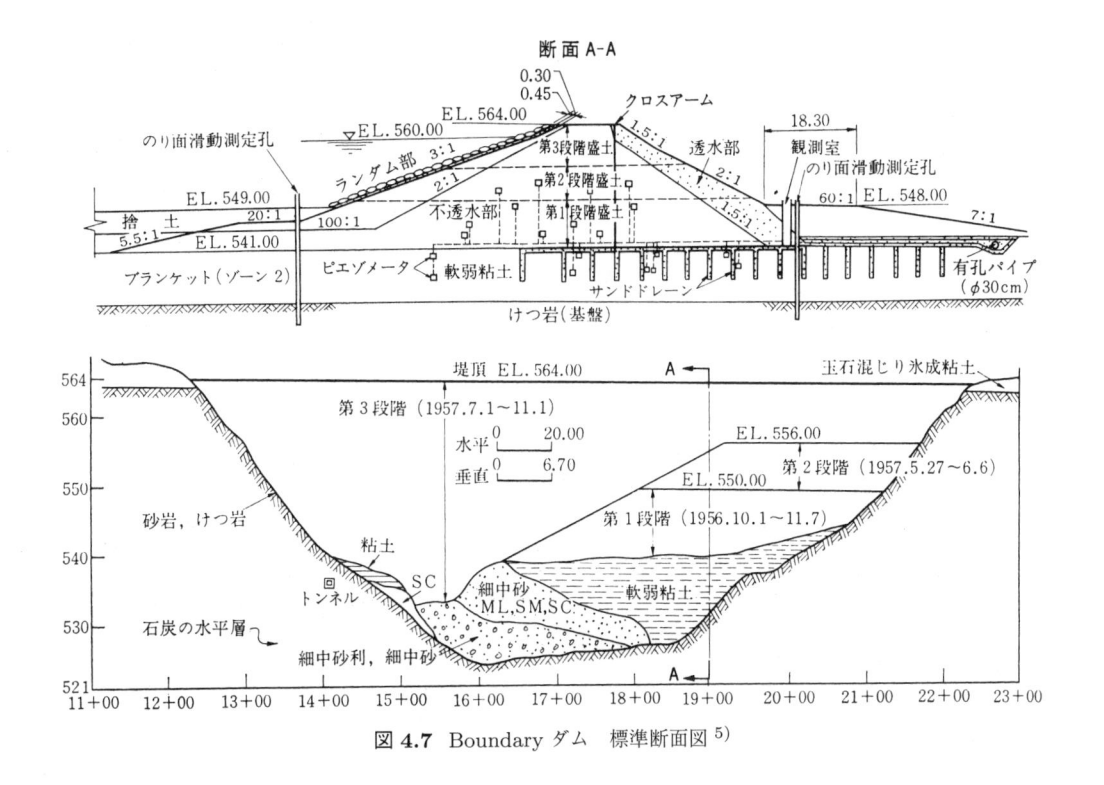

図 **4.7** Boundary ダム　標準断面図[5]

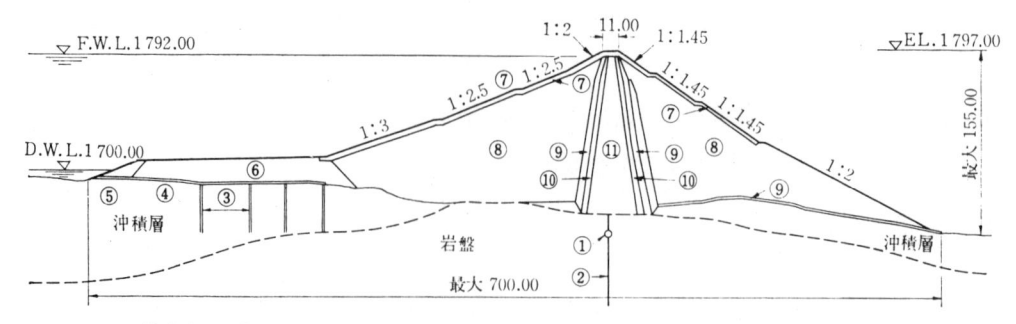

①監査孔，②カーテングラウト，③垂直ドレーン，④水平ドレーン，⑤捨石，⑥カウンターウェイト，⑦捨石張，⑧ロックゾーン，⑨ドレーン，⑩フィルター，⑪コア

図 4.8 Göschenen ダム　標準断面図 [5]

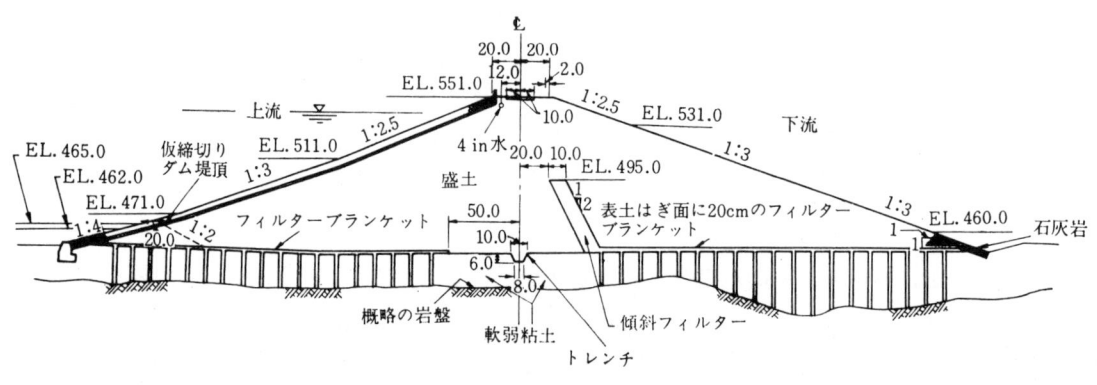

図 4.9 Rough River ダム　標準断面図 [5]

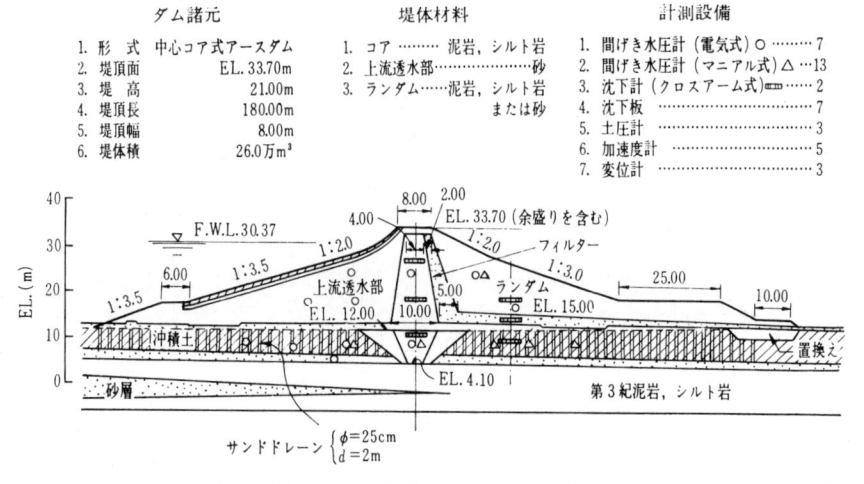

図 4.10 知多ダム　標準断面図 [6]

4.3.3 ペーパードレーン工法

ペーパードレーン工法は，サンドドレーン工法の砂の代わりに多孔質紙を地中に打ち込み，間隙水圧を排出し圧密を促進させようとするものである．一般に使用されている多孔質紙は幅10cm，厚さ3〜3.5mm，重量2N/mであり，鉛直方向に連続した小孔（断面積約3mm²）があいており，

透水係数は $k = 10^{-4} \sim 10^{-5}\,\text{cm/s}$ である.

4.3.4 先行圧密工法（プレローディング）

この工法は軟弱地盤上にあらかじめ適当な大きさの荷重を与えて圧密し，支持力を改良する工法である．載荷は段階的に行われるが，初期の荷重は地盤の支持力に見合う大きさとし，支持力が改善された後に，逐次載荷重を増加させる．そして最終荷重の大きさは設計上要求される支持力の得られる値とする．載荷は通常，盛土により行われるが，使用済みの鉄道用レールなどを用いることもある．載荷方法は具体的には以下のように行われる．先行圧密工法により支持力，すなわち地盤のせん断強度を改善する場合，載荷時のせん断強度は正規圧密土では非排水強度 (c_u)，また過圧密土では圧密非排水強度 (c_{cu}, ϕ_{cu}) として扱い得るものとすると，せん断強度は第 8 章で述べたように次式により表すことができる．

$$\tau = c_u = (0.2 \sim 0.4)\,p_0 \tag{4.7}$$

$$\left.\begin{array}{l} \tau = c_{cu} = C_{cu} + \sigma \tan\phi_{cu} \\ \text{また，}\quad \phi_u = 0 \quad \text{として} \quad \tau = C_{cu} \end{array}\right\} \tag{4.8}$$

ここで，p_0 は圧密荷重であるので，式 (4.7) を用いて初期の許容載荷強度（第 1 段目）を求め，強度増加を待ち 2 段，3 段というように所要の地盤強度が得られるまで荷重を増せばよい．

この工法は他の工法と比較して経済的であるが，一般に圧密には長期間を必要とするので，工期的に十分に余裕がない場合は採用されない．このため本工法は多くの場合，先の**サンドパイル工法**と併用して使われる．

4.3.5 ウェルポイント工法

この工法は主として地下水位の高い砂地盤を掘削する際，地下水を低下させ斜面の安定を確保する目的で使用されるが（図 4.11），このほかにも，例えば図 4.12 に示したように軟弱層が砂層に挟まれているような場合は，先行圧密工法と同様に用いられる．すなわち，同図で知れるように，地下水位を降下させることにより有効応力が増し，その分だけ載荷重が増えて支持力が改善される．また，軟弱地盤が厚い場合は**深井戸工法**（ディープウェル工法）により地下水位を降下させ，支持力を改善することが

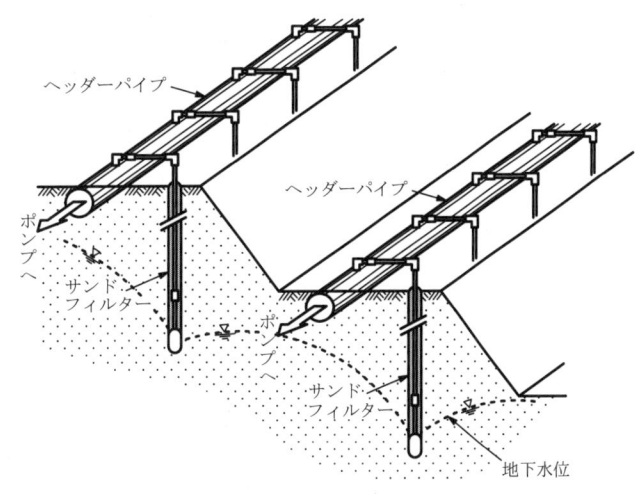

図 4.11 砂地盤の掘削（二段ウェルポイント）

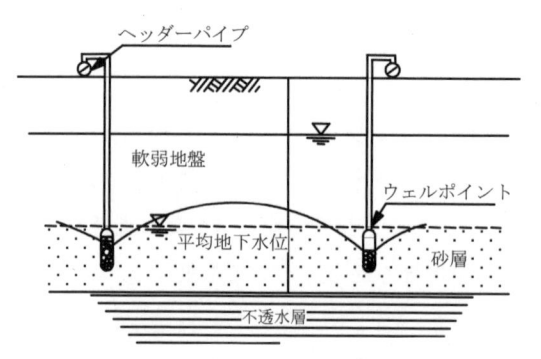

図 4.12 ウェルポイントによる地下水低下曲線

あるが，この場合は井戸内に負圧を与えることにより，より効率的な地盤改良が可能となる．

4.3.6 置換工法

置換工法は軟弱部全体を置き換える場合と，局部的に置き換える場合とがある．全面的に置き換える場合は支持力ばかりでなく，沈下に対しても問題がある場合である．

(1) 全面置換

全面置換を行った例を図 4.13 (a) に示したが，この方法には同図 (b) のドラグラインによる掘削，(c) のバックホウを用いる方法および (d) に示したようにブルドーザーによる良質土を押し出しながら置き換える方法などがある．

(a) 掘削置換　　(b) ドラグラインによる掘削

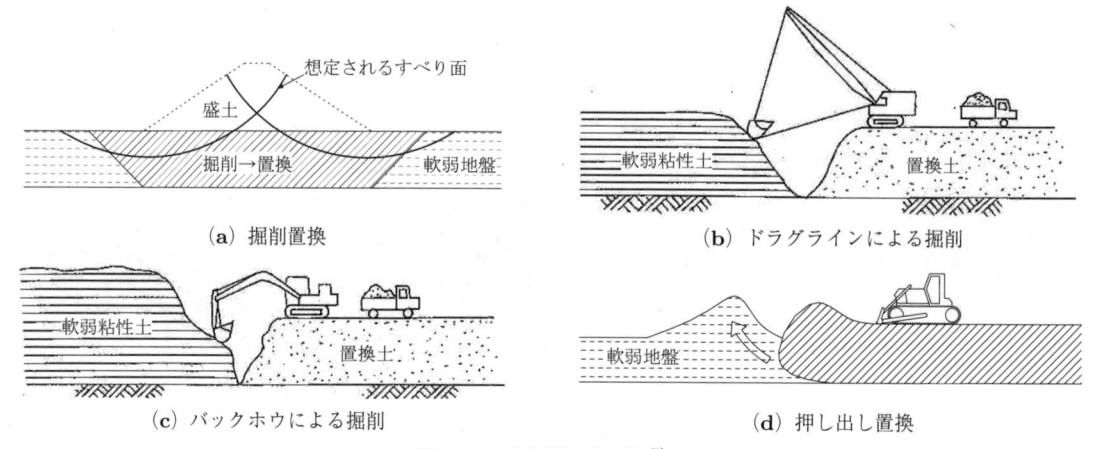

(c) バックホウによる掘削　　(d) 押し出し置換

図 4.13 全掘削置換工法[7]

(2) 一部置換工法

この方法は通常，軟弱地盤が薄く堆積する場合，あるいは地すべりによりすべり面が特定されている場合に採用されるもので，代表例を図 4.14 に示した．同図のようにすべり破壊防止を目的として施工されるので，これを**せん断キー**と呼び，置換え材料として，通常せん断強度の高い砕

(a) 部分置換（地すべり対策）

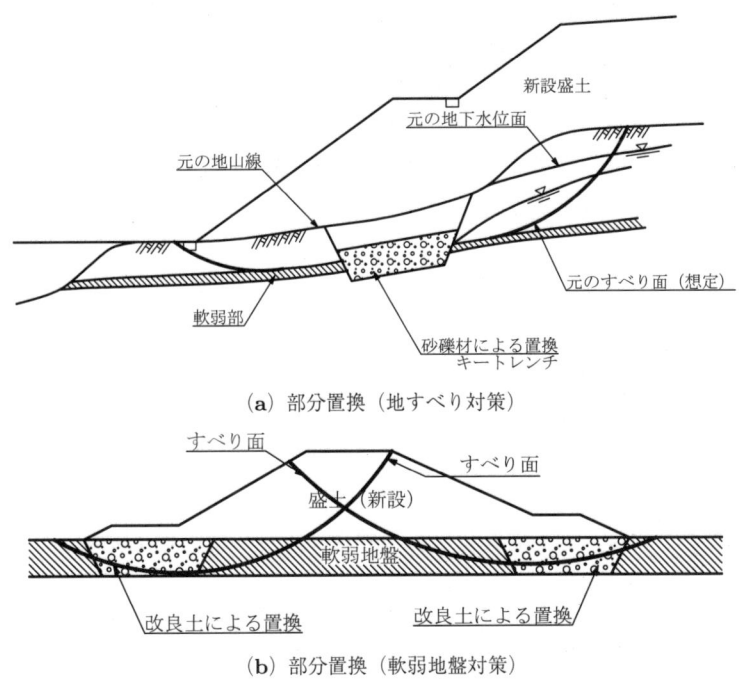

(b) 部分置換（軟弱地盤対策）

図 4.14 一部置換工法

石などが用いられる.

この場合，特に注意を要する点はキーの位置であり，またキーの上下面をすべり面が通り抜けないようにキーの厚さを決めることである．例えば前者は摩擦抵抗が有効に働く位置に設け，また後者に対しては置換材と地山との接触面におけるせん断強度を特定し，この面を通る安定計算を行ってキーの深さを決定する.

4.3.7 サンド・コンパクション・パイル工法

この工法は軟弱地盤内に砂を振動あるいは衝撃により押し込み，地盤を強制圧密すること，および大口径の砂柱を作って砂のせん断抵抗力を期待することにより支持力を改善するものである．この工法では，サンドパイルや先行圧密工法のように圧密に要する時間待ちがないので，工期的制約のある現場に対しては最も有効である．この工法の具体的設計・施工方法については，例えば「地盤改良の調査・設計から施工まで」[7] ほかの専門書に詳述されているので，ここでは省略することとした.

4.3.8 化学的地盤改良工法

この工法には表層土を対象としたものと，深層地盤を対象として改良する工法がある．いずれもセメントや石灰を土と混合し，その固結力をもって地盤改良を行うものであるが，セメントに塩化カルシウムや塩化ナトリウムなどを添加することもある．これらを少量添加することにより

セメントの結合効果が促進され，混合土は転圧などの作業が容易になるからである．石灰やフライアッシュも使われることがあるが，これらは主として高い含水比の材料の含水比を調節するために使われる．これに対してフィルダムなど大規模，かつ重要な構造物の構築用材料では石灰やセメントを用いた土質改良はほとんど行われない．これは改良土および構造物の均一施工が難しい，土の塑性的特性が失われ亀裂を伴う沈下や局部的変形の発生する恐れがある，などの理由によるものである．

(1) 表層土の改良

土質構造物や道路の路床・路盤等を構築する際，材料の組成的性質や自然含水比が高いなどの理由により，施工性が悪く，また所要の強度確保が困難な場合がある．このような場合は材料を乾燥したり，粗粒材を混合したり，あるいは石灰やセメントを混合し，土質改良が行われる．セメントや石灰の混合割合は，例えば要求される強度に対し一軸圧縮試験等を行って決定される．

(2) 深層地盤改良工法

この方法には，パイル方式，注入方式および注入混合方式などがある．パイル方式は地盤に孔を開け生石灰を投入し，生石灰柱を作り土の水分を蒸発させ，含水比を低下させ，同時にパイルの支持力を期待するものである．注入方式はセメント・石灰の混合液（スラリー）を作り，これを高圧で地盤内に注入し改良する方法である．また注入混合方式は，近年大口径の掘削機が用いられ，深層地盤のみを対象に改良し地盤掘削時の底面ヒービング対策に利用した例もある．詳細については例えば「深い掘削での高被圧下における盤膨れ防止対策」[9] を参照されたい．

以上，軟弱地盤の主な改良工法の概要を述べたが，改良工法についてはこのほかにも多くの有用な工法が提案されている．これらに関する設計・施工法については他の専門書籍，例えば「実用軟弱地盤対策技術総覧」[10]，土質工学会編「軟弱地盤対策工法」[11] ほかに詳述されているのでここでは省略した．

4.4 軟弱地盤の掘削と安定

4.4.1 概　要

軟弱地盤では地盤を掘削することにより周辺地盤が変形，沈下，あるいは底盤が膨れ上がり（ヒービング現象），これにより壁面が崩壊することがある．これを防止する目的で様々な工法が開発され，提案されているが，これらのうち最も簡便に採用されているのは，矢板を施工しながら掘削し，必要に応じて切ばりやアースアンカーあるいは控え杭を設置し，矢板を固定する，あるいは掘削部を一部残し，この部分に反力を求めるアイランド工法などが一般には採用されている．

4.4.2 ヒービングとパイピング（クイックサンド）現象とその対策

ヒービング現象は，**せん断変形に起因**するもの，**揚圧力**によるもの，および両者の**相乗効果**により発生するケースに大別することができる．せん断変形によるヒービングは，図 **4.15** に示したように，最小安全率となるすべり面に沿って現れるものである．したがって，変形量は概略的にはすべり面上の拘束圧下におけるせん断応力に起因する変形量として求めることができる．

矢板は掘削底部まで設置する場合と，地盤内にまで貫入される場合とがある．

(a) 矢板が掘削底部まで設置される場合 [12]

Terzaghi–Peck は粘土の内部摩擦角 $\phi = 0$ とし，図 **4.15** のごとく，すべり面の形状が円弧と直線部分とからなると仮定し，図 **4.15** における dd_1 面には粘着力 c_u が働くものとして $c_1 d_1$ 面にかかる全荷重 P を次のように考えた．

$$P = \frac{B}{\sqrt{2}} \gamma \cdot H - c_u \cdot H \tag{4.9}$$

ここで，γ：土の湿潤単位重量，c_u：粘着力である．したがって，$c_1 d_1$ 面に作用する荷重強度 p_v は

$$p_v = \gamma \cdot H - \frac{\sqrt{2} \cdot c_u \cdot H}{B} \tag{4.10}$$

粘着力 c_u なる粘土地盤の極限支持力 q_d は，

$$q_d = 5.7 c_u \tag{4.11}$$

と表せるので，地盤の膨れ上がり（破壊）に対する安全率 F_s は次式で与えられる．

$$F_s = \frac{q_d}{p_v} = \frac{5.7 c_u}{\gamma H - \dfrac{\sqrt{2} \cdot c_u \cdot H}{B}} \tag{4.12}$$

図 **4.15** 根切りの安定（矢板の貫入なし）

(b) 矢板を地中に貫入させた場合

日本建築学会では，掘削時の矢板壁の安定性に関し，次式を提案している．

$$F_s = \frac{M_r}{M_d} = \frac{x' \int_0^{\frac{\pi}{2}+\alpha} S_u (x' d\theta)}{W \cdot \dfrac{x'}{2}}, \quad \left(\alpha \leq \frac{\pi}{2}\right)$$

根切り底面下かなりの深さまで地層が一様と考えられる場合は，次式となる．

$$F_s = \frac{M_r}{M_d} = \frac{x' \left(\dfrac{\pi}{2}+\alpha\right) x' \cdot c_u}{(\gamma_t H + q) x' \cdot \dfrac{x'}{2}} = \frac{(\pi + 2\alpha) c_u}{\rho_t \cdot H + q}$$

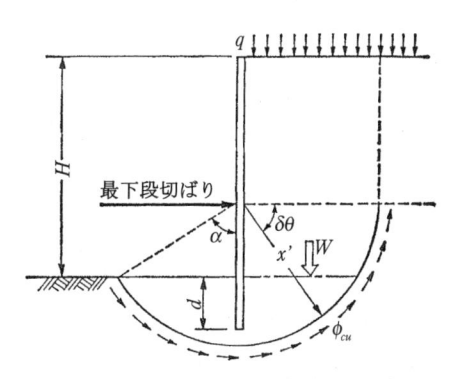

図 **4.16** 根切りの安定（矢板貫入時）

ここで，c_u：粘性土の非排水強度，ρ_t は土の単位体積湿潤質量である．

(c) 揚圧力によるヒービング現象（粘性地盤）

ヒービング現象は掘削に伴う上部荷重が減少し，揚圧力が大きくなって起こることになる．例えば**図4.17**に示したように矢板を用いて地盤を掘削したとすると，流線網を描くことにより図に示したX面における揚圧力を求めることができる．X面における力の釣り合いにおいて，土の有効重量は$\sigma' = Z(\gamma_{\text{sat}} - \gamma_w)$であり，揚圧力は$p_w = \phi - \phi_i = \Delta h \cdot \gamma_w - i\Delta h$である．いまX面における平均揚圧力を$\bar{p}_w$とすると，ヒービングに対する安全率（$F_s$）は次式で表示される．

$$F_s = \frac{\sigma'}{\bar{p}_w} \quad (4.13)$$

ここで$\bar{p}_w$は図（b）に示した矢板背部の幅$\frac{1}{3} \cdot Z$の平均値である．

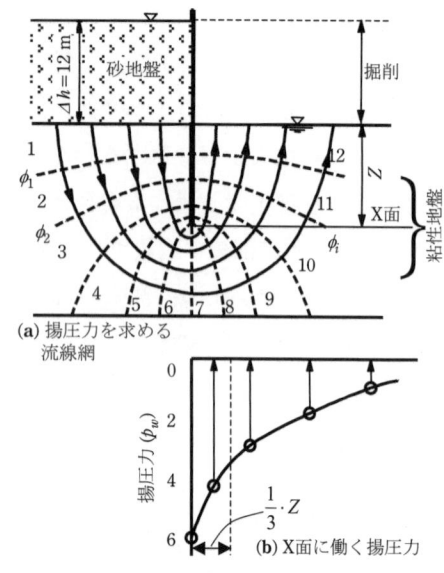

図4.17 揚圧力によるヒービングとパイピング

(d) クイックサンド，パイピング現象（砂質地盤）

ヒービング現象は，粘性地盤の場合，図4.17のX面において$\sigma' < \bar{p}_w$の条件下で発生することを述べた．これに対し，地盤が砂質土からなる場合，$\sigma' \leq \bar{p}_w$の条件下では**有効応力がゼロ**，すなわち**支持力がゼロ**となる．支持力がゼロの状態を**クイックサンド現象**という．いま，矢板背部の最大揚圧力をp_{wm}とすると，$\sigma' < p_{wm}$において，浸透水の浸出面付近では，砂粒子の流失が起こることになる．土粒子の流失が起こると，この部分に流線が集中し，これが地盤内に進行し細い水道が形成されるが，これを**パイピング現象**と呼ぶ．いったんパイピング現象が発生すれば，この部分の動水勾配が一層増大し，地盤を破局的崩壊に導くことになる．

以上，せん断変形と揚圧力に起因するヒービングとクイックサンド，パイピング現象について述べたが，地盤の地質構成はそれほど単純ではないので，ヒービングは多くの場合，両者の相乗効果により発生することになる．したがって，ヒービングを予想し，その量を見積るためには相互の影響を明らかにしなければならないが，両者を区別して評価するのはなかなか難しい．そこで一つの方法として，例えば次項に述べる間隙水圧を含むクリープ変形量による評価方法が考えられる．しかし，この方法を適用するためには多くの土質試験が必要であり，また，この方法により予測した結果の信頼性にも問題なしとは言い難い．このため，実用的手法として安全率をもってヒービングやクイックサンド現象の有無を判定する方法が考えられる．そしてヒービング現象に対しては，**短期安定問題**（仮設）では$F_s \geq 1.5 \sim 2.0$，**長期安定問題**に対しては$F_s \geq 2 \sim 3$とするのが適当であると思われる．また，クイックサンド，パイピング現象に対しては明らかに砂地盤で，**仮設工事の場合は$F_s = 1.2 \sim 1.5$**程度が適当と思われるが，地盤が複雑な地質構成，例

えば沖積層で砂の部分と粘性土の部分がランダムに存在するような場合は上記と同様 $F_s \geq 2 \sim 3$ とするべきである．安全率が不足する場合は浸透路長を大きくすることによりカバーすることができ，例えば図 4.17 のようなケースではシートパイルの根入れ深さを増す方法がとられる．

(e) クリープ変形

地盤を掘削したり，あるいは地盤面に盛土する場合，掘削中および盛土中の応力的変化により変形が起こるが，この量を予測するには FEM 解析が有用である．しかし，その精度は解析条件によるものであり，精度的に満足な構成式を求めるのはそれほど簡単ではない．

このほかに土のせん断変形量（クリープ量）を基に推定する方法も考えられる．すなわち，すべり破壊に対し，変形量（クリープ量）は，最小安全率を与えるすべり面に沿って出現し，これが斜面先に現れる，と考える．いま，応力制御のせん断試験を行うと，図 4.18 に示したような時間とひずみ (ε) の関係が得られ，次式で表すことができる．

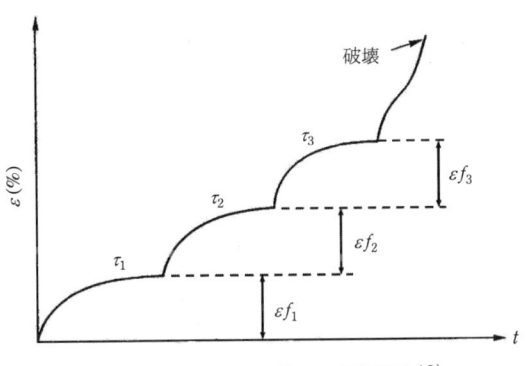

図 4.18 せん断，ひずみ～時間関係 [13]

$$\left.\begin{array}{l} \varepsilon = \varepsilon_f (1 - e^{-\mu t}) \\ \varepsilon = f(\sigma' \tau') = \sum \varepsilon_f \end{array}\right\} \quad (4.14)$$

また

ここで，ε_f は図示のように各せん断段階における最終ひずみ量，μ は時間係数であり，μ が大なるほど短時間で $\varepsilon \to \varepsilon_f$ となる．τ' は有効応力 σ' 下におけるせん断抵抗力であるので，τ と区別してダッシュを付した．また，各せん断段階における全ひずみ量を ε_c とすると，すべり面に沿う最終クリープ量 (ε_F) は次式で与えられる．

$$\varepsilon_F = \varepsilon_c + \Delta \varepsilon_c = \varepsilon_c + \frac{\partial \varepsilon_c}{\partial \tau} \Delta \tau + \frac{\partial \varepsilon_c}{\partial \sigma} \Delta \sigma \quad (4.15)$$

ただし，$\Delta \sigma = \sigma' - \sigma$, $\Delta \tau = \tau' - \tau$ である．

式 (4.14) によって求めたクリープ量は，当然のことながらすべり面上での平均鉛直応力下でせん断試験を行った破壊ひずみと対応しているものと考えられる．実際の軟弱地盤の掘削に対し，式 (4.14)，(4.15) を適用して変形量（ヒービング）を求め実測値と対比した結果，その信頼性はほとんど感じられない．それに対し，アースダムの盛土開始から完成までの変形量について，観測結果と対比してみたが，水平変位の観測値は約 60～70 cm であり，式 (4.15) を用いて概算した値は約 30 cm となり，実測値の 1/2 ほどであった．一方，せん断試験の破壊ひずみ (ε_f) から求めた水平変位量（$= \varepsilon_f \times$ すべり長）は約 100 cm となる．ここで，ε_f は一面せん断試験結果から求めた破壊ひずみであるので安全率 (F_s) を考えなければならなく，$F_s = 1.5$ とすると水平変位は約 70 cm となり，実測値とほぼ一致する．以上の結果によると，せん断試験により得られる破

壊ひずみ (ε_f) により変形量を推定する方法がより合理的のように思われる．しかし，破壊ひずみによって求めた変位量は堤体内の応力状態を正しく反映しているものではなく，正当とは言い難い．今後この種の研究の推進が望まれる．

4.4.3 周辺沈下対策

　軟弱地盤の掘削にあたり，かつては地下水位を低下させ地盤をある程度安定させたのちに掘削するという方法が採用されていた．しかし，この方法は圧密に伴う周辺地盤の沈下の誘因となり，周辺地に被害を与えることから，特に住宅の隣接する市街地ではこの方法は採用されない．このため最近は掘削に伴う周辺地への沈下による影響を防止する目的で大掛かりな連続地中壁や鋼矢板工を施工し，これを必要に応じてアースアンカーを用い固定するという工法が主流になってきた．地盤を掘削した場合の変形は図 4.15 に示したように主としてヒービングに起因する壁面の変形によるものであるが，この値を精度良く見積りし，設計に反映することは極めて難しい．こ

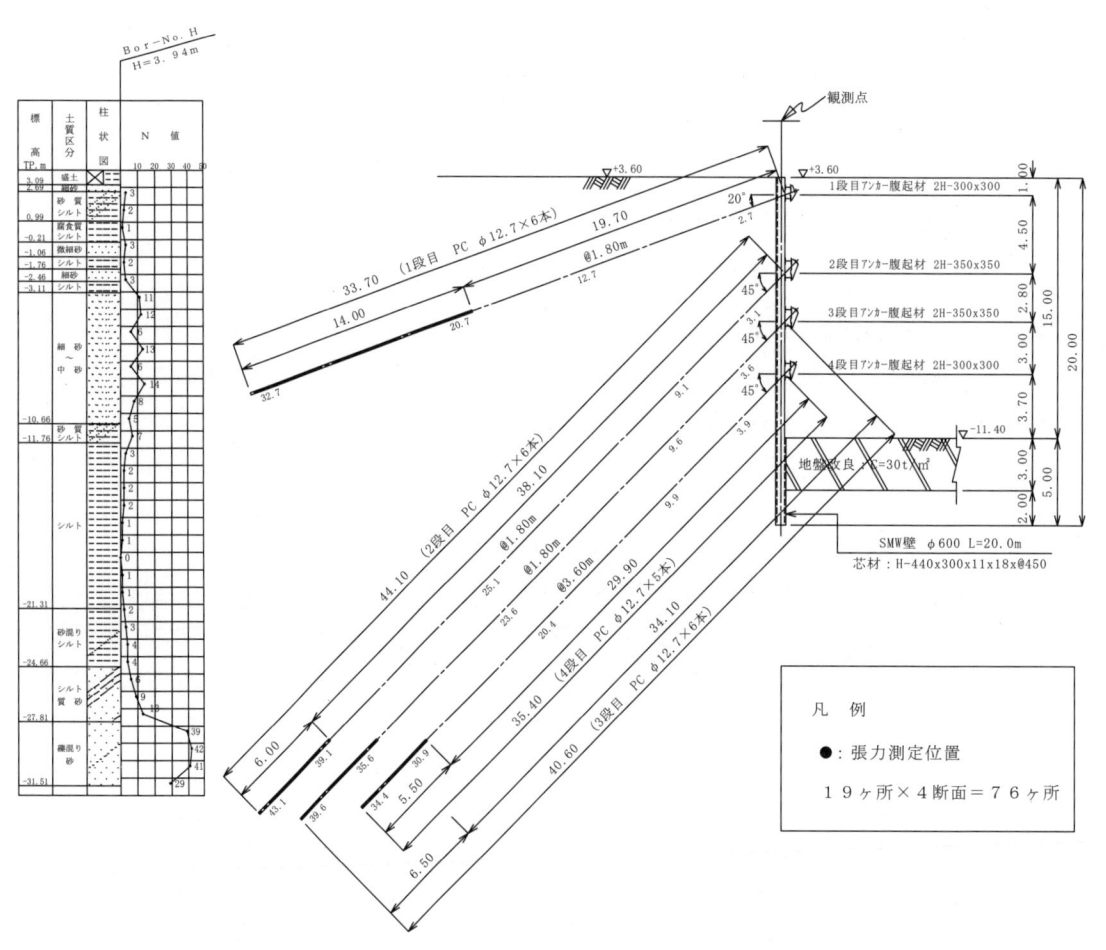

図 4.19　軟弱地盤掘削時の動態観測

のため実務においては掘削に先立ち各種計測器を設置し，**動態観測**を行い，安全を確認しながら工事を進めることになる．図 **4.19** は愛知県日光川のポンプ場建設における軟弱地盤を掘削するための仮設工事である．掘削地から 4～5 m 隣接して民家や工場があり，掘削によるヒービングや地盤沈下が予想された．ヒービングを防止するために深層混合による地盤改良を行い，また，掘削に伴う側壁変形に対しては SMW 壁を施工し，これをアースアンカーにより固定した．掘削に際し動態観測が行われたが，沈下や変形は無視するほど少量であり，掘削前に予測した値を十分満足するものであった[9]．

4.4.4 砂地盤の液状化現象

比較的ゆるく堆積した砂質地盤は，地震などの外力が作用した場合，液状化することがある．砂の粒子が水中で堆積する場合，浮力の影響を受けるので間隙比は最大に近い状態で堆積することになる．いま，土粒子の径を均一であると仮定し，堆積状態を模式的に図 **4.20** (a) に示した．このような不安定な堆積構造の地盤では，振動などわずかな外力を与えただけで同図 (b) に示したように土粒子の再配列が起こる．再配列の過程で余剰水は押し出され（過剰間隙水圧の発生），このとき土粒子は**浮遊状態**になり，**有効応力**はゼロ，**支持力**もゼロとなる．この状態を**完全液状化**と呼び，過剰間隙水圧の作用で土粒子が地表面に噴き出ることがある．この現象を**噴砂現象**と呼んでいる（**写真 4.1**）．

以上のように地震時における地盤の液状化の発生は，(1) 地震の大きさ（振動回数，加速度），(2) 上載荷重の大きさ（有効応力），(3) 砂層の相対密度（間隙比，N 値など），(4) 砂の粒度分

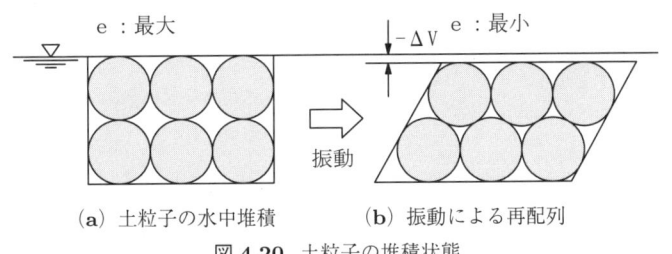

(a) 土粒子の水中堆積　　(b) 振動による再配列

図 **4.20** 土粒子の堆積状態

写真 **4.1** 液状化による噴砂現象

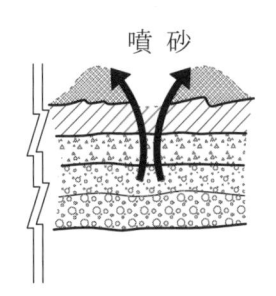

図 **4.21** 噴砂現象模式図 [13]

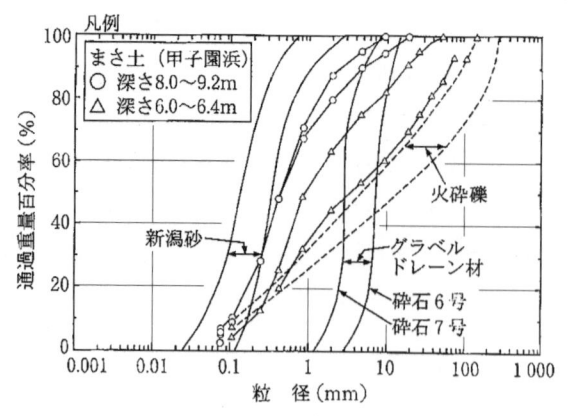

図 4.22　液状化したと推定される礫質土の粒径加積曲線 [14]

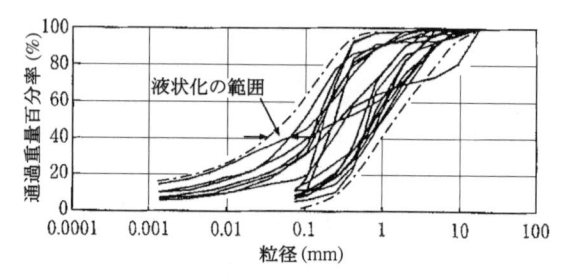

図 4.23　兵庫県南部地震で液状化したと推定される砂質土の粒径加積曲線 [14]

布などの要因により様相が異なる．液状化の判定は一般には，動的三軸試験やねじり三軸せん断試験により行われるが，簡便的には標準貫入試験の N 値や，砂の均等係数などの調査結果により判定することもある．図 4.22 は液状化したと推定される礫質土の粒度，図 4.23 は兵庫県南部地震で液状化したと推定される砂質土の粒度分布である．

4.4.5　一般土質地盤

　沖積層は第四紀沖積世以降，すなわち，現在から1万年以内に堆積し，成層した土層であると定義され，砂礫や礫の堆積層を除いて多くの場合，軟質で支持力が小さく，変形しやすい．これに対し一般土質地盤は現在から **1万年以前**の，いわゆる**洪積世**や**第三紀の堆積土層**群および岩盤がその場において風化し土砂化した，いわゆる残積土層の総称であって，一般には比較的堅固で支持力も大きい．この種の堆積土層は砂層と粘土層との累層を特徴とし，特に巨大な構造物以外の一般構造物はこれを基盤として構築することが可能であり，また，掘削する場合も沖積層のようにヒービング現象や崩壊の危険性は比較的少ない．しかし，この種の地盤は透水層を挟在することが多く，ダムなどの水利構造物を建設する場合は，基礎地盤内の浸透問題や貯水時における貯水池周辺地山の斜面崩壊が大きな問題として提起される．例えば，図 4.24 は新第三紀鮮世の地層を基盤としアースダムを構築したものであるが，貯水池内には砂層が露頭し，この砂層はダムの下流法先付近に存在する断層により遮断されている．このため堤体基礎部の砂層は被圧され，堤

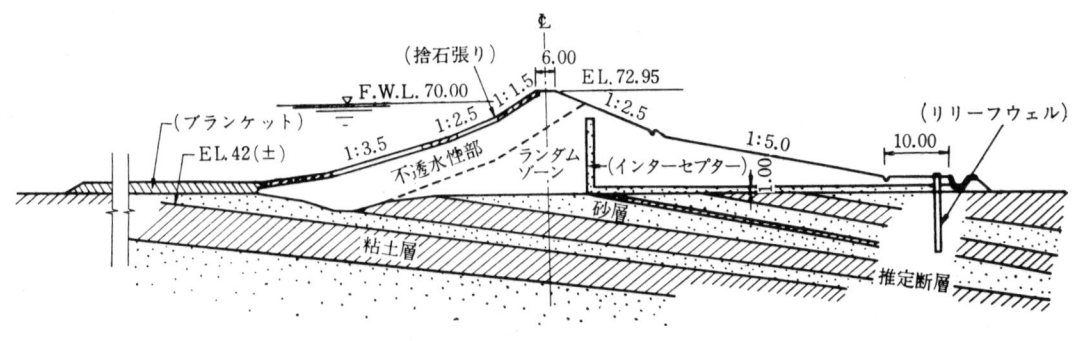

図 4.24 東郷ダムの設計

体下流斜面の安定を脅かすことになる．この対策として，ダム下流側，断層部の上流側に揚圧力を減殺するための**リリーフウェル**群を設置し，ダム下流斜面の安定を確保した．しかし，リリーフウェルを設置することにより漏水量の増大が予想されるため，これを軽減する目的でダム上流側に不透水性の**ブランケット**が施工されている．

　洪積世や第三紀の堆積層で構成される丘陵地には特に農業用のアースダムなどの水利構造物が構築されることがあるが，このような場合，しばしば漏水対策やこれに伴う地山の崩壊が大きな問題として提起される．特に，洪積世の堆積層は文字どおり洪水により土砂が運搬され，粗粒子と細粒子が別々に堆積し成層していることを特徴としているが，堆積

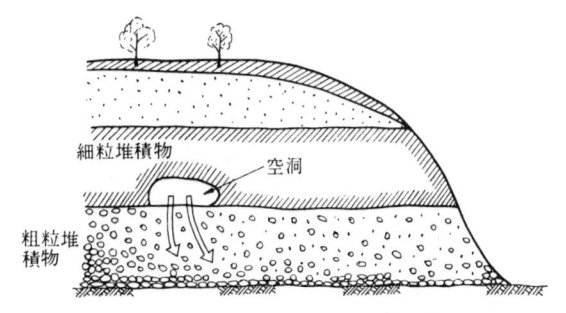

図 4.25 地中の洗掘（パイピング）

層ごとに粒径が極端に相違していることがある．このため，地質年代的な長期間にわたる地下水の流動により細粒分が粗粒子層へ流れ込み（地層内**パイピング**という），図 4.25 に示したように細粒子層内に空洞のできることがある．この空洞は，一般に行われているボーリング等の調査で発見することはほとんど不可能であるので，多くの場合，そのまま放置される．ダム完成後の貯水時に予想外の多量の漏水が観測されたり，あるいは地山の崩壊を招くことがある．

　地層内パイピングを発見するためには，周辺地山の露頭部の成層状態を注意深く観察することである．そして細粒土層と粗粒土層との 10 ％の粒径比が**約 30 倍以上**の場合，層内パイピングによる空洞の存在する可能性が高いと考えてよい．これを確認する方法として対象地に対しテストピットを掘削して層理面を直接観察し，試料を採取して粒度分析を行い，粒径を比較する方法も考えられるが，これはあくまでも点的確認であるので完全な判定方法とは言い難い．また，ボーリング孔を用いた現場透水試験の際，突然漏水量が増大し，この状態がしばらく続いた後，再び元の浸透量に戻ることがあるが，このような現象は**層内空洞**の可能性が高いと考えてよい．

いずれにしてもこの種のパイピング孔を十分な精度で発見することは至難の業であるので，その可能性が想定される場合は，例えば浸出水が予想される箇所に対して逆フィルターを設置して，周辺斜面の安定を向上するなどの対策をとる必要がある．なお，漏水量が異常に大きい場合は水道を特定し，グラウチングなどの処置が必要となることもある．

参考文献

1) 浅川 美利他：土質工学入門，基礎土木工学講座(8)，コロナ社，1992
2) 菊地 宏吉：地質工学概論，土木工学社，1990
3) 日本応用地質学会：岩盤分類，応用地質特別号，1984
4) 高木 俊介：サンドパイル排水工のためのグラフとその使用例，土と基礎，No.12，1956
5) Sherard, J. L., R. J. Woodward, S. F. Gizienski & W. A. Clevenger: Earth and Earth Rock Dams, John Wiley & Sons, Inc., 1963
6) 愛知用水公団：愛知県知多調整池ダム設計誌 堤体編，1963
7) 清水 昭男：地盤改良，調査・設計・施工のポイント，理工図書，1998
8) 地盤工学会 編：地盤改良の調査・設計から施工まで，1979
9) 鴇田 稔，野口 真一，定岡 直樹，中村 吉男：深い掘削での高被圧下における盤膨れ防止対策，第13回 調査・設計・施工技術報告会 発表論文集，地盤工学会中部支部・中部地質調査業協会・建設コンサルタンツ協会中部支部，2004
10) (株)産業技術サービス：実用軟弱地盤対策技術総覧，1993
11) 土質工学会 編：軟弱地盤対策工法，1993
12) 最上 武雄，福田 秀史：現場技術者のための土質工学，鹿島出版会，1978
13) 大根 義男：フィルダム設計上の問題点とその考察，ダム技術，No.77，1993.2

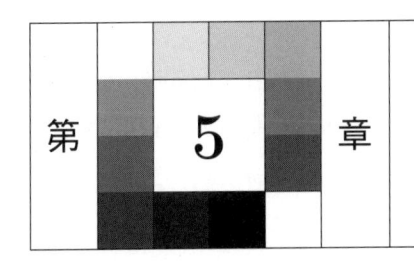

第 5 章　盛立て材料の相似粒度と締固め特性

5.1　はじめに

　土質材料の工学的性質は，主として粒度特性と締め固めた際の密度に支配される．自然材料は多くの場合，大粒径の岩塊を含有するので，締固め密度は岩塊の混入量により異なる．したがって，せん断強度，圧縮性，あるいは透水性等の工学的性質を知るためには，全粒径を含む材料を用いて実験することが望ましい．しかし，大粒径の岩塊を含有する全材料に対して各種実験を行うのは困難を伴うので，礫分を多く含む材料に対しては，大粒径の部分を除去した試料について実験を行うことになる．この場合，材料は礫と土に分類されるが，その境は AASHTO 統一分類法に従い，粒径 4.76 mm 以上を礫，以下を土と定義し，両者を混合した**相似粒度**の材料に対し実験を行うことになる．

　しかし，日本統一分類法では，粒径 (d_g)75 mm 以下を土質材料と定義し，2.0 mm$< d_g <$75 mm を礫と定めているので，この礫の材料を用いて相似粒度の材料を生産するのは極めて難しい．このため本書では AASHTO の統一分類法にしたがい土分と礫分を分類し，相似粒度材料を生産し，これに対し各種実験を行うこととしたが，これは次の 2 つの理由によるものである．

1) 土と礫の工学的性質は粒径 4～5 mm を境として大幅に変化する．例えば，$d_g \leq 4$～5 mm の材料を締め固めた場合，せん断強度特性は $c=0$ の ϕ 材料としての性質が卓越する．また透水性に関しては，$d_g \leq 4$～5 mm の材料を締め固めた場合，不透水性材料としての性質が顕著に現われる．

2) 米国開拓局で行った 1 500 種以上の各種試験結果[1]は，実務において大いに参考になるが，この実験に用いた材料は -4.76 mm を土，$+4.76$ mm を礫と定義している（第 3 章参照）．

　自然粒度の材料は一般には礫分を含有し，その最大粒径は様々である．この種の材料に対し各種試験を行うには，試験機の規模（例えばモールド）に応じてオーバーサイズのものを除去しなければならない．しかし，根拠なしにオーバーサイズを除去した材料に対して試験を行っても，その試験結果は盛立てに用いる材料の工学的性質を代表し，満足することはない．このため，各試験に用いる材料は盛立てに用いる実際の材料に対する相似粒度の材料を製造し，この材料に対し試験を実施することになる．以下に相似粒度材料の作成法を示す．

5.1.1 最大粒径とモールドとの関係

米国開拓局では数多くの最大粒径の異なる材料について各種試験を実施しているが,その結果を基に試験に用いる材料の最大粒径 (d_{mt}) とモールドの径 (ϕ_m) および供試体作成時の突固めの層厚 (t) との関係について,次を目安としている.

1) 材料の最大粒径 (d_{mt}) とモールドの径 (ϕ_m) との関係

$$\phi_m \geq 4\,d_{mt} \tag{5.1}$$

2) 材料の最大粒径と突固めの層厚 (t) との関係

$$t \geq 2\,d_{mt}, \qquad t \leq \frac{1}{3}\phi_m \tag{5.2}$$

5.1.2 相似粒度材料の製造

相似粒度の材料は,通常タルボット式の指数 (n) の値をもって製造する.例えば図 5.1 に示した最大粒径 ($D_{mn} \fallingdotseq 800\,\mathrm{mm}$) の自然材料 ($a$) をフィルダムのコア材料として使用するものとする.コア材料に用いる最大粒径 (D_{cm}) は,一般には $D_{cm} \leq 200\,\mathrm{mm}$ であるので,ここでも $D_{cm} \fallingdotseq 200\,\mathrm{cm}$ とすると,実務においては土取場,または材料を撒き出した際 $D_{cm} \geq 200\,\mathrm{mm}$ は除去される.

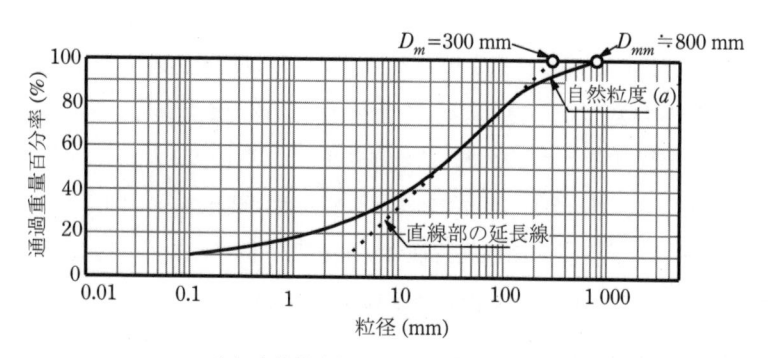

(a) 自然粒度と Talbot 最大粒径 (d'_m)

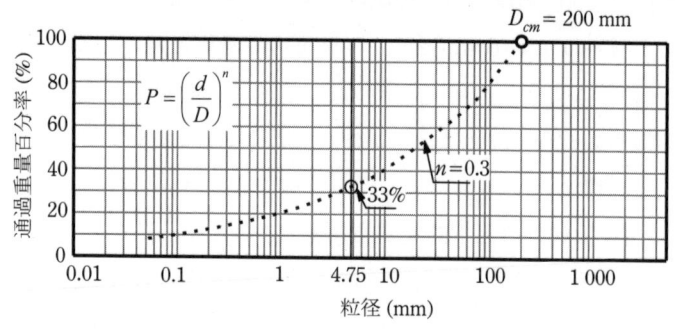

(b) 修正自然粒度の Talbot による表示

図 5.1 自然粒度と Talbot 粒度

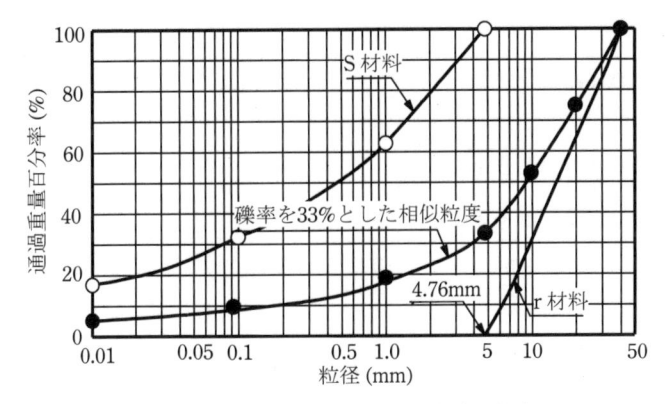

図 5.2 礫混じり土の試験用相似粒度の作成

したがって，各種土質試験は $D_{cm} \leq 200\,\mathrm{mm}$ の相似粒度の材料に対して行われることになる．相似粒度材料の製造方法は次の手順による．

1) 図 5.1 (a) に示した自然材料の粒度分布において，直線部分を延長して D_m を求める．この場合は $D_m \fallingdotseq 300\,\mathrm{mm}$ を得る．この粒度分布を修正自然粒度材料と呼ぶ．
2) $D_m \fallingdotseq 300\,\mathrm{mm}$ の材料の粒度分布をタルボット式で近似し，指数 n を求める．この場合は $n \fallingdotseq 0.3$ となる．
3) コア材料として許容する最大粒径（D_{mc}）を $D_{mc} = 200\,\mathrm{mm}$ とする（上記）．
4) $D_{mc} = 200\,\mathrm{mm}$，$n = 0.3$ の材料は，コア材料として実際に盛立ての行われる材料である（図 5.1 (b))．この材料をここでは実コア材料と呼ぶ．
5) 図 5.1 (b) によると，実コア材の礫率（P）は $P \fallingdotseq 33\,\%$ である．
6) ここで各種試験に用いるモールドの径（ϕ_m）を $\phi_m = 200\,\mathrm{mm}$ とすると，試料の許容最大粒径は上記により $\phi_m \geq 4\,d_{mt}$ であるので，$d_{mt} \leq 200\,\mathrm{mm}/4 \leq 50\,\mathrm{mm}$ となるので，ここでは $d_{mt} = 40\,\mathrm{mm}$ とする．
7) 図 5.1 (b) に示した実コア材料（$D_{cm} = 200\,\mathrm{mm}$）の $+40\,\mathrm{mm}$ を除去し，4.76〜40 mm と $-4.76\,\mathrm{mm}$ とに分類し，前者を r 材料，後者を s 材料とする（図 5.2）．
8) 盛立てに用いる実コア材料の礫率（P）は $P = 33\,\%$ であるから，s 材料に対し r 材料を 33 % だけ混入する．

以上の手順に従って製造した材料を図 5.2 に示したが，これは図 5.1 (c) に示した実コア材料に対する相似粒度の材料である．このように生産された相似粒度材料はタルボット指数 $n \fallingdotseq 0.3$ を満たさないことがある．これは r, s 材料の不均一性によるものであるので，$n \fallingdotseq 0.3$ を満たすべく両材料の選択に留意しなければならない．

また，実務においては材料の礫率は常に変化するので，あらかじめ図 5.2 に示した試験粒度材料の礫率を変え，その工学的性質を明らかにしておく必要がある．Walker, Holtz は相似粒度の材料に対し，礫率を変えて実験し，締固め特性を明らかにしている．

5.2 Walker - Holtz の方法[1]

この方法は，土と礫の混合物を締め固めた結果，礫の間隙は土で満たされ，間隙中の土はその締固め仕事量で土のみを締め固めた場合の密度になっているという仮定から出発している．この仮定は礫の混入率が小さい間は確かに妥当であるが，混入率が大きくなるほど，間隙を満たす密度は減少するので，仮定に合わなくなってくる．締固めのエネルギーが礫の存在によって土に伝達されにくくなるからであると考えられる．

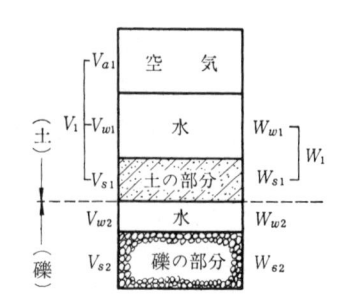

図 5.3 Walker - Holtz の締固め模式図

さて，締め固めた土の状態を模式的に図 5.3 のように表す．

図 5.3 の表現によれば，土粒子の比重 G_{s1}，礫粒子の比重 G_{s2} はそれぞれ

$$G_{s1} = \frac{W_{s1}}{V_{s1}\rho_w}, \qquad G_{s2} = \frac{W_{s2}}{V_{s2}\rho_w}$$

ここに，ρ_w は水の単位体積重量である．また土の含水比 w_1，礫の含水比 w_2 はそれぞれ

$$w_1 = \frac{W_{w1}}{W_{s1}}, \qquad w_2 = \frac{W_{w2}}{W_{s2}}$$

となる．ここでは式を簡略化するために含水比をパーセントでなく小数で表している．

また，礫混合率 P を次のような乾燥重量比で表すことにする．

$$P = \frac{W_{s2}}{W_{s1} + W_{s2}}$$

これは粒径加積曲線上の正弦粒径に対する残留率である．これも簡略化のためにパーセントではなく小数で示す．

図 5.3 から，混合後の土と礫混合物の乾燥単位体積重量を ρ_d とすれば，

$$\rho_d = \frac{1}{\dfrac{(1-P)}{\rho_{d1}} + \dfrac{(1+w_2 G_{s2})P}{G_{s2}\rho_w}} \tag{5.3}$$

となる．ここで，ρ_{d1} は土のみの乾燥単位体積重量，すなわち W_{s1}/V_1 である．いま

$$\frac{G_{s2}\rho_w}{1+w_2 G_{s2}} = \rho_{d2} \tag{5.4}$$

とおけば，式 (5.3) は

$$\rho_d = \frac{\rho_{d1}\rho_{d2}}{P\rho_{d1} + (1-P)\rho_{d2}} \tag{5.5}$$

となる．

一方，式 (5.4) を見ると，ρ_{d2} は $w_2 = 0$ のとき $G_{s2}\rho_w$ で，礫の固体単位体積重量となり，$w_2 \neq 0$ のときは式の形は礫のゼロ空隙乾燥単位体積重量 ρ_{dsat} を表している．これは仮定から明らかな

ように粗礫の空隙を土が満たしていると考えているため，図 5.3 のように礫部分には空気間隙の存在を認めていないからである．したがって ρ_{d2} は礫のみを突き固めた場合の乾燥単位体積重量と考えてはならない．

また，混合後の混合物の含水比 w は

$$w = w_1(1-P) + w_2 P \tag{5.6}$$

となる．

一方，混合物全体の体積について，土のみ，礫のみの乾燥単位体積重量をそれぞれ ρ'_{d1}, ρ'_{d2} とすれば，

$$\rho'_{d1} = \frac{W_{s1}}{V_1 + V_{s2} + V_{w2}} = \frac{\rho_{d1}\,\rho_{d2}\,(1-P)}{P\,\rho_{d1} + (1-P)\,\rho_{d2}} \tag{5.7}$$

$$\rho'_{d2} = \frac{W_{s2}}{V_1 + V_{s2} + V_{w2}} = \frac{\rho_{d1}\,\rho_{d2}\,P}{P\,\rho_{d1} + (1-P)\,\rho_{d2}} \tag{5.8}$$

となり，

$$\rho_d = \rho'_{d1} + \rho'_{d2} \tag{5.9}$$

である．

式 (5.8) の ρ'_{d2} は礫のみを締め固めた乾燥単位体積重量を超えることはできない．

一方，ρ'_{d1} も P が大きくなるにつれて，礫に邪魔されて減じてくるから，式 (5.7) どおりの変化は期待できない．したがって式 (5.5) が厳密に成り立つのは P の小さいうちで，その適用範囲は $P = 30 \sim 40\,\%$ までと思われる．この方法を用いて試験した結果を表 5.1，図 5.4，図 5.5 に示

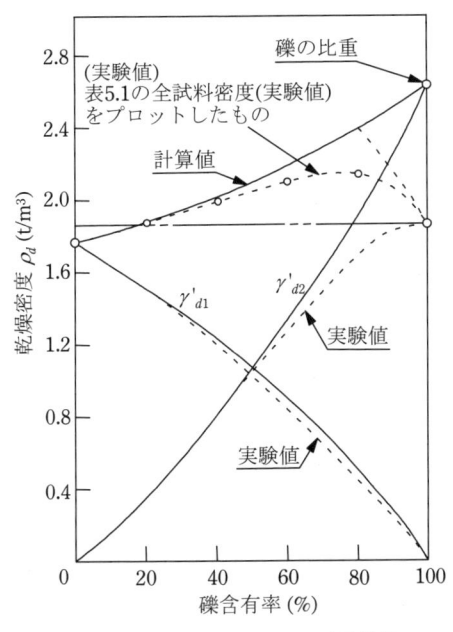

図 5.4 礫混じり土の突固め試験結果

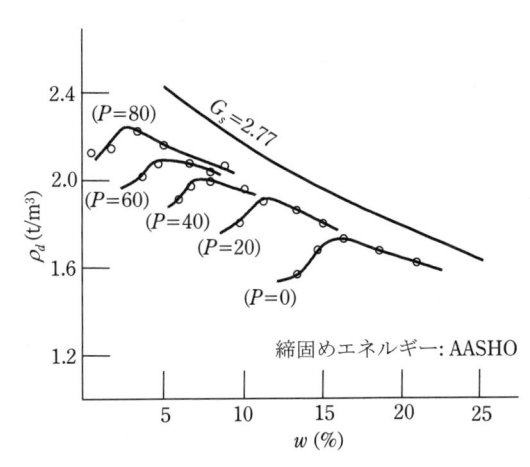

図 5.5 礫率を変えた場合の突固め試験結果

表 5.1 礫混じり土の突固め試験結果

礫含有率 P (%)	全試料密度 (t/m^3)		土の質量 (kg)		礫の質量 (kg)		計算値に対する突固め率 (%)	
	実測値	計算値	実測値	計算値	実測値	計算値	実測値	計算値
0	1.767	1.767	1.767	1.767	0	0	100.0	100.0
20	1.907	1.890	1.526	1.512	0.381	0.378	100.9	100.9
40	1.993	2.033	1.196	1.220	0.797	0.813	98.0	98.0
60	2.081	2.203	0.832	0.881	1.249	1.322	94.5	94.5
80	2.174	2.398	0.429	0.480	1.718	1.918	89.5	89.5
100	1.878	2.632	0	0	1.878	2.632	71.4	—

した．

5.3 土質材料の突固めと締固め特性

　土質構造物の施工では浚渫盛土（ハイドロリックフィル）を除いて，材料は常に転圧機械により締固めが行われる．これは，土のせん断強度や透水性などの工学的性質が締固め密度に支配され，高い密度に締め固められた構造物は安定性に優れているからである．しかし，高い密度に締め固めるためには低い含水比で高いエネルギーを与えなければならないので，高い密度で設計・施工するのは必ずしも経済的とはいい難い．そこで，経済性や施工性の面において，どの程度の締固め密度を設計値として採用すべきかを明らかにし，決定しなければならないが，このことは，主として**材料の自然含水比**により決まるので一概に結論することはできない．室内における突固め試験は適切な設計値を定めるために行われるものであり，材料の粒度組成や自然含水比を基に適切な突固めエネルギーを決めるためのものである．盛立て時の転圧機械の選定や転圧方法，転圧回数等は，突固め試験結果を参考として決定されるからである．なお，本書では室内における突固め試験と現場における転圧機械による締固めとを区別する意味で，前者を単に**突固め密度**といい，転圧による密度を**締固め**や**転圧密度**と呼ぶことにした．ここで，**突固めエネルギー**（E_c）は次式で与えられる．

$$E_c = \frac{W \cdot H \cdot N \cdot L_n}{V} \quad (\text{kg} \cdot \text{cm/cm}^3) \tag{5.10}$$

ここで，V：突固め試験に用いるモールドの容積，W：ランマー重量，H：ランマーの落下高，N：突固め回数，L_n：突固め層の数である．JIS では，$V = 1\,000\,\text{cm}^3$，$W = 2.5\,\text{kg}$，$H = 25\,\text{cm}$，$N = 25$ 回，$L_n = 3$ 層であるので，$E_c \fallingdotseq 4.69\,\text{kg·cm/cm}^3$ となる．

　土質材料の突固め特性は，図 5.6 のエネルギーを変えて行った実験結果からも知れるように，突固めエネルギーが大きいほど密度も大きくなり，最適含水比の値は反比例して小さくなる．このことは実務において極めて重要なことである．例えば，材料を自然含水比の下で締め固めようとするならば，これに見合うエネルギーを与えて転圧すべきであることを示している．

　例えば図 5.6 において，自然含水比（w_a）は JIS 突固めエネルギー 200 % を与えた際の最適含

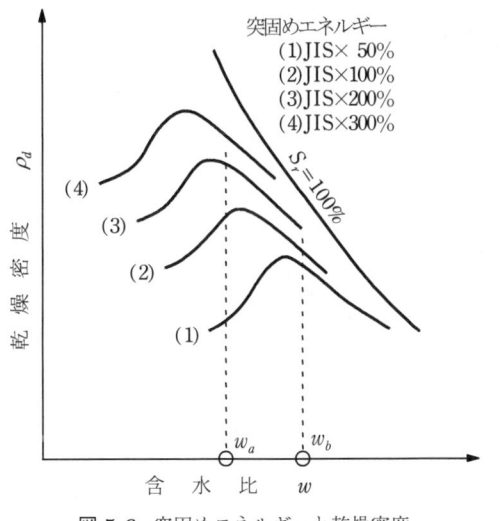

図 5.6 突固めエネルギーと乾燥密度

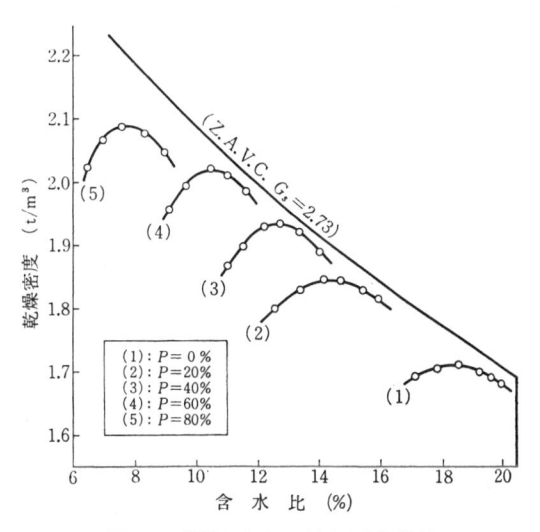

図 5.7 礫混じり土の突固め試験結果

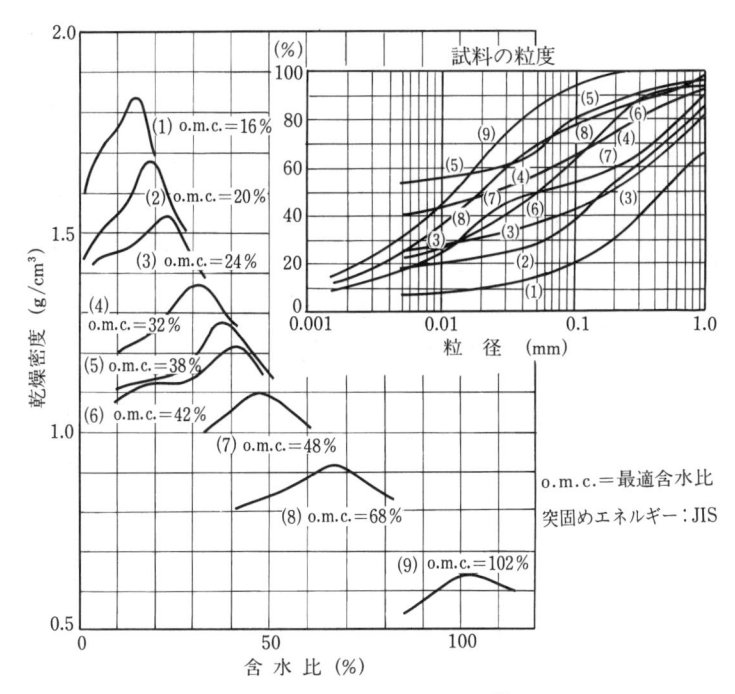

図 5.8 粒度組成と乾燥密度[3]

水比付近にあるとすると，現場での転圧にはこの程度のエネルギーを効率よく発揮可能な転圧機械を選定しなければならないことになる．一方，自然含水比が図5.6の w_b である場合は最大乾燥密度は JIS 50 % 程度のエネルギーを与えて得られるので，実務においてはかなり小さな締固めエネルギーを有する転圧機械により締め固めればよいことになる．換言すればこのことは，むやみに高いエネルギーを与えて転圧しても，高い密度が得られる保証はなく，含水比に応じた締固めエネルギーのもとで転圧しなければならないことを示唆している．

図 5.7 は礫率の異なる材料に対し，同一突固めエネルギーの下で突固め試験を実施した結果を示したものである．図で明らかなように，礫分が多いほど最大乾燥密度は大きく，最適含水比は小さな値を示す[2]．

図 5.8 は粒度組成の異なる材料について突固め試験を行った結果である[3]．図から知れるように，粗粒土ほど最大乾燥密度が大きく，最適含水比は小さくなることがわかる．

以上，各種土質材料の突固め特性について述べたが，このような突固め試験結果はすべて実務における転圧機種の選定や適切な**転圧エネルギー**を決定する際の参考とされている．

5.4 転圧機械の機種と締固め特性

5.4.1 転圧機種

転圧機械は転圧面が平坦となるタイヤ系ローラー（**写真 5.5**）と転圧後の面が乱れるタンピング系ローラー（**写真 5.7**）とに大別され，さらにさらにタイヤ系ローラーは振動機構を装備するものと，装備しないものがある．振動ローラーは非粘着性材料の転圧に使われ，タンピング系ローラーは粘性土の転圧に，その他のローラーは粘性土，非粘性土の区別なしに使われる．

一般に使用されている転圧機械の機種を図 5.9 に示した．

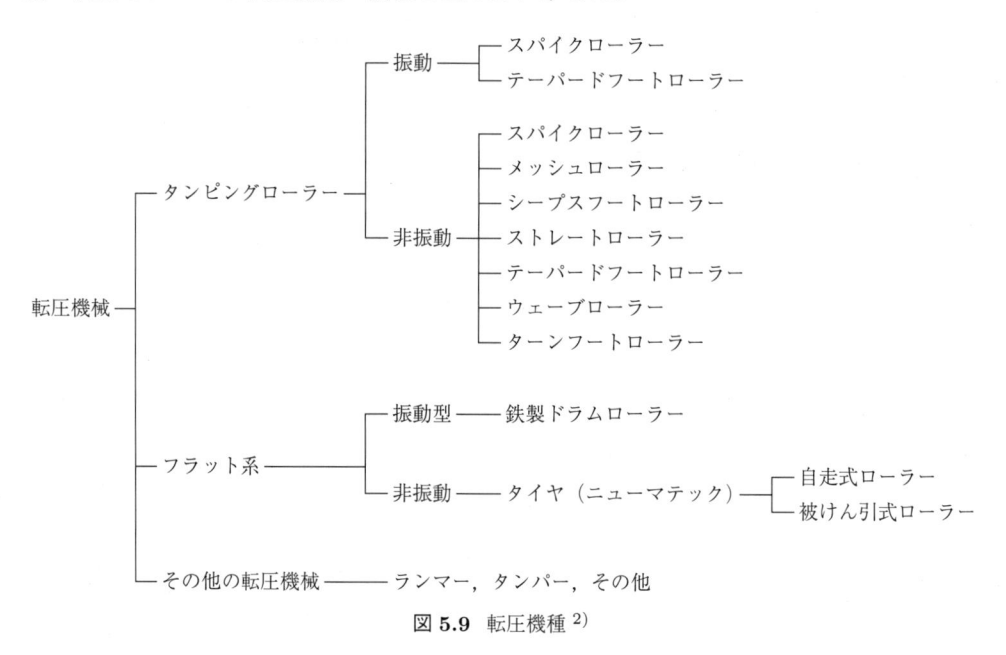

```
転圧機械 ─┬─ タンピングローラー ─┬─ 振動 ─┬─ スパイクローラー
          │                        │        └─ テーパードフートローラー
          │                        │
          │                        └─ 非振動 ─┬─ スパイクローラー
          │                                   ├─ メッシュローラー
          │                                   ├─ シープスフートローラー
          │                                   ├─ ストレートローラー
          │                                   ├─ テーパードフートローラー
          │                                   ├─ ウェーブローラー
          │                                   └─ ターンフートローラー
          │
          ├─ フラット系 ─┬─ 振動型 ── 鉄製ドラムローラー
          │              │
          │              └─ 非振動 ── タイヤ（ニューマテック）─┬─ 自走式ローラー
          │                                                      └─ 被けん引式ローラー
          │
          └─ その他の転圧機械 ── ランマー，タンパー，その他
```

図 5.9 転圧機種[2]

(1) スパイクローラー

このローラーは，主として破砕しやすい岩塊を転圧前に well grade に破砕するために用いられるもので，図 5.10 に示したように頑丈なスパイクを具備している．

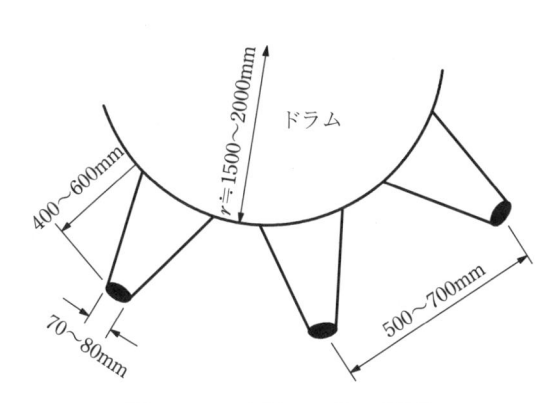

図 5.10 スパイクローラーの形状

写真 5.1 メッシュローラー

(2) メッシュローラー

主としてロック転圧用で，写真 5.1 に示したようにドラムの表面が太い金網になっている．

(3) テーパードフートローラー

主として粘性土の転圧用で，加振装置を具備するものは非粘性土の転圧にも用いられる．脚部は図 5.11 のように台形状をなし，角形のものが多い．脚長は様々で，150〜250 mm である．礫分を多く含む材料に対しては脚長の長いものが有効である．

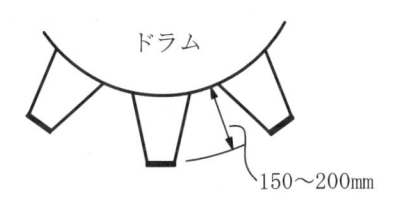

図 5.11 テーパードフートローラーの形状

(4) シープスフートローラー

粘性土の転圧用であり，脚部の形状が羊の蹄をなしていることから，このように呼ばれている（図 5.12）．

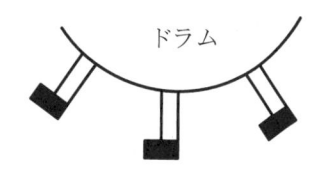

図 5.12 シープスフートローラーの形状

(5) ストレートフートローラー

粘性土の転圧用であり，脚部はドラムに対し直立している（図 5.13）．

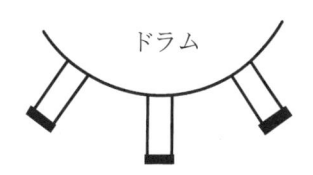

図 5.13 ストレートフートローラーの形状

(6) ウェーブローラー

比較的高い含水比の粘性土の転圧用として使用される．脚の形状は図 5.14 に示したように波形をなし，脚長は 150 mm 以下のものが多い．

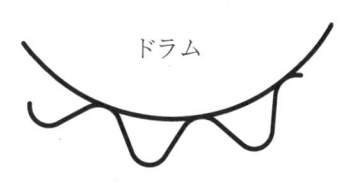

図 5.14 ウェーブローラーの形状

(7) ターンフートローラー

このローラーは，主として粘性土に対して使用され，土の含水比，すなわち支持力に応じて接地圧を変化させることができる．図 5.15 および写真 5.2 に示すように，脚は鉤形をしており，これを回転して固定することにより，3 種類の脚の形状に組み換えて接地圧を変える．

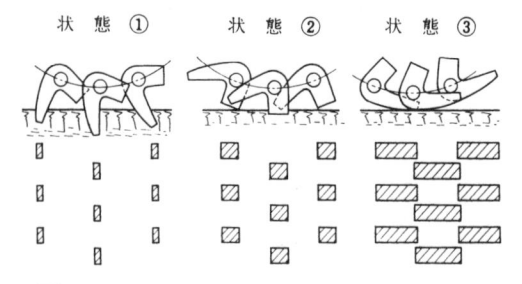

図 5.15 ターンフートローラーの脚の形状およびその配置[4]

状態①

状態②

状態③

重量：自重 9 t，最大載荷時 12 t，脚：全数 108

脚の有効長 { 状態① 23 cm / ② 8.5 cm / ③ — }

設置面積 { 状態① 45 cm^2 / ② 120 cm^2 / ③ 310 cm^2 }

最大接地圧（脚 1 本当り）： 状態① 42 kg/cm^2 / ② 16 kg/cm^2 / ③ 6.1 kg/cm^2

写真 5.2 ターンフートローラー（三菱・アルパレ，F-12 型）

(8) タイヤローラー

粘性土，非粘性土の転圧に適している．写真 5.3，写真 5.4 に自走式のものと被牽引式のローラーを示した．タイヤの支持方式は図 5.16 に示したように 4 種に分類される．

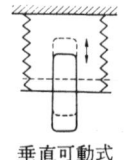

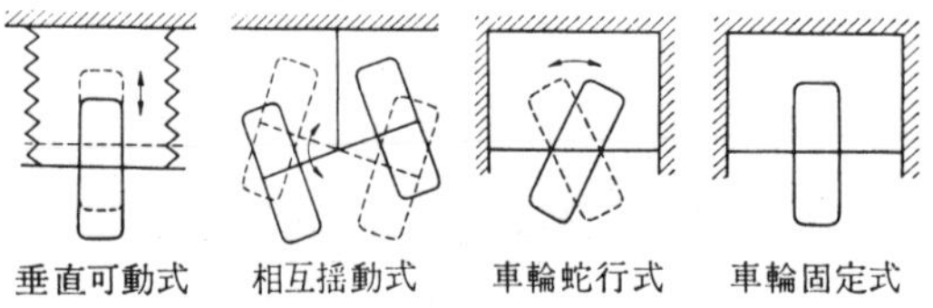

垂直可動式　相互揺動式　車輪蛇行式　車輪固定式

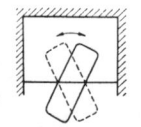

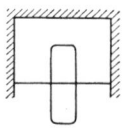

図 5.16 タイヤ支持方式[4]

写真 5.3 自走式タイヤローラー

写真 5.4 被牽引式タイヤローラー [5]

(9) 鉄製ドラム型ローラー

ロードローラーとして一般に知られ，道路の路盤や路床の転圧に用いられる．

5.4.2 土またはロック材の締固め特性

土またはロック材料を締め固めるということは，適当な外力を与えて土粒子間の間隙を減少させることである．このためには**粒子相互の移動抵抗力**（粘性，摩擦，かみ合い）を上回る外力を与えなければならない．

非粘性材料の場合，抵抗力は主として粒子間の摩擦とかみ合いによるから，その値はかなり大きい．したがって，これらに打ち勝って粒子を密な配列にするにはかなりの外力が必要であり，特にロック材などに対して通常，静的機械による締固めは困難といわれている．ゆえにこの種の材料に対しては，散水したり，振動を与えたりして**摩擦抵抗**を低下させ，かみ合いをはずすような締固めが行われなければならない．

しかし，粒子の摩擦抵抗やかみ合いによる抵抗は，その形状や大きさに左右されるので，これらの抵抗力を減じ，十分な密度に締め固めるために必要な散水量や加振力の大きさは材料に応じて異なる．この値を決定するには後述の盛立て試験によらなければならないが，一つの目安としては，締固めによって粒子をひどく破壊したり（破砕を目的とする場合は別），転圧時に材料が横方向に大きく移動しない程度の締固めエネルギーを有する機械を選定すべきである．

一方，粘性材料の場合，その抵抗力は主として粘着力であるから，振動外力は吸収され下部に伝達されるエネルギーは少ない．そして，大きい外力を繰り返し与えて転圧しようとすれば，支持力が低下し破壊が生じ，逆に密度を低下させることもある．したがって，この種の材料に対しては粗粒材料のように振動による締固めは適当ではなく，むしろ衝撃を与えて強制的に締め固めるか，静的外力による圧縮方式（例えばタイヤ系ローラーなど）による締固めがより効果的である．

このように締固め問題においては，材料の種類・性質と締固め方法は極めて重要な関係にあるの

表 5.2 土質によるローラー適性[2)]

土質＼ローラー種類	平滑胴ローラー	タイヤローラー	メッシュローラー	タンピングローラー	ウェーブローラー	振動ローラー	コンパクター	ランマー
GW	○	○				○	○	○
GC		○		○	○	○	○	○
GP	○	○				○	○	○
GM	○	○		○	○	○	○	○
SW	○	○	○			○	○	○
SC	○	○	○			○	○	○
SP	○	○	○			○	○	○
SM	○	○	○			○	○	○
ML		○	○	○	○			
CL		○	○	○	○			
OL		○	○	○	○			
MH				○	○			
CH				○	○			
OH				○	○			
Pt								

で，材料に関係なく締固め機械を選定してもほとんど意味がない．しかし，締固め機械の種類は非常に多く，最も効果的な機械を選定することはなかなか大変である．**表 5.2** は材料と各種締固め機械の関係を概略的に示したものである．このうちフィルダムに対して従来から最も一般に用いられているものは，**タイヤローラー，タンピングローラー**および**振動ローラー**などである．以下これらの締固め特性について，もう少し詳しく説明しよう．

5.4.3 タイヤ系ローラーの締固め特性

　タイヤローラーは複数の空気入りタイヤを適当な間隔で並べ，タイヤを通じて荷重を地面に伝達させて締固め作業を行う機械である（**写真 5.5**）．空気入りタイヤはこれに荷重をかけることにより接地部分がその空気圧に応じて変形する．したがって転圧時の接地圧はタイヤの空気圧と荷重との関係で，種々変化する．このため締固めの対象となる材料の性質に応じてタイヤの空気圧を変えることにより効果的な締固めが期待できる．例えば，タイヤの空気圧を

写真 5.5 タイヤローラーによる転圧

上げれば，それだけ締固め効果は大きくなり，支持力の大きい砕石，ロックなどの締固めに適し，反対に空気圧を下げ，接地面を大きくすれば接地圧が低下し，支持力の小さい材料に対して効果的な締固めができる．

　転圧は，言うまでもなく，撒き出した層の表面にタイヤ圧力を加えることによって行われる．締固めによる載荷は負荷，除荷の繰返しであるので本質的には動的なものである．しかし，ローラーの速度を極端に増さない限り現象的にはごく短時間ではあるけれども，地盤内の応力分布は

静的載荷において見られるような伝播状態となることが予想される．

この応力分布は，例えば図 5.17 に示したような Boussinesq の提案した圧力球根によって説明される．すなわち深度方向に対する応力の減少は載荷幅で正規化して表され，例えば載荷幅に等しい深度における載荷重はほぼ 1/2 に減少し，さらに載荷幅の 2 倍の深度においては約 1/10 の載荷重となることがわかる．

このことは，例えば図 5.18 に示したタイヤローラーの締固め試験結果でも容易に理解されるであろう．この図は同一材料について含水比を 3 種変えて 8 回通過して，締め固めた後の密度と深さとの関係を示したものである．曲線 (Ⅰ) は含水比の低い，いわゆる支持力の比較的大きい土層の締固め密度を示したものであるが，$z/B = 0.8$ 以深（B はタイヤ幅）になると密度の急激な減少が見られる．これは，言うまでもなく載荷重の深さ方向の急激な減少に起因するものと考えられる．

また，曲線 (Ⅱ), (Ⅲ) はそれぞれ含水比を 4 ％ずつ増加させたときの結果であるが，含水比の多い (Ⅱ), (Ⅲ) の順に締固め効果も深部にまで影響している．このことは含水比の増加に伴う支持力の低下によるもので，支持力の小さい土層では大きい締固め力を必要としないことを意味している．

以上のように，タイヤローラーの締固めは表層より逐次締固め効果が低下し，深部にまで十分及び難いから，撒き出した土層全体を均一に締め固める効果は，後述するタンピングローラーと比較してかなり劣るのである．

しかし，この欠点はローラーの重量および空気圧を大きくし，タイヤ幅すなわち接地面積を大きくすることによって，ある程度補うことができる．

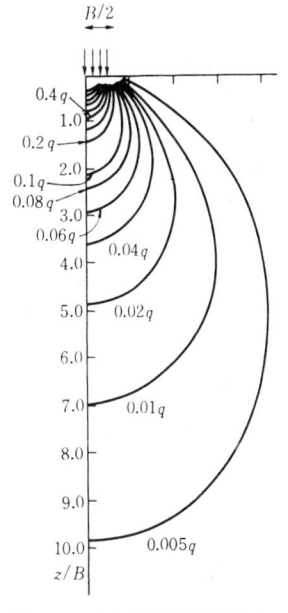

図 5.17 半無限弾性地盤内の鉛直応力の圧力球根 [2]

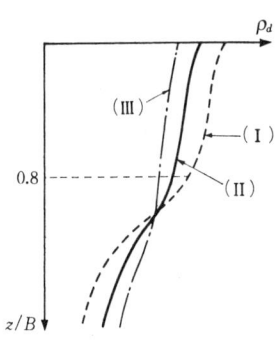

図 5.18 タイヤローラーの締固め特性 [2]

5.4.4 タンピング系ローラーの締固め特性

タンピングローラーによる転圧は，撒き出した層の底部から逐次上層部に向かって行われる．すなわち最初の締固めにおいてはローラーの脚はそのほとんどが地中に貫入するが，転圧回数を増すことによって下層部からその接地圧に抵抗するだけの支持力を持つ層が形成され，これが順次上層部に移行する．したがって適当な支持力を有する土質材料の場合は，締固め回数を増すに従ってローラーの脚の地中への貫入量が逐次減少する（写真 5.6）．この現象をウォークアウト (walk out) したというが，タンピングローラーの締固め特性の特徴はここにある．すなわち，このよう

に締め固められた土層は均一で，しかも高い締固め密度となる（**図 5.19**）．しかし上述の現象は土層を締め固める過程において，その支持力がローラーの接地圧を少し上回る場合にのみ見られるものであって，例えば含水比が低く土層の支持力がローラーの接地圧よりはるかに大きいような場合は，最初の転圧からローラーが浮き上がり，十分な締固め密度を得ることはできない．

一方，含水比が高くローラーの接地圧より支持力が小さいような場合は土層の内部破壊が生じ，したがってこのような場合は締固め回数をいくら増してもウォークアウトすることはなく，逆に貫入量が増加することがある．そしてさらに含水比が増加すると，特に粘性の高い土の場合は土層をこね返すことになり，土がローラーの脚間に付着して締固めが困難となることもある．この傾向は土層の支持力に対してローラーの接地圧が大きいほど，また脚長が長いほど，その程度も強いといわれている．このように高含水比の材料に対するタンピングローラーの使用はその締固め特性上決して好ましいものではない．

写真 5.6 タンピングローラー

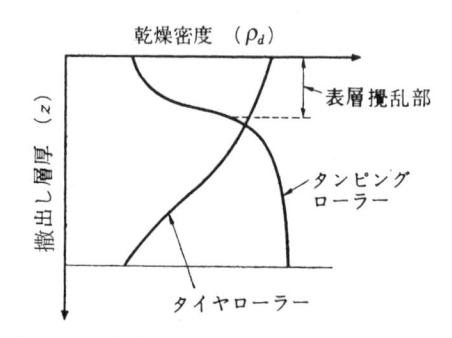

図 5.19 粘性土に対するタイヤローラーとタンピングローラーの締固め特性[2]

しかし，わが国では特にフィルダムのコア部に対しては，締固めが不可能とならない限り，一般にタンピングローラーを使用している．これは主として，土層の表面を撹拌するので土を乾燥することができること，各土層を密着することができること，混合作用があるので均質盛土ができるから k_h/k_v（透水係数比）の値を小さくなし得ると考えられること，などの理由によるものである．そしてこのように含水比の高い材料に対しては脚の短い，軽いローラー（例えばウェーブローラー）を使用することによって脚間の土の付着やこね返しを防止できる．

なお，タイヤ系ローラーとタンピング系ローラーの締固め特性を比較して**図 5.19**に示し，また**図 5.20**に両者の関係を突固め試験結果として比較した．この図から知れるように，タンピングローラーで転圧した最大乾燥密度はタイヤローラーのそれと比較してかなり大きい．しかし，最適含水比よりわずかに湿潤側では，締固め密度は急激に減少しウェーブローラーやタイヤローラーの最大乾燥密度付近では，これらの値を下回っている．そし

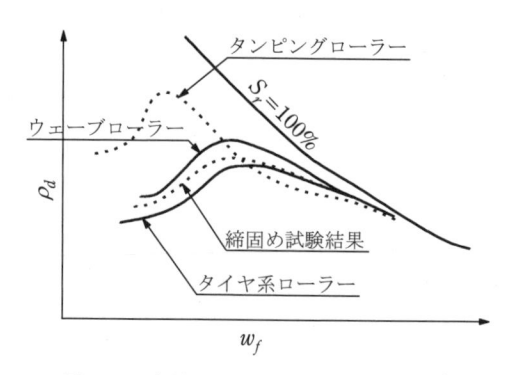

図 5.20 各種転圧ローラーの締固め特性[2]

てウェーブローラーやタイヤローラーの締固め特性は最適含水比より湿潤側において特に秀でていることが知れる．

5.4.5 複合転圧

　この転圧方法はタイヤ系ローラーとタンピング系ローラーとを組み合わせて転圧するものである．すなわち，タンピング系ローラーは含水比の極めて狭い範囲の締固めに対し威力を発揮する．これに対しタイヤ系ローラーは含水比の変化に極端に左右されることは少ない．この両者の特性を生かし，また，タイヤ系ローラーの転圧による異方性（せん断や透水性）を緩和する目的で，まずタイヤ系ローラーで十分転圧した後，タンピング系ローラーにより転圧を行う，複合転圧を行うことがある．

　この方式は例えば現場含水比が突固め試験で得られる最適含水比より湿潤側にある場合に用いられることがあるが，経済的には好ましくないので一般的ではない．

　このような場合はウェーブローラーを用いるとか，軽量のタンピングローラーを用いることになる．

5.4.6 タンピングローラーの選定

　土質材料を転圧する目的は盛土を均質化させ，空隙率を小さくし，土のせん断強度を高め，圧縮量を少なくするためである．また，土質構造物の設計にあたり，構築材料に対し突固め試験が行われるが，これは各種材料に対し，経済的に施工可能な締固め密度を特定し，設計に必要な土力学的諸定数を決定するためである．設計において決定された密度は現場において，転圧機械を用いた締固めによって確保されることになるが，転圧機械は多岐にわたっており，材料の組成に応じて使い分けされる．ここではタンピング系ローラーを用いた粘性土の締固め特性について述べるが，タンピング系ローラーの機種だけでも数多く存在する．

表 5.3　タンピング系ローラーの仕様 [2]

項目	機種	ウェーブローラー	改良型タンピングローラー	シープスフートローラー
枠付全長	(mm)	3 300	3 330	3 330
枠付全幅	(mm)	1 470	1 470	1 470
ローラー幅	(mm)	1 220	1 220	1 220
ローラー径	(mm)	1 020	1 020	1 020
枠付重量	(N)	19 000	19 000	19 000
水充満時重量	(N)	27 000	27 000	27 000
脚数	(個×列)	24 × 3	24 × 3	22 × 4
脚長	(mm)	65	120	200
脚裏面積	(mm × mm)	100 × 85	90 × 50	57 × 57
脚付根面積	(mm × mm)	140 × 125	180 × 90	120 × 100

現在，一般的に使用されているタンピング系ローラーを**表5.3**に示したが，このほかにも最近は**写真5.7**に示したようなローラーが好んで用いられている．その理由として，脚の形状がウェーブローラーに近いので，タンピング系ローラーとタイヤ系ローラーの中間的締固め特性を示し，比較的広範囲の含水比を有する材料の転圧に適し，さらに自走式で締固め効率に優れている等が挙げられる．このローラーは土の組成や含水比により使い分けされ，その仕様は**表5.3**に示したごとくである．

写真5.7 自走式タンピングローラー

5.4.7 タンピングローラーの接地圧

土質材料の締固め密度は与えるエネルギーと比例関係にあり，エネルギーが大きいほど密度も大きくなる．しかし，ある一定の含水比の下で，密度は飽和状態の値を超えることはないので，やみくもに転圧エネルギーを大きくしても密度は増大することはなく，逆にこね返しにより密度や強度の低下（オーバーコンパクション）をもたらすことがある．したがって，実務においては適切なエネルギーを適切な転圧回数により与えることの可能な転圧機械を選択しなければならないことになる．転圧機械による締固めエネルギーはローラーの脚の接地圧と転圧回数により定義されるが，支持力の大きい土に対し，転圧回数を増しても計算上のエネルギーは大きくなるが，締固め密度の増加には反映されない．この現象は土の支持力が転圧機械の接地圧と比較してかなり大きい場合に見られるので，極端に乾燥した材料を締め固める際には十分な注意が必要である．

タンピングローラーの**接地圧**は次のように求める．すなわち，転圧機種の重量をW，ローラーの脚数をNおよびローラーの脚の先端面積をaとして，接地圧をpとすると，

$$p = \frac{W}{0.05 \times a \times N} \tag{5.11}$$

であり，この値が**公称の接地圧**である．例えば**表5.3**に示した改良型タンピングローラーの場合，$N = 24 \times 3 = 72$本，脚の先端面積$a = 90 \times 50 = 4\,500\,\text{mm}^2$，$W = 2\,700\,\text{kg}$であるので，

$$p = \frac{27\,000}{0.05 \times 4\,500 \times 72} \fallingdotseq 1.7\,\text{N/mm}^2$$

となる．

5.4.8 突固め試験と転圧機械

転圧機種は材料の粒度組成，転圧時の含水比あるいは土質構造物の利用目的と規模等を勘案し，エネルギーを変えた突固め試験結果を参考として決定される．

図 5.21 は，同図右上に示した材料に対し，突固めエネルギーを変えて試験をした結果と，転圧機械の接地圧を変えて締め固めた密度とを対比して示したものである．この試験において，締固めに用いた転圧機械はタンピングローラー，脚長は 22 cm，撒出し厚 20 cm，転圧回数を 8 回/層としたが，これは実務における転圧回数はこの程度が一般的であるからである．

図から知れるように，この試験の場合，JIS 100 %，200 % および 300 % のエネルギーを与えて突き固めた結果は，タンピングローラーの接地圧 $p = 22$，30 および 35 kg/cm² の結果とよく対応している．このことはローラーの接地圧を決定づけるうえで極めて重要である．例えば，材料の自然含水比（W_f）を $W_f = 13$ %（±）とする．通常，フィルダム等重要な水利構造物では，締固め度（D 値）を $D \fallingdotseq 95$ %，飽和度（S_r）を 80 % 以上，また一般土質構造物では $D \fallingdotseq 90$ % が採用される．

いま，盛土を上記の自然含水比付近 $W_f = 13$ %（±）で施工するものとすると，突固めの基準とするエネルギーは一般に $W_f = 13$ %（±）で突き固めた乾燥密度の値が $D \fallingdotseq 95$ % の湿潤

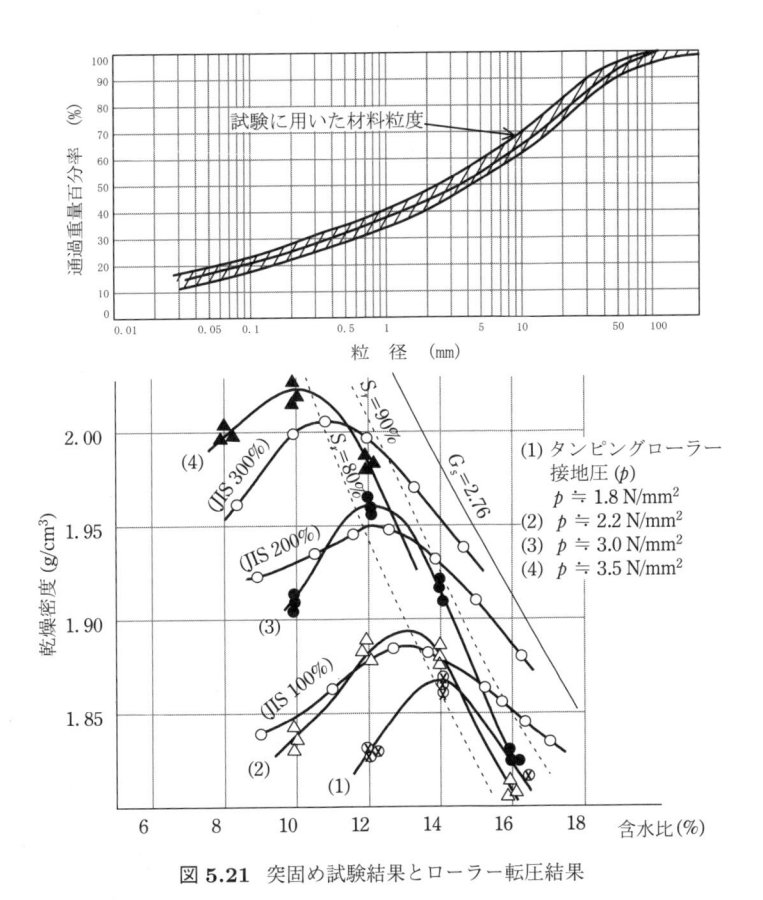

図 5.21 突固め試験結果とローラー転圧結果

側となるように決定される（$D \geq 90\%$ とする場合は $D \fallingdotseq 90\%$）．具体的には図 **5.21** において $W_f = 13\%$（±）で突き固めた乾燥密度が $D \geq 95\%$ となる最大乾燥密度（ρ_{dm}）は突固めエネルギー $E_c = 200\%$ の場合，同図より $\rho_{d95} = 1.95 \times 0.95 \fallingdotseq 1.85 \text{t/m}^3$，$E_c = 300\%$ の場合，$\rho_{d95} = 2.01 \times 0.95 \fallingdotseq 1.91 \text{t/m}^3$ となり，いずれも $D \geq 95\%$ を満足することになり，密度の面からは基準とする突固めエネルギーは **$E_c = 200\%$ でも $E_c = 300\%$** でもよいことになる．しかし，$E_c = 200\%$ の場合，$D = 95\%$ の乾燥側の飽和度は $S_r \fallingdotseq 75\%$ であり，上記 $S_r \geq 80\%$ を満足しない．これに対し，$E_c = 300\%$ の場合，$D = 95\%$ の乾燥側における飽和度は $S_r \geq 80\%$ が得られるので，この種の材料に対し，適用する突固めエネルギーは **$E_c \geq 300\%$** を基準とするのが適当である，ということになる．

一方，転圧機械に関しては，$E_c = 300\%$ に対応する接地圧は，図 **5.21** から知れるように，転圧回数 8 回/層とした場合，**$p \fallingdotseq 3.5 \text{N/mm}^2$** であるので，実務においてはこの値を満足する接地圧を有する重量の機種を選定することになる．また，高含水比の材料に対しても，同図に示したように，上記と同様にして基準とする突固めエネルギーを定め，転圧機種を選定する．例えば図示した $W_f = 16\%$（±）の材料に対しては $E_c = 100\%$ 程度が基準となるので，転圧機械の接地圧も **$p \fallingdotseq 2.2 \text{N/mm}^2$** の機種を選定し，転圧回数 8 回/層とすることになる．

ここで，転圧機械を選定する際の参考となる項目を再度確認すると，以下のとおりである．

(1) タイヤ系フラットローラーの締固め特性
 1) タイヤ系ローラーは非粘着性材料の転圧に有用であるが，高含水比の粘性材料に対しても有用である．
 2) 転圧した面が平滑になり，表層部と深さ方向の密度の差が大きい．この現象は粘性土の転圧に際し，顕著に現れる．
 3) 転圧した層と平行方向のせん断強度，透水性が直角方向と比較して大きく異なる．
 4) 一定の接地圧の下で含水比の広い範囲に対して有効に利用でき，特に最適含水比より湿潤側の材料の転圧に有用である．
 5) 転圧面が平滑になるので，降雨排水に対し特別な処理を必要としない．

(2) タンピング系ローラーの締固め特性
 1) 粘性土の転圧に有用であり，非粘性材料には適さない．
 2) 転圧した面が乱されるので，次層とのなじみがよく，転圧は均質となる．
 3) 転圧層に平行方向と直角方向のせん断強度や透水性に大きな異方性は認められない．
 4) 一定の接地圧の下では材料の狭い範囲の含水比に対して有用であり，特に最適含水比より湿潤側の材料の転圧にはそれほどの効果は上がらない．
 5) 材料の粒度組成や締固め含水比に対し，効率的な接地圧と転圧回数を常に確認し，適当なエネルギーを与えることにより品質の優れた盛立てができる．
 6) 複合転圧に威力を発揮する．すなわち，タイヤローラーは高含水比材料の転圧に有用である

が，転圧面が平滑になり好ましくないので，タンピング系ローラーにより転圧面を攪乱しながら転圧することにより，均質で高い密度の盛立てが可能である．

(3) 振動系ローラーの締固め特性
1) 非粘性材料の転圧に用いられるが，含水比の低い粘性土にも利用可能である．
2) 転圧面の密度が極端に大きくなることがあり，タイヤ系ローラーの場合よりも異方性が大きい．
3) フィルターやドレーンゾーンを転圧する場合，異方性により鉛直方向の透水性が極端に小さくなることがある．このため，フィルター，ドレーンの目的を果たさないばかりか，浸透水を水平方向に導き堤体の安定性を脅かすことがある（水理的破壊現象の誘因）．

5.4.9 タンピングローラーの脚長と締固め特性 [6)7)]

土質材料をタンピングローラーで締め固める際の撒出し厚と脚長（f）とは重要な関係にある．タンピングローラー脚が撒出し層に貫入することは，転圧による密度の増加にばかりでなく，土層を攪拌し締め固めることにより土層の均質化が期待できる．

転圧時の脚長と撒出し厚の関係は，最適含水比より乾燥側の土に対しては盛立て試験結果によると概ね $D/f = 0.9～1.1$，湿潤側では $D/f = 1.0～1.2$ 前後が一般的である．そして最適撒出し厚（D_0）として

$$D_0 = 0.36f + 10 \text{ (cm)} \tag{5.12}$$

が提案されている[7)]．ただし，D は撒出し厚，f はローラーの脚長である．

5.5 礫分を含有する材料の工学的性質

土質材料（−4.76 mm）に礫を混合した場合の突固め密度と礫率との関係を Walker - Holtz により先に示したが，盛土材料に礫分が混入することにより，土の工学的性質は大きく変化する．これらは例えば，透水性，圧縮性やせん断強度などである．

5.5.1 土質材料の礫混入量と透水性

礫自体の透水係数は通常無視できるほど小さいので，礫を含む土質材料は相対的に透水断面が減少したことになり，結果として材料全体の透水係数が低下する．しかし，礫の混入量がある一定値を超えると，礫間を占める土の部分の密度が減少して，間隙が増加し，結果として透水係数が大きくなる．土の部分の密度が増加しないのは礫の間隙を満たすために必要な土質材料が不足し，突固め外力が礫の骨格に支えられ，エネルギーが土に伝達されないためである．礫の間隙内の土の密度が小さく，不安定な状態で存在すれば，水の流動により**土粒子が流失**することになる．土粒子の流失現象は自然材料と相似の材料に対し，礫率を変えて透水試験を行って確認することが

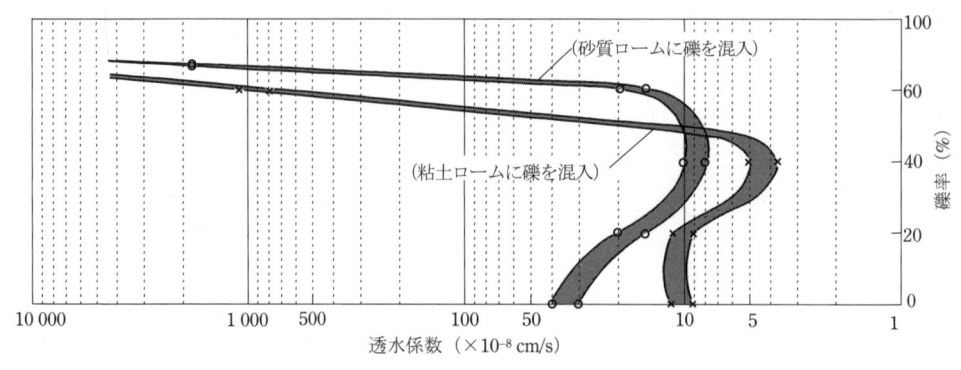

図 5.22 透水係数と礫率の関係[2]

できる．図 5.22 は礫の混入量を変えて透水試験を行った結果である．図で明らかなように礫率が約 50〜55 % を超えると透水係数が急激に増加し，礫率約 80 % において透水係数は 10^{-1} cm/s となり，この値は細粒礫のみの透水係数と類似している．この状態において，礫の間隙中に細粒子が存在すれば，水の流れにより土粒子は流失する．

表 5.4 粒子径と限界流速

粒子径 (mm)	限界流速 (cm/s)
1.0	9.7
0.5	6.9
0.3	4.8
0.1	3.0
0.05	2.2
0.01	0.87
0.001	0.30

一方，Justin は土粒子が流動する流速を限界流速と称し，粒子径との関係として表 5.4 を示している．動水勾配が特定されれば Darcy 則により流速 (v) が知れるので，土粒子流失の目安をつける参考になる．

5.5.2 礫混じり土の圧密沈下特性[8]

礫混じり土を盛土した場合の沈下量は，大型モールドを用い礫を混合した材料に対する圧密試験結果により推定される．しかし，フィルダム等大型構造物を除いて一般土質構造物の設計に際しては，多くの場合，礫分を除いた土質材料に対し圧密試験が行われ，この結果を用いて沈下量を推定している．礫分が含有されればその分だけ沈下量は少なくなるのは言うまでもない．ここでは，礫分を含有する場合の沈下特性について述べる．

図 5.23 は細粒土に礫を混入した試料（表 5.5）について大型圧密試験（モールド $\phi = 200$ mm）を実施し，その結果の代表的なものを示したものである．この試験結果によると，礫分を混入した場合の沈下率 S (%) は実験的に式 (5.13) で表すことができる．

$$S = \frac{\Delta h}{H} \times 100 = \frac{\Delta h}{H_s} \times 100 - 0.1 wP \quad (5.13)$$

ここに，S：沈下率 (%)，Δh：沈下量，H：元の試料高さ，H_s：細粒土（4.76 mm 以下）の高さ（換算

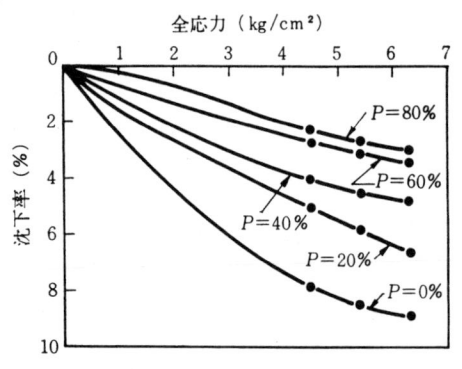

図 5.23 礫混じり土の圧密試験結果

表 5.5 材料の諸定数

細粒土							礫			
比重	統一分類名	PL	LL	粘土	シルト	砂	比重	吸水率	4.76~9.52 mm	9.52~19.1 mm
2.740	MH	34 %	60 %	27 %	35 %	38 %	2.595	0.7 %	34 %	66 %

値), w:細粒土の含水比(%), P:礫率(%)である.また式 (5.13) によって求めた値と細粒土のみについて実験した結果と比較すれば,次のことがいえる.

(a) 細粒土の含水比が最適含水比より低い場合
1) 礫率が小さいとき,その沈下量は細粒土の圧密沈下量に細粒分含有率 (P_f) を乗じた値よりも平均 5 % 程度小さい値となる.ただし,$P_f = (100 - P)/P$,P:礫率である.
2) 礫率が 50 % 前後のとき,その沈下量は細粒土の圧密沈下量に P_f を乗じた値とほとんど一致する.

(b) 細粒土の含水比が高い場合
1) 礫率が小さいとき,その沈下量は細粒土の圧密沈下量に P_f を乗じた値よりも大きく,礫率が 10 % 以内では礫混入の影響がほとんど現れない.
2) 礫率が 40~50 % 前後のとき,その沈下量は細粒土の圧密沈下量に P_f を乗じた値よりもおよそ 10 % 程度大きな値を示す.

(c) 細粒土の含水比の高低にかかわらず,礫率が 60 % 付近では,その沈下量は細粒土の圧密沈下量のおよそ 50 % に相当する.

(d) 礫率が 70~80 % の場合,その沈下量は細粒土のみの圧密沈下量のおおよそ 60 % に相当する.

5.5.3 材料の細粒化現象

礫を多く含有する土質材料や人為的に礫を混入した土質材料に対し高いエネルギーを与えて突き固めたり,あるいは突き固めて様々な実験用の供試体を作製するのは好ましくない.例えば図 5.24 は圧縮強度 15~20 N/mm^2,最大粒径約 50 mm,均等係数 7 のロック材に対し突固めエネルギーを JIS 100 %,200 %,300 % および 400 % の 4 段階に変えて突き固めた後の粒度分布を示し

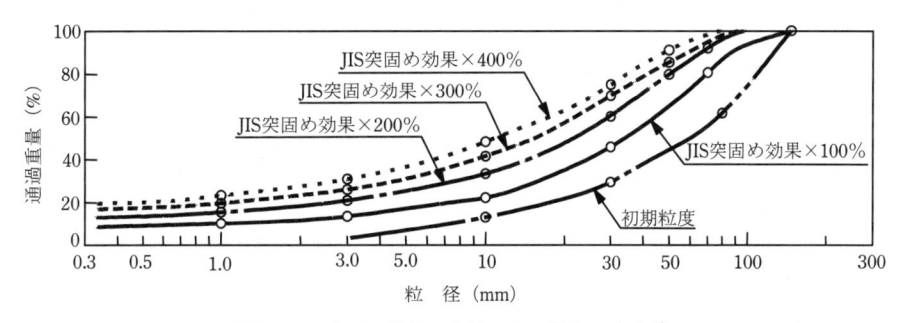

図 5.24 突固め効果の相違による礫分の破砕[2]

たものである．図から知れるように，突き固めることにより元の粒度とは全く異なる粒度特性の材料が生産されている．細粒化現象は礫の岩質により程度に差が出るのは言うまでもないが，問題は現場における転圧により同様の細粒化が起こるか否かである．現場とは異なる材料に対し実験を行い，これにより得られた結果は設計や施工には役に立たないので，実験に際してはこの点に対する十分な配慮が必要である．設計段階では施工時の細粒化の程度は不明であるので，**現場盛立て試験**により確認することが望ましい．盛立て試験による確認が難しい場合は，その可能性は次により概略的判定をすることができる．

1) 礫材の一軸圧縮強度が $30\,\mathrm{N/mm^2}$ 以下の場合．
2) タルボット指数が $n \geq 0.35$ の場合．

等において細粒化が起こりやすい．ただし，タルボット指数は図 5.25 のように近似する．なお，これらの材料は突固め試験時に細粒化が起こり，その程度により密度が異なる．これを防止するには，例えば突固めの際，表層面に鉄板を置くなどの方法が考えられるが，このような対策を行っても多少の細粒化が起こることがあるので，この種の材料に対しては突固め試験前後の粒度を確認しておくことが重要である．

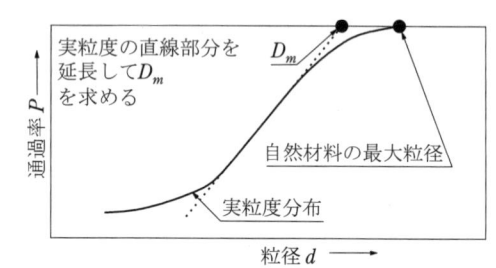

図 5.25 タルボット式の適用方法

5.5.4 風化岩，軟岩の転圧による細粒化と締固め度

風化の進んだ花崗岩や泥岩などの軟質岩は，転圧等の外力を与えることにより細粒化するが，同様の現象は残積土や雲母，長石等を多く含有する片岩や凝灰岩類にも見られ，特に風化花崗岩土（DG）において著しい．そして細粒化の程度は上記のように粒度分布の指標となるタルボット指数 n 値と深い関係にある．例えば第 10 章図 10.11 は風化花崗岩をタンピングローラーにより転圧したときの細粒化の程度を示したものであるが，転圧前の $n = 0.4 \sim 0.5$ の粒度の材料は転圧回数の増加に伴い n の値も逐次減少し $n = 0.3 \sim 0.35$ に達した時点で細粒化はほとんど進行しなくなる．このことは $n = 0.3 \sim 0.35$ の粒度分布の材料は粗粒子から細粒子まで適度に含有する最も理想的な，しかも安定した粒度であることを意味する（このような材料は粒度分布の良好材と呼ばれている）．したがって，風化などにより細粒化しやすい材料を盛り立てる際には $n \leq 0.35$ 程度が確保されるまで転圧するのが望ましく，これにより力学的にも均質で安定した，さらに風化の進みにくい盛土の構築が可能となる．なお，転圧時に細粒化するような材料は，転圧により直ちに締固め密度の増加は見られない．これは初期の転圧エネルギーが材料の細粒化に使われるためであり，したがってこの種の材料に対してはその分だけ転圧回数を増さなければならない（泥岩などの軟岩に対する締固めについては第 10 章で詳述した）．

参考文献

1) Walker, F. C. and Holtz, W. G.: Control of Embankment Material by Laboratory Testing, Proc. ASCE, No.180, 1951
2) 山口 柏樹，大根 義男：フィルダムの設計および施工，技報堂出版，1973, p.57
3) 河上 房義：土質力学（第7版），森北出版，2001
4) 久野 悟郎：土の締固め，技報堂，1968
5) Sherard, J. L., R. J. Woodward, S. G. Gizienski and W. A. Clevenger：Earth and Earth Rock Dams, John Wiley & Sons, Inc., 1963
6) 三国 英四郎：フィルタイプダムの施工，電源開発(株)，1966
7) 三国 英四郎：フィルタイプダムの遮水壁材料の性質と締固めに関する研究，土と基礎，Vol.10, No.49, 50, 51, 1962
8) 大根 義男，西田 武三：レキ混り土の圧密沈下に関する実験，土質工学会研究発表会，1970

第 6 章　土中の浸透

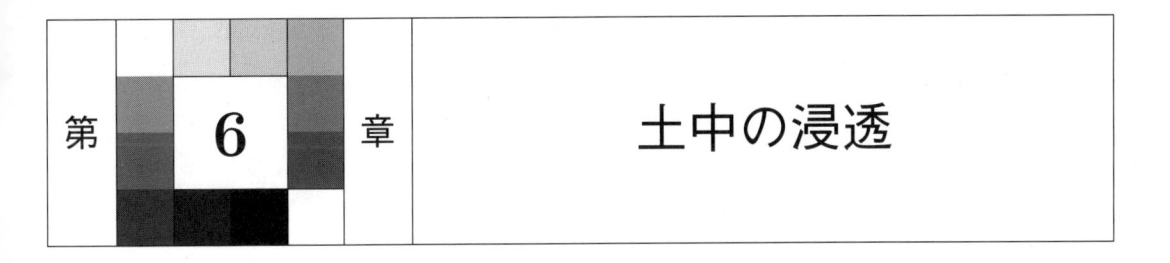

6.1　はじめに

　土はランダムではあるが連続した間隙を形成している．このため，**飽和水帯**，すなわち間隙中の自由水は図 6.1 に示したように全ヘッドの大きい方から小さい方へ向かって間隙内を流れる．

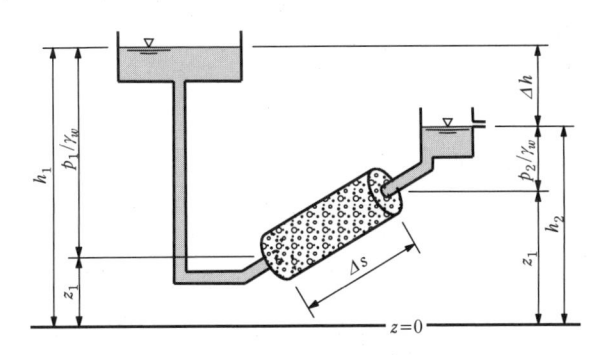

図 6.1　土の微小要素内の水の流れ

$$h_1 = \frac{p_1}{\gamma_w} + z_1 \tag{6.1}$$

$$h_2 = \frac{p_1}{\gamma_w} + z_2 \tag{6.2}$$

$$\Delta h = h_2 - h_1 \tag{6.3}$$

ここで，全ヘッド（h_1）はポテンシャル（ϕ）ともいわれ，間隙水圧ヘッド（p_1/γ_w）と位置ヘッド（z_1）との和で定義される．

　いま，図 6.1 に示したように土中の任意の方向に断面 ΔA，長さ Δs の微小円筒要素をとると，この方向に流れる単位時間当りの水の量，すなわち流量 ΔQ は，

$$\Delta Q = -k \frac{\Delta h}{\Delta s} \Delta A = k i \Delta A \tag{6.4}$$

と表すことができる．ここに，$i = -\Delta h/\Delta s$ は動水勾配といわれる．式 (6.4) は **Darcy の法則**といい，土中の水の流れを論ずるうえで重要な関係である．式中の比例係数 k（cm/s）は土の**透水係数**と呼ばれる．

　式 (6.4) において $\Delta Q/\Delta A = ki = v_s$ であるが，これは見かけ流速または排水流速と呼ばれている．土の間隙を透過する真の流速は**実質流速**（v'_s）とも呼ばれ，ΔQ を ΔA 内の正味の間隙面

積で割ったもので与えられる．すなわち，間隙率を小数で表しnとするとき間隙面積は$n\Delta A$であるから

$$v_s = ki, \qquad v_s = \frac{ki}{n} \tag{6.5}$$

である．図 6.1 において Δh は損失水頭（head loss）であり，水が土の細かい間隙を透過するとき，流れが土粒子から受ける粘性抵抗によって生ずるものである．

土の間隙内の流れやすさを表す透水係数は間隙の大きさに支配され，また間隙の大きさは土粒子の粒径により決まることから，**Hazen** は

$$k = C \cdot D_{10}^2 \quad (\text{cm/s}) \tag{6.6}$$

で表している．ここで，D_{10} は粒度曲線における 10％粒径（cm），また，定数 C は均等な粒子で **150**，ゆるい細砂で **116**，よく締まった細砂で **70**，大小混じっている砂で **60** としている．

また，**Creager** は代表径として D_{20} を用いて透水係数を**表 6.1** のごとく示している．

表 6.1 Creager による D_{20} と透水係数

D_{20} (mm)	k (cm/s)	土質分類	D_{20} (mm)	k (cm/s)	土質分類
0.005	3.30×10^{-5}	粗粒粘土	0.18	6.85×10^{-3}	
0.01	1.05×10^{-5}	細粒シルト	0.20	8.90×10^{-3}	微粒砂
0.02	4.00×10^{-5}		0.25	1.40×10^{-2}	
0.03	8.50×10^{-5}	粗砂シルト	0.3	2.20×10^{-2}	
0.04	1.75×10^{-4}		0.35	3.20×10^{-2}	
0.05	2.80×10^{-4}		0.4	4.50×10^{-2}	中粒砂
0.06	4.60×10^{-4}		0.45	5.80×10^{-2}	
0.07	6.50×10^{-4}		0.5	7.50×10^{-2}	
0.08	9.00×10^{-4}	極微粒砂	0.6	1.10×10^{-1}	
0.09	1.40×10^{-3}		0.7	1.6×10^{-1}	
0.10	1.75×10^{-3}		0.8	2.15×10^{-1}	粗粒砂
0.12	2.6×10^{-3}		0.9	2.8×10^{-1}	
0.14	3.8×10^{-3}	微粒砂	1.0	3.60×10^{-1}	
0.16	5.1×10^{-3}		2.0	1.80	細礫

6.2 浸透の基礎理論

図 6.2 において，土中の微少要素 $\Delta V = \Delta x \Delta y \Delta z$ に着目し，x, y, z 方向の流速をそれぞれ u, v, w，水の密度を ρ とすると，x 方向の流れによって Δt 時間中に流入する水の質量は

$$-\left[\frac{\partial (\rho u)}{\partial x}\right] \Delta x \Delta y \Delta z$$

である．y, z 方向についても同様に考えると，正味の流入量は

$$-\left[\frac{\partial(\rho u)}{\partial x}+\frac{\partial(\rho v)}{\partial y}+\frac{\partial(\rho w)}{\partial z}\right]\Delta V\Delta t \quad (6.7)$$

であり，これは ΔV 内の間隙水の質量 $\Delta M = \rho \cdot \Delta V \cdot n$ が時間 Δt 中に受ける変化，すなわち

$$-\frac{\partial(\Delta M)}{\partial t}\Delta t = \left[\rho\frac{\partial n}{\partial t}+n\frac{\partial \rho}{\partial t}+\rho n\frac{\partial(\Delta V)}{\Delta V\partial t}\right]\Delta V\Delta t \quad (6.8)$$

に等しい．

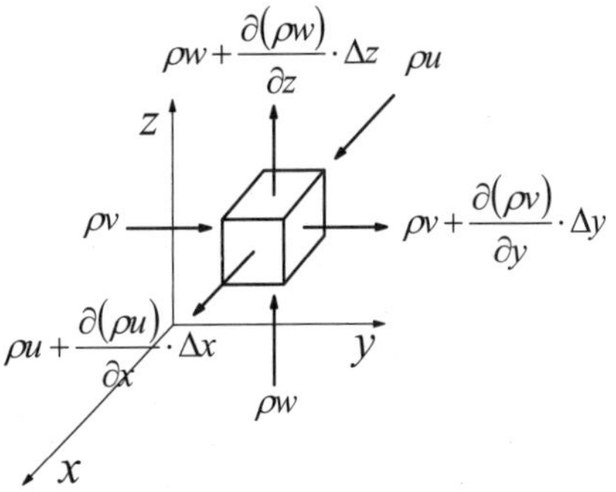

図 **6.2** 土中の浸透

よく現われる現象として土質構造物が鉛直方向に圧縮される場合を考えると（これは圧密現象），鉛直有効応力 σ_z' の増加に比例した z 方向の縮みが生じ，

$$d(\Delta V) = \Delta x \Delta y\, d(\Delta z) = -\Delta x \Delta y \Delta z \cdot \alpha d\sigma_z'$$

のように表すことができる．ただし，α は土の圧縮率である．次に ΔV の土中で占める粒子体積 $\Delta V_s = (1-n)\Delta V$ は非圧縮性であるから $d(\Delta V_s) = 0$，または $[(1-n)\,d(\Delta z)-\Delta z\,dn]=0$ である．一方，水の圧縮に伴う密度と間隙圧 p の関係としては，水の圧縮率を β としたとき，$d\rho/\rho = \beta\, dp$ である．

いま，土中の鉛直応力 p_0 が時間的に変化しないものとすると，

$$\sigma_z' + p = p_0, \quad \therefore\ \frac{\partial p}{\partial t} = -\frac{\partial \sigma_z'}{\partial t}$$

であり，以上により式 (6.8) を改めると，

$$\frac{\partial(\Delta M)}{\partial t}\Delta t = \left[\rho\alpha(1-n)\frac{\partial p}{\partial t}+n\beta\rho\frac{\partial p}{\partial t}+\rho n\alpha\frac{\partial p}{\partial t}\right]\Delta V\Delta t$$
$$= n\rho\left(\beta+\frac{\alpha}{n}\right)\frac{\partial p}{\partial t}\Delta V\Delta t$$

したがって，式 (6.7) と等値して連続方程式

$$-\frac{\partial(\rho u)}{\partial x}-\frac{\partial(\rho v)}{\partial y}-\frac{\partial(\rho w)}{\partial z} = n\rho\left(\beta+\frac{\alpha}{n}\right)\frac{\partial p}{\partial t} \quad (6.9)$$

が得られる．ここで，一般化した Darcy の関係式

$$u = -k_x\frac{\partial h}{\partial x},\quad v = -k_y\frac{\partial h}{\partial y},\quad w = -k_z\frac{\partial h}{\partial z} \quad (6.10)$$

ならびに，$p_0\gamma_w(z+h)$ を考えると，式 (6.9) は近似的に

$$\frac{\partial}{\partial x}\left(k_x\frac{\partial h}{\partial x}\right)+\frac{\partial}{\partial y}\left(k_y\frac{\partial h}{\partial y}\right)+\frac{\partial}{\partial z}\left(k_z\frac{\partial h}{\partial z}\right) = n\gamma_w\left(\beta+\frac{\alpha}{n}\right)\frac{\partial h}{\partial t} \quad (6.11)$$

となり，これが浸透の基礎方程式である．

また，式 (6.11) は地盤が均一であれば，

$$\left(\frac{\partial^2}{\partial x^2}+\frac{\partial^2}{\partial y^2}+\frac{\partial^2}{\partial z^2}\right)h = \nabla^2 h = 0 \quad (6.12)$$

と表示することができ，これはラプラス式にほかならない．

水の流れの状態を知るためには，上式を適当な境界条件の下で解き，h の分布を求め，排水速度を式 (6.10) により計算すればよい．

6.3 透水性の異方性地盤の浸透

6.3.1 概　要

沖積層のように水中で堆積し成層した地盤では，粗粒子ほど早く，また細粒子ほどゆっくり沈降するので，同一時期に堆積した土層であっても下位と上位では粒子の大きさが漸変しているのが一般的である．このため，同一時期の堆積層の下層部の透水係数は上層部と比較して大きく，堆積層は透水性において一種の異方性を示す．しかし，この種の堆積層は透水性の異方性というよりは，むしろ透水性を異にする**複数層の累層**として扱うべきであり，透水係数の差だけ層厚を変え，透水係数を等価にすることで，**均一透水性地盤**として浸透解析を行うことができる．

これに対して，例えば組成の同じ材料を用いた盛土では，撒出しや転圧方法の違いにより，施工面に平行方向の透水係数 (k_h) と，これと直交する方向の透水係数 (k_v) が一般に相違し，浸透特性は均一盛土の場合とは異なる意味で異方性を示すことがあるが，この特性を把握することは，土質構造物の設計において極めて重要である．k_h と k_v の違いは現場実験により求めることができるが，実験はなかなか面倒である．

6.3.2 透水性の異方性の扱い

水平方向の透水係数 (k_h) と鉛直方向の透水係数 (k_v) とが異なる場合でも，式 (6.12) は成り立つが，2 次元的な水の流れを考えると，

$$k_h \frac{\partial^2 h}{\partial x^2} + k_v \frac{\partial^2 h}{\partial z^2} = 0 \tag{6.13}$$

$$\frac{\partial^2 h}{\left(\dfrac{k_v}{k_h}\right)\partial x^2} + \frac{\partial^2 h}{\partial z^2} = 0 \tag{6.14}$$

であり，$\left(\sqrt{k_v/k_h}\right) x \equiv x_i$ とすれば，式 (6.14) は，

$$\frac{\partial^2 h}{\partial x_i^2} + \frac{\partial^2 h}{\partial z^2} = 0 \tag{6.15}$$

となり，式 (6.12) の均一地盤の場合と同形になる．実務においては $k_h > k_v$ の場合，水平方向の寸法を $\sqrt{k_v/k_h}$ 倍に縮小して流線網を描き，浸潤面や流れの形を表現することにより，複雑な境界条件下でも容易に浸透状況を把握でき，また浸透量も概算することができる．

なお，流線網の具体的な描き方については **6.4.2** 項に詳述した．

6.3.3 k_h, k_v の現場試験

図 6.3 は盛土の k_h 試験を示したものである．まず図のように，実験の対象とする部分に，盛土と同様に材料を撒き出して転圧し盛り立てる（7〜8層）．次に，隣接（50〜70 cm）して2ヶ所のボーリング（$\phi = 75$ mm 程度）を行い，ケーシングを立て込む．ケーシングには図示のように窓孔（ストレーナ）を設ける．窓孔の直径は 5〜10 mm とし，孔は試験対象範囲に設ける．この状態で透水試験を行い，透水係数を求める．この値は言うまでもなく k_h と見なすことができる．なお，このほか試験の対象とする盛土の層を3層，7層について行ったが，透水係数において明瞭な差異は認められないので，試験は最小限3層程度でよいと考えられる．

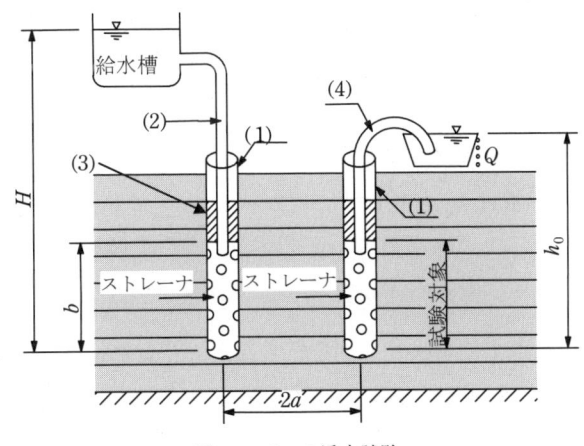

図 6.3 k_h の透水試験

❏ 実験順序

- 盛土面にボーリングを行い，試験区間にストレーナ孔を設けたケーシング (1) を立て込む．
- 給水および排水パイプ (2)，(4) をセットし，長尺パッカー (3) で固定する．
- 給水槽から給水し，透水試験を行う．

透水係数（k_h）は図 6.4 に示した仮想井戸の理論により次式で与えられる．

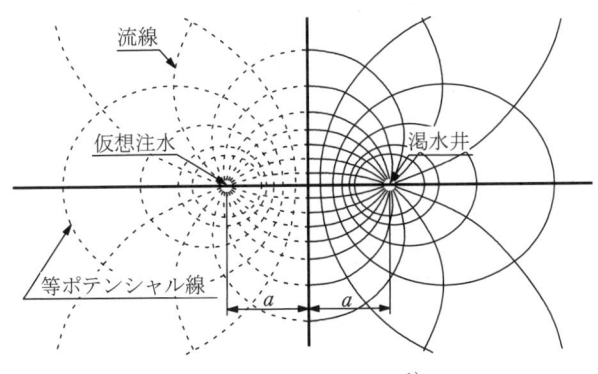

図 6.4 仮想井戸の浸透 [1]

$$\left.\begin{array}{l}k_h = \dfrac{2.3Q \log(2a/r_0)}{2\pi b(H-h_0)} \\ H = \dfrac{1}{2}(h_1 + h_0)\end{array}\right\} \quad (6.16)$$

ただし，r_0 はケーシングの半径，Q は浸透量である．また，図 6.3 では盛土層数 4 層を対象としたが，このような実験を盛土の層数を変えて繰り返し，平均的 k_h を求める．

図 6.5 は k_v の試験方法を模式的に示したものである．まず，盛土を行う前に不透水性の地盤上に透水性材料を約 30 cm 厚に施工する．次に盛土を 7〜10 層程度盛り上げ，続いてケーシングを打ち込み，盛土の 3〜5 層程度を対象として透水試験を行う．これにより得られた透水係数は k_v と見なすことができる．

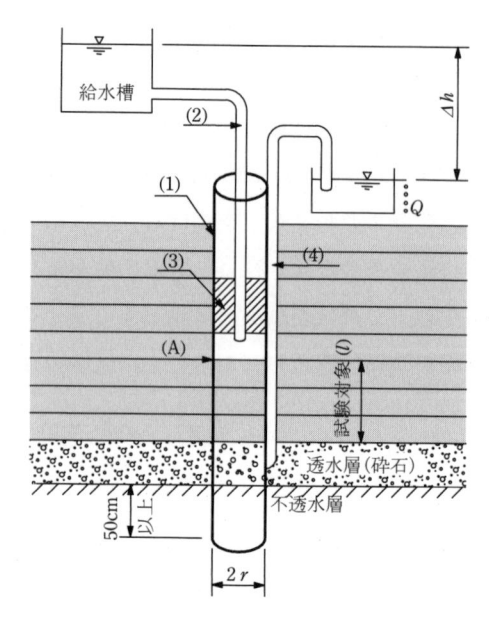

図 6.5 k_v を求める現場透水試験

❏ **実験順序**

- まず図 6.5 の (A) 地点までボーリングを行う（ボーリング径 75〜100 mm）．
- 次にボーリング径よりわずかに大きい径のケーシング (1) を不透水性の地盤まで打ち込む．ケーシング側面には内径 10 mm 程度のパイプ (4) が固定されている．このパイプは，ケーシング内に連絡した排水用である．
- 給水パイプ (2) を長尺パッカー (3) で固定する．
- 給水槽から給水し，透水試験を行う．

ここで透水係数 (k_v) は次式で与えられる．

$$k_v = \dfrac{Q}{2\pi r i} \quad (6.17)$$

ただし，ケーシングの断面積：$2\pi r$, $i = \Delta h/l$ である．

以上のような実験を層数を変えて行い，平均的 k_v を求める．

以上の方法により求めた k_h, k_v の値は，次のように総括される．

1) タンピング系ローラーにより転圧した場合は $k_h/k_v = 2〜10$ 程度であり，中には 20 倍ほどの値も観測された．しかし平均値としては $(k_h/k_v)_{\text{mean}} = 5$ 程度である．
2) ニューマチック系ローラー（タイヤ）を用いて転圧した場合は $k_h/k_v = 10〜60$ であり，中には 100 倍程のものも観測されたが，平均的には $(k_h/k_v)_{\text{mean}} = 25$ 程度である．
3) k_h/k_v 値はタンピング，タイヤローラーいずれの場合も粘性土ほど大きくなる傾向にある．

以上，透水性の異方性について述べたが，このことはせん断強度においても同様で，特にニューマチック系ローラーや振動ローラーを用いて転圧した場合の異方性は顕著に現れる．

6.4 流線網による透水問題の扱い

6.4.1 流線網の性質

土中の水の流れは一組の**等ポテンシャル線**と**流線**により表すことができる.

等ポテンシャル線と流線は直交するが,この網目を局所的に見て正方形になるように描くと都合がよい.普通,フローネットといえば正方形網目を意味することが多い.このフローネットの持っている便利な性質を以下に述べる.図 6.6 に示すように相隣る流線で仕切られた,いわゆる流管内に任意の正方形①,①' をとり,辺長を a, a' とする.流量 q は一定だから

$$q = -k\frac{\Delta h}{a}a = -k\frac{\Delta h'}{a'}a', \quad \therefore \Delta h = \Delta h'$$

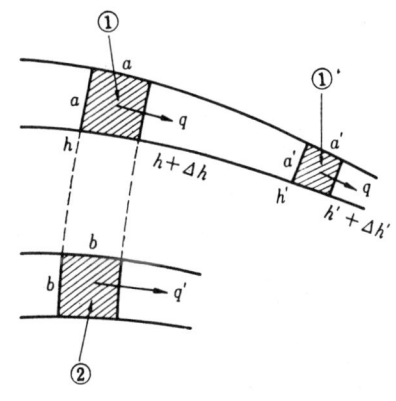

図 6.6 フローネットの基本性質

すなわち,各ます目についての損失ヘッドは一定である(性質Ⅰ).次に相隣る2つの等ポテンシャル線で仕切られた部分において辺長 b である他の正方形②を考え,その流量を q' とすると

$$q' = -k\frac{\Delta h}{b}b = -k\,\Delta h = q$$

したがって,各流管内の流量はすべて一定で $-k\,\Delta h$ となる(性質Ⅱ).

透水の問題では流れの出口と入口のヘッドが H_1, H_2 のように指定される場合が多い.このとき流れ場をフローネットで覆い,等ポテンシャル線による仕切り数を N_d,流管数を N_f とすると,性質Ⅰによって $\Delta h = (H_1 - H_2)/N_d$ であり,性質Ⅱを考えると全流量 Q が

$$Q = N_f q = -N_f k\,\Delta h = k\,(H_2 - H_1)\frac{N_f}{N_d} \tag{6.16}$$

のように与えられる.

6.4.2 異方性地盤内のフローネットと流量

フィルダムのように転圧を主体として盛土を施工する場合,透水性の異方性は避けられない.また,基礎地盤では堆積の過程を通じ異方性が形成されるのは普通である.転圧による異方性は,転圧の方法,材料の組成などにより異なるが,撒き出した各層に対して転圧後に生ずる密度の不均一性と,各撒出し層間のなじみ方の良否によって異方性の程度が大きく支配される.例えばタイヤ系ローラーを用いて締め固めたものは,タンピング系ローラーを用いて転圧したものより各層内の密度の不均一性も大きいうえ,タイヤ系ローラーの場合には転圧面が平滑となるので,一般に水平方向の透水係数 k_x は鉛直方向の透水係数 k_z より大きい.また材料の組成から見たとき,

シラス，まさ土，頁岩，泥岩のように転圧前は粗粒土であって，転圧により細粒に分解されやすいものでは k_x と k_z の差は大きいものである．これには転圧時のローラー接地圧の分散の仕方に基づく細粒化の程度が深さ方向で異なる事情が関係してくる．また転圧時に転圧面に形成される不透水性のフィルムも影響し，これは**タイヤ系ローラー**の場合に特に著しいものである[2]．

このように k_x と k_z の差異に関連する因子は複雑で，差異の傾向を一口には説明しがたい．例えば著者らの行った一つの実験例を見ても $k_x/k_z = 2 \sim 150$ の範囲にわたっているものがあったし[3]，Guntersvill ダム（アメリカ）の場合は $k_x/k_z = 50$ の値が観測されている[4]．しかしおおよその傾向としてはタンピング系ローラーのような突起のある機械による転圧では $k_x/k_z = 2 \sim 10$ 程度で，平均として 5 程度の場合が多いようである．またタイヤ系ローラーの転圧では $k_x/k_z = 20 \sim 30$ の値が見られる．例えば西原ダム，東郷ダムの転圧はいずれもタンピングローラーが使用されたが，前者で平均 5，後者で平均 3.5 の値が実測されている[5]．

以上のことから，フィルダムの場合は異方性土としての透水計算が必要となる．このためには，実平面（xz）でのダムの寸法を適当に縮尺変換して，Laplace の式に直して議論すればよい[6]．すなわち水平座標を $x_1 = x\sqrt{k_z/k_x}$ に縮めた変換面を考え，そこでのフローネットは直交性を保持するように**正方形の網目**を描く．このフローネットをちょうどゴム膜を伸ばすように水平方向

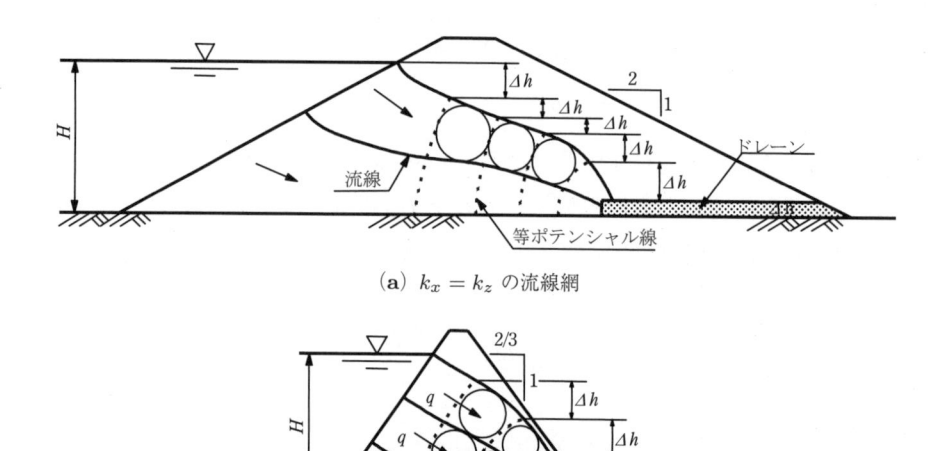

(a) $k_x = k_z$ の流線網

(b) $k_x = 9k_z$ とした流線網．この場合は x 方向（水平）を $\sqrt{k_z/k_x}$ だけ変換（縮小）．

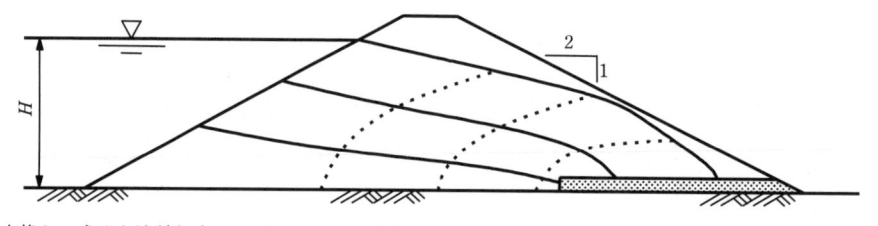

(c) 変換して求めた流線網を元の断面に復元した図（$k_x = 9k_z$ の場合の，実際の流線網はこのようになる．）

図 6.7 異方性地盤におけるフローネット

に $\sqrt{k_z/k_x}$ 倍すると実平面（物理面）における**流線**，**等ポテンシャル線**が得られる．このような図形はもはや直交性を維持し得ない（**図 6.7**）．図において変換面における流量は $q = -K\Delta h$ である．ここで，K は式 (6.17) で表示される．

$$q = -\sqrt{k_x k_z}\Delta h = -K\Delta h$$

$$\therefore\ K = \sqrt{k_z k_x} \tag{6.17}$$

以上を均一型アースダムの流線網として表すと図 **6.7** (a) (b) (c) となる．

また，変換面について正方形フローネットを作り，等ポテンシャル線で囲まれる数を N_d，流線で囲まれる数を N_f とすると，浸透流量は次式で与えられる．

$$Q = \sqrt{k_z k_x}\,(H_2 - H_1)\frac{N_f}{N_d} \tag{6.18}$$

6.4.3 不均一地盤でのフローネット [7]

透水係数が異なる土が接する境界面で流線は屈折する．**図 6.8** で一つの流管内の流量は連続の条件から両域で共に q である．したがって流速を v_1, v_2 とすると

$$q = v_1\Delta l_1 = v_2\Delta l_2 \quad \text{または} \quad k_1\frac{\Delta h}{\Delta s_1}\Delta l_1 = k_2\frac{\Delta h}{\Delta s_2}\Delta l_2$$

$$\therefore\ \frac{\tan\theta_1}{\tan\theta_2} = \frac{k_1}{k_2} \tag{6.19}$$

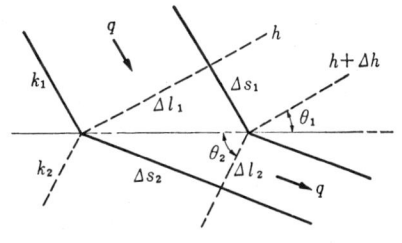

図 **6.8** 流線の屈折法則

なる**屈折法則**が得られる．

上述の境界面の屈折法則は，流線が浸潤面である場合は限定されたものとなる．すなわち浸潤線は気液2相の境界だから，そのうえで圧力はない．**図 6.9** で境界面の傾角を β，また**図 6.8** に示した角 θ_1, θ_2 の余角を α_1, α_2 とすると，両域での浸潤面の水平面に対する傾角は $\alpha_1 - \beta$, $\alpha_2 - \beta$ であるが，そこでの圧力ヘッドは0であるから動水勾配は上述の角の正弦値に等しく

$$v_1 = k_1\sin(\alpha_1 - \beta), \quad v_2 = k_2\sin(\alpha_2 - \beta)$$

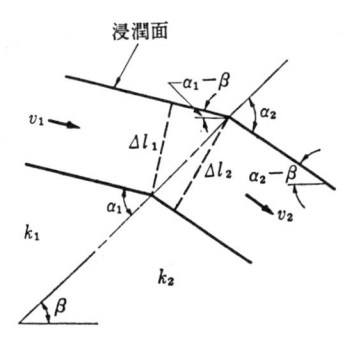

図 **6.9** 浸潤線の屈折

したがって連続の式は

$$k_1\Delta l_1\sin(\alpha_1 - \beta) = k_2\Delta l_2\sin(\alpha_2 - \beta)$$

ここで，$\Delta l_1/\Delta l_2 = \sin\alpha_1/\sin\alpha_2$ および屈折公式 $k_1\cot\alpha_2 = k_2\cot\alpha_1$ を用いると

$$\cos\alpha_1\sin(\alpha_1 - \beta) = \cos\alpha_2\sin(\alpha_2 - \beta) \tag{6.20}$$

となる．これが求める**屈折法則**であるが，透水係数を含んでいないことに注意すべきである．

さらに k_2 層が大気であって境界面が法面すなわち浸出面である場合，これら両面での圧力はない．したがって両面に交わる等ポテンシャル線のヘッド差は等しく L である．すなわち図 6.10 (a) に見られるように $a \neq b$ である．このとき幾何学的考察により

$$a\sin(\beta' - \delta) = L = \frac{b\sin\beta'}{\cos\delta} \quad (6.21)$$

しかるに均一な土では $a = b$ であるので上式から $\delta = 0$ となり，浸潤面は浸出面に接した形状をとることとなる．

図 (b) は浸出面がオーバーハングしているときのものであるが，角 β の挟む領域は透水性の大きい礫などで置き換えてもよい．この場合，図から

$$a\cos\delta = L = \frac{b}{\cos\eta}\sin\beta$$

$$\text{ただし} \quad \eta = \frac{\pi}{2} - \beta + \delta \quad (6.22)$$

したがって，$a = b$ のためには $\delta = 0$ となり，浸潤面は鉛直下方に向かうことがわかる．流線網は複雑な境界条件の下で描くことにより浸透現象や，浸出面における流速を知ることができ，必要な対策が可能である．以上述べた浸透流の特性を熟知したうえで，流線網を描くことが大切である．

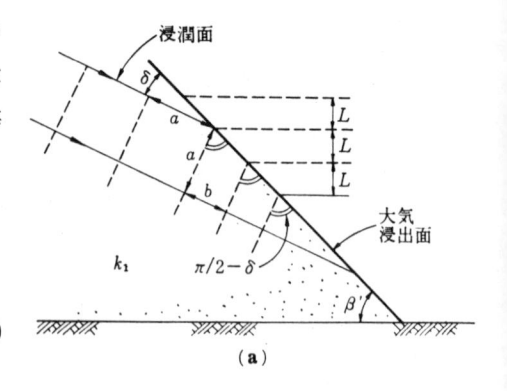

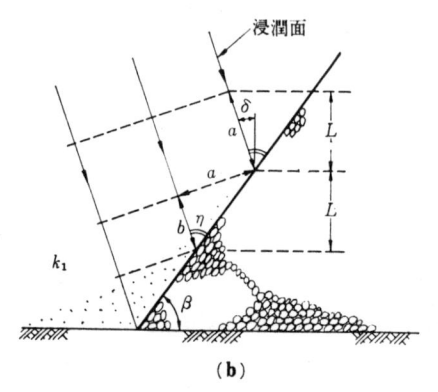

図 6.10 大気面への浸出

6.5 堤体の定常浸透時の浸潤面

6.5.1 概 要

貯水ダムにおいて貯水池からダムあるいは基礎地盤を通って浸透する流量を合理的に見積ることは，貯水池を計画するにあたって極めて重要な事柄である．また，浸透水は浸透力を土粒子に及ぼし，揚圧力（間隙水圧）やパイピングなどによって堤体を危険な状態に陥らせることがあるので，基本設計においては，その防止方法についてあらかじめ十分な対策をたてておくことが望ましい．貯水池の水が堤体内を透過する場合，流れの様相は主として，透水係数と動水勾配および境界条件に支配されるが，このほか，粘性土を材料とした築堤では，建設中の土被り圧によって生ずる過剰間隙水圧の影響も加味する必要がある．この種の間隙水圧は，ダム完成後十分な時間が経過すれば消失するが，ダム完成直後は相当大きな値を有し，その影響により浸透水を予期しない方向に導いて，堤体や地山のパイピングなどを誘発する原因ともなる．このような浸透水を制御処理することは堤体の安定を確保するうえで大切なものであるから，堤体設計の良否を分

つ重要なポイントの一つと考えられる．

堤体内の浸透は，貯水位の状況により**定常的**なものと**非定常的**なものとに分けて考えられる．すなわち，貯水位が長期にわたって一定水位を保つ場合は，堤体内の流れは定常的であるのに対し，貯水位が時間とともに変化するような場合は一般に非定常流が生ずる．ただし，定常，非定常の区別は水位変化速度と堤体材料の透水係数の相対的値に関連することは言うまでもない．

これらの浸透問題については古くから多数の理論的研究や実験が行われ，今日我々は設計上ほぼ十分な資料が整えられているといっても過言ではない．

6.5.2 定常浸透時における浸潤面の性質

堤体を浸透する流れは，土中に自由表面いわゆる浸潤面を持つ流れであって，この面上では圧力ヘッドは大気圧のそれに等しく0である．浸透問題を扱う場合，**浸潤面の形状を確定**することが，まず基本的問題となる．すなわち浸潤面の性質は，

1) 上流側法面は等ポテンシャル線であるので，浸潤面は図 **6.11** (a) に示したように流入法面に直角である．このことは任意の流線についてもいえることである．

2) 堤体両面に透水性の高い砂利層などがあるとき，砂利層内の浸潤面は上流側流水面と一致し，土中の浸潤面は1)の場合と同様な性質をもつ（図 (b)）．これは砂利層内でのヘッドロスが無視されるためである．

3) 浸出面における浸潤面は，法面勾配が鋭角のときは法面に接した形状となる．この理由については **6.4.3** 項で説明したとおりである（図 (c)）．

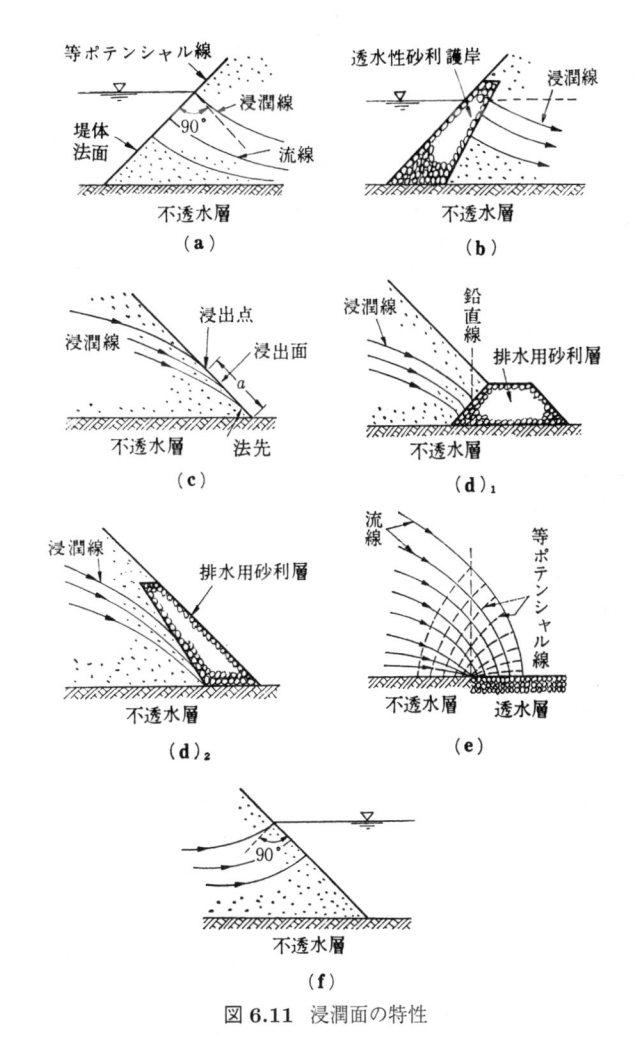

図 **6.11** 浸潤面の特性

4) 下流法尻付近に排水用砂利層があるとき，浸出面の角が鈍角であれば浸潤面は鉛直となる（図 (d) および **6.4.3** 項参照）．また，鋭角であれば3)と同様，砂利層に接した形となる．

5) 不透水性基盤の一部が砂利などの排水溝で置き換えられたとき，浸潤面は放物線状となる．他の流線についても同様である（図 (e)）．これは不透水面（$x < 0$）が流線，砂利層表面

$(x > 0)$ が等ポテンシャル線であるような流れは，複素正則関数

$$w = x + iz = c(\phi + i\psi)^2 \tag{6.23}$$

で与えられることによるのである．上式より $z = 2c\phi\psi$ であるから流線 $\psi = 0$，等ポテンシャル線 $\phi = 0$ は $z = 0$（x 軸）に対応するからである．さらに $\psi = A$（一定）に対応する流線の形は式 (6.23) より

$$x = \frac{z^2}{4f} - f \quad \text{ただし} \quad f = cA^2 \tag{6.24}$$

となり，これは原点 O を焦点とする放物線となる．

6) 浸出面が水中にある場合，その面は等ポテンシャル線であるから，浸潤面は浸出面に直交する（図 (f)）．

7) 異なる透水係数の土の境界面では浸潤線は屈折する．屈折の法則については式 (6.20) に示されるとおりである．

6.5.3 浸潤面決定に関する Casagrande の方法 [7]

Casagrande は均一な土質からなるアースダムの浸潤面の決定法を，半理論的，半実験的に研究した．この方法は異方性の土，すなわち水平と鉛直方向の透水係数が異なる場合でも適用され，水平方向の長さを $\sqrt{k_z/k_x}$ 倍した変換後の堤体形状に対して，以下に述べる論法がそのまま利用できる．

基礎地盤が不透水性の場合，浸潤面の形状は Casagrande の方法により図 6.12 のとおり求めることができる．すなわち，堤体内の浸潤面は法尻点 A を焦点とする一つの放物線（式 6.25）で表現される．これを**基本放物線**と呼ぶが，実験の結果，図の貯水面上の一点 B_1 を通るものであって $\overline{BB_1} \doteqdot 0.3 l_1$ と見てよい．基本放物線は下流法面と C_0 点で交わるが，実際の浸潤面は基本放物線より下方の C 点に現れる．いま，$\overline{AC} = a$，$\overline{CC_0} = \Delta a$ としたとき $\Delta a/a$ は流出盛土面の傾角 α の関数であって，図 6.13 に示すような値をとることが実験的に知られている．したがって，実際の浸潤面は点 B から法面に直角に浸入した後滑らかに基本放物線に接し，かつ下流近くでは滑らかに法面の C 点に現れる．図 6.12 にはこのようにして描かれた浸潤面を実線で示してある．

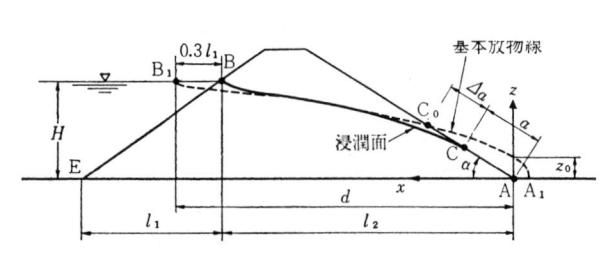

図 6.12 浸潤面の決定（Casagrande の方法）

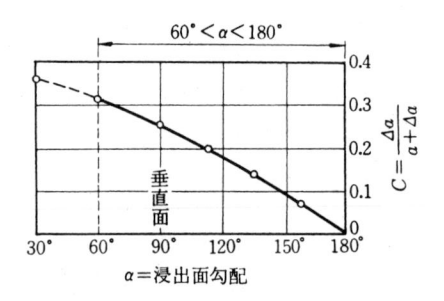

図 6.13 浸出点勾配（a） $\Delta a/(a + \Delta a)$ との関係

基本放物線が z 軸を切る縦距を z_0 とすると, A 点 $(x=0)$ がこの放物線の焦点であることから, 放物線の式は

$$x = \frac{z^2 - z_0^2}{2 z_0} \tag{6.25}$$

となる. また, これが $z = H$, $x = d$ を通ることから

$$z_0 = \sqrt{H^2 + d^2} - d \tag{6.26}$$

が知られる.

$\overline{AC_0} = a + \Delta a$ の値は, $x = \overline{AC_0} \cos\alpha$, $z = \overline{AC_0} \sin\alpha$ として式 (6.25) に入れ

$$a + \Delta a = \frac{z_0}{1 - \cos\alpha} \tag{6.27}$$

のように求められる.

浸潤面が定まればフローネットを描くことによって浸透流量を求めることができる. フローネットの描き方やいろいろの実例については 6.7 節において詳説するが, 普通の断面形状の均一ダムの場合は, 次に述べるデュピ (Dupuit) の方法により簡単に浸透量を求めることができる. ただし, 水平ドレーンが図 6.14 のように法尻より内部に設けられ, 浸潤面が法下流面に現れないときは浸潤面の下流部は正しく基本放物線に一致し, 流量 Q は

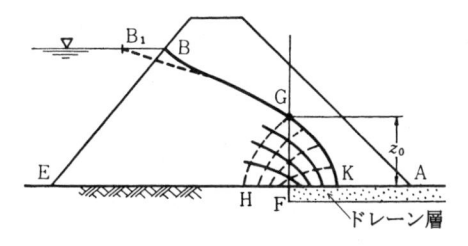

図 6.14 水平ドレーンのある場合の浸潤線

$$Q = k z_0 \tag{6.28}$$

で与えられる. なぜならば図 6.14 で点 G と点 K のヘッド差は z_0 であり, これを n 等分したヘッド差を持つ等ポテンシャル線の区間数 n と流管の数とは相等しく, 式 (6.16) を適用すれば直ちに式 (6.28) が得られるからである.

6.5.4 均一ダムに対する Dupuit の仮定による解法

下流法面傾角 α が小さく 30° 以内であれば, 浸潤面はフラットに近く Dupuit の近似が許される. したがって図 6.15 について全流量 Q は

$$Q = k z \frac{dz}{dx} \quad \text{または} \quad Q x = \frac{k z^2}{2} + D$$

浸出点 C では $x = a\cos\alpha$, $z = a\sin\alpha$, かつ $dz/dx = \tan\alpha$ であるから, 上の第1式より

図 6.15 Dupuit の方法による解析

$$Q = k a \sin\alpha \tan\alpha \tag{6.29}$$

また, $x = d$ で $z = H$ に注意すると第 2 式は

$$2Qd = kH^2 + 2D$$

さらに点 C では

$$2Qa\cos\alpha = ka^2\sin^2\alpha + 2D$$

両式から D を消去して Q に式 (6.29) を用いると

$$a = \frac{d}{\cos\alpha} - \sqrt{\frac{d^2}{\cos^2\alpha} - \frac{H^2}{\sin^2\alpha}} \tag{6.30}$$

$$\therefore Q = k\sin\alpha\tan\alpha\left[\frac{d}{\cos\alpha} - \sqrt{\frac{d^2}{\cos^2\alpha} - \frac{H^2}{\sin^2\alpha}}\right] \tag{6.31}$$

が得られる. すなわち $\alpha \leq 30°$ の場合に浸出点の位置 a が解析的に求められることとなる. なお, 上式の近似の程度は $\alpha = 45°$ 程度でも x の代わりに浸潤面に沿う弧長 s をとって計算すれば十分なものとなる. この場合, 式 (6.30) の d の代わりに $(d^2 + H^2)^{1/2}$ としたもので代用できる. 普通, 均一アース型ダムの場合は $\alpha \leq 30°$ の条件が満足されているから, この方法の効用は極めて大きいと言うべきであろう.

式 (6.30) による a は図式的にも求められる. すなわち図 6.16 において A を中心とし AB_1 を半径とする円を描き, 法面の延長線との交点 b を求め, Ab を直径とする円を描く. 次いで貯水面を延長して法面と D で交わらせ A を中心とし AD を半径とする円と前の半円との交点 J を求め, 最後に b を中心とし bJ を半径とする円と法面との交点 C を求めると, それが浸出点を与えるのである.

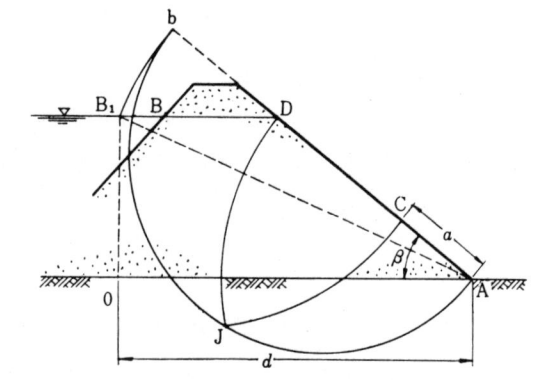

図 6.16 浸出面長 a を求める図式解法

6.5.5 中心コア型ダムの浸潤面決定法 [37]

中心コア型ダムの場合, まずコア部を一つの均一ダムと見て, 浸潤線を前項に述べた Casagrande の方法で決定する. ただし, コアに比べさや土 (コア部の安定を確保するためのゾーンで, 最近はランダムゾーン, 透水性ゾーン等と呼んでい

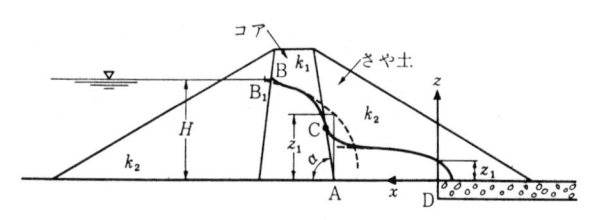

図 6.17 中心コア型ダムの浸潤面

る) の透水係数は十分大きいから, さや土内のヘッドロスは無視して差し支えない. コア部法尻 A 点における基本放物線の鉛直高さを基盤より測って z_1 とすると, 式 (6.28) よりコアを透過する

流量は近似的に $k_1 z_1$ である．ここで，k_1 はコア材の透水係数である．これは，さや土下流部の透水流量に等しく，図 6.17 に示すように法先 D 点の直上に対応する浸潤面の高さを z_2 としたときに得られる流量 $k_2 z_2$ と等値した結果，

$$z_2 = \frac{k_1 z_1}{k_2} \tag{6.32}$$

が得られる．したがって，下流さや土部の基本放物線は

$$x = \frac{z_1^2 + z_2^2}{2 z_2} \tag{6.33}$$

で与えられる．

以上によって，コア部およびさや土部の浸潤面が決定されたが，両者は不連続であるので浸出点 C を通る曲線で両者をつなげれば，この場合の浸潤面が求められる．ただし，境界では屈折の法則に従う折れ曲がりを考慮する必要がある．この場合のフローネットの具体的形状については 6.7 節に示すこととする．

6.5.6 傾斜コア型ダムの浸潤面（福田の方法）[8]

傾斜コア内の浸潤面については，理論的取扱いは難しいが，実験的には，次のような近似的手法が提案されている[8]．図 6.18 に示すようにコア部の貯水面水位における幅を B'，底部の幅を B とするとき，点 C より $(B+B')/2$ の距離の点 D を法面上に定め，D を中心とし半径 $(B+B')/2$ の円を描いて交点 E を定めると，EC が近似的な浸潤面を与えるというのである．基礎地盤より E 点までの鉛直高を z_1 とすると，下流さや土部内の浸潤面の定め方は中心コアの場合と全く同様に行えばよい．両曲線の接続に際しては屈折の法則を用いる．

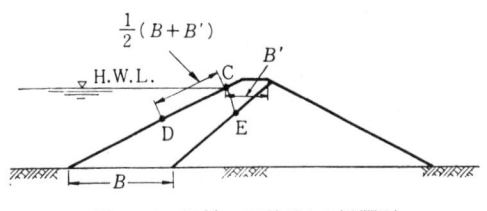

図 6.18 傾斜コア型ダムの浸潤面

6.5.7 計算例[37]

(1) 均一型ダム

均一型ダム（図 6.19）の法先に透水性副堤（トードレーン）を設け，その勾配を $\alpha = 135°$ とする．基本放物線のであるので，式 (6.26) より

$$z_0 = \sqrt{H^2 + d^2} - d = 5.15 \text{ m}$$

したがって，基本放物線の式は，式 (6.25) から

$$z = \sqrt{5.15^2 + 10.3 x}$$

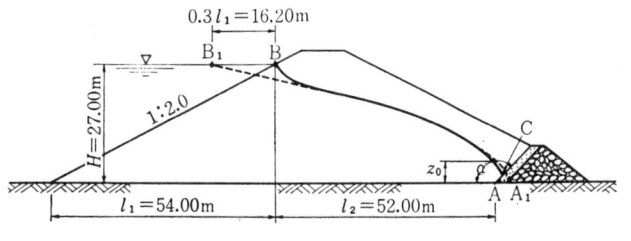

図 6.19 均一型ダムの浸潤面の計算例

である（表6.2の値参照）．

基本放物線が法面と交わる点を C_0 とすると

$$a + \Delta a = \frac{z_0}{1 - \cos 135°} = 3.0 \,\text{m}$$

このとき図6.13から $c = \Delta a/(a + \Delta a) = 0.14$ であるので $\Delta a = 0.42\,\text{m}$ となる．

流量 Q は式(6.28)より

$$Q = kz_0 = 5.15\,k$$

表 6.2

x (m)	z (m)
10	11.4
20	15.3
30	18.3
40	20.9
50	23.3
60	25.5

となる．以上の計算は，水平，鉛直方向の透水係数が等しい等方性堤体（$k_x = k_z = k$）の場合である．

両方向で透水係数が異なる場合は，堤体断面を水平方向に $\sqrt{k_z/k_x}$ 倍だけ縮尺した断面に対して同様な解析を行えばよい．図6.20(a)，(b)はそれぞれ $k_x = 5\,k_z$，$k_x = 25\,k_z$ の場合について示したものである．図に見られるように $k_x = 25\,k_z$ の場合は浸潤面が法面と交わり，浸透水の一部が堤体外に浸出するような結果を得る．これはダムの安定上好ましくないので，次項に示すように堤体内にドレーンを設ける必要がある．

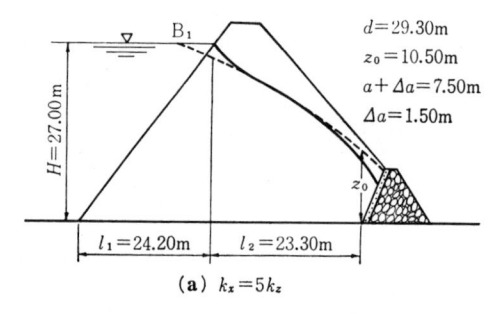

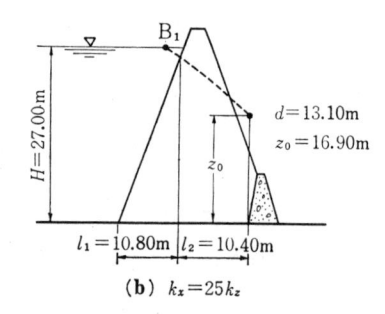

図 6.20 水平，鉛直方向の透水係数が異なる場合の例

(a) $k_x = 5\,k_z$

(b) $k_x = 25\,k_z$

(2) インターセプター型ダム

堤体内にドレーンを設ける場合，その高さは基本放物線に交わる程度，もしくは多少低くてもよい．図6.20(b)の例に対しては堤体下流側にドレーンを設ける必要があり，図6.21の形状が提案される．すなわち，$d = 0.3l_1 + l_2 = 8.74\,\text{m}$ であるから

$$z_0 = \sqrt{H^2 + d^2} - d = 19.6\,\text{m}$$

$$a + \Delta a = \frac{z_0}{1 - \cos 90°} = 19.6\,\text{m}$$

となり，$c = \Delta a/(a + \Delta a) = 0.25$ であるから，$a = 14.7\,\text{m} < z_0$ で，浸透水は堤外に安全に排出される．

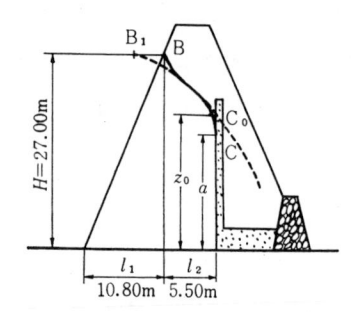

図 6.21 異方透水性（$k_x = 25\,k_z$），鉛直ドレーンを設けた場合

(3) 水平ドレーン型ダム

基本断面形は図 6.19 と同じであり，水平ドレーンを設けたダムで $k_x = 5\,k_z$ の場合の変換断面を図 6.22 に示した．この場合，$d = 19.2\,\mathrm{m}$, $z_0 = 13.9\,\mathrm{m}$ である．浸潤面は表 6.3 の数値に従って描ける．

表 6.3

x (m)	z (m)
2.5	16.2
5.0	18.3
10.0	21.7
15.0	24.7

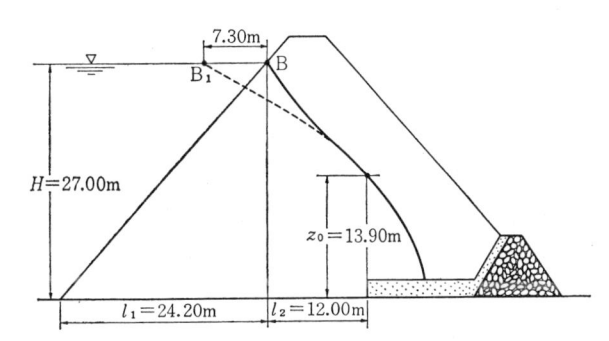

図 6.22 水平ドレーンを設けた例（$k_x = 5\,k_z$）

(4) 中心コア型ダム

図 6.23 でコア部の透水係数を k_1, さや土部の透水係数を k_2 とし，$k_2 = 20\,k_1$ とする．
まず，コア部の浸潤面を定める．

$$z_0 = \sqrt{H^2 + d^2} - d = \sqrt{29.0^2 + 18.4^2} - 18.4 = 15.9\,\mathrm{m}$$

したがって，コア内の浸潤面の形状は式 (6.25) により与えられる．また $\alpha = 75°$ のとき $c = \Delta a/(a + \Delta a) = 0.28$ であるから，式 (6.27) を用いると，

$$\overline{AC} = a + \Delta a = 15.9/(1 - \cos 75°) = 21.5\,\mathrm{m}$$

これより，$\Delta a = 6.0\,\mathrm{m}$, $a = 15.5\,\mathrm{m}$ となる．

一方，さや土部では式 (6.32) により，$z_2 = z_0/20 = 0.8\,\mathrm{m}$ である．この場合，基本放物線と浸潤面とは一致することを考えると，式 (6.33) より得られる表の値によって形状が決まる．コアとさや土部の浸潤面を式 (6.19) を考慮しながら滑らかにつなげばよい．

表 6.4 さや土部の形状

x (m)	z (m)
10	4.1
20	5.7
30	8.0

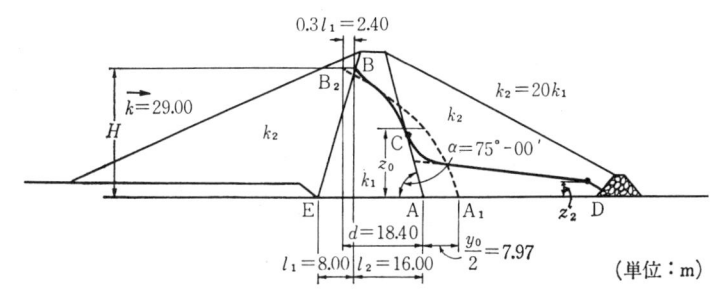

図 6.23 中心コア型ダムの浸潤面

(5) 傾斜コア型ダム

（4）と同様 $k_2 = 20\,k_1$ とする．6.5.6項で述べた図式法でコアよりの浸出点を定めると，その高さは $z_0 = 21\,\mathrm{m}$ である（図 6.24 参照）．したがって，式 (6.32) によりさや土部の z_2 は 1.1 m となる．以下，式 (6.33) を用いてさや土部の浸潤線を計算すると表 6.5 の値が得られる．

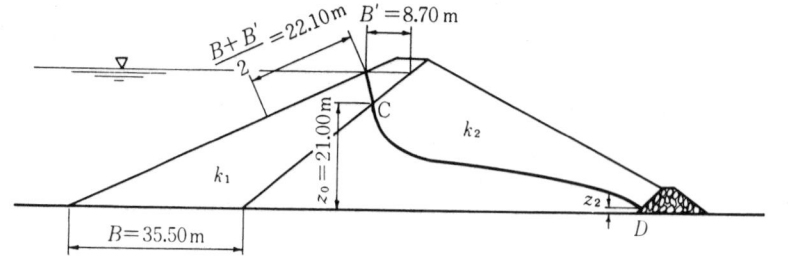

図 6.24 傾斜コア型ダムの浸潤面

表 6.5

x (m)	z (m)
10	4.7
20	6.6
30	8.0
40	9.2
50	10.3

6.5.8 流線網

フローネットを描くことにより，流線のありさまが把握され，流れの様相が明確になると同時に，各点の圧力ヘッドも知られ，したがって間隙水圧の分布が求められる．また，透水力も評価できるので，パイピングに対する安全性も検討可能となる．

不透水性地盤を基礎とするフィルダムの浸透挙動は，浸潤面および基盤を流線とし，上流側法面を等ポテンシャル線であるとして，Laplace の式を解くことによって求められる．この場合，関数論における複雑な変換を必要とするため解析的に解くことは一般に面倒であるが，差分的に解くことは比較的容易である．

さらに堤体内のフローネットを実験的に直接求める方法も幾つかあり，電気的方法，粘性流体による方法，砂モデルによるものなどがある．

ここでは，差分およびリラクゼーションと図解法について述べる．他の方法については文献（例えば「フィルダムの設計と施工」山口・大根著：技報堂出版）を参照されたい．

6.6 差分表示とリラクゼーション[37]

流れの状態は適当に変換された面で Laplace の方程式を解くことによって与えられる．変換面を x 軸，z 軸に平行な幾つかの直線で正方形に細分すると，正方形の辺長は $\Delta x = \Delta z$ である．網目の節点の一つを点 0 とし，左右，上下の隣接節点を図 6.25 に示すように 1，2，3，4 と名づけると，差分表示された Laplace の式は

$$\frac{\partial^2 h}{\partial x^2} + \frac{\partial^2 h}{\partial z^2} = \frac{h_1 - 2h_0 + h_3}{\Delta x^2} + \frac{h_2 - 2h_0 + h_4}{\Delta z^2}$$
$$= \frac{1}{\Delta x^2}(h_1 + h_2 + h_3 + h_4 - 4h_0) = 0$$

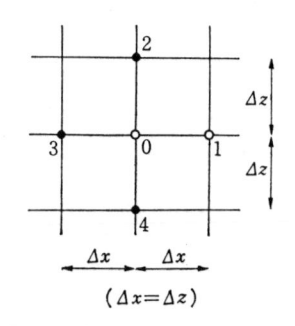

図 6.25 原点における階差法における網目

または
$$h_1 + h_2 + h_3 + h_4 - 4h_0 = 0 \tag{6.34}$$

である．すなわち点 0 のヘッドは隣接 4 節点のヘッドの平均値で与えられる．流れ場の境界上でヘッドが与えられるが，例えば x 軸 (3, 0, 1) が不透水であれば，点 4 を境界外にとり $h_0 = h_4$ として式 (6.34) を各節点について立てた連立方程式を解けばよい．ただし境界付近では，後に述べるように式 (6.34) を修正しなければならない（式 (6.36) 参照）．コンピュータによるときは，数百節点の場合でも計算可能である．しかし，次に述べるリラクゼーション法[9]も数値計算法としては有力なものである．

リラクゼーション法では，まず近似的な流線や等ポテンシャル線を描いて内挿法により各節点のヘッドの近似値を求める．これらのヘッドは Laplace の式を正しく満足するものではないから，一般に
$$h_1 + h_2 + h_3 + h_4 - 4h_0 = R_0 \neq 0 \tag{6.35}$$

となるはずである．R_0 は点 0 の残留値と呼ばれる．残留値を消失させるためには h_i ($i = 1, \ldots, 4$) に $-R_0/4$ を加えればよい．これを精算手続きという．各節点には隣接する 4 節点から上のような補正値が集積する．例えば点 0 では 1, $\cdots$, 4 の各節点における残留値 $R_1, \cdots, R_4$ のため $-(R_1 + R_2 + R_3 + R_4)/4$ が付加され，初めの仮定略近似値 h_0 に対し $h_0 - (R_1 + R_2 + R_3 + R_4)/4$ が新しい点 0 のヘッドの近似値となる．このような操作を繰り返すと，境界条件のため一般にすべての R_i が同符号にはならないので，各節点の残留値は逐次減少し，正解に近づけることができる．

今までは内点のみを対象とし，境界面での差分式は述べなかった．**図 6.26** は境界点近傍の網目を表すが，ここでは 1', 2' の節点の代わりに網目と境界面の交点 1, 2 を考えなければならない．0 1, 0 3 間で Taylor 展開を行うと
$$h_1 - h_0 = l\,\Delta x \left(\frac{\partial h}{\partial x}\right)_0 + \frac{l^2 \Delta x^2}{2!}\left(\frac{\partial^2 h}{\partial x^2}\right)_0 + \cdots\cdots$$
$$h_3 - h_0 = -\Delta x \left(\frac{\partial h}{\partial x}\right)_0 + \frac{\Delta x^2}{2!}\left(\frac{\partial^2 h}{\partial x^2}\right)_0 + \cdots\cdots$$

これより $(\partial h/\partial x)_0$ を消去すると
$$\left(\frac{\partial^2 h}{\partial x^2}\right)_0 = \frac{2}{\Delta x^2}\left\{\frac{h_1}{l(l+1)} + \frac{h_3}{l+1} - \frac{h_0}{l}\right\}$$

を得る．同様に $(\partial^2 h/\partial z2^2)_0$ も求められるから，式 (6.35) に対応するものは

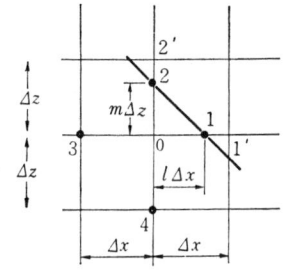

図 6.26 境界点における階差法の網目

$$\frac{2h_1}{l(l+1)} + \frac{2h_2}{m(m+1)} + \frac{2h_3}{l+1} + \frac{2h_4}{m+1} - 2\left(\frac{1}{l} + \frac{1}{m}\right)h_0 = R_0 \tag{6.36}$$

となる．したがって境界での計算は一般に手間がかかるが，この面倒さを避けるため曲線境界を階段上に分ける方法をとることもある．もちろん網目の寸法を小さくするほど誤差は小さくなるが，リラクゼーションの手間は余計になる．

6.7 図式解法

6.7.1 Forchheimer の方法

　流れ場を，境界条件に合うように流線と等ポテンシャル線で覆うことを図式的に行っても実用上十分である．このためには均一土中においては，網目を繰り返し描いて各網目が正方形になるように調節すればよい．もちろんこの直交性は流れ場の特異点を除いての話である．異方性の場合は，変換した面について同様の操作を行って，元の物理面に戻せばよい．また，異なる透水係数の土が接する場合，両域の網目長さが境界面で不連続となることは図 6.8 などから容易に理解されることであろう．

　図式的にフローネットを描くには，まず大きい辺長の正方形フローネットで大まかに流れを確定し，次いでこれを細分して詳細なフローネットを求めるのが常道である．フローネットの描き方や，実例についての詳しい議論は Cedergren の著書[10] などを参照せられたい．不透水性基礎上の均一ダム内のフローネットを描くには，初めに浸潤面の位置を定める．上流法面は等ポテンシャル線だから貯水池より入る流線はこれに直交する．また基礎表面は流線である．フローネットを正方形に描けない各等ポテンシャル線間のヘッド差は Δh 一定であるので，圧力ヘッドが 0 の浸潤面と交わる各等ポテンシャル線の交点の鉛直距離差 Δz は一定で Δh に等しい．このようなことを考慮して描いたフローネットの一例を図 6.27 に示した．図で点 A，D などは特異点であるため，そこでの網目は正方形とはほど遠い．しかし，このようなものでも四辺形の 4 辺が 1 つの円に外接していることに注意しよう．すなわち，正方形フローネットというのは 1 つの内接円を持つようなものをいうのである．フローネットが描けると点 E などの間隙水圧のヘッドは，E を通る等ポテンシャル線と浸潤面の交点を F としたとき，同点間の縦距に等しくなる．これは点 E でのヘッド $h_E = p_E/\gamma_w + z_E$，点 F でのヘッドが $h_F = z_F$ $(p_F = 0)$ であって，$h_E = h_F$ であるから $p_E/\gamma_w = z_F - z_E$ となるゆえである．また点 D では網目の辺長が最も小さく，流速 $v_D = k\,\Delta h/($辺長$)$ は堤体中で最も大きい．浸透流速が大きいと細かい土粒子は順次流し出されて，いわゆるパイピングの作用が生ずる恐れがあるから注意を要する．これを防止するためには透水性ゾーンを設けて浸出点が法面上に現れないようにすること，ならびに透水性ゾーンと堤体用土の間に適当なフィルターを設け，細粒土が流れ出さないようにすることである．

　図 6.28 は異方性の堤体（$k_x = 5k_z$）におけるフローネットの一例で，物理面上のフローネットはもはや正方形ではない．

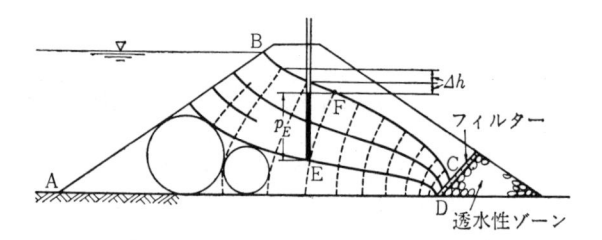

図 6.27　堤体内のフローネットの一例

なお，種々のケースについてフローネットの例を挙げておいた（図 6.29〜図 6.34）．

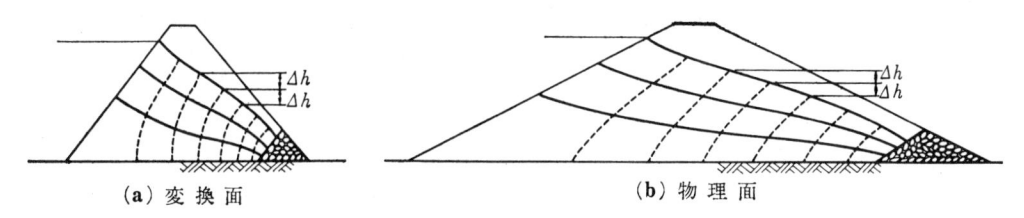

(a) 変換面

(b) 物理面

図 6.28　堤体内のフローネットの一例 [37]

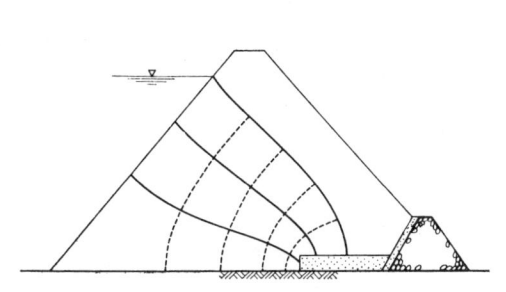

図 6.29　ドレーンがある場合の変換面でのフローネット（$k_x = 5\,k_z$）[37]

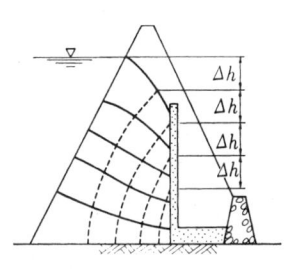

図 6.30　インターセプターがある場合の変換面でのフローネット（$k_x = 25\,k_z$）[37]

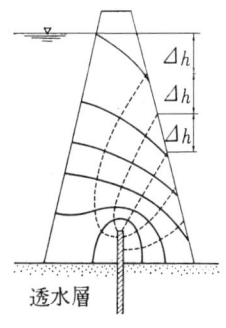

図 6.31　カットオフを設けた場合（$k_x = 25\,k_z$）[37]

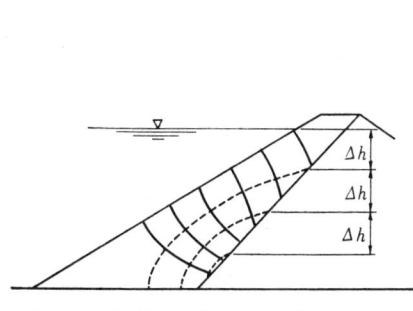

図 6.32　傾斜コア内のフローネット（$k_x = k_z$）[37]

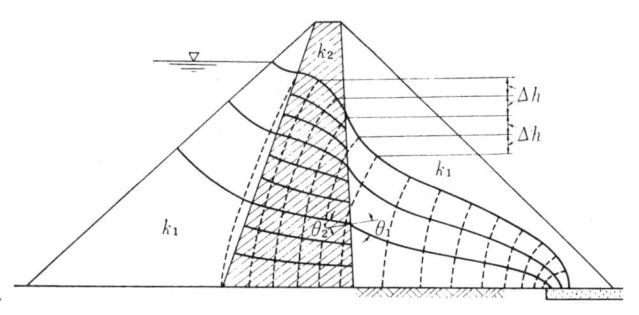

図 6.33　中心コアの場合，各層の $k_x = k_z$ かつ $k_1 = 6\,k_2$ のときの例（$\tan\theta_1/\tan\theta_2 = 6$）[37]

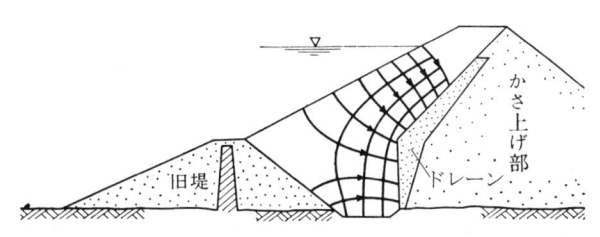

図 6.34　かさ上げ堤コア型のフローネット [37]

6.7.2 流線解析法 [37]

フローネットをより合理的に求める図式法と計算法を結合した方法が内田により提案されている [11]．まず浸潤線と地盤間の流れの幅を n 等分する流線を仮定する．図 6.35 は $n=3$ の場合を示す．これら流線と直交する曲線 a_1, a_2 と，その中線にあたる直交線 m を描くと，任意点の流速 v と境界流速 v_b とは $v/v_b = \Delta l_b/\Delta l$ で与えられる．よって全流量 Q は

$$Q = v_b \int_0^{\lambda_n} (\Delta l_b/\Delta l)\, d\lambda = v_b I(\lambda_n) \quad (6.37)$$

の形で与えられる．積分 $I(\lambda)$ と λ の関係を求め図 (b) が得られたとすると，$I(\lambda_n)$ を n 等分する点に対応する λ_i を図から読み取り，図 (a) の曲線 m 上にプロットする（×印）．この操作を流れ場内のすべての帯片について行い，隣接する×印の点を結べば修正された流線が得られる．同様なことを普通 2, 3 回繰り返せば収束した解が得られる．

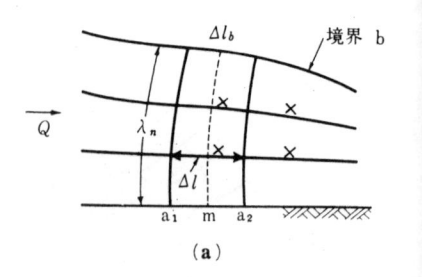

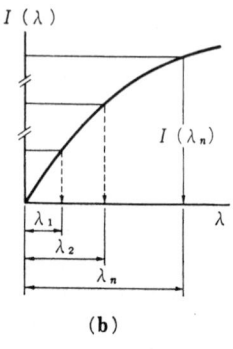

図 6.35 流線解析法

6.8 等価透水係数

6.8.1 累層透水性の違い

水平方向には均一であるが，鉛直方向には不均一であるような地盤を，平均の水平 (k_x)，鉛直方向 (k_z) の透水係数で表すと便利である．これを等価透水係数と呼ぶことにする．

各層が層厚 H_i ($i=1,\cdots,n$)，透水係数 k_{zi} ($i=1,\cdots,n$) を持つとき，鉛直流量は各層に対し共通に q である（図 6.36 (a)）．各層の境界面のヘッドを h_j ($j=0,1,\cdots,n$) とすると Darcy の法則により

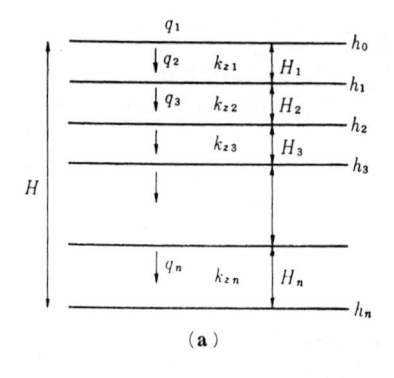

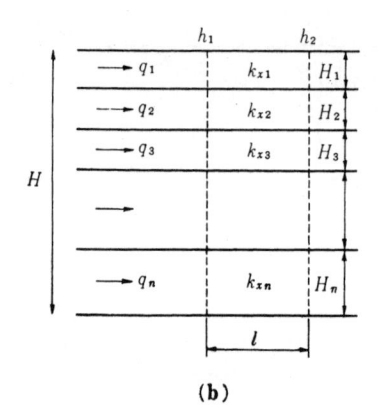

図 6.36 等価透水係数の求め方

$$q = k_{z1}\frac{h_0 - h_1}{H_1} = k_{z2}\frac{h_1 - h_2}{H_2} = \cdots\cdots = k_{zn}\frac{h_{n-1} - h_n}{H_n}$$

$$\therefore h_0 - h_n = q\left(\frac{H_1}{k_{z1}} + \frac{H_2}{k_{z2}} + \cdots\cdots + \frac{H_n}{k_{zn}}\right)$$

一方，等価鉛直透水係数を用いると $q = k_z(h_0 - h_n)/H$ であるから，上式と比べて

$$k_z = \frac{H}{\sum_{i=1}^{n}\frac{H_i}{k_{zi}}} \tag{6.38}$$

次に等価水平透水係数 k_x を求める．図 (b) において2つの点線は等ポテンシャル線 (h_1, h_2) で，その水平距離を l とすると

$$q_1 = H_1 k_{x1}\frac{h_1 - h_2}{l}, \quad q_2 = H_2 k_{x2}\frac{h_1 - h_2}{l}, \quad \cdots\cdots, \quad q_n = H_n k_{xn}\frac{h_1 - h_2}{l}$$

$$Q = \sum q_i = \frac{h_1 - h_2}{l}(H_1 k_{x1} + H_2 k_{x2} + \cdots\cdots + H_n k_{xn})$$

これに対し等価水平透水係数を用いると $Q = H k_x(h_1 - h_2)/l$ であるから，上式と比べて次式が得られる．

$$k_x = \frac{\sum_{i=1}^{n} H_i k_i}{\sum_{i=1}^{n} H_i} \tag{6.39}$$

このように不均一地盤を2つの等価透水係数で表せば，適当な変換を行うことによって均一地盤としての取扱いが可能になる．

6.8.2 基礎地盤が2層からなる場合

地盤が，透水係数の小さくかつ薄い表土層と，透水性の大きい厚い砂礫層からなり，表土層内の水平流は無視できるものとする（図 6.37）．I域の下層土内の水平方向の流量 Q は

$$Q = -k_2 T_2 \frac{dh}{dx} \tag{6.40}$$

である．ただし h は下層土のヘッドで，図に示すような点線で与えられる．

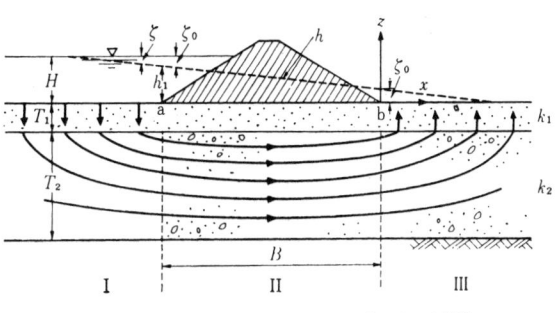

図 6.37 2層からなる基礎地盤内の浸透[37]

一方，上流側表土層内の下向き流量を幅 dx について dQ とすると

$$dQ = k_1\frac{H - h}{T_1}dx = k_1\frac{\zeta}{T_1}dx \quad (ただし，\zeta = H - h) \tag{6.41}$$

式 (6.40)，式 (6.41) より Q を消去して

$$\frac{d^2\zeta}{dx^2} = r^2\zeta \qquad \left(r = \sqrt{\frac{k_1}{k_2 T_1 T_2}}\right) \tag{6.42}$$

$x > 0$ の部分を考えると，$x = 0$ で $\zeta = (\zeta)_b = \zeta_0$，$x \to \infty$ で $\zeta = 0$ の条件の下で，上式より

$$\zeta = \zeta_0 \exp(-rx)$$

これを式 (6.41) に入れて

$$Q = \frac{k_1 \zeta_0}{T_1} \int_0^\infty \exp(-rx)\,dx = \frac{k_1 \zeta_0}{T_1 r} \tag{6.43}$$

一方，II 域では下層土内の透水量 Q が

$$Q = k_1 \frac{h_1 - \zeta_0}{B} T_2 = k_2 \frac{H - (\zeta)_a - \zeta_0}{B} T_2 = k_2 \frac{H - 2\zeta_0}{B} T_2 \tag{6.44}$$

のように表される．ここで対称の考えから a，b 2 点での ζ の値は等しく $(\zeta)_a = \zeta_0$ となることに注意する．式 (6.43)，(6.44) より ζ_0 を消去すると，流量 Q として

$$Q = \frac{H}{\dfrac{B}{k_2 T_2} + \dfrac{2T_1 r}{k_1}} = \frac{H}{\dfrac{B}{k_2 T_2} + 2\sqrt{\dfrac{T_1}{k_1 k_2 T_2}}} \tag{6.45}$$

したがって式 (6.43) より

$$\zeta_0 = \frac{H}{2 + B\sqrt{\dfrac{k_1}{k_2 T_1 T_2}}} \tag{6.46}$$

これによってダム底面での揚圧力も計算できる．

式 (6.45) で T_1 が大きく k_1 が小さいほど流量は減少する（いわゆるブランケットの原理；**6.10** 節参照）．

6.8.3 貯水池の底部を通しての浸透

貯水池を 2 次元的に考えれば，地中の深部にある地下水面に浸透する場合の Q は，Kozeny によると

$$x + iz = -H \exp\frac{\pi(\phi + i\psi)}{Q} - i\frac{\phi + i\psi}{k} + \frac{Q}{2k} \tag{6.47}$$

で与えられる（**図 6.38**）[12]．等ポテンシャル面である貯水池底部では $\phi = 0$ としてよいから

$$x = -H\cos\frac{\pi\psi}{Q} + \frac{\psi}{k} + \frac{Q}{2k}, \qquad z = -H\sin\frac{\pi\psi}{Q}$$

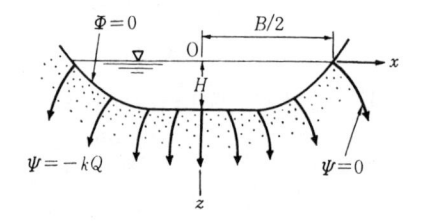

図 **6.38** 貯水池よりの漏水（自由水面が無限大にあるとき）[12]

上の第 2 式より

$$\psi = \frac{-Q}{\pi}\sin^{-1}\left(\frac{z}{H}\right) = \frac{Q}{\pi}\left(-\frac{\pi}{2} + \cos^{-1}\frac{z}{H}\right)$$

これを第 1 式に入れて

$$x = -H\cos\sin^{-1}\left(\frac{z}{H}\right) + \frac{Q}{\pi k}\left(\frac{-\pi}{2} + \cos^{-1}\frac{z}{H}\right) + \frac{Q}{2k}$$
$$= \frac{Q}{\pi k}\cos^{-1}\frac{z}{H} - H\sqrt{1-\left(\frac{z}{H}\right)^2} \quad (6.48)$$

これが貯水池底面の形状を与える式であって，台形の角を円くした形をなす．計算すると $x = \pm B/2$ を通る流線は漸近線を持つことがわかる． Q を求めるため上式で $z = 0$ で $x = B/2$ とおくと

$$Q = k(B + 2H) \quad (6.49)$$

が得られる．

Wedernikow[13] は断面が台形状のものについて Schwarz-Christoffel の変換を用いて解析した結果，図 6.39 を与えている．これを

$$Q = k(B + \alpha H) \quad (6.50)$$

の形で表すと，$m = 1.5$ の場合に $B/H = 4 \sim 14$ の間で $\alpha = 2.2 \sim 3.0$ と変わる．したがって式 (6.49) は台形断面に用いても実用上十分な精度を持つことがわかる．

貯水池の底部から任意の深さ T のところに透水層があるときの浸透流量も Wedernikow[13] により求められた．その結果は

$$Q = k(B + \beta H) \quad (6.51)$$

のように表される．ここで，β は貯水池幅，透水層までの厚さ，貯水位などにより変わる（図 6.40）．

以上述べたことは普通のフィルダムにおいては，$B \gg H$ であるから，どの場合でも $Q \fallingdotseq kB$ で見積ってよいことを示している．ただし水路の場合には，前記の諸式は設計上便利なものである．また，これらの公式を用いて漏水量から逆に地盤の透水係数を求めることもできる．

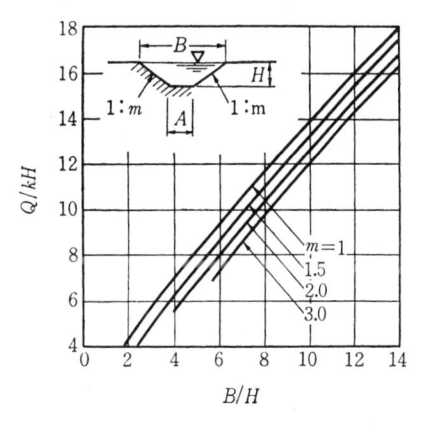

図 6.39 台形貯水池よりの浸透量 [13]

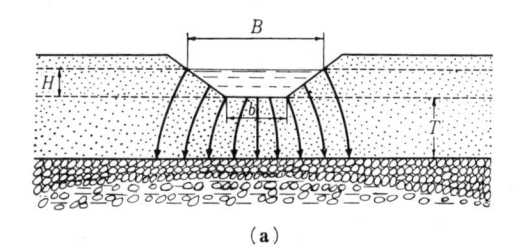

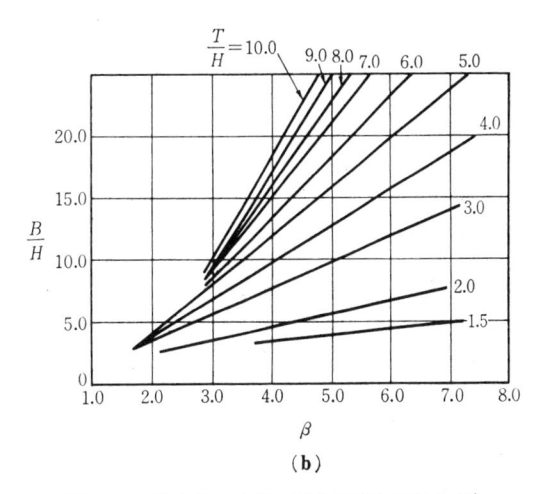

図 6.40 貯水池の底部に透水層がある場合 [13]

6.8.4 貯水池周辺の地山における浸透
(1) 2次元的浸透

貯水池から浸透が行われる河川または谷が湖岸とほぼ平行ならば（図 6.41 (a)），貯水池よりの浸透は2次元的であると見てよい（図 6.41）．不透水面が角 i だけ傾斜しているときの非拘束浸透においては，動水勾配が $\sin\theta = -dh/dx + i$ であるので

$$Q = kh\left(-\frac{dh}{dx} + i\right)$$

これを積分して $x=0$ で $h=H_1$, $x=L$ で $h=H_2$ に注意すると

$$Q = \frac{k}{2L}(H_1^2 - H_2^2) + kiH_2 \tag{6.52}$$

しかるに，i が小さいとき $\Delta H = H_1 - H_2 + Li$ であるから，上式は

$$Q = \frac{k\Delta H(H_1+H_2)}{2L} - \frac{ki}{2}(H_1-H_2) \doteqdot \frac{k\Delta H}{2}\left(\frac{H_1+H_2}{L} - i\right) \tag{6.53}$$

となる．

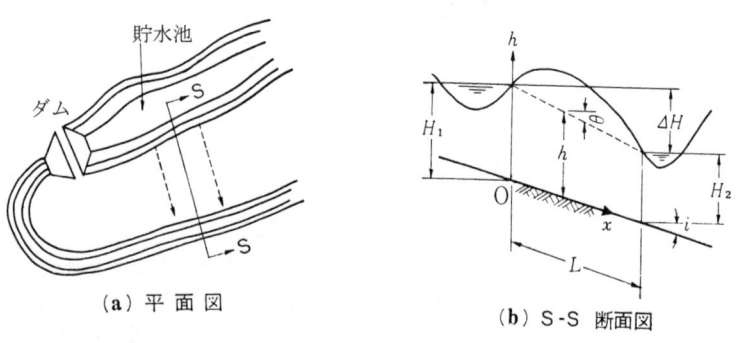

図 6.41 地山内の二次元浸透（自由流れ）[37]

もしも，河川または谷へ厚さ T の透水層を被圧水となって流入するときは，図 6.42 において連続の式が

$$Q = kT\left(-\frac{dh}{dx} + i\right)$$

となる．これより

$$Q = k\Delta H\frac{T}{L} \tag{6.54}$$

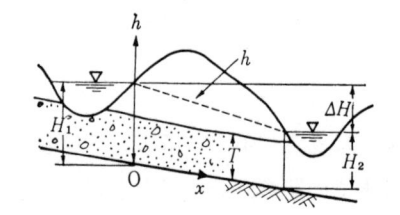

図 6.42 地山内の二次元浸透（被圧状態）

(2) 3次元的浸透

河，谷が貯水池湖岸と平行でない場合，流れは平面図において曲線をなし，水位の分布は3次元的となる（図 6.43）．もし不透水岩盤が水平で，かつ水位の分布が比較的滑らかなものとすると，その面から測った地山内の地下水位高 z は Forchheimer の次式を満足するはずである．すなわち k が一定なら浸潤面の高さを h としたとき

$$\left(\frac{\partial^2}{\partial x^2}+\frac{\partial^2}{\partial y^2}\right)z^2 = \nabla^2 z^2 = 0 \quad (6.55)$$

であって，z^2 は Laplace の式を満足するはずである．これは差分表示化してリラクゼーションなどによって解が求められる．z が決まれば流速は，$u = -k\partial z/\partial x$, $v = -k\partial z/\partial y$ と表せるので流量も知れる．しかし地山の場合，地質構造の不均一性が著しいのに加えて，不透水性地盤の状態もまちまちであるから，いたずらに繁雑な計算を試みることは意義のない場合が少なくない．したがって，実務においては流線網を描く，簡便な方法のほうが実情に合うことが多い．このため平面問題におけるのと同じ要領でフローネットを描き，その等ポテンシャル線を求めれば，これは等水位（z 一定）の線となるので，この結果を用いて流量を評価する方法が勧められるのである．

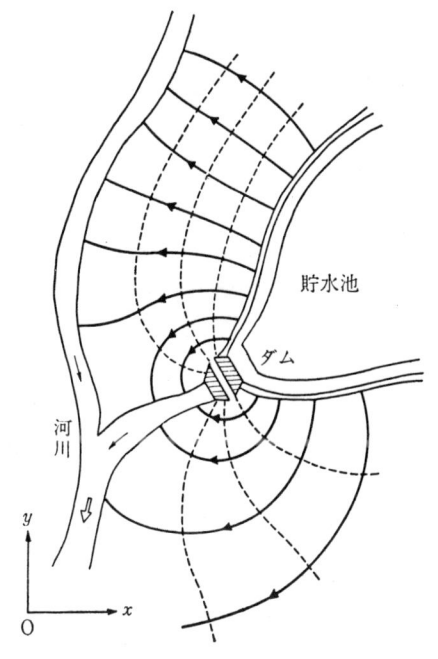

図 6.43 地山内の 3 次元的浸透 [37]

(3) 迂回浸透流 [14]

貯水池の地山部内の浸透現象は3次元であり，ダムと取付け部（アバットメント）の新党を迂回浸透という．ここで3次元浸透流について，もう少し詳しく説明しておこう．ダム周辺の浸透流は図 6.44 に示したように次の3種に大別することができる．

1) 地山部から貯水池内に入る流れ．これはダム周辺の地形環境によるもので，貯水からの漏水の対象となる浸透ではない．
2) 貯水により地山地下水位は上昇する（図 6.44 (a) → (b)．このため貯水池上流部では貯水池内へ，またダム周辺では隣接低地への流れが起こり，さらにダム下流においても地山地下水の上昇による浸透が起る．
3) 図 6.44 (c) に示したダム周辺の迂回浸透．

上記 1), 2) の流れは貯水池からの漏水量とは無関係である．しかし，隣接河川への流れやダム下流側に現れる流れは，あたかも貯水池からの漏水のように見受けられ，地元住民に対し不安感を与える．そればかりでなく，浸出面は浸食され崩壊することがあるので，可能な限り貯水前に適当な対策が必要となる．

上記 3) はダム周辺の迂回浸透であるので，漏水量を精度良く見積もり，必要な対策を実施しなければならない．

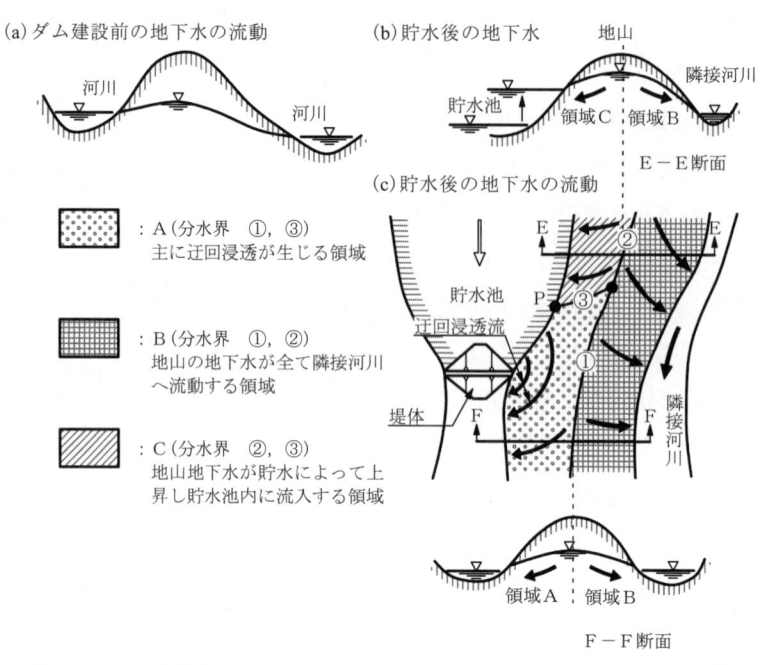

図 6.44 ダム左岸地山部の浸透水および地下水の流動状況を示した模式図 [14]

いま，ダム軸より上流側の迂回浸透流の流入部長さおよび下流側の流出部長さを共に B，水際から地山内部の迂回流の平均奥行を T，ダム軸における地山への止水部の貫入深さを s（コアトレンチの深さとカーテングラウトの深さの合計長），貯水深を H，地山の透水係数を k とした場合の迂回浸透流量 Q は，次式で表される．

$$Q = \frac{kH_1^2}{2} = \frac{k'(\beta)}{2k(\beta)} \tag{6.56}$$

ここで，$k(\beta)$ は母数 β の第1種完全楕円積分，$k'(\beta)$ は補母数 β' （$\beta'^2 = 1 - \beta^2$）の第1種完全楕円積分である．

β は次式により求まる．

$$\beta = sn\left(\frac{s}{B}k(m), m'\right) \tag{6.57}$$

また，$sn\left(\frac{s}{B}k(m), m'\right)$ は Jacobi の楕円関数であり，m （$m^2 = 1 - m'^2$）は次式から定まる．

$$\frac{T}{B} = \frac{k'(m)}{k(m)} \tag{6.58}$$

式 (6.56) 〜 (6.58) の解は図 6.45 のように表される．

図 6.44 に示したような実際のダム取付け部地山の迂回浸透流量を Q_R とすると，上記の式 (6.56) から求まる Q との関係は，3次元FEM解析による検討から次式によって概略値を表すことができる．

$$Q_R = 1.2Q \tag{6.59}$$

ここで図 6.44 の場合を例に，図 6.45 と式 (6.59) から Q_R を求めてみよう．

図 6.44 において，ダム軸から迂回流流入部上流端 (図 6.44 の点 P) までの距離 $B = 100\,\mathrm{m}$，ダム軸における地山への止水グラウト貫入深さ $s = 10\,\mathrm{m}$，水際からの地山内部迂回流の奥行 (図 6.44 の水際から①分水界までの距離) $T = 100\,\mathrm{m}$ の場合では $S/T = 10/100 = 0.1$，$T/B = 100/100 = 1$ であるので，図 6.45 から $2Q/kM_1^2 = 0.98$ を得る．地山の透水係数 $k = 1.0 \times 10^{-6}$ (m/s)，貯水深 $H_1 = 30\,\mathrm{m}$ の場合であれば，式 (6.59) から

$$\begin{aligned}Q_R &= 1.2Q = 1.2\left(0.98 \times \frac{kH_1^2}{2}\right) \\ &= 1.2 \times 0.98 \times \frac{1.0 \times 10^{-6} \times 30^2}{2} \\ &= 5.29 \times 10^{-4}\,\mathrm{m^3/s}\ (\fallingdotseq 46\,\mathrm{m^3/day})\end{aligned}$$

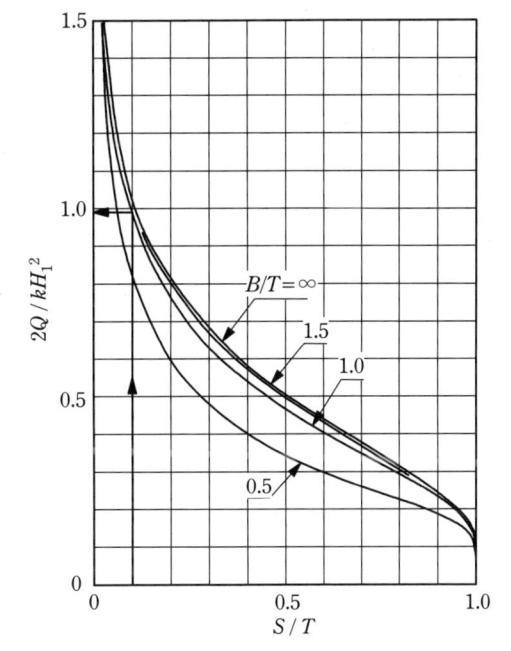

図 6.45　迂回浸透量の算出図表 [14]

が得られる．

6.9 非定常浸透

6.9.1 基礎方程式と差分解法 [15)16)17]

非定常の流れは土中の場合，遅い流れである．したがって Navier-Stokes の粘性流体式で加速度項を省略することが許され，流速はやはり Darcy の法則で与えられるとしてよく，この意味でポテンシャル流である．ただし定常の場合と異なり，流速やヘッドは場所のほかに時間の関数である．

以上のことから土中の非定常流れは Darcy 則と非定常の連続方程式によって決まることがわかる．拘束流れにおける連続方程式は式 (6.12) で与えられるが，これを非定常の場合に拡張すると 3 次元的に見た水位 z の満たす式は

または

$$\left.\begin{aligned}&\lambda\frac{\partial z}{\partial t} - \frac{\partial}{\partial x}\left(kz\frac{\partial z}{\partial x}\right) - \frac{\partial}{\partial y}\left(kz\frac{\partial z}{\partial y}\right) = 0 \\ &\frac{\partial z}{\partial t} = \frac{k}{2\lambda}\left(\frac{\partial^2 z^2}{\partial x^2} + \frac{\partial^2 z^2}{\partial y^2}\right)\end{aligned}\right\} \qquad (6.60)$$

となる．ここで，λ は土の有効間隙率である．これが水平な不透水底面上にある自由地下水の非定常連続方程式である．

上式は階差的に解くことができる．いま (x, y) 平面を Δs の間隔で正方形の網目状に分け，時間間隔を Δt にとる．現在考えている点 (x, y, t) を $(0, 0, 0)$，点 $(x - \Delta s, y, t)$ を $(-1, 0, 0)$，点 $(x, y + \Delta s, t + \Delta t)$ を $(0, 1, 1)$ のように表すことにすると

$$\frac{\partial z}{\partial t} \sim \frac{1}{\Delta t} \{z(0,0,1) - z(0,0,0)\}$$

$$\frac{\partial^2 z^2}{\partial x^2} \sim \frac{1}{\Delta s^2} \{z^2(1,0,0) - 2z^2(0,0,0) + z^2(-1,0,0)\}$$

$$\frac{\partial^2 z^2}{\partial y^2} \sim \frac{1}{\Delta s^2} \{z^2(0,1,0) - 2z^2(0,0,0) + z^2(0,-1,0)\}$$

のように書けるから，式 (6.56) は

$$\begin{aligned}z(0,0,1) = z(0,0,0) + \frac{k\Delta t}{2\lambda(\Delta s)^2} \{&z^2(1,0,0) + z^2(0,1,0) \\ &+ z^2(-1,0,0) + z^2(0,-1,0) - 4z^2(0,0,0)\}\end{aligned} \quad (6.61)$$

右辺はすべて現在時刻 t での値であるので既知量であるから，左辺すなわち $(x, y, t + \Delta t)$ での z が計算できる．すなわち初期条件としての各点の $(x, y, 0)$ における z の値，すなわち $z(l, m, 0)$ が与えられているとき，逐次に式 (6.61) を計算して任意時刻の水位 z の分布が知られ，浸潤面の形状が得られているのである．したがって，その瞬間のフローネットを描くことにより内部のヘッドの分布を求めることができる．実際の適用法については **6.9.2** 項を参照されたい．

式 (6.61) を基準水位 H に無次元化したとき，右辺に現れる係数 $kH\Delta t/2\lambda(\Delta s)^2$ が 1 より小さくなければ，繰返し計算による $z(x, y, t)$ は発散または振動する恐れがある．したがって時間間隔 Δt は $2\lambda(\Delta s)^2/kH$ より小さくすればよい．

ここに述べた差分解法のほかに，非定常問題に対するリラクゼーション法もある[17]．図 **6.46** に示すような2次元の流れ場が時刻の瞬間に定常であると考えると，流れ場の内部を含めた任意点のヘッド h は Laplace の式 $\nabla^2 h = 0$ を満たすから，前に述べたリラクゼーションの方法によって各点のヘッド分布が知られる．次に Darcy の法則をこの分布に適用して速度を求め，浸潤面上の水分子の Δt 中の変動を計算して $t + \Delta t$ における水面位置を求め，再び Laplace の式を解くのである．リラクゼーション法の他のやり方としては水位に関する式 (6.60) を，例えば2次元の場合に適用したものもある．いずれにしても手間のかかるものであって式 (6.61) の方式が便利である．

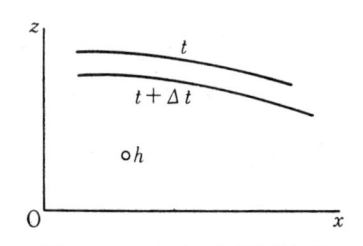

図 **6.46** 二次元の非定常流れ場

6.9.2 貯水位の降下に伴う中心コア型堤体内浸透水面の変動

(1) Casagrande, A の方法

Casagrande は貯水池水位が急激に水位 0 にまで低下した時から，時間の経過とともに排水される水量を，以下に述べる簡単な仮定の下で評価している[18]．すなわち任意時刻の水面形状は常に直線とし，かつ法先を通るものとした．したがって，dt 時間中の排水量 dq は図 6.47 の △abc 内の土中に含まれる水量に等しく

$$dq = \frac{-dz}{2}(L + z\cot\beta)\lambda$$

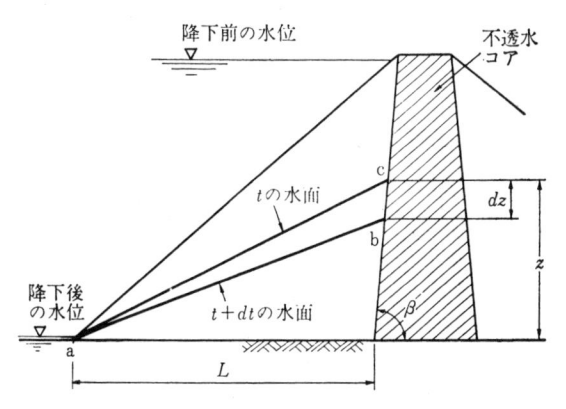

図 6.47 排水量を求める近似法（Casagrande, A の方法）[37]

となる．一方，動水勾配は ac 直線の勾配であり，これに平均断面として $z/2$ を考えるとき流量は

$$dq = k\frac{z}{2}\frac{z}{L + z\cot\beta}dt$$

となる．これら 2 式より dq を消去して

$$\frac{k}{\lambda}dt = -\left(\frac{L + z\cot\beta}{z}\right)^2 dz$$

これを積分して $t=0$ で $z=H$ に注意すると

$$\frac{kt}{\lambda} = -\int_H^z \left(\frac{L + z\cot\beta}{z}\right)^2 dz$$

$$= L^2\left(\frac{1}{z} - \frac{1}{H}\right) + 2L\cot\beta \log\frac{H}{z} + (H-z)\cot^2\beta$$

ここで，排水率 U（%）として $U = 100(H-z)/H$ とおくと，前式は

$$\left.\begin{array}{c} T = \dfrac{U}{100-U} + 2J\log\dfrac{100}{100-U} + \dfrac{J^2 U}{100} \\[2mm] J = \dfrac{H}{L}\cot\beta, \quad T = \dfrac{thH}{\lambda L^2} \end{array}\right\} \quad (6.62)$$

ただし

が得られる．モデル試験の結果，近似が粗い割には上式は良い結果を与える（**(3) 差分解法** 参照）．コアが鉛直（$\beta = \pi/2$）のとき $J=0$ だから式は極めて簡単となって

$$T = \frac{U}{100-U} \quad (6.63)$$

この式を応用して水位が比較的ゆっくり下がるときの降下終了時のフローネットを描くことができる．まず降下終了に要する時間を t_f とすると，式 (6.62) から対応する排水率 U_f が求められ，次に適

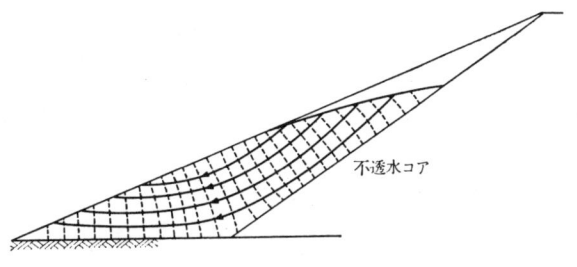

図 6.48 $U = 16$ % 時のフローネット

当に滑らかな水面を仮定し，その上と下の堤体面積の比（%）を U_f であるようにする．これによって降下終了時の流れ場の境界が近似的に定められるから，以下は定常浸透時の差分式の解法（リラクゼーション法など）によって，そのときのフローネットが描ける（図 **6.48**）．

(2) Reinius の方法

Casagrande の前法の代わりに Reinius は一連のフローネットを描いて水位降下問題を調べた[18]．すなわち一つの降下速度 V に対し，貯水位が順次下がるにつれ浸出する水量を，対応するフローネットにより求め，同時に浸潤面の低下を，上に得た浸透水量 Δq から図式的に求めた．図 **6.49** は結果の一つで，水位降下直後の水面低下の状態が $k/\lambda V$ をパラメーターとして示してある．透水係数が小さく，降下速度が大きいときは浸潤面は堤体上部に止まることや，$k/\lambda V$ が 250 になると水位降下中に大部分の排水が完了していることなどがわかる．したがって，$k = 10^{-n}$ cm/s，$\lambda = 50$ % のとき，降下時までに排水が完了するに必要な降下速度はおおよそ 7×10^{-n} cm/日となり，これは普通極めて遅い．逆に通常のダムにおける水位降下の場合，たいていは残留間隙水圧が発生するものと見てよい．

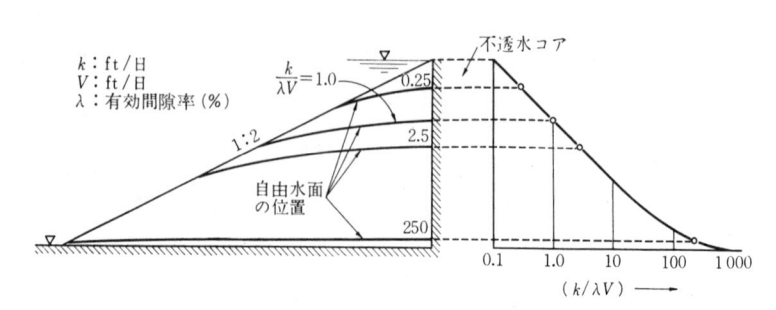

図 **6.49** E. Reinius 非定常流の解法の結果 [37]

(3) 差分解法と模型実験[19]

(2) と同様に鉛直な不透水コアと不透水基礎地盤で囲まれた堤体内の水位急降下に伴う浸潤面変動を考える．降下時の浸潤面の形状は平滑に近いと見てよいから，式 (6.60) より得られる

$$\frac{\partial z}{\partial t} = \frac{k}{2\lambda} \frac{\partial^2 z^2}{\partial x^2} \qquad (6.64)$$

を解けばよい．貯水位が降下した瞬間 ($t = 0$) での z は盛土の形状に応じて図 **6.50** に示すように与えられる．x 軸を小区間 Δs で n 等分し，直交する t 軸を小区間 Δt で分割する．式 (6.57) を適用すると上式は

$$z(i, j+1) = z(i, j) + \frac{k \Delta t}{2 \lambda \Delta s^2}$$
$$\times \{z^2(i+1, j) + z^2(i-1, j) - 2 z^2(i, j)\} \qquad (6.65)$$

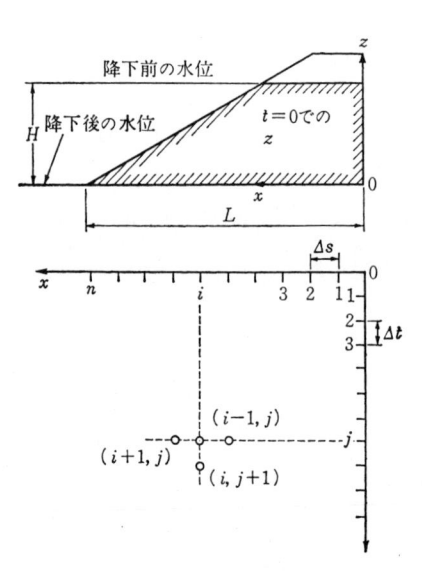

図 **6.50** 水位降下時の差分解法

であるから，x 軸すなわち $j=0$ より始めて順次 $z(x,t)$ が決定される．ここで t 軸上の点，例えば $z(0,1)$ は不透水性コアに接していることより $z(2,0), z(1,0), z(0,0)$ から決まる $z(1,1)$ を用い $z(0,1) = z(1,1)$ とすればよい．また $x = L$（点 n）を通る鉛直線上の $z(n,j)$ を求めるには $z(n+1, j) = 0$ として計算を進めればよい．

種々の透水係数と法面勾配ついて計算した結果を整理すると，$x=0$ における任意時刻 t での水面高 z_0 は図 **6.51** に示すような直線関係で表される．

すなわち

$$\frac{H}{z_0} = \frac{0.588\,k\,H\,t\,\cot\alpha}{l_1\,(l_1/2 + l_2)\,\lambda} + 1.0 \tag{6.66}$$

なお，法面勾配を $1:1.5 \sim 1:2.5$, $H = 30\,\text{cm}$, 透水係数を $k = 1.5 \times 10^{-1} \sim 1.22 \times 10^{-2}\,\text{cm/s}$, $\lambda \doteqdot 0.414$ に変えて行った実験結果も参考のため図 **6.51** に記してある．堤体材料には鉛散弾を，貯水の流体には表面張力を減少させるための液体として機械油を用いた．図 **6.52** は浸潤面の変

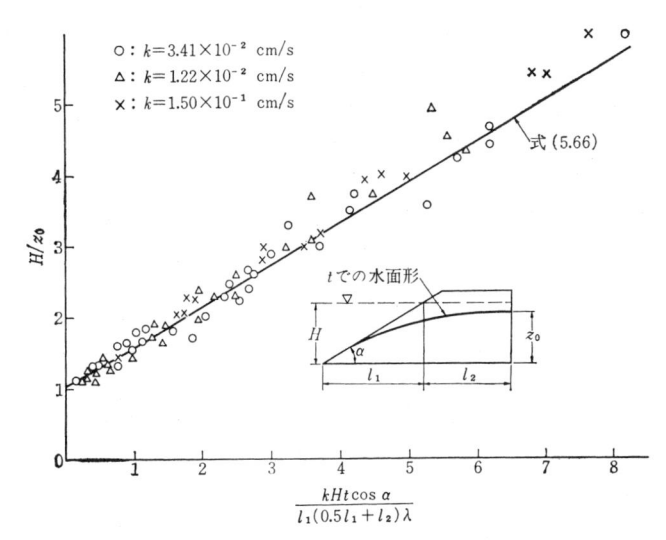

図 **6.51** 任意時刻における水面降下

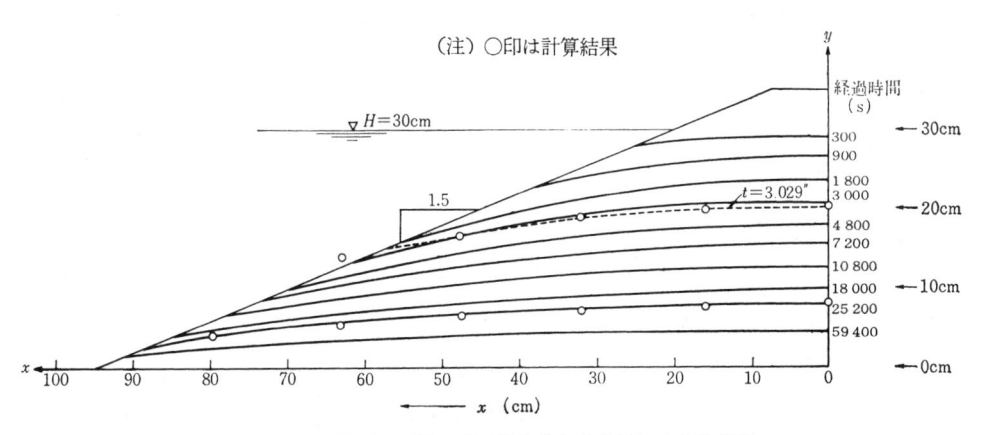

図 **6.52** 浸潤面の形状の時間的変化と差分法による計算値

動状況の実測値であり，図中○印は数値計算の結果によるものである．

このような浸潤面形状を近似的に表現するものは図 **6.53** に示すように，A，C の 2 点を通る楕円であることがわかる．ただし楕円の中心は A より $2l_1$ だけ離れた点 O′ である．

すなわち

$$\left(\frac{z}{z_0}\right)^2 = \frac{4l_1^2 - \xi^2}{4l_1^2 - \xi_0^2} \tag{6.67}$$

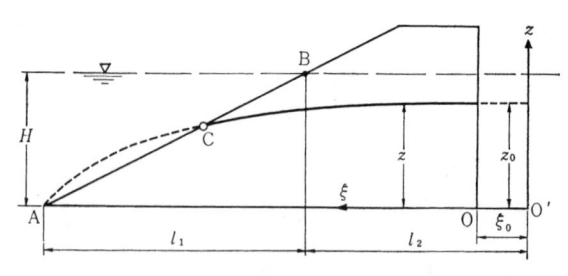

図 **6.53** 貯水位降下後の浸潤面形状

上式と式 (6.66) との間で z_0 を消去すれば，任意時刻での水面形状が次式で与えられる．

$$z = \frac{H}{J(t)}\left(\frac{4l_1^2 - \xi^2}{4l_1^2 - \xi_0^2}\right)^{1/2} \tag{6.68}$$

ただし，式 (6.66) の右辺を $J(t)$ とおいた．

ここに得られた結果を Casagrande のそれと比べることは興味深い．例えば $l_1 = L$, $l_2 = 0$, $\xi = L$ とおくと，式 (6.66), (6.67) は

$$\frac{kHt}{\lambda L^2} = 1.17\left(\frac{H}{z_0} - 1\right)\sqrt{1 + (H/L)^2} \tag{6.69}$$

$$z = z_0 \left(\frac{4L^2 - \xi^2}{3L^2}\right)^{1/2} \tag{6.70}$$

90 % 排水を考えると，楕円が囲む面積は近似的に堤体面積の 10 % に等しい．したがって

$$\int_L^{2L} z\,d\xi = \frac{z_0 L}{6}\left(\frac{4}{3}\pi - \sqrt{3}\right) = 0.41\, z_0 L \doteqdot \frac{HL}{20}$$

これより $H/z_0 = 8.2$ となり，$H/L \doteqdot 0.4$ と見ると，式 (6.69) より $kHt/\lambda L^2 \doteqdot 9.1$. 一方，Casagrande の式 (6.63) では $U = 90$ に対し $T = 10$ であるので $kHt/\lambda L^2 = 10$ となり，両者の差は比較的小さいことがわかる．

また，例えば $k = 5 \times 10^{-4}$ cm/s, $H = 30$ cm, $L = 75$ m, $\lambda = 0.4$ のとき，水位急降下後 30 日経過したときの z_0 を式 (6.69) より求めると 25.5 m となり，コア部の水位低下は 4.5 m にすぎない．このことは，水位急降下の代わりに 1 日 1 m ずつ下がって 30 日後に貯水位が 0 の状態になっても堤体内の浸透状態は大きく変わらないことを意味する．すなわち，上に示した程度の降下速度で水位が下がることは，いわゆる水位急降下状態と見なしてよいことになる．

6.9.3 貯水位の急降下に伴う均一堤体内の浸潤面の変動 [20]

Browzin は下流法先に透水性ロックゾーンのある均一の堤体に関し，貯水位急降下後の水面変化を Hele-Shaw モデルで調べた結果，ごく初期の時間を除けば，浸潤面形状は **6.9.2** 項の (3) におけると同様に楕円形に近いこと，この楕円の頂点 A は図 **6.54** に示すように，法先 D より $n_2 L$

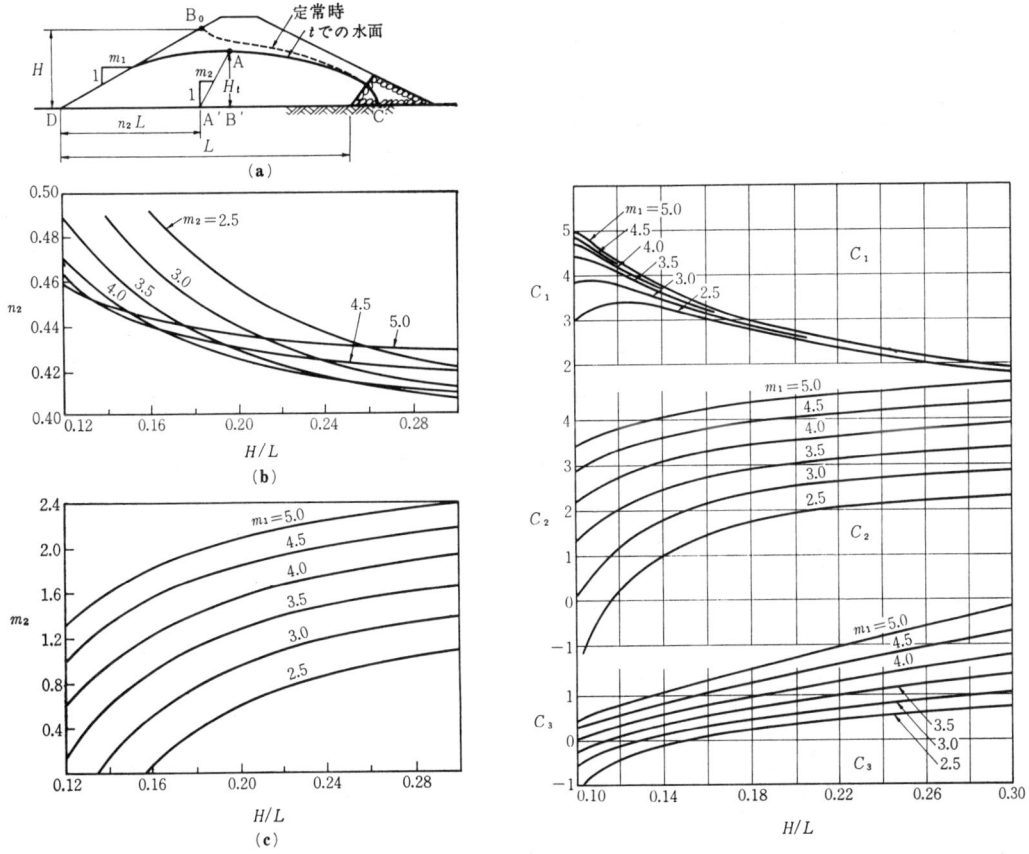

図 6.54 均一断面の水位急降下時の堤内浸潤面形状[20]　　図 6.55 均一断面の非定常浸透式に入る諸係数[20]

の点 A' を通り，勾配 m_2 の直線上にあることが認められた．n_2, m_2 は法勾配，初期貯水位，堤体形状により決まるものである．

任意時刻 t における楕円内の間隙水体積 V は，頂点の高さ H_t によって $V = \lambda (aLH_t - bH_t^2)$ のように表される．ただし，a, b は堤体の形と初期水位から決まる定数である．これより流量は

$$q = -\frac{dV}{dt} = \lambda(2bH_t - aL)\frac{dH_t}{dt}$$

一方，Dupuit の仮定を用いると，上下流に排出される流量 q は $2kH_t^2/l$ $(l = \overline{B'C})$ と近似できるので，上式と等値して H_t と t を関係づける微分方程式を得る．積分した結果は

$$t = \frac{\lambda L}{2k}\left[C_1\left(\frac{H}{H_t} - 1\right) + C_2 \log\frac{H_t}{H} + C_3\left(1 - \frac{H_t}{H}\right)\right] \tag{6.71}$$

これは 6.9.2 項の (1) に述べた Casagrande の表示と同じ形式である．C_1, C_2, C_3 は法勾配と H/L の関数で図 6.55 に示される．したがって，上式より t に応ずる H_t がわかる．

6.9.4 貯水位上昇に伴う非定常浸透[21)22)23)]

不浸透層上にあるフィルダムの水位が急激に上昇するとき，浸潤面は時間とともに堤体内に逐

次前進していくが，これを調べるには Hele-Shaw モデル実験などが最も便利である．このような流れが下流法先に近づくとパイピング作用により堤体の安定上好ましくない状態が出現する．しかし，法先付近に透水性ゾーンあるいは水平ドレーンなどを設けることによりパイピングの危険は防止され得るし，また浸透時の上流側法面の滑動も一般に問題とならない．すなわち水位の急上昇は設計上さほど気にしなくてもよいから，ここでは簡単な場合について非定常流れの特性だけを述べておくにとどめる．

図 **6.56** のような長方形盛土内の水位が急に H だけが上がるとき，時刻 t における浸潤面上の点の座標を (x, z) で表す．まず流れを水平と仮定すると，浸潤面上の水粒子の動く速度は dx/dt であるが，これは Darcy 則で決まる見かけ速度 v との間に $dx/dt = v/\lambda$ の関係がある．したがって

$$\frac{dx}{dt} = \frac{k}{\lambda}\frac{H-z}{x} \tag{6.72}$$

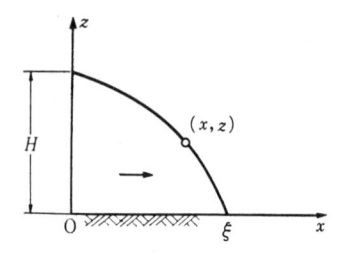

図 **6.56** 長方形盛土内の浸潤面の進行

である．z は t によらないとしているから $t=0$ で $x=0$ の条件で積分し，

$$1 - \frac{z}{H} = \frac{\lambda(x/H)^2}{kt/H} \tag{6.73}$$

$z = 0$ 浸潤面の x 位置を ξ とすると，式 (6.73) より

$$1 - \frac{z}{H} = \left(\frac{x}{\xi}\right)^2 \tag{6.74}$$

となり放物線であり，かつ浸潤面の形は x 方向に縮尺可能な相似形であることがわかる．この相似の性質は実は一般的にも証明されることである．

式 (6.74) は第 1 近似式であるが，逐次に正しい浸潤面を定めるには次のように行えばよい．まず一つの ξ を定めて式 (6.74) の放物線を描く（図 **6.57** の実線）．これを境界とする流れ場のフローネットを差分的に解いて描けば浸潤面上での u，したがって dx/dt が知られる．これにより微小時間後，浸潤面を描いて点線を求める．相似の性質により，これを一様に縮尺して ξ 点で一致させて鎖線が得られるが，これが浸潤面の第 2 近似となる．この手続きを繰り返せば漸次正しい解に近づく．その結果は式 (6.74) とは異なり

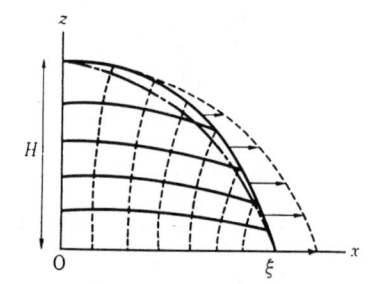

図 **6.57** 図式解法による浸潤面の逐次解法

$$1 - \frac{z}{H} = \left(\frac{x}{\xi}\right)^{3/2} \tag{6.75}$$

のように表せる．

上式による浸潤面が囲む体積中の水の量 V は

$$V = \lambda \int_0^H x\, dz = \frac{3}{5}\xi H \lambda,$$

ゆえに
$$q = \frac{dV}{dt} = \frac{3}{5}\lambda H \frac{d\xi}{dt}$$
によって単位時間の浸透量が与えられる．他方 Darcy 則から
$$q = k\int_0^H \frac{H-z}{x}dz = \frac{3}{4}\frac{kH^2}{\xi}$$
両方の q を等値して
$$\xi\frac{d\xi}{dt} = \frac{5}{4}\frac{kH}{\lambda}, \quad \therefore \xi = \sqrt{\frac{2.5Hkt}{\lambda}} \tag{6.76}$$
したがって式 (6.75) から浸潤面の形として
$$\frac{z}{H} = 1 - \left(\frac{x/H}{\sqrt{2.5\,kt/\lambda H}}\right)^{3/2} \tag{6.77}$$
が得られる[24]．ここに述べた解析法は内田によるものであるが[21]，原文では図式解法で計算したため，2.5 の代わりに 2.66 を与えている．しかし，ここに述べた式の方が Pulvarinova-Kochina の精密解に近い[25]．

6.10 不透水性ブランケットの設計[37]

6.10.1 概　要

　透水性基礎地盤上にダムを建設する場合，ダムの上流部に透水性の低い材料を敷きならし，これを堤体の不透水性部と結合させることによって基礎の浸透水量を軽減させることができる．これを**ブランケット工法**と称し，部分的な止水壁を設ける場合に比べ効果的であり，また完全に止水壁を設けるものに比べて一般にはるかに経済的である．例えば，本工法は透水性基礎が深い場合，透水層が地山内部まで続いている場合，あるいは透水層が傾斜していて一部が貯水池内に露頭している場合などにも容易に，かつ経済的に施工ができるからである．

　ブランケット工法は止水トレンチ工法などのように浸透水を強制的に遮断するというよりは，むしろ浸透路長を延長することによって流量の減少を企てる工法であるから，本工法によるときは基礎地盤内の動水勾配が全体的に小さくなる．したがって他の工法，例えば止水壁によるとき地山との接着部に往々見られるようなパイピング作用などは起こり難い．またブランケット工法を行う場合，基礎地盤を掘削する必要はなく，地表面での転圧によって容易に施工できる点や，一般にダムサイトでブランケット用の材料として不透水性なものを得やすい点などから見て都合がよい工法である．

　ブランケットの厚さや長さは，ブランケット材や基礎地盤の透水性，地盤の成層状態や厚さ，さらに貯水位などにより決まるが，その厚さは一般に 1〜3 m 程度のものが多い．しかし計画に際しては，所求の減少浸透量に対して後に述べる原理に従って厚さを決定することが望ましい．ま

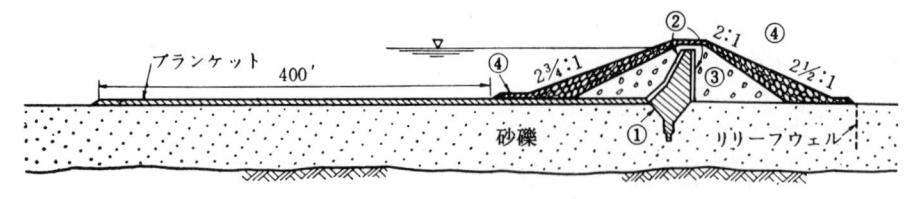

図 6.58 Rose Valley ダム [18]
(注) ①不透水層, ②ランダムゾーン, ③フィルター, ④ロック

た下流法先付近のパイピングやボイリングを防止するため，ブランケットと同時にリリーフウェル等の排水施設を併用することも推奨される（**6.11**節参照）．

ブランケットを採用したフィルダムの例としては，わが国では東郷ダム，平荘ダムなどがあり，諸外国のものとしては Travers ダム（カナダ），Polisades ダム（アメリカ），Rose Valley ダム（カナダ）などが知られている（**図 6.58** 参照）．

ブランケットはフローネットを描いたり，電気相似実験などを行って解析設計することもできるが，一般には Bennett の提案した方法で行うのが簡便である．計算上の仮定は簡単であるが，その精度は基礎地盤の透水係数を求める不確かさに比べればむしろ良いとされている．

6.10.2 ブランケットの設計 [26]

(1) 基本式

まず，**図 6.59** でブランケット内の流れは鉛直であると仮定する．この条件は，ブランケットと基礎地盤の透水係数を k_b, k_f としたとき，$k_f \geq 10 k_b$ 程度であれば満される．また基礎地盤は水平であり，ダムを通じての浸透は無視できるものとする．ブランケット上流からの流入量を q_{fL}，ブランケットからの鉛直流入量を幅 $d\xi$ について $dq_b = (h/z_b)d\xi\, k_b$ とする．ただし，h は貯水位と点 ξ の透水層のヘッド差である．任意点 x の流量を q_f とすると

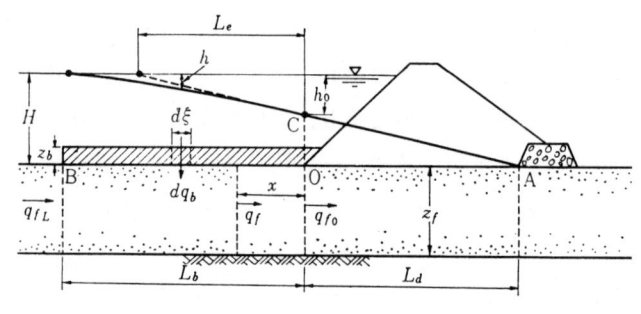

$$q_f = q_{fL} + q_b = q_{fL} + \int_L^{L-x} k_b \frac{h}{z_b} d\xi$$

$$\therefore \frac{dq_f}{dx} = -k_b \frac{h(x)}{z_b}$$

一方

$$q_f = -k_f z_f \frac{dh}{dx}$$

$$\therefore \frac{d^2 h}{dx^2} = \frac{k_b\, h}{k_f z_f z_b} \tag{6.78}$$

図 6.59 ブランケットの設計計算

これがブランケットの水理に関する基礎式である（**6.8.2** 項でも同様の式を得ている）．

（2）均一厚さの自然ブランケット

自然の地盤では砂礫などの透水層の上に半透水性の表土層が堆積している場合があり．局部的な孔を埋めてやればブランケットとしての効果を持つことが多い．これを自然ブランケットという．このときは z_b が一定だから

$$\frac{k_b}{k_f z_f z_b} = a^2 \text{（一定）} \tag{6.79}$$

とおくと

$$\frac{d^2 h}{dx^2} = a^2 h \tag{6.80}$$

$x \to \infty$ で $h = 0$ を考慮して上式を解けば

$$h = h_0 e^{-ax} \tag{6.81}$$

ここで，h_0 は $x = 0$ でのヘッドロスである（**図 6.59**）．原点での動水勾配は

$$(dh/dx)_0 = a h_0$$

よって**図 6.59** のように，h を表す曲線の原点における接線を延長して原水位 H と交わる座標を L_e とすると

$$L_e = \frac{h_0}{-(dh/dx)_0} = \frac{1}{a} = \sqrt{\frac{k_f z_f z_b}{k_b}} \tag{6.82}$$

上述の接線はダム敷下の地盤内のヘッドロス曲線 AC の接線でもあるが，この区間では堤体をブランケットと考えたとき，それよりの浸透がない仮定だから $k_b = 0$．したがって式 (6.78) より $dh/dx = $ 一定 で直線である．以上のことから $-(dh/dx)_0 = H/(L_e + L_d)$ であり，ダム敷下の浸透流量は

$$q_{f0} = \frac{k_f z_f H}{L_e + L_d} \tag{6.83}$$

となる．すなわち半無限長の半透水性ブランケットを，長さ L_e のブランケットで置き換えることができる．この区間では動水勾配は一定であるから，L_e 区間は不透水性ブランケットを意味している．L_e は有効浸透路長といわれる．式 (6.82) からわかるように，ブランケットの透水性が低く，かつその厚さが大きいほど L_e は大きくなり，浸透量低下の上でのブランケットの効果が著しくなる．

（3）一定厚さの人工ブランケット（有限長のブランケット）

このときは式 (6.80) の解は $x = L$ で $h = 0$ の条件を考えると

$$h = C(e^{ax} - e^{-ax + 2aL}) \quad (C：定数)$$

の形をとる．したがって，有効浸透路長は

$$L_e = \frac{h_0}{-(dh/dx)_0} = \frac{e^{2aL}-1}{a(e^{2aL}+1)} = \frac{1}{a}\tanh aL \tag{6.84}$$

が得られる．aL が増加するにつれ $\tanh aL$ は急激に 1 に近づき $L_e = 1/a$（式 (6.82) 参照）となるが，これは逆に L をある程度以上大きくしてもブランケットの有効性は増さないことを意味する．あるいはブランケットの効果は堤体から離れるに従って減少することにほかならない．このことは，x が小さいところでは h が大きく，その点でのブランケット中の浸透量が大となることから見ても当然である．換言すれば，ブランケットは堤体近くになるほど厚くして，大きなヘッド差に対する浸透を防止することが有効である．

（4） 漸変断面の人工ブランケット

この場合，ブランケットの上流端 B を座標の原点に選んで x 軸をとり，z_b が x とともに増加する形を

$$z_b = Kx^2 \frac{bx^2}{n(n-1)}, \qquad \left(b = \frac{k_b}{k_f z_f}\right) \tag{6.85}$$

と仮定しよう．したがって式 (6.78) は

$$\frac{d^2h}{dx^2} = \frac{bh}{z_b} = \frac{n(n-1)}{x^2}h$$
$$\therefore\ h = h_1 x^n, \qquad (h_1：定数)$$

これより

$$L_e = \frac{(h)_L}{(dh/dx)_L} = \frac{L}{n} \tag{6.86}$$

（5） 自然ブランケットと人工ブランケットの組合せ

自然ブランケットだけでは不十分なとき，人工ブランケットを併用する場合を考えよう．自然ブランケットの厚さを z_{b0}，人工ブランケットの厚さを加えた全体の厚さ z_b を

$$z_b = \frac{bx^2}{2} + Cx + z_{b0}, \qquad (C：定数) \tag{6.87}$$

のように仮定する．ただし，x は人工ブランケットの上流端を原点とする．このとき式 (6.78) は

$$\frac{d^2h}{dx^2} = \frac{bh}{\dfrac{bx^2}{2} + Cx + z_{b0}}$$

であるから h_2 を定数として

$$h = h_2\left(\frac{bx^2}{2} + Cx + z_{b0}\right)$$

の解が得られる．これより

$$L_{e0} = \frac{(h)_0}{(dh/dx)_0} = \frac{z_{b0}}{C}\left(\div \frac{1}{a}\right) \tag{6.88}$$

は人工ブランケットより上流の自然ブランケットの持つ有効浸透路長である．したがって L_{e0} は

(2) に述べたように $1/a$ に対応するが，厳密にいえば，この対応は近似的なものである．なぜなら人工ブランケット下の h の変化は直線的ではないからである．また人工ブランケット長を L としたとき

$$L_{et} = \frac{(h)_L}{(dh/dx)_L} = \frac{bL^2/2 + CL + z_{b0}}{bL + C} \tag{6.89}$$

は自然ブランケットと人工ブランケットを組み合わせたものの有効浸透路長である．

(6) 計算例（東郷ダムの場合）[27]

$z_{b0} = 0.5\,\mathrm{m}$, $z_f = 9\,\mathrm{m}$, $k_f = 1 \times 10^{-4}\,\mathrm{m/s}$, k_{b0}（自然ブランケット）$= 1 \times 10^{-6}\,\mathrm{m/s}$, kb（人工ブランケット）$= 1 \times 10^{-7}\,\mathrm{m/s}$ として人工ブランケット長を変えたとき，有効浸透路長を求めよう．また $H = 30\,\mathrm{m}$, $L_d = 170\,\mathrm{m}$（図 6.59 の記号参照）として浸透流量を計算する．

自然ブランケットを人工ブランケットと同じ透水係数に換算すれば $\bar{z}_{b0} = z_{b0}(k_b/k_{b0})$ である．式 (6.85) より

$$b = \frac{k_b}{k_f z_f} = 1.1 \times 10^{-4} \quad (\mathrm{m^{-1}})$$

式 (6.88), (6.82) より

$$C = a\bar{z}_{b0} = \bar{z}_{b0}\sqrt{\frac{k_b}{\bar{z}_{b0} k_f z_f}} = 2.35 \times 10^{-3}$$

これを式 (6.87), (6.89) に用いて

$$z_b(x = L) = 5.5 \times 10^{-5} L^2 + 2.35 \times 10^{-3} L + 0.05\,\mathrm{m}$$

$$L_{et} = \frac{z_b(x = L)}{1.1 \times 10^{-4} L + 2.35 \times 10^{-3}} \quad (\mathrm{m})$$

例えば，人工ブランケット長を $L = 150\,\mathrm{m}$ とすると，$z_b(x = L)$ はブランケットの最大厚さを示し $1.7\,\mathrm{m}$ となり，$L_{et} = 90\,\mathrm{m}$ となる．

したがって式 (6.83) により堤体単位幅当たりの浸透量は

$$q_{f0} = \frac{k_f H z_f}{L_{et} + L_d} = \frac{1 \times 10^{-4} \times 30 \times 9 \times 8.64 \times 10^4}{90 + 170} = 8.9\,\mathrm{m^3/m \cdot 日}$$

このようなブランケットにより，浸透量は約 33 % 低下させ得ることがわかる．

6.11 リリーフウェルの設計 [37]

6.11.1 概　要

堤体基礎付近の浸透水圧はブランケットによってもある程度低下させ得るが，ウェルを下流法先に打ち込んで強制排水を行うことによって水圧を減少させることは，パイピングやボイリングの危険を防止するうえで有効である．これを**リリーフウェル工法**というが，排水溝などによる方法が局部的効果しかないのに比べて本方法は効果が著しい．特に不透水性の層が互層をなしている

場合や，地表面の不透水層が比較的厚い場合にも施工しやすい利点がある．施工が簡単であることは対応性に富んでいることを意味するのであって，当初計画に従って打設されたリリーフウェルが不足しているか否かは，段階的に貯水位を増してゆく過程でピエゾメーター等を設置しておくことにより容易に判定できる．もし揚圧力が計画値を上回るようなことになれば貯水を中止して，リリーフウェルを増せばよい．

ウェルを設置するために揚水井戸と同じ要領で削孔する．削孔が完了したらベーラで孔中の泥水を汲み上げ洗浄を行う．次に孔底に砂利を敷き最小径が 15 cm のスクリーンパイプ（ウェル）を挿入し，周辺にフィルター材を充填する．フィルター用土砂がウェルに入らないためには次の基準による．

$$\text{スクリーンの目の径} \leq \frac{\text{フィルター材料の 85\% 粒径}}{1.5 \sim 2.0}$$

ウェルの材質は耐腐食性のものであるべく，木製，メッキした銅パイプ，プラスチック，コンクリートなどが用いられる．ウェル内の排水を容易にするためウェル内には砂利を詰めないほうがよい．またウェルを十分貫入させ，スクリーン長は長くすることがウェルの効果を確保するため必要である．

ウェルの設置作業が終了した後，再び孔内の洗浄を行ってフィルター中に流入した細粒土砂を取り除く．この作業をサージングと呼んでいるが，サージングは完成時のみならず**維持管理**上，必要に応じて半年ないし 1 年に 1 回程度繰り返し，ウェルの機能低下を防止しなければならない．またウェルより数 m 離れた位置に**オープンピエゾメーター**を設け，ウェルで揚水試験を行ってウェルの機能が十分か否かを確かめると同時に，ダム供用中にも水位観測を行いウェルの効果を定期的に確認する必要がある．

6.11.2 リリーフウェルの基礎理論
（1）不透水ブランケットの場合

リリーフウェルの水理学的基礎は Muskat により与えられ，Middlebrooks らがリリーフウェルの設計に対して理論を適用した[28)29)]．この場合，透水性基礎地盤上に不透水性ブランケットがあって，上流は有限長，下流は無限長とする．滞水層は被圧状態であるから一点 (x,y) の圧力ヘッドは Laplace の方程式を満たすはずである．

いま無限滞水層中に底まで打ち込まれた単一のウェルを考え，ウェルを原点にとると

$$\nabla^2 h = \frac{1}{r}\frac{d}{dr}\left(r\frac{dh}{dr}\right) = 0$$

であるから，$r = r_0$（ウェルの図面）で $h = h_w$，$r = R$（影響圏）で $h = h_R$ を満たす解として

$$h = \frac{h_R}{\log(R/r_0)}\log(r/r_0) + h_w$$

を得る．ウェルへの流入量（汲み上げ量に等しい）を Q とすると

$$Q = z_f k_f \int_0^{2\pi} \left(r \frac{\partial h}{\partial r} \right) d\theta = \frac{2\pi z_f k_f h_R}{\log (R/r_0)}$$

$$\therefore h = \frac{Q}{2\pi z_f k_f} \log (r/r_0) + h_w \tag{6.90}$$

$k_f h = \phi$ とおくと，上式より複素速度ポテンシャル w は

$$w = \phi + i\psi = \frac{Q}{4\pi z_f} \log \zeta^2 + C \tag{6.91}$$

ここに，$\zeta = x + iy = re^{i\theta}$，また C は定数である．

さて，図 **6.60** においてウェル間隔を a とし，(ma, s) にある単一のウェルに注目すると，無限域では $\zeta^2 = (ma-x)^2 + (y-s)^2$ として式 (6.91) が利用できる．しかし x 軸すなわち $y = 0$ は流入線で $h = H$ または $\phi = k_f H$ であるので，この条件を満たすため $(ma, -s)$ に湧出量 Q のウェルを置けばよい（鏡像の原理）．したがって実数部をとった結果

$$\left.\begin{aligned}\phi_m &= \frac{Q}{4\pi z_f} R \left(\log \zeta_+^2 - \log \zeta_-^2 \right) + C \\ &= \frac{Q}{4\pi z_f} \log \frac{(x-ma)^2 + (y-s)^2}{(x-ma)^2 + (y+s)^2} + C\end{aligned}\right\} \tag{6.92}$$

を得る．ここで，C は Hk_f に等しいことは明らかである．汲み上げ量が等しいウェルが無限に存在するとき，重合の定理により上式から

$$h = H + \frac{Q}{4\pi k_f z_f} \sum_{m=\infty}^{\infty} \log \frac{(x-ma)^2 + (y-s)^2}{(x-ma)^2 + (y+s)^2} \tag{6.93}$$

が結論される．これは図 **6.60** に対する被圧滞水層内のヘッド分布である．

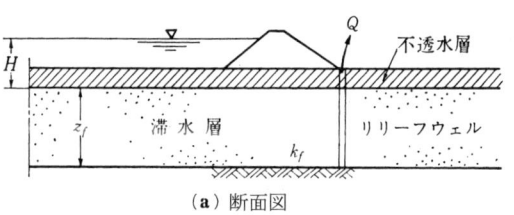

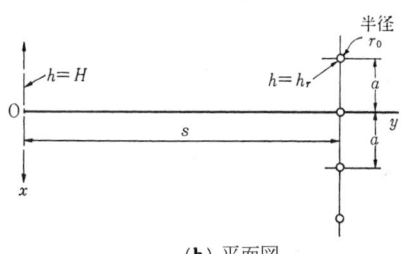

図 **6.60** リリーフウェルの設計計算

ここで，無限乗積の公式

$$\prod_{m=1}^{\infty} \left(1 - \frac{x^2}{m^2 \pi^2} \right) = \frac{\sin x}{x} \left\{ 1 + \left(\frac{k}{x} \right)^2 \right\}$$

$$\prod_{m=1}^{\infty} \left\{ 1 + \left(\frac{k}{2m\pi - x} \right)^2 \right\} \left\{ 1 + \left(\frac{k}{2m\pi + x} \right)^2 \right\}$$

$$= \frac{\cosh k - \cos x}{1 - \cos x}$$

を用いると

$$\sum_{m=\infty}^{\infty} \log \left\{ (ma-x)^2 + (y \mp s)^2 \right\} = \log \left\{ \cosh \frac{2\pi (y \mp s)}{a} - \cos \frac{2\pi x}{a} \right\}$$

と簡単化されるので式 (6.93) は

$$h = H + \frac{Q}{4\pi k_f z_f} \log \frac{\cosh\beta(y-s) - \cos\beta x}{\cosh\beta(y+s) - \cos\beta x}, \quad \left(\beta = \frac{2\pi}{a}\right) \tag{6.94}$$

この式でウェルにおける圧力ヘッドを求めるため $x=0$, $y=s-r_0$ (r_0：ウェル半径) とおくと，$Br_0 \ll 1$ だから

$$\cosh\beta(y-s) - 1 = \cosh\beta r_0 - 1 \fallingdotseq (\beta r_0)^2/2 = (2\pi r_0/a)^2/2$$

また一般に $4\pi s/a \gg 1$ であるので

$$\cosh\beta(y+s) - 1 \fallingdotseq \cosh 2\beta s \fallingdotseq (1/2)e^{4\pi s/a}$$

したがって

$$H - h_w \fallingdotseq \frac{Q}{4\pi k_f z_f} \log e^{4\pi s/a} \left(\frac{a}{2\pi r_0}\right)^2 \tag{6.95}$$

本式によって汲み上げ量 Q に対するリリーフウェルでのヘッド低下が評価される．

ウェルの設置線上で最大の圧力ヘッド（揚圧力）を示す位置は $(a/2, s)$ である．したがって

$$h(a/2, s) = H + \frac{Q}{4\pi k_f z_f} \log \frac{2}{\cosh(4\pi s/a) + 1} \tag{6.96}$$

式 (6.95)，(6.96) より

$$\frac{h(a/2, s) - h_w}{H - h_w} = 1 + \frac{\log \dfrac{2}{\cosh(4\pi s/a) + 1}}{2\log\left(2\pi \dfrac{r_0}{a} e^{2\pi s/a}\right)} \tag{6.97}$$

図 6.61 は式 (6.95), (6.97) をパラメーター a/r_0, s/a の値に対して示したものである．Q および a/r_0, s/a を指定すると h_w や $h(a/2, s)$ の値が，これらの図から求められる．また，$h_w = 0$ に対して a/r_0, s/a の一組の値に対し Q や $h(a/2, s)$ が読み取れる．また，図 6.62 はウェルの位置 $(x=0)$ およびウェルの中間 $(x=a/2)$ での y 軸に沿う圧力ヘッド分布の一例を示したものである．

ここで，式 (6.95) を変形して

$$Q = \frac{(H - h_w) a k_f z_f}{\left(s + \dfrac{a}{2\pi} \log \dfrac{a}{2\pi r_0}\right)} \tag{6.98}$$

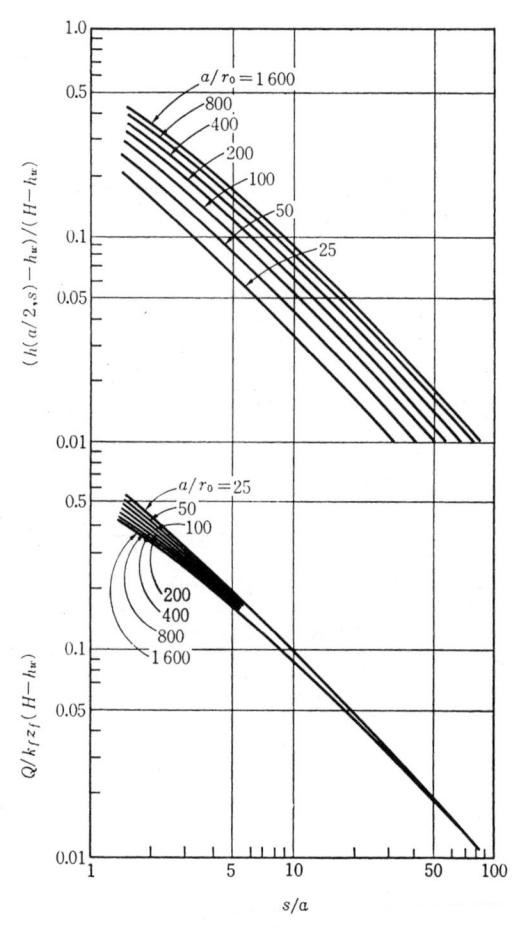

図 6.61 リリーフウェルの設計に用いられる図表[28]

と改めると，$(H-h_w)ak_f z_f/s$ はウェルの線上のヘッドが一様に h_w まで下がったとしたときの幅 a に関する流量を意味する．実際はウェル中間点（$\pm a/2$）でのヘッドは図 **6.62** に示すように h_w より高いため，回り込んでくることによるヘッドロスが効いて流量は小さくなる．これが式 (6.98) の分母の第 2 項で示され，浸透路長が

$$\lambda_e = \frac{a}{2\pi} \log \frac{a}{2\pi r_0} \qquad (6.99)$$

だけ大きく見込まれる．λ_e は extra-length と呼ばれるものである．y が小さい間は式 (6.94) より得られる $|dh/dy|$ は $Q/(ak_f z_f)$ となるので，図 **6.62** に示すように圧力ヘッドの初期接線を延長してウェルのヘッドに対応する点 w との水平距離を求めると，これが λ_e/λ を表すことが容易にわかる．

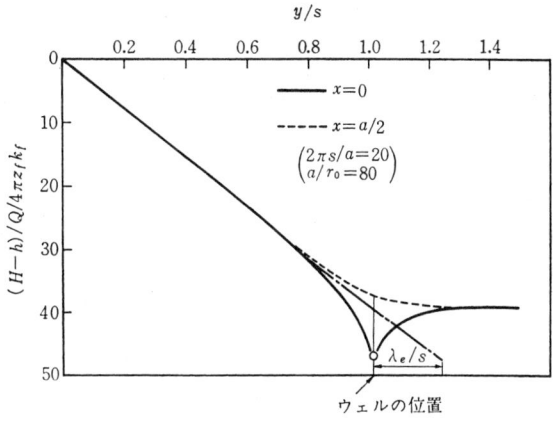

図 **6.62** 圧力ヘッド分布の一例

(2) 半透水ブランケットの場合[30]

(1)で述べた Muskat の仮定ではブランケットを不透水とした．しかし実際のブランケットは若干の透水性を有するので，半透水性と考えるべきである．このような場合，実際のブランケットを有効浸透路長をもつ不透水ブランケットで置き換える（**6.10.2** 項参照）．すなわち上流側の有効路長 L_{e1} は式 (6.84) で，下流側の有効路長 L_{e2} は式 (6.82) で与えられる．したがって，y 軸を水平下流方向にとると，$(h)_{y=0} = H$，$(h)_{y=L} = 0$（ただし，$L = L_{e1} + L_d + L_{e2}$）である．このような境界形状の中に $y = s$ に x 軸に平行な間隔 a のリリーフウェルを無限に入れた場合の解は Barron によって与えられている．すなわち，このような圧力ヘッドの分布は

$$h = \frac{H(L-y)}{L} - \frac{Q}{4\pi k_f z_f}$$
$$\cdot \sum_{m=0}^{\infty} \log \frac{\cosh \frac{\pi}{L}(ma-x) - \cos \frac{\pi}{L}(y+s)}{\cosh \frac{\pi}{L}(ma-x) - \cos \frac{\pi}{L}(y-s)} \qquad (6.100)$$

により与えられる．

したがってウェル中間点のヘッドは

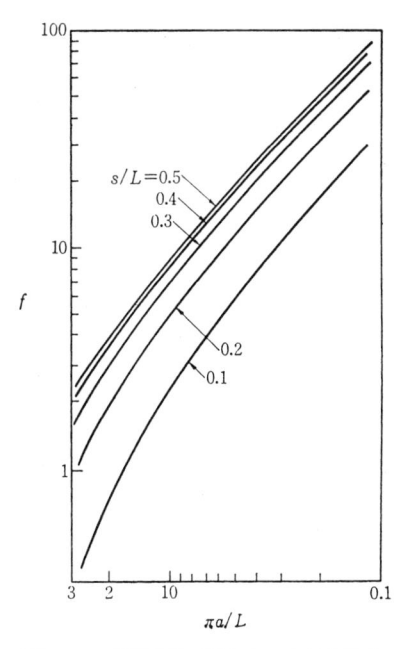

図 **6.63** 半透水性ブランケットにおけるヘッド関数[30]

$$\left.\begin{aligned}h(a/2, s) &= \frac{H(L-s)}{L} - \frac{Q}{4\pi k_f z_f} f\left(\frac{s}{L}, \frac{\pi a}{L}\right) \\ \text{ただし} \\ f\left(\frac{s}{L}, \frac{\pi a}{L}\right) &= \sum_{m=0}^{\infty} \log \frac{\cosh \frac{\pi a}{L}\left(m - \frac{1}{2}\right) - \cos \frac{2\pi s}{L}}{\cosh \frac{\pi a}{L}\left(m - \frac{1}{2}\right) - 1}\end{aligned}\right\} \quad (6.101)$$

$f(s/L, \pi a/L)$ の値は図 **6.63** に示すようである．

一般にブランケットが半透水性の場合は不透水性の場合に比べて当然のことながら中間点のヘッドは低くなり，(**1**)で述べた方法で評価したものは安全側である．

6.11.3 部分貫入のリリーフウェル [31]

透水層が極めて深い場合は，全長にわたってウェルを打設することが困難で，不経済になることが少なくない．この種の基礎地盤に対しては適当な深さでウェル打設を止める部分貫入ウェルが実用的である．

部分貫入ウェルの問題を解析的に厳密に解くことは面倒なので，Vicksburg の U. S. Waterway Experimental Station で実験的研究が行われた．試験は大規模な砂モデル試験と小型の電気相似実験の2種であるが，前者は経費的にも時間的にも制限を受けるので電気相似実験結果をチェックする意味で実施されたものである．$s/a = 3 \sim 10$，$a/r_0 = 50 \sim 500$ にわたって行った実験の結果をまとめたものが図 **6.64** である．これには s/a の変化に対しては平均したものが与えられているようである．ウェルの打設長と透水性地盤深さの比がいわゆる貫入率であるが，これが小さくなると extra-length が大きくなり，ウェル中間点での圧力ヘッドも大きくなる．(a) 図より各

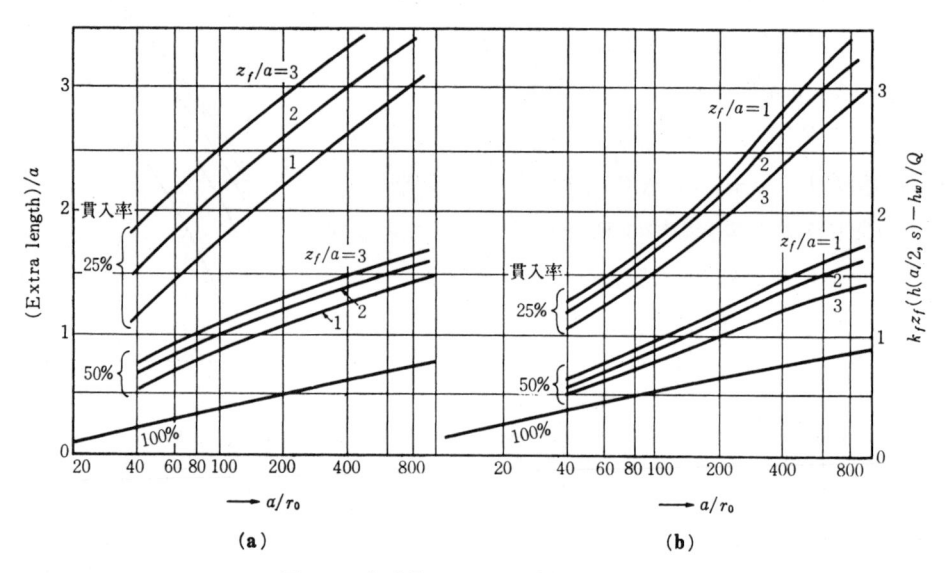

図 **6.64** 部分貫入ウェルに対する設計図表

貫入率，z_f/a, a/r_0 の値に対応する λ_e を求め

$$Q = \frac{k_f a z_f (H - h_w)}{s + \lambda_e} \tag{6.102}$$

から流量 Q を求めると図 **6.64** (b) によってウェル中間点の圧力ヘッド $h(a/2, s)$ が知られる．これらの図から λ_e や圧力ヘッドに及ぼす影響は貫入率が最も大きく，ウェルの配置間隔 a やウェル r_0 の径はあまり効かないことがわかる．

6.11.4 リリーフウェルの施工例

アメリカ Fort Peck Dam はミズリー川流域開発事業の一環として工兵隊により 1933 年に着工され，1939 年 11 月に完成している．このダムは沖積地盤上（砂層と粘土層との互層）に水締め方式（ハイドロリックフィル）で建設され，初めてリリーフウェルが設置されたダムとして知られている．ダム完成後まもなく貯水が開始されたが，1945 年 2 月ダム左岸側地山付近に漏水が始まり，ダムの安定性が懸念された．このため，Board of Consultant を組織し検討した結果，リリーフウェルを設置することになった（Benett 氏の言）．このとき設置されたリリーフウェルは図 **6.65** に示したように木板で円筒を作り，これにストレーナを設けている．

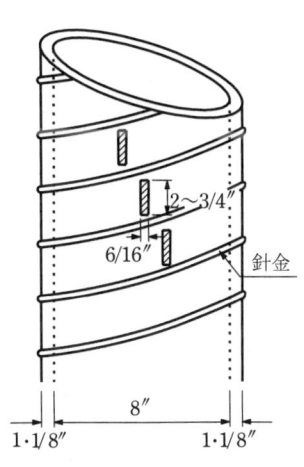

図 **6.65** 初期のリリーフウェル

また，東郷ダム（愛知用水公団，現水資源機構）は 1961 年に完成したが，このダムに対してもリリーフウェルが設置された．本ダムで設置されたリリーフウェルの構造を図 **6.66** に示した．

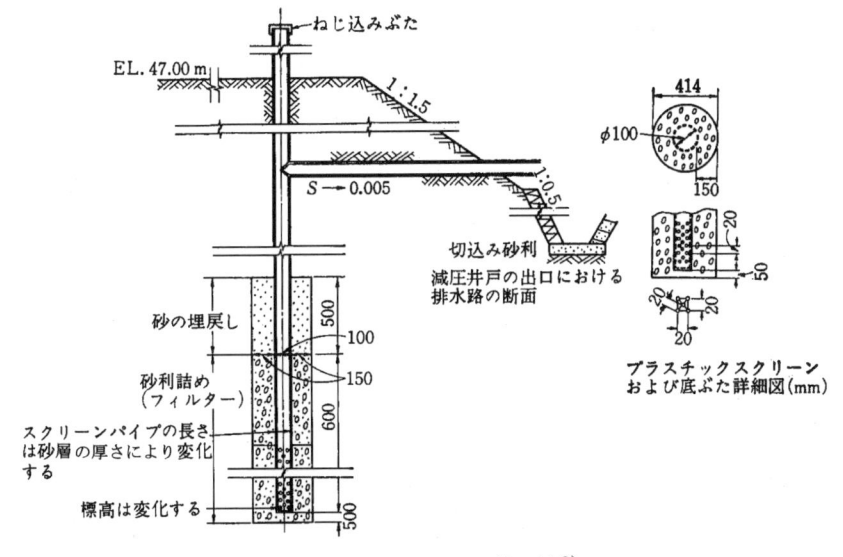

図 **6.66** リリーフウェル施工例 [2]

同図から知れるようにウェルの直径は約 40 cm, この中に挿入したライザーパイプの内径が 10 cm で, これに直径 5 mm の孔が設けられている. なお, ウェルは合計 14 本設置されている.

6.12 現場透水試験

6.12.1 概　要

土の透水係数の室内試験法については地盤工学会編『土質試験法』に詳述されているが, 室内試験の場合には用いる試料の粒径が小さいので, それが地盤を代表したものでない限り, 試験で求めた透水係数の信頼性は乏しいものとなる. 事実, 実際の地盤は不均一性が著しいうえに, 局部的な水みちが存在する場合は現場透水係数の値が室内試験値と大きく隔たることもまれではない. したがって, 透水係数は粘土・シルトのような細粒土層を除いては現場試験によって測定するほうが実際的である.

現場透水試験法は注水試験と揚水試験に分類される. 一般に前者は地下水が少ないか, 比較的透水性の低い基礎地盤, 岩盤基礎に対して適用され, 後者は地下水が多く比較的透水性の良い地盤に対し適用される. ここではフィルダムの設計時において普通よく用いられる方法を中心として紹介する. 以下 **6.12.2〜6.12.5** 項は揚水試験に属するもの, **6.12.6** 項以降は注水試験に属するものである.

6.12.2 定常揚水試験 (自由水面を持つ場合)

この場合, 井戸の周辺の流れは Forchheimer の方程式

$$\nabla^2 h^2 = \frac{1}{r}\frac{d}{dr}\left(r\frac{dh^2}{dr}\right) = 0$$
$$\therefore h^2 = A\log r + B$$

で与えられる. 揚水井戸中心から r_1 の位置に観測井を設け, その地点の水位を h_1 とし, 井戸の水位を h_0 とすると, 上式より

$$h^2 = \left\{(h_1^2 - h_0^2)\Big/\log\frac{r_1}{r_0}\right\}\log r + B$$

したがって流量は

$$Q = 2\pi r k h \frac{\partial h}{\partial r} = \frac{\pi k (h_1^2 - h_0^2)}{\log\dfrac{r_1}{r_0}}$$

$$\therefore k = \frac{Q}{\pi (h_1^2 - h_0^2)}\log\frac{r_1}{r_0} \tag{6.103}$$

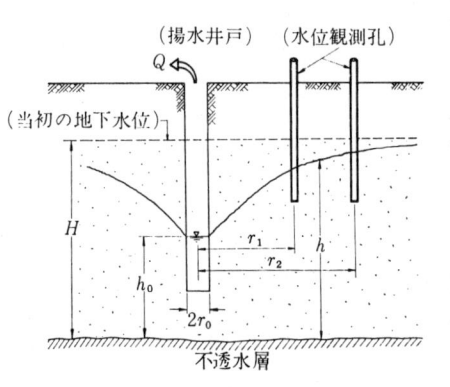

図 **6.67** 自由水面のあるときの井戸の流れ

観測井を 2 本設けて, その位置 r_1, r_2 での観測水位を h_1, h_2 とすると, 上式の代わりに次式が得られる.

$$k = \frac{Q}{\pi(h_2^2 - h_1^2)} \log \frac{r_2}{r_1} \tag{6.104}$$

普通, 井戸の直径は 15 cm 以上とし, 一定流量 Q を汲み出すには普通数時間以上を必要とする. 井戸および観測井の水位の変動が落ち着いたときの流量 Q を用いてもよい.

6.12.3 定常揚水試験 (被圧水層の場合)

自由水面を持たないときは平行被圧水帯 (図 6.68) 内の r でのポテンシャル h は $\nabla^2 h = 0$ を満足する. したがって 6.12.2 項と同様にして

または
$$\left.\begin{array}{l} k = \dfrac{Q}{2\pi b(h_1 - h_0)} \log \dfrac{r_1}{r_0} \\[2mm] k = \dfrac{Q}{2\pi b(h_2 - h_1)} \log \dfrac{r_2}{r_1} \end{array}\right\} \tag{6.105}$$

ここに, b は被圧透水層の層厚である.

6.12.2, 6.12.3 項の揚水試験法は Thiem の方法といわれている.

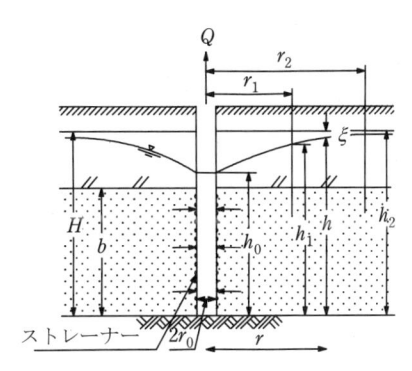

図 6.68 被圧層のあるときの井戸の流れ

6.12.4 非定常揚水試験 (被圧水層の場合) [21)32)]

理論的に井戸の定常解は存在しない. すなわち 6.12.2 項で導いた式は $r \to \infty$ で $h \to \infty$ となって矛盾を生ずるからである. したがって井戸の回りの流れは本質的に非定常な問題となる. 自由水面のある場合の非定常解も一応知られているが, いわゆる影響半径の概念を導入する点, 多少の曖昧さが残るものである. ここでは被圧水層よりの非定常揚水に関する Jacob の方法を説明する.

自由水面のない場合の基本方程式を極座標で書くと

$$\frac{\partial^2 h}{\partial x^2} + \frac{\partial^2 h}{\partial y^2} = \frac{\partial^2 h}{\partial r^2} + \frac{\partial h}{r \partial \gamma} = \frac{n\gamma_w}{k}\left(\beta + \frac{\alpha}{n}\right)\frac{\partial h}{\partial t}$$

である. ここで, b を被圧水層の厚さとし

$$n\gamma_w\left(\beta + \frac{\alpha}{n}\right) = \frac{s}{b}, \quad kb = T \tag{6.106}$$

と書く. s は貯留係数, T は伝達係数といわれる. これによって基礎式は

$$\frac{\partial \zeta}{\partial \tau} = \frac{\partial^2 \zeta}{\partial r^2} + \frac{\partial \zeta}{r \partial \gamma} \tag{6.107}$$

ただし

$$\tau = Tt/s, \quad \zeta = H - h \tag{6.108}$$

ζ は図 6.68 に見られるように揚水前の水位からの時刻 t における水位降下量である. したがって $\tau = 0$, $r = \infty$ で $\zeta = 0$ の条件が成り立つ. 式 (6.107) を解くため

$$\xi = \frac{r}{2}\sqrt{\tau}$$

とおいて ζ が ξ のみの関数と考えると,式 (6.107) は

$$\frac{d^2\zeta}{d\xi^2} + \left(2\xi + \frac{1}{\xi}\right)\frac{d\zeta}{d\xi} = 0$$

これは容易に積分できて

$$\zeta = A\int_\infty^\xi \frac{\exp(-\xi^2)}{\xi}d\xi$$

A を決めるため,井戸の周囲 ($r \to 0$, $\xi \to 0$) で揚水量が $Q(t)$ に等しいことを考える.すなわち

$$Q = 2\pi krb\left(\frac{\partial h}{\partial r}\right)_{r\to 0} = \frac{-\pi rkb}{\sqrt{\tau}}\left(\frac{d\zeta}{d\xi}\right)_{\xi\to 0} = -2\pi kbA\{\exp(-\xi^2)\}_{\xi\to 0}$$

より A が定められる.その結果

$$\left.\begin{aligned}\zeta = H - h &= \frac{Q}{2\pi kb}\int_\xi^\infty \frac{\exp(-\xi^2)}{\xi}d\xi = \frac{Q}{4\pi T}\int_u^\infty \frac{e^{-u}}{u}du \\ u &= \xi^2 = \frac{r^2}{4\tau} = \frac{S_r^2}{4Tt}\end{aligned}\right\} \quad (6.109)$$

ただし

上式で

$$\begin{aligned}\int_u^\infty \frac{e^{-u}}{u}du = w(u) &= 0.5772 - \log u + u - \frac{u^2}{2.2!} + \frac{u^3}{3.3!} - \cdots \\ &\doteqdot \log\frac{1}{u} - 0.5772 = 2.3\log_{10}\left(\frac{2.25Tt}{S_r^2}\right)\end{aligned} \quad (6.110)$$

を井戸関数と称する.したがって,r の小さい (u の小さい) ところで長時間後の水位を観測して h を求めると,式 (6.109) より

$$\zeta = 2.3\frac{Q}{4\pi T}\log_{10}\left(\frac{2.25Tt}{S_r^2}\right) \quad \therefore\ T = \frac{-2.3Q}{4\pi d\zeta/d\{\log_{10}(r^2/t)\}} \quad (6.111)$$

したがって,各時刻での r_2/t と観測水位を半対数紙上にプロットし,$\Delta\{\log(r^2/t)\} = 1$ に対応する $\Delta\zeta$ を読み取ると

$$k = \frac{T}{b} = \frac{2.3Q}{4\pi b|\Delta\zeta|} \quad (6.112)$$

によって透水係数が知られる.

図 **6.69** に下記の観測値に対する整理方法を示した.

t (min)	120	240	360	480	600	900
ζ (m)	0.66	0.90	1.02	1.10	1.17	1.19

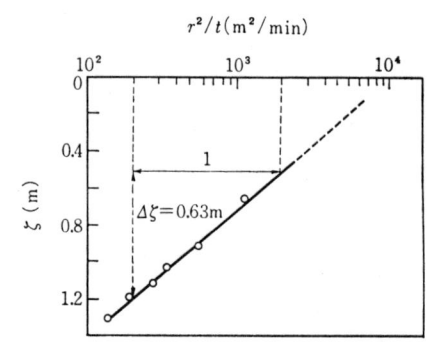

図 **6.69** Jacob の方法の例 ($r = 360\,\mathrm{m}$ $Q = 0.1\mathrm{m}^3/\mathrm{s}$)

6.12.5 オーガー孔内の水位上昇観測による方法

(1) 概 要

オーガーなどによって地下水面以下まで掘り，ポンプにて数回汲み上げを行った後，オーガー孔内の水位が上昇する位置と時間を読み取って自由地下水のある地盤内の透水係数を求める方法である．簡便な試験法として注目されており，以下の(**2**)〜(**4**)に示す3つの方法が提案されている．オーガー孔法はケーシングを用いないため，孔壁からの浸透水が大部分であり，したがって主として地盤全体としての水平方向透水係数を求めるのに適している．ピエゾメーター法およびチューブ法では孔壁がケーシングで遮水されているため，湧水は先端からの上向き浸透流に起因するから，地盤の局部的かつ鉛直方向の透水係数を求めるのに便利である．

(2) オーガー孔透水試験[33]

図 **6.70** に示すように，オーガーにて地下水面以下 d まで半径 r_0 の円孔を掘る．時間 Δt 中の水位回復 ΔH および，その間の孔内平均水位 H を観測すると

$$k = 0.617 \frac{r_0}{Sd} \frac{\Delta H}{\Delta t} \quad (6.113)$$

によって透水係数が求められる．ただし S は，r_0/d，H/d の関数であり，図 (b) に与えられる．

式 (6.113) の導き方を概略記すこととする．オーガー孔を水平不透水層まで打ち込んだときを考えると，オーガー孔周囲の流れは，ある瞬間を考えるとポテンシャル流で決まる．

$$\nabla^2 h = \frac{\partial^2 h}{\partial r^2} + \frac{\partial h}{r \partial r} + \frac{\partial^2 h}{\partial z^2} = 0 \quad (6.114)$$

しかるに $z = 0$ で $\partial h/\partial z = 0$ であり，$z \neq d$ で $h = 0$ とすると $h = R(r)\cos(n\pi z/2d)$ (n：奇数) を仮定できる（ただし z は鉛直方向）．$R(r)$ は

$$\frac{d^2 R}{dr^2} + \frac{dR}{rdr} - \left(\frac{n\pi}{2d}\right)^2 R = 0 \quad (6.115)$$

を満たさねばならない．よって $R_n = A_n I_0(n\rho) + B_n K_0(n\rho)$ ($\rho = r\pi/2d$) のような素解が得られる．ここで I_0，K_0 は虚変数の Bessel 関数である．$r \to \infty$ で $I_0 \to \infty$ であるから $A_n = 0$，したがって式 (6.115) の解は

$$h = \sum_{n=1,3,5} B_n K_0(n\rho) \cos(n\pi z/2d) \quad (6.116)$$

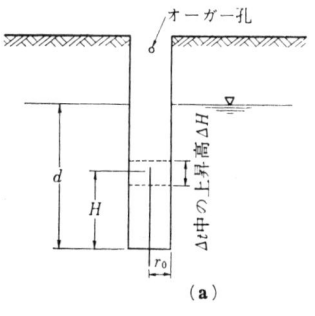

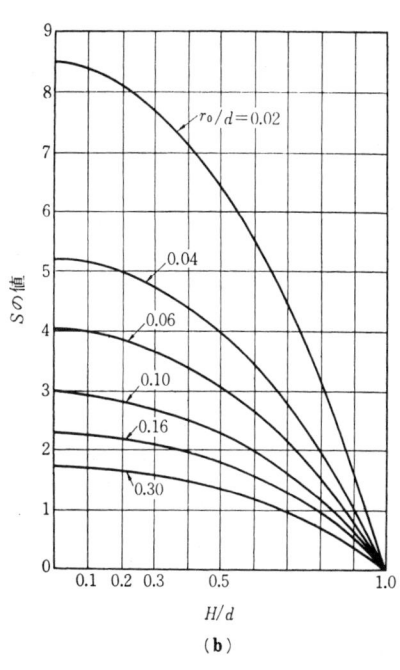

図 **6.70** オーガー法

孔周，すなわち $\rho = \rho_0 = r_0\pi/2d$ において，$z = 0 \sim H$ 間で $h = H - d$, $z = H \sim d$ 間で $h = z - d$ の条件によって B_n が求められる．すなわち Fourier 級数の理論から

$$h = -2 \sum_{n=1,3,5} \left(\frac{2d}{n\pi}\right)^2 \frac{K_0\left(\frac{n\pi}{2d}r\right)}{K_0\left(\frac{n\pi}{2d}r_0\right)} \cos\frac{n\pi}{2d}H \cos\frac{n\pi}{2d}z \tag{6.117}$$

この瞬間の流量から Δt 中の孔内水位の上昇高を ΔH とすると

$$-k 2\pi r_0 \int_0^d \left(\frac{\partial h}{\partial r}\right)_{r_0} dz \Delta t = \pi r_0^2 \Delta H \tag{6.118}$$

式 (6.117), (6.118) から式 (6.113) が得られる．ただし

$$S = \frac{K_1\left(\frac{\pi r_0}{2d}\right)}{K_0\left(\frac{\pi r_0}{2d}\right)} \cos\frac{\pi H}{2d} - \frac{1}{3^2} \frac{K_1\left(\frac{3\pi r_0}{2d}\right)}{K_0\left(\frac{3\pi r_0}{2d}\right)} \cos\frac{3\pi H}{2d} + \frac{1}{5^2} \frac{K_1\left(\frac{5\pi r_0}{2d}\right)}{K_0\left(\frac{5\pi r_0}{2d}\right)} \cos\frac{5\pi H}{2d} - \cdots \tag{6.119}$$

である．図 **6.70** (b) に示した S の図は Spangler が与えたものである[34]．

本解はオーガー孔が不透水地盤に達したときに正解であって，浸透層内に止まる場合は近似解となる．このような問題に対して厳密な解が得がたいので，モデル実験を併用した実用解が提案されている．次に述べる Hooghoudt[33] の式もその一例である．彼は図 **6.70** (a) において孔中の湧水量のうち，孔壁よりの分は水平流，孔底よりの分は鉛直流のみであると仮定した．さらに各水量は浸出面積と瞬間ヘッド差 $y = d - H$ に比例するものと考えると，Δt 中の湧出量は

$$\pi r_0^2 \Delta H = -\pi r_0^2 \Delta y = ky \frac{2\pi r_0 d + \pi r_0^2}{S_1} \Delta t \tag{6.120}$$

で表される．モデル試験の結果，係数 S_1 は

$$S_1 = r_0 d / 0.19 \tag{6.121}$$

のように与えられる．ただし，S_1 は長さの次元を有するもので，k, r_0, d はメートル単位で測るものとする．これら両式より

$$k = -\frac{5.26 r_0^2 d}{(2d + r_0)y} \frac{\Delta y}{\Delta t} \quad (\mathrm{m/s})$$

例として，$d = 1\,\mathrm{m}$, $r_0 = 0.03\,\mathrm{m}$, $\Delta t = 20\,\mathrm{s}$, $y_0 = 0.85\,\mathrm{m}$, $y_1 = 0.82\,\mathrm{m}$, $y = 0.835\,\mathrm{m}$, $\Delta y = -0.03\,\mathrm{m}$ とすると，上式から $k = 4.2 \times 10^{-6}\,\mathrm{m/s}$ を得る．一方，同じ問題を式 (6.113) で求めると，$H = 0.165\,\mathrm{m}$ より $H/d = 0.165$, $r_0/d = 0.03$ であるから，図 **6.70** の S は約 6.5, したがって $k = 4.7 \times 10^{-6}\,\mathrm{m/s}$ が得られる．孔底より流入を見込む Hooghoudt の方法による k 値が大きいのは当然のことであるが，一般に式 (6.121) の係数 0.19 の含む誤差は約 ±27 % といわれる．

(3) ピエゾメーター工法[33]

直径 5 cm ほどの薄肉パイプを地中に打ち込み，管径よりやや小さいオーガーで管の下端より約 10 cm の部分まで掘り取って孔隙を作る．2〜3 回，孔内の水替えを行ってから，管内の水位上昇

を読んで次式より透水係数を求める．

$$k = -0.47 \Delta y / y \Delta t \quad \text{(cm/s)} \tag{6.123}$$

上式は Hooghoudt の考え方と同じで，0.47 はこの場合の形状係数で，電気相似モデル試験より求めたものである．本法は地層が成層をなしているとき，局部的な透水係数を求めるのに適する．なお，管の設置に際して地盤を圧縮しないように，管の打込みとオーガーによる管内あるいは孔隙部の掘削を少しずつ繰り返して所要深度まで下げることが望ましい．

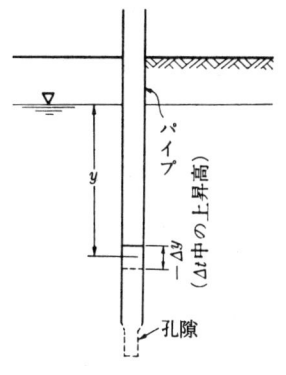

図 6.71 ピエゾメーター法

(4) チューブ法[33]

直径 20 cm ほどの鋼パイプを地盤内に地下水面下まで設置し，管内の土を掘り取り管内水位を下げて後の水位回復を測定する．この場合，管底は管端と同レベルで，上記 (3) のような孔隙は作らない．(3) の場合と同じ記号を用いると，

$$k = -0.01 \Delta y / y \Delta t \quad \text{(cm/s)} \tag{6.124}$$

で，管底付近の鉛直透水係数が求められる．式 (6.123) の場合と同様に，上式は他の径のパイプに対しては用いられない．

6.12.6 ボーリング孔を利用する注水試験 [35]

地盤の地下水が少ない場合は，注水試験によって透水係数を測定するのが普通である．ボーリング孔を利用して注水を行う場合，孔壁全体より浸透させ，均一土質からなる基礎地盤の全体的透水係数を測るものと，いわゆるパッカー法を用いてボーリング孔の先端近くの局部的透水係数を測る方法とがある．試験時のヘッドは満水時のヘッドの 20～30 % 余裕を見たもので行う．パッカーを用いる際に注意すべきことは，パッカーが短いとパッカーの裏側を通ってボーリング孔内への漏れが生ずる恐れのあることである（図 6.72 (b)）．均一層では，しばしばこのような現象が見られがちなので，ロングパッカーまたはケーシングなどを用いるとよいが，ときにはモルタルを充填することもある．

ボーリング孔を利用する注水現象は水理学的に見ると，無限地盤内の点湧源に関するポテンシャル流と考えられる．すなわち十分な時間をかけて注水を行い，注水流量が定常値 Q に到達するとき，注水区間 L の一点から出る流量密度 q に対して流れ場のヘッド h は

$$\nabla^2 h = \left(\frac{\partial^2}{\partial x^2} + \frac{\partial^2}{\partial y^2} \frac{\partial^2}{\partial z^2} \right) h = 0$$

を満足するものと考えられる．上式の解は点湧源よりの放射半径 r を用いて $h = C/r$ （C：定数）である．C は放射流であることに注意すると

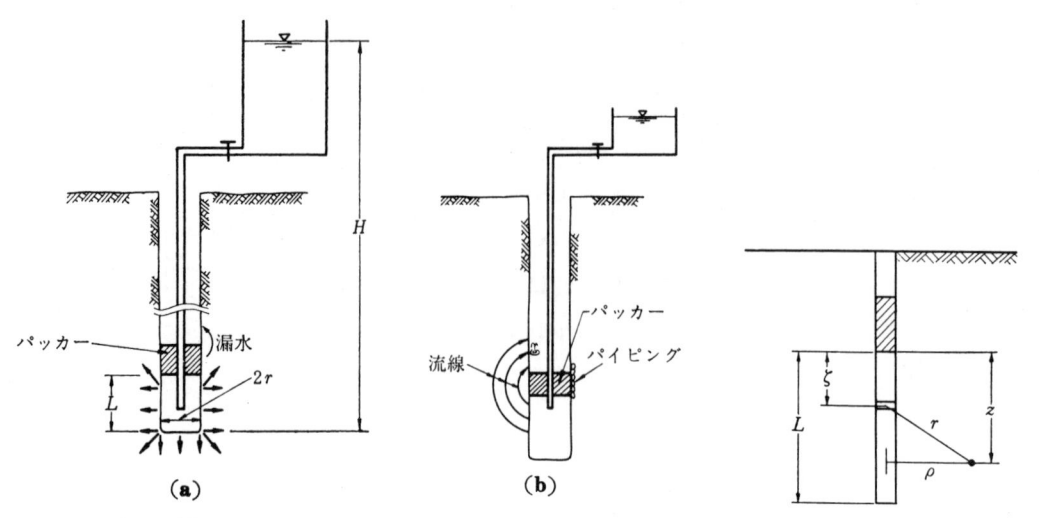

図 6.72 パッカーによる透水試験

図 6.73 パッカーによる透水係数の求め方

$$q = -4\pi r^2 k \frac{\partial h}{\partial r} = 4\pi k C, \quad \therefore C = \frac{q}{4\pi k}$$

$$\therefore q/4\pi k r \tag{6.125}$$

となる．全注水量 Q に対して $q = Q\,d\zeta/L$ と仮定すると，式 (6.125) によって流れ場の点 z, ρ におけるヘッド h は

$$\begin{aligned}
h &= \frac{Q}{4\pi k L}\int_0^L \frac{d\zeta}{r} = \frac{Q}{4\pi k L}\int_0^L \frac{d\zeta}{\sqrt{(z-\zeta)^2+\rho^2}} \\
&= \frac{Q}{4\pi k L}\left(\sinh^{-1}\frac{L-z}{\rho} + \sinh^{-1}\frac{z}{\rho}\right)
\end{aligned} \tag{6.126}$$

で与えられる．孔壁 $\rho = r_0$ で h は z とともに変わる点，実際とは異なっているが地盤表面を無視しているためやむを得ない．注水部の中央で $h = H$ と考えると式 (6.126) より，

$$H = \frac{Q}{2\pi k L}\sinh^{-1}\left(\frac{L}{2r_0}\right)$$

$L \gg 1$ ならば上式は

$$H = \frac{Q}{2\pi k L}\log\left\{\frac{L}{2r_0} + \sqrt{1+\left(\frac{L}{2r_0}\right)^2}\right\} \fallingdotseq \frac{Q}{2\pi k L}\log\frac{L}{r_0}$$

となる．したがって透水係数は

$$\left.\begin{aligned}
k &= \frac{Q}{2\pi H L}\log\frac{L}{r_0} & (L \geq 10\,r_0) \\
k &= \frac{Q}{2\pi H L}\sinh^{-1}\left(\frac{L}{2r_0}\right) & (\text{他の } L)
\end{aligned}\right\} \tag{6.127}$$

によって評価できる（r_0：孔の半径）．

6.12.7 不透水層を有する地盤に対する前方法の拡張 [36)]

沢田は式 (6.125) で示されるポテンシャル流と鏡像の原理を組み合わせて，不透水層がある場合の注水試験法の解析を行い，次の近似公式を与えている．

下部に不透水層があるとき，図 **6.74** の記号を用い

$$k = \frac{Q}{4\pi L H_0} \log \frac{(a^2 - b^2)\left(D - \frac{a+b}{2}\right)}{a r_0 (D-a)} \tag{6.128}$$

不透水層に挟まれた浸透層に対しては，図 **6.75** の記号に従い

$$k = \frac{Q}{4\pi L H_0} \log \frac{4La\left(D + \frac{L}{2}\right)}{r_0 (a+b)(D-a)} \tag{6.129}$$

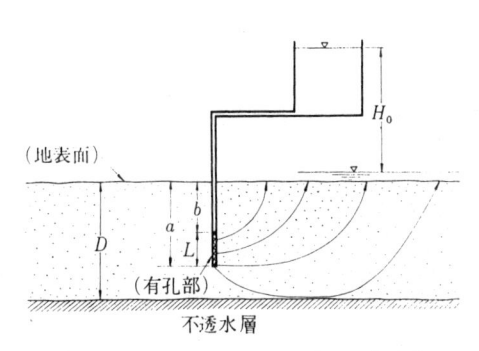

図 **6.74** 下部不透水層の場合の注水試験

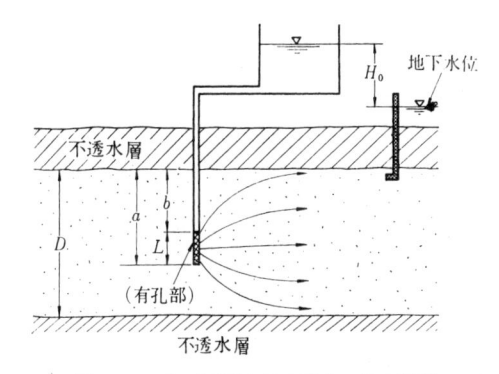

図 **6.75** 上下不透水層の場合の注水試験

6.12.8 地表面付近より注水する方法（アメリカ開拓局の方法）[37)]

地表からオーガーなどによって直径 10 cm ぐらいの立坑を掘る．孔の深さ半径比は少なくとも 10 ぐらいとることが望ましい．孔内に礫や砂を詰めて定常的に注水し，そのときの孔内水位 H と流量 Q を測定する（図 **6.76**）．地下水面が十分深い場合には

$$k = \frac{Q}{2\pi H^2}\left[\log\left\{\frac{H}{r_0} + \sqrt{1 + \left(\frac{H}{r_0}\right)^2}\right\} - \sqrt{1 + \left(\frac{r_0}{H}\right)^2} + \frac{r_0}{H}\right] \tag{6.130}$$

によって透水係数が与えられる．ただし r_0 は孔の半径である．上式を導くには孔底より上向きに z 軸をとり $z = \zeta$ に点湧源 dq を考える．

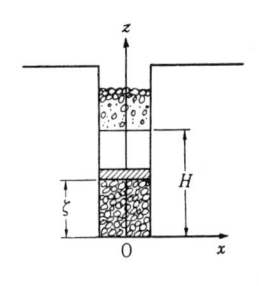

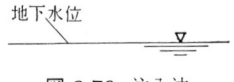

図 **6.76** 注入法

ここで dq は水深に比例するものとすると

$$dq = 2Q(H - \zeta)d\zeta / H^2$$

で表される．上の dq によって点 (x, z) に生ずるヘッド dh は

$$dh = \frac{dq}{4\pi k \sqrt{x^2 + (z-\zeta)^2}} = \frac{Q(H-\zeta)d\zeta}{2\pi k H^2 \sqrt{x^2 + (z-\zeta)^2}}$$

0 から H まで積分して

$$h = \frac{Q}{2\pi k H^2}\left[(H-z)\sinh^{-1}\frac{H-z}{x} + (H-z)\sinh^{-1}\frac{z}{x} - \sqrt{x^2 + (H-z)^2} + \sqrt{x^2 + z^2}\right]$$

ここで $z = 0$, $x = r_0$ で $h = H$ を考えると

$$H = \frac{Q}{2\pi k H^2}\left[H\sinh^{-1}\left(\frac{H}{r_0}\right) - \sqrt{r_0^2 + H^2} + r_0\right]$$

これを変形すれば式 (6.130) が得られる．

6.12.9 循環式間隙水圧計のチップを利用した透水試験

フィルダムには建設中および供用開始後の安全性を確認する目的で，例外なく間隙水圧計が設置される．通常，設置される計器は電気式，循環式あるいは最近では光ファイバーを利用したものなどがある．このうち，循環式のものはチップを設置した箇所において現場透水試験を行うことが可能である．この場合，透水係数は式 (6.133) で与えられる．いうまでもなく，本式が適用されるのは，チップの排水量 (Q) に対し，供給可能な水量が数倍でなければならない．これは正しい注入圧，流量を確保するためである．

いま，図 **6.77** のように堤体内に設置した間隙水圧計埋設部を球体とし，この半径を r_w とする．半径 r_w の球面上 $r = r_w$ における間隙計水圧を $p = p_w$ とする．p_w の水頭表示として $p_w/\gamma_w = h_w$ を用いる．ここに，γ_w は水の単位体積重量である．また，水圧計から流出した浸透水により形成される水面の上昇高を h_0 とする．

水圧計からの流出量を Q とすると，水圧計近傍では次式が成り立つ．

$$Q = 4\pi r\left(-k\frac{dh}{dr}\right) \tag{6.131}$$

ここで，k は透水係数，h は球の中心を基準とした全水頭である．

式 (6.131) を積分して

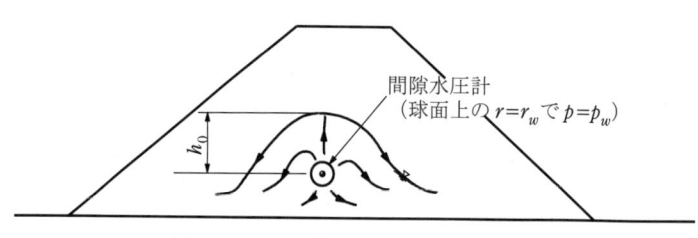

図 6.77 現場透水試験（チップによる）

$$h = \frac{Q}{4\pi r}\frac{1}{r} + C \tag{6.132}$$

ここで，$h_w > h_0$ であるが，$h_w \fallingdotseq h_0$ と見なし，式 (6.132) に $r = r_w$ で $h = h_w$，$r = h_0 = h_w$ で $h = 0$ を入れて C を消去し整理することにより，k の概略算定式として次式を得る．

$$k = \frac{Q}{4\pi h_w}\left(\frac{1}{r_w} - \frac{1}{h_w}\right) \tag{6.133}$$

6.12.10 透水試験によるパイピング

ダム完成後，貯水開始前にコア部の透水性を確認する目的で，現場透水試験を行うことがある．この方法は，例えば図 6.78 に示したように，コアの中心部にボーリングを行い，式 (6.127) により透水係数を求めることになる．

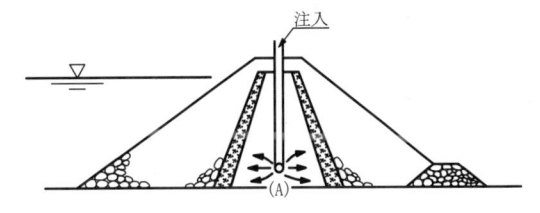

図 6.78 ダムコア部の透水試験（模式図）

この場合，注意しなければならない点は，注水圧力によるコア内の水理的な破壊である．特に堤高が 30 m を超える場合は，水理的破壊の可能性が高い．例えば，コア部の深度 30 m 地点（A）において，鉛直土圧の慣用値は $\sigma_v = 30\,\mathrm{m} \times 20\,\mathrm{kN/m^3}\,(\gamma_t) = 600\,\mathrm{kN/m^2}$，土圧係数 $k_0 = 0.5$ と仮定すると，水平方向の土圧 $\sigma_h = 0.5 \times 600 = 300\,\mathrm{kN/m^2}$ となる．

いま，注水圧を $100\,\mathrm{kN/m^2}$ とすると（A）点における水圧は $u = 100 +$ 静水圧 $(300) =$

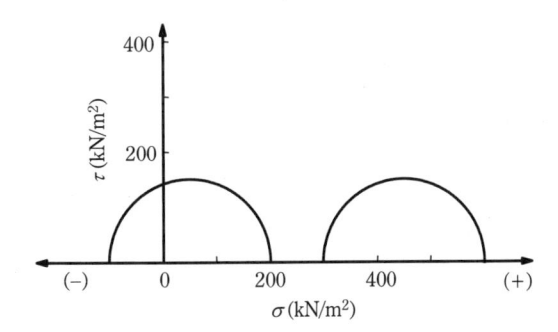

図 6.79 コア内（A）点における応力状態（予測図）

$400\,\mathrm{kN/m^2}$ となり，（A）点において $\sigma_v = 600 - 400 = 200\,\mathrm{kN/m^2}$，$\sigma_n = 300 - 400 = -100\,\mathrm{kN/m^2}$ となることが予測される．これをモールの応力円で表示すると図 6.79 となり，（A）点周辺は引張力の発生が考えられる．引張応力の発生は水理的破壊を意味する．

参考文献

1) 土木学会編：水理公式集（昭和 46 年改訂版），1971
2) 愛知用水公団：愛知用水技術誌　ダム編，1962
3) 大根 義男・森田 正誼・磯貝 洋尚・大山 英治：フィルダムコア部の水平，垂直方向の透水性，土木学会中部支部研究発表会，1971
4) 農林省農地局：土地改良事業法設計計画基準，1966
5) 宇梶 文雄・大根 義男：東郷ダム堤体の 10 年間の挙動，土と基礎，No.152，1970
6) Scott, R. F.："Principles of Soil Mechanics"，A. W. P.，1963
7) Casagrande, A.："Seepage through Dams"，Boston Soc. of Civil Engrs.，1937

8) 福田 秀夫：傾斜心壁形フィルタイプダムの浸潤線・透水量に関する研究，鹿島建設技術研究所出版部，1956
9) Southwell, R. V.："Relaxation Methods in Engineering Science"，C. P. O.，1940
10) Cedergren, H. R.："Seepage,Drainage and Flow Nets"，J. W.，1967
11) 内田 茂男：地下水（本間，石原編 応用水理学，I），丸善，1957
12) Muskat, M.：The Flow of Homogeneous Fluid through Porous Media，J. W. E，1937
13) Wedernikow, V. V.："Versickerung aus Kanalen"，Wasserkr. und Wasserwirts，Vol.26，1934
14) 木村 勝行：フィルダム取り付け地山部における浸透流に関する水理学的研究，学位請求論文（中央大学），1990
15) 中崎 昭人：堤体内における非定常流の解法，土と基礎，No.75，1964
16) 松尾 新一郎・河野 伊一郎：広域地下水の水位変動の解析法，土と基礎，No.131，1969
17) Noserda, G. L.："Applicazione del Metodoli "Relaxation" a un Caso di Moto Vario di Filtrzione"，Energia Elettrica，No.4，1961
18) Sherard, J. L., R. J. Woodward, S. G. Gizienski & W. A. Clevenger：Earth and Earth Rock Dams"，John Wiley & Sons, Inc.，1963
19) 大根 義男：フィルダムの安定性に関する土質工学的研究，東京工業大学学位論文，1968
20) Browzin, B. S.："Nonsteady State Flow in Homogeneous Earth Dams after Rapid Drawdown"，Proc.5th, ICSM，Vol.2，1960
21) 内田 茂男：自由境界を有する非定常滲透流について，土木学会誌，No.2，1952
22) 伊藤 秀夫：河川堤防の浸潤の一実験，土と基礎，No.80，1964
23) 赤井 浩一・宇野 尚雄：土中の準一次元非定常滲透流に関する研究，土木学会論文集，No.127，1966
24) 山口 柏樹：土中の非定常滲透に関する一，二の考察，東京工業大学土木工学科研究報告，No.11，1972
25) Pulvarinova-Kochina："Theory of Ground Water Movement"，Princeton，1952
26) Bennet, P. T.："The Effect of Blankets on Seepage through Pervious Foundation"，Trans. ASCE，Vol.112，1946
27) 大根 義男：透水性基礎地盤のフィルダム―特にブランケットおよびリリーフウェルの設計および施工，日本大ダム会議，1970
28) Middlebrook, T. A. & W. H. Jervis："Relief Wells for Dams and Levees"，Proc. ASCE，p.781，1946
29) Barron, R. A.："Discussion"，Proc. ASCE，p.735，1947
30) Barron, R. A.："The Effect of a Slightly Pervious Top Blanket on the Performance of Relief Wells"，Proc. 2nd ICSM，Vol.4，1948
31) Bennet, P. T. & R. A. Barron："Design Data for Partially Penetrating Relief Wells"，Proc. 3rd ICSM，1952
32) Jacob, C. E.："Flow of Ground Water in Engineering Hydraulics"，ed. by H. Rouse，J. W.，1950
33) Kirkham, D.："Measurement of the Permeability of Soil in Place"，ASTM Symp. on Permeability of Soils，1968
34) Spangler, M. G.："Soil Engineering"，I. T.，1951
35) Haar, M. E.："Ground Water and Seepage"，M. G.，1962
36) 沢田 敏男：透水度の現場測定法－その1，その2，その3，愛知用水公団技術資料，1956
37) 山口 柏樹，大根 義男：フィルダムの設計および施工，技報堂出版，1973

第 7 章　土の圧密現象

7.1　はじめに

　土は土粒子，水および空気で構成される三相構造である．土を，図 7.1 に示したように上下排水可能な円筒に詰め，外力 σ で圧縮すれば土中内には σ とバランスするための内力が生起するが，これは式 (7.1), (7.2)で表示される．

$S_r \neq 100\,\%$ において
$$\sigma = \sigma' + u\ (= u_a + u_w) \qquad (7.1)$$

$S_r = 100\,\%$ において
$$\sigma = \sigma' + u_w \qquad (7.2)$$

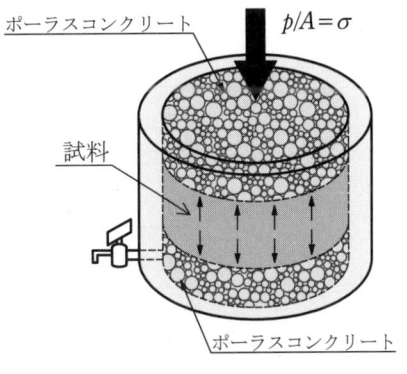

図 7.1　土の圧密機構

ここで，σ' は土粒子が受け持つ有効応力，u_a, u_w はそれぞれ間隙空気圧および間隙水圧である．空気は水の粒子と比較してはるかに小さいので，外力を与えた直後に消散すると考えてもよい．一方，水は土の粒度組成に支配されて排出されるが，その速度は **Darcy の法則** に従うことが知られている．すなわち，砂のような土では排水にそれほど長い時間は必要としないが，粘性土では長期にわたって排水が行われる．外力の作用により生起した過剰間隙水圧が時間の経過に伴い，ゆっくり消散する現象を **圧密現象** と呼んでいる．

　圧密により土の間隙比 (e) は減少するが，せん断強度は間隙比と逆比例的な関係にあるので，e の減少によって増加する．軟弱地盤の支持力を改良する方法として圧密工法が好んで採用される所以である．

7.2　圧密理論（1 次元）

　ほぼ水平に堆積した飽和粘性土層が鉛直載荷重 P_0 を受けると，間隙内に蓄積される過剰間隙水圧 $u = P_0$ は，時間経過に伴ってゆっくり排水され，沈下の時間遅れを生じる．この過程は式 (7.3) で表され，これを Terzaghi の **圧密理論** と呼んでいる．

$$\frac{\partial u}{\partial t} = c_v \frac{\partial^2 u}{\partial z^2}, \qquad c_v = \frac{k}{\gamma_w} m_v \tag{7.3}$$

ここで，u は過剰間隙水圧，c_v は圧密係数（cm²/s），k は透水係数（cm/s），γ_w は水の単位重量 9.81 kN/m³ であり，m_v は体積圧縮係数（m²/kN）で，次式で表される．

$$m_v = \frac{\Delta e}{\Delta p} = \frac{-\Delta e/(1+e)}{\Delta p} = \frac{a_v}{1+e} \tag{7.4}$$

図 **7.2** (a) に示したように，普通目盛で e - p 関係を描くと，その勾配は

$$a_v = \frac{(e_1 - e_2)}{(p_2 - p_1)} = \frac{-\Delta e}{\Delta p} \tag{7.5}$$

と表され，a_v を圧縮係数（m²/kN）という．また，図 **7.2** (b) に示したように，e - p 関係を片対数で e - log 曲線として表したとき，その勾配 C_c を圧縮指数という．

$$C_c = \frac{(e_1 - e_2)}{\log_{10}(p_1/p_2)} \tag{7.6}$$

ここで，p_1，p_2 は間隙比 e_1，e_2 に対応する圧密圧力である．

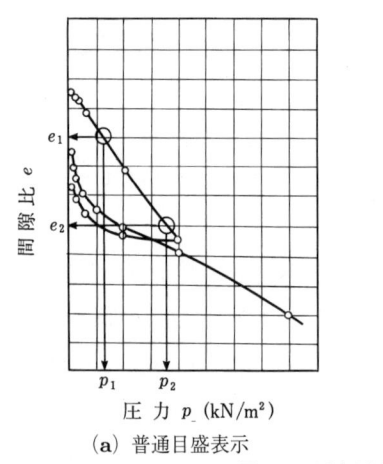

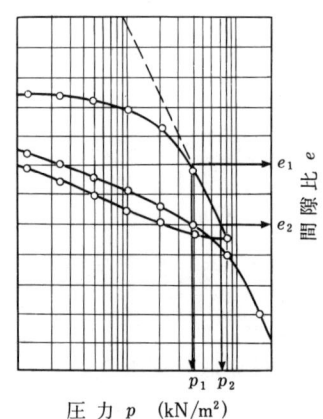

(a) 普通目盛表示 (b) 片対数表示

図 **7.2** 圧密圧力と間隙比の関係

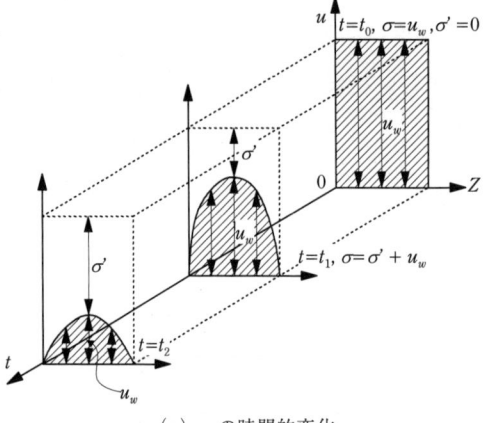

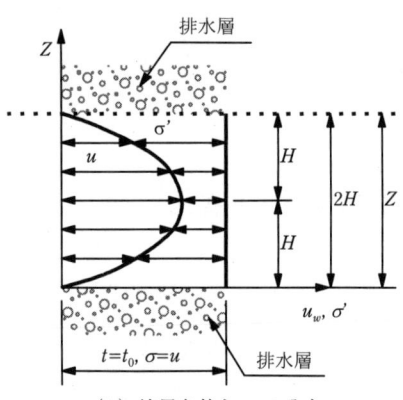

(a) u の時間的変化 (b) 境界条件と u の分布

図 **7.3**

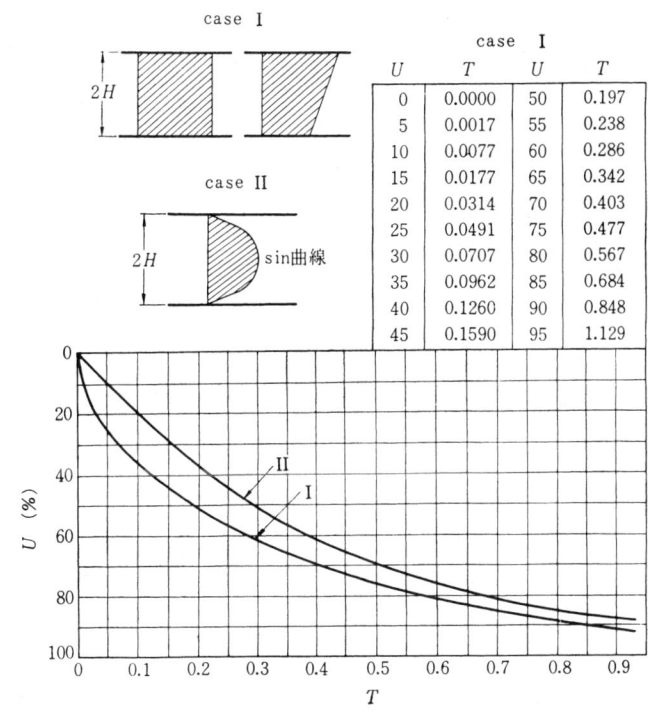

case I		case I		
U	T	U	T	
0	0.0000	50	0.197	
5	0.0017	55	0.238	
10	0.0077	60	0.286	
15	0.0177	65	0.342	
20	0.0314	70	0.403	
25	0.0491	75	0.477	
30	0.0707	80	0.567	
35	0.0962	85	0.684	
40	0.1260	90	0.848	
45	0.1590	95	1.129	

図 7.4　初期過剰水圧分布と $U(T)$ の関係

以上，式 (7.3) で表示される粘性土層内の間隙水圧の挙動特性を示したが，この物理的意味は図 7.3 に示したように時間の経過に伴い u は減少し，逆に σ は増加する．この解は Terzaghi により求められ，実用化されている．すなわち，任意の圧密度に達する所要時間を t_a とすると，

$$t_a = T_{va}\frac{H^2}{c_v} \tag{7.7}$$

ここで，T_{va} は任意の圧密度における時間係数であり，排水の境界条件により，図 7.4 が与えられている．なお，ここで圧密の対象となる土層厚 (z) は $z = 2H$ と表示する．これは排水が上下方向に対象となるからである．言うまでもなく，片面排水の境界条件下では $z = H$ となる．例えば，図 7.5 に示したように，粘土層を挟んで上下に砂層が存在する場合，粘土層厚 $z = 4\,\mathrm{m}$ とし，$c_v = 1 \times 10^{-3}\,\mathrm{cm^2/s}$ とし，圧密度 80％に達する時間を求めると次のごとくである．

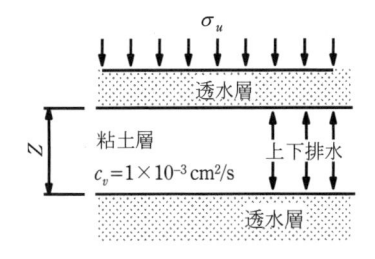

図 7.5　圧密の計算例

$Z = 400\,\mathrm{cm}$ であり，上下排水であるので，$Z = 2H$, $2H = 400\,\mathrm{cm}$ ∴ $H = 200\,\mathrm{cm}$ となる．式 (7.7) において，$T_{va} = T_{v80}$ は図 7.4 の曲線 II（上下排水型）より $T_{v80} = 0.567$ である．圧密度 80％に達する所要時間は式 (7.7) より

$$t_a = 0.567\frac{200^2}{1 \times 10^3}\,\mathrm{s} = 0.567 \times 4 \times 10^7\,\mathrm{s} \fallingdotseq 263\,\text{日}$$

となる．

以上，Terzaghiの圧密理論とその解法について概説したが，式(7.3)はこのほかにも**差分法**や**FEM**によって解く方法もある．これについては文献，例えば文献1)に詳述されているので参照されたい．

7.3 正規圧密と過圧密土

粘性土に加水しどろどろの状態の土を圧密容器に入れて鉛直圧力（σ）を与え，σ（片対数目盛）と沈下（間隙比e）関係を求めると図**7.6**の点線で示したように直線関係が得られるが，p_cまで荷重を与えた後，p_cをp_sまで開放すれば実線で示したように膨張する．そして，再度載荷すれば矢印の方向の軌跡（a, b, c）をたどり，変曲点p_c付近において再び元の点線と一致する．換言すれば，曲線（a, b, c）は，かつて荷重（p_c）を受けたことのある土を意味し，この種の土を**過圧密土**と呼ぶ．これに対し，直線（a', b, c）は，かつて荷重を受けたことのない土を意味し，このような土を**正規圧密土**と呼び，p_cを**先行圧密荷重**という．

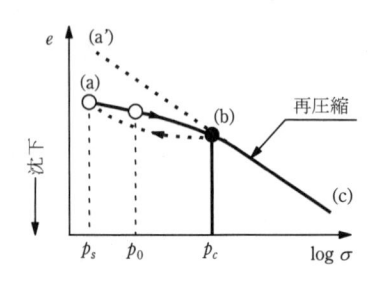

図**7.6** 圧密沈下と鉛直方向応力との関係

正規圧密土の非排水強度（c_u）は**8.4.3**項で詳述したが，一般には式(7.8)で表示され，過圧密度は**8.4.3**項に示したように，$\sigma' \leq p_c$において式(7.9)で表示される．

$$\tau = c_u = (0.2 \sim 0.5)p_c \doteqdot 0.3\,p_c \tag{7.8}$$

$$\tau = c_u + \sigma' \tan\theta \tag{7.9}$$

ただし，$\tan\theta$は強度増加係数である．

以上のように地盤に対しp_cを与えることにより土の強度は著しく改善される．このことは軟弱地盤の支持力改良方法の一つとして先行圧密工法が好んで採用される所以である．

7.4 地盤の圧密沈下

1次元圧密おいて，体積圧縮係数として$m_v = \Delta\varepsilon/\Delta\sigma'$を先に定義したが，この値は過圧密土においてほぼ一定値を示す．m_vを用いて厚さzの全圧密沈下量（S）は式(7.10)により与えられる．

$$S = m_v\,z\,\Delta p = \frac{z \cdot C_c}{1+e_0}\log_{10}\left(\frac{p_2}{p_1}\right) \tag{7.10}$$

7.5 過剰間隙水圧の挙動

水平に堆積した土層に載荷した際の間隙水圧の挙動（圧密現象）は，1次元と見なすことができ，式 (7.3) で表示した．これに対し，盛土の圧密現象は主として2次元的 (x, y) に起こるので，次に示す式 (7.11) により表される．

$$\frac{\partial u}{\partial t} = \left(c_h \frac{\partial^2 u}{\partial x^2} + c_v \frac{\partial^2 u}{\partial z^2}\right) \tag{7.11}$$

ここで，c_h, c_v はそれぞれ水平，鉛直方向の圧密係数である．

また，地盤では飽和粘性土を対象としたので，外力が作用した場合の過剰間隙水圧は $\sigma = \sigma' + u_w (= u)$ であり，外力を与えた直後は $\sigma = u_w$ であった．これに対し，盛土の場合は，不飽和土であるので，外力を受けた直後のつり合い式は

$$\sigma = \sigma' + u (= u_a + u_w) \tag{7.12}$$

であり，u_a, u_w の値は土の飽和度によって異なる．ただし，u_a, u_w はそれぞれ間隙密土圧および間隙水圧である．u_a, u_w の値は盛土（荷重）の増加に伴って増大するが，その一部は盛土荷重の増加時に消散し，残留分は盛土終了後に消散する．

u_a, u_w の値を精度よく見積り，消散量を推定することは，安定解析や沈下量（圧密）を予測するうえで極めて重要である．

u_a, u_w を求めるには2つの方法，すなわち三軸圧縮試験機を用いて直接計測する方法と Boil と Henry の法則を組み合わせ計算する Hilf の方法があり，これらは以下のとおりである．

7.5.1 三軸圧縮試験による u_a, u_w の求め方[2]

不飽和土の間隙圧（u）は Bishop により

$$u = u_a - \chi(u_a - u_w) \tag{7.13}$$

と表示された．ここで，χ は土の飽和度により 0〜1.0 の間にあり，完全乾燥状態において $\chi = 0$，また，飽和状態において $\chi = 1.0$ である．u_a, u_w は実験により求めるが，その計測は容易ではない．しかし，飽和度が 50% 以上では $u_a = 0$ として扱うことができ，この場合 $u_a = u_w$ となるので，実務的には $u_w (= u)$ を測定すればよい．u の観測には三軸圧縮試験機が用いられる．また，u_a, u_w を別々に測定するためには，水浸したセラミック板の一面を不飽和土に接触させ，他面を水で満たしたパイプを用いて圧力計につなぐ．水圧を大気圧より幾分下げ，パイプ内の水が土中へ引き込まれないような平衡状態に調節すれば，そのときの圧力計の読みは u_w を与える．厳密に言うと $u_a > u_w$ であるので，土中の空気がセラミックの中に出てくる恐れがあり，これを阻むためにはセラミックの孔径を十分小さくする必要がある[1]．一方，u_a は水を透過しない空気のみ

を通す多孔質板（ガラスファイバー，特殊金属多孔質板）を不飽和土と接触させ，パイプを通じて圧力計に接続して計測する．

7.5.2 Hilfの方法

Hilfは土に圧縮力 Δp が作用した場合に生起する間隙水圧 Δu を式 (7.14) に表した[3]．すなわち，

$$\Delta u = \frac{p_a \delta}{(v_a + H_e \cdot v_w) - \delta} \tag{7.14}$$

ここで，v_a, v_w は締め固めた土の単位体積当たりの間隙内の自由空気量（％）および水量（％）であり，δ は締め固めた土の圧縮量（％）である．また，H_e は空気を圧縮した際のHenryの溶解係数，p_a は大気圧である．

図 7.7 は MH，SM の2種類の材料に対し，三軸圧縮試験機を用いて測定した u と，Hilfの提案式に従って求めた u を比較して示したものである．図から知れるように両者の値はほとんど一致しており，したがって，実用的には面倒な三軸圧縮試験を行わなくてもよいことがわかる．

以下にHilf式を用いた u の具体的計算方法を示した．Hilf式による Δu の計算では土の圧密試験結果を用いる．試料の初期条件は，ρ_d（乾燥密度に対応する単位体積重量）$= 16.2\,\mathrm{kN/m^3}$，w（含水比）$= 19.6\,\%$，$G_s = 2.69$ であるので，

$$v_s = \rho_d \times 100/G_s \rho_w = 60.22\,\%$$

$$v_w = \rho_d w/\rho_w = 31.75\,\%$$

$$\therefore v_a = 100 - v_s - v_w = 8.03\,\%$$

また，$H_e v_w = 0.02 \times 31.75 = 0.635\,\%$

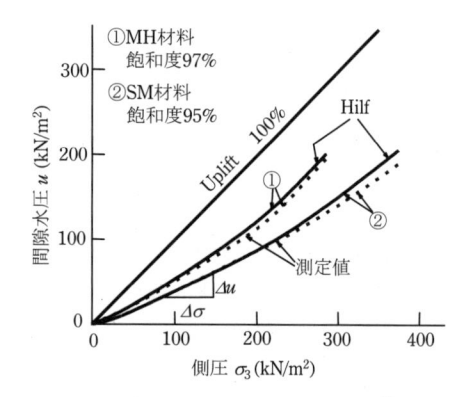

図 7.7 間隙圧と全応力との関係[4]

大気圧 p_0 は海面上で $103.2\,\mathrm{kN/m^2}$ であるが，高度 $500\,\mathrm{m}$ までは $1\,\mathrm{m}$ ごとに $0.011\,\mathrm{kN/m^2}$ ずつ減ずる．本例では $p_0 = 100\,\mathrm{kN/m^2}$ と仮定しよう．

表 7.1 は圧密試験の結果を示すものであって，これをプロットしたものが図 7.8 である．この図から適当な δ（$\leq 8.03\,\%$）の値に応じた σ' を求め，前に求めた諸数値を用いて表 7.2 が得られる．$\sigma = \rho_t h$（h は盛土高）と考えると，本表によって任意の盛土高に応ずる非排水条件下に発生する u 値が得られる（図 7.9）．

表 7.1 圧密試験結果（圧力単位は kN/m²）

σ'	e_0	Δe	$\delta = \dfrac{\Delta v}{v} = \dfrac{\Delta e}{1+e_0} \times 100$
0	0.660		0
28	0.634	0.026	1.57
56	0.614	0.046	2.77
112	0.593	0.067	4.04
224	0.566	0.094	5.78
448	0.535	0.125	7.53
884	0.492	0.168	10.12
1792	0.437	0.223	13.43

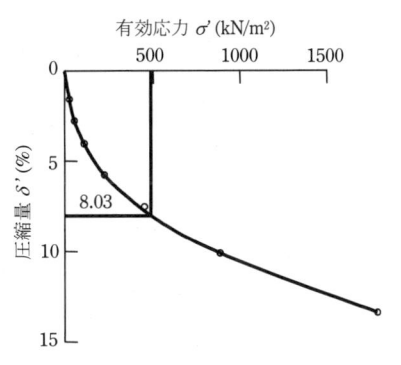

図 7.8 圧縮量と有効応力との関係 [4]

表 7.2 $\sigma \sim u$ の計算表（圧力単位は kN/m²）

δ	σ'	$p_0\delta$	$v_a + H_e V_w - \delta$	$u = u_H$	$\sigma = \sigma' + u$
0.50	10	50	8.16	6.1	16.1
1.00	15	100	7.66	13.1	28.1
1.50	27	150	7.16	20.9	47.9
2.00	40	200	6.66	30.0	70.0
3.00	70	300	5.66	53.0	123.0
5.00	170	500	3.66	136.4	306.4
6.00	250	600	2.66	225.1	475.1
8.03	485	800	0.66	1203	1688

（注）$\delta \leq 8.03$ % で $v_a = 0$ となり，以後は土が飽和するので σ に等しいだけ u が増加する．

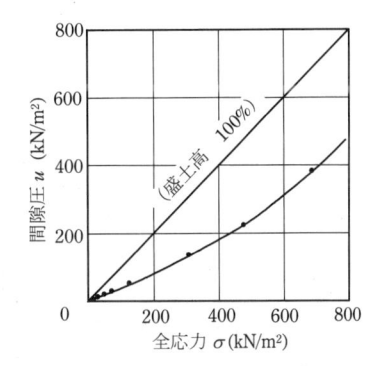

図 7.9 間隙圧と全応力との関係 [4]

実際のダム内における完成直後の間隙圧値を推定するには，上に求めた u 値が施工中に消散する影響を加味しなければならない．これにはダム型式，施工期間，圧密係数が既知であれば，次項で述べる方法により推定することができる．

7.5.3 盛土の施工中に消散する間隙水圧の実用的評価法

実際のダムの施工においては，構築材料の不均一性，施工方法や順序の違い，あるいは境界条件の変化などにより間隙水圧の消散の様相はまちまちであり，これを理論的に予測することはほとんど不可能である．また，数値計算を行ってもなかなか面倒であり，結果が実務と合致するとは限らない．そこで，ここでは過去に建設されたフィルダムにおいて計測された**残留間隙水圧**をダムの型式別に**図 7.10** のごとく整理，分類し，盛土中に消散する間隙水圧の推定法を提案したものである [2]．

図 7.10 はダムの型式別に時間係数 (T) と圧密度 (U) との関係を示したものであり，T は次式で与えられる．

$$T = c_v \frac{\Delta t}{H^2} \tag{7.15}$$

ただし，c_v：圧密係数，Δt：盛土期間，H：排水層までの距離である．

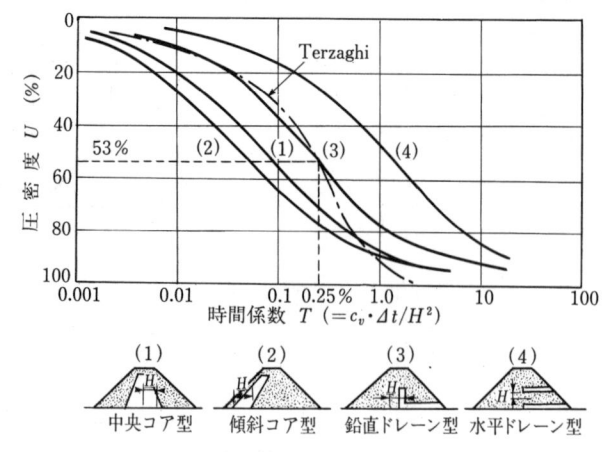

図 7.10 ダムの型式別の間隙水圧消散率 [4)5)]

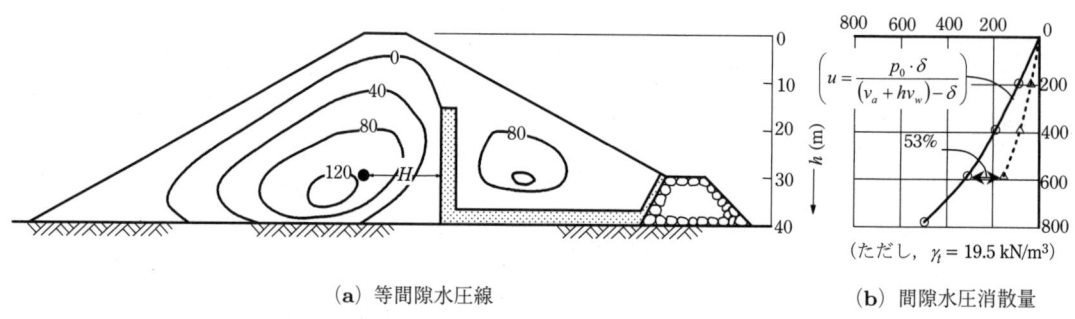

(a) 等間隙水圧線　　(b) 間隙水圧消散量

図 7.11 完成直後の間隙圧推定値の一例 [4)]

　例えば，図 7.11 に示した均一型アースダムの A 点において施工中に消散する間隙水圧 (u) を求めるものとする．

1) 盛土の圧密係数 $c_v = 1 \times 10^{-3}\,\mathrm{cm^2/s}$ と仮定する．
2) A 点から盛土終了までの施工期間 (Δt) を $\Delta t = 2$ ヶ年 $= 6.3 \times 10^7\,\mathrm{s}$ とする．
3) 消散を無視した間隙水圧の発生値 (u_H) は，上述の三軸圧縮試験または Hilf 式により求める（図 7.9）．
4) A 点からドレーンまでの距離（排水距離）：$H = 500\,\mathrm{cm}$ とする．

　以上により，式 (7.15) の T 値は $T \fallingdotseq 0.25$ である．

　$T = 0.25$ に相当する消散量（圧密度）は，図 7.10 の曲線 (3) を用いて $U = 53\,\%$ となり，これに 3) で求めた u_H を乗じたものが A 点上の盛土期間 $\Delta t = 2$ ヶ年間に消散する間隙水圧である．したがって，残留間隙水圧 (u) は $u = (100 - 53)\,\% \times u_H = 47\,\% \times u_H$ となり，図 7.11 (b) が得られる．堤体内の各点で同様な計算を行い，盛土完成時の残留間隙水圧の分布を描くと同図 (a) のごとくなる．

7.5.4 盛土休止と間隙水圧の挙動

盛土作業は主に気象条件に支配されるので，冬期や雨期，すなわち築堤材料が凍結したり，所定の含水比を上回るような場合，あるいは間隙圧の発生によって崩壊が懸念されるような場合などには盛土作業を中止しなければならない．盛土作業中の間隙圧の発生状態は盛土作業の中止前と後で異なり，中止後の間隙圧係数は中止前に比べかなり小さな値となる．この種の現象は現場においてはしばしば経験するところであるが，その理由を Bishop は次のように説明している．

不飽和土に非排水条件で σ_1 の応力を加え，次にこの応力で圧密を完了した後，新しく非排水条件で σ_2 を負荷したときの間隙圧は，圧密試験より求めた $\sigma'_m \sim -\Delta v/v$ の関係と前述の Hilf あるいは Bishop の式による $u \sim -\Delta v/v$ の関係から求められる．すなわち図 **7.12** (a) にこの2本の曲線が C'_v，C_u で与えられるとする．これより $\sigma_m = \sigma'_m + u$ と $-\Delta v/v$ の関係は前2者の和の曲線 C_v で示される．σ_1 による非排水体積変化率 $-\Delta v_1/v$ は土，間隙に共通だから，$\sigma'_1 = \mathrm{a_1 b_1}$，$u_1 = \mathrm{a_1 c_1}$ （このとき $\sigma_1 = \mathrm{a_1 d_1}$）となる．圧密進行に伴い σ_1 は不変のまま有効応力の σ'_1 は σ_1 まで増えるので，そのときの体積変化率は $-\Delta v_{1f}/v$ となって点 $\mathrm{b_f}$，$\mathrm{c_f}$ が有効応力，体積比を示す．この間の間隙圧の径路は $\mathrm{c_1 c_f}$ 曲線のようである．ここで，σ_2 なる新しい荷重を加えると，間隙圧は C_u をそのまま下方へシフトした曲線 (C_u) に沿って変わり，有効応力は $\mathrm{b_f}$ 点から C'_σ 点に沿って変わるので，全応力変化図は曲線 (C_u) を右へシフトして C'_σ との和をとった曲線 (C_σ) になる．したがって $\sigma_1 + \sigma_2$ の横座標に応ずる点 $\mathrm{d_2}$ が求まり，これから点 $\mathrm{c_2}$，$\mathrm{a_2}$ が得られるが $\overline{\mathrm{a_2 c_2}}$ は σ_2 の荷重に応ずる発生間隙圧となることは明らかである．一般に C_u，C_σ 線図とも初めは急に，だんだん緩く水平に近づく勾配を持つので，$\sigma_1 = \sigma_2$ に対する u_1 は u_2 よりずっと大きい（図 **7.12** (b)）．これが段階的載荷において逐次 $\bar{B}$ 値を小ならしめる原因である．なお，$\bar{B}$ 値は図 **7.9** の u-σ 関係の勾配である．

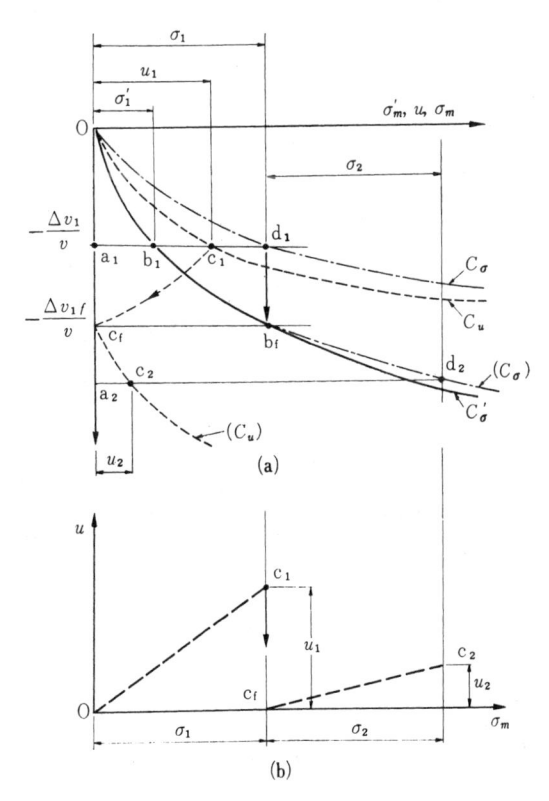

図 7.12 不飽和土の段階的載荷により生ずる間隙圧の特性 [1]

7.5.5 基礎地盤の漸増荷重時の圧密

基礎地盤が一定厚さの粘土層からなる場合，この圧密層上に盛土を行うときの圧密度を求める簡便な図式解法をTaylorが提示している．この方法はまた堤体内の間隙圧の消散を促進する目的で，堤体中に水平ドレーンを設置した場合の圧密度の推定にも役立つものである．

図7.13に示すような厚さ$2H$の粘土層上に，図示したような漸増荷重が加わるものとする．Taylorによると時刻tにおける圧密度は，次のようにして求められる．

まず，最終荷重p_fを$t=0$において瞬時的に加えた場合の圧密度と経過時間の関係をTerzaghiの圧密論によって定め，図の曲線1を描く．$t_f/2$に応ずる点aを曲線1上に定め，点aから水平線を引きt_fに対応した点1を定めると，点1は盛土完了時の圧密度を与える点となる．盛土途中のt_1に対する圧密度は$t_1/2$に対応した曲線1上の点bから水平線を引き点cを求め，0とcを結んだ線とt_1から下ろした鉛直線の交点2を定めれば，その点によって時刻t_1の圧密度が求められるのである．このような圧密度曲線は図の1, 2, 3, …を結ぶ曲線である．また$t>t_f$に対する圧密度は点1を通って曲線1の点aから先の部分を平行に移動させたもので与えられる．

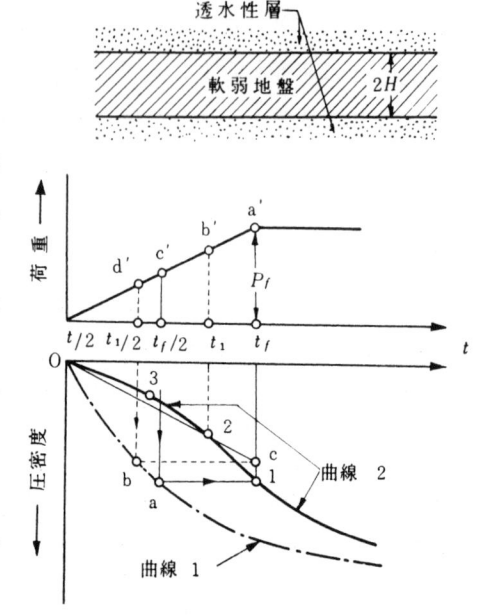

図7.13 漸増荷重に伴う基礎地盤の圧密度決定の図解法[4]

7.6 数値解析による施工中の間隙水圧の推定方法（沢田・鳥山の方法）の概要[6]

粘性土の盛土では，施工中に自重載荷に伴う間隙水圧が生起するが，その一部は施工中に消散する．盛土中の消散が起こらないものとすれば，すなわち非排水条件下では，間隙水圧は前述のように三軸圧縮試験またはHilfの方法により近似的に求めることができる．盛土の施工中に消散する間隙水圧を求めることにより堤体内に残留する間隙水圧を推定することができる．

施工中に消散する間隙水圧の量を推定するにはGibsonや沢田・鳥山らの方法がある．これらの方法はいずれもTerzaghiの圧密理論と類似の考え方で基礎式を導き，差分式を用いて数値計算を行ったものである．

Gibsonの方法はアースダムの盛土において，透水係数kと体積圧縮係数m_vは場所，時間，有効応力および間隙水圧の如何にかかわらず一定と仮定し次式を与えている[4]．

$$\frac{\partial u(z,t)}{\partial t} = \gamma_t \bar{B} \frac{\partial h(t)}{\partial t} + c_v \frac{\partial^2 u(z,t)}{\partial x^2} \tag{7.16}$$

ここに，u は場所 z，時間 t における間隙水圧であり，h は時刻 t における盛土高である．

一方，沢田・鳥山らの方法は，場所によって k, m_v が変化することを考慮した場合，および k, m_v が有効応力により変化することを考慮した場合について，それぞれ式 (7.17) および式 (7.18) を提案している[5]．

$$\frac{\partial u}{\partial t} = \gamma_t \bar{B} \frac{\partial h(x,t)}{\partial t} + c_h \left(\frac{\partial^2 u}{\partial x^2} + \frac{1}{k_v} \frac{\partial k_h}{\partial x} \frac{\partial u}{\partial x} \right) + c_v \left(\frac{\partial^2 u}{\partial z^2} + \frac{1}{k_v} \frac{\partial k_v}{\partial z} \frac{\partial u}{\partial z} \right) \tag{7.17}$$

ここに，

$$c_v = \frac{k_v}{\gamma_w m_v}, \qquad c_h = \frac{k_h}{\gamma_w m_v}$$

ただし，k_h, k_v は各点における水平，鉛直方向の透水係数とし，γ_w は水の単位体積重量である．

m_v, k が場所的には変わらないが，有効応力 σ' によって変化する場合の基本方程式は

$$\frac{\partial \sigma'}{\partial t} = (1-\bar{B}) \gamma_t \frac{\partial h}{\partial t} + c_v \left[\frac{\partial^2 \sigma'}{\partial z^2} + D_v \left\{ \left(\frac{\partial \sigma'}{\partial z} \right)^2 + (\gamma_t - \gamma_w) \frac{\partial \sigma'}{\partial z} \right\} \right] \tag{7.18}$$

ただし

$$c_v = \frac{k(\sigma')}{\gamma_w m_v(\sigma')}, \qquad D_v = \frac{1}{k(\sigma')} \frac{dk(\sigma')}{d\sigma'} \tag{7.19}$$

以上，盛土の施工中に消散する間隙水圧の求める方法の概要を述べた．これらに関する具体的な計算方法については文献[4,6] を参照されたい．

7.7 盛土の沈下量

以上，盛土の施工中に消散する間隙水圧量の推定法について述べたが，土に関する問題では，間隙水圧の挙動ばかりでなく，せん断強度やこれに関連する土圧強度，安定解析法にいたるまで，わずかな条件設定や仮定の違い，実験の精度や適用条件，さらには施工方法の違いにより，設計時に想定し検討した内容が，実務においてすべて満足されることはほとんどない．大切なことは設計時に想定した内容と実務との違いがどこにあるかを確認し検証することであり，これによって一つ一つの問題を解決し，全体としてより精度の高い設計法が確立され，これが施工に役立つことになる．したがって，今後より多くの現場における観測資料を集積し，経験を交えてこれらを整理し，より高度な設計手法の確立に役立てなければならない．十分満足される設計手法が確立されていない現状では，**バランスの取れた設計**を行い，**設計値を十分満足する**ような施工を行うことである．このことは換言すれば，材料の試験から施工にいたるまで精度的にバランスしていなければならない，ということであり，全体のうちの一部分に対し精度を上げても無意味であるということである．

さて，盛土の沈下量は盛土が完成した後にどれだけ起こるかを見積もることである．これは完成後の沈下は多方面に影響を与えるからである．いま，圧密試験結果を図のごとく整理し，沈下量を s_f とすると

$$s_f = \int_0^H \varepsilon \cdot dz = \frac{\gamma_t H^2}{2E} \qquad (7.20)$$

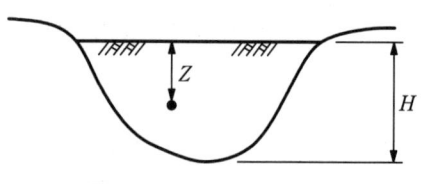

図 7.14 盛土の断面模式図

となる．この値は施工中に発生した全間隙水圧が，消散した後の沈下量であるので，盛土終了後に起こる沈下量を s_a とすると s_a は下式で求めることができる．

$$s_a = (1-U)s_f \qquad (7.21)$$

ここで，U は前項で求めた施工中の圧密度である（小数表示）．

しかし，s_f の値は一般に実測値と比較して常に 3～5 割程度過大となる．この理由は次のように解釈される．すなわち，図 7.15 で求めた E の平均値は単に盛土の締固め密度を想定した供試体に対して行われた圧密試験結果を基に決定されている．盛土の締固め密度は一般には D 値や飽和度で管理されるが常に不飽和であり空気分を包含する．空気分は盛土荷重の増加時に瞬時に圧縮されるため，同時に沈下が起こる．このことは盛土の施工中に観測された沈下特性からも容易に想像することができる．例えば，図 7.16 は盛土荷重 ($h \cdot \gamma_t$) の増加と沈下との関係を模式的に示したものであるが，初期沈下（空気の圧縮＋発散）は盛土中および終了とほぼ同時に終了し，その後は飽和土で見られるような圧密沈下が観測される（不飽和土の圧密現象）．

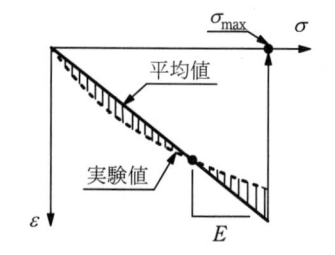

図 7.15 変形係数平均値 (E)

盛土終了後の沈下量を精度よく見積るためには，圧密試験において**空気の圧縮**に伴う**初期の沈下量**と**圧密沈下量**とを区別して計測しなければならない．しかし，圧密試験において両者を区別して計測するのはなかなか難しい．初期の沈下は供試体のセットによる誤差か，空気の圧縮による沈下なのか区別しがたいからである．このように不飽和土の圧密試験では供試体のセットには特別な注意が要求される．例として，試験結果を模式的に図 7.17，図 7.18 のように表示する．図 7.17 において，

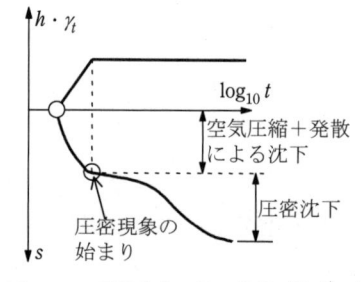

図 7.16 不飽和土の沈下特性（模式図）

- d_i : 初期値（各荷重の載荷前のダイヤルゲージの読み）
- d_o : 圧密原点（圧密定規法により定める点）
- d_{100} : 圧密度 100 %（一次圧密終了点）
- d_f : 二次圧密終了点

図 7.17 時間〜沈下量曲線

図 7.18 平均圧密圧力と各圧密比の関係

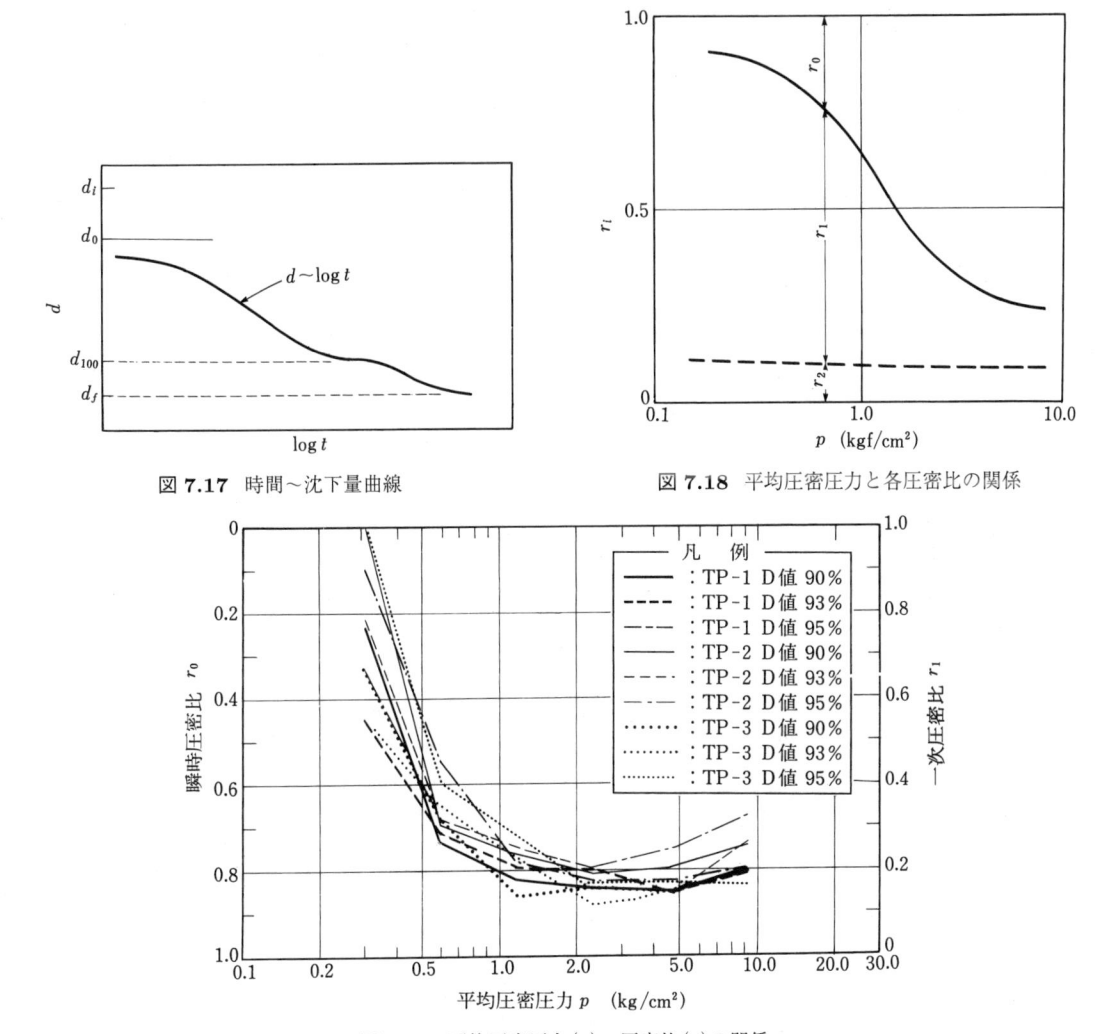

図 7.19 平均圧密圧力(p)〜圧密比(r)の関係

とすると，各荷重段階における総沈下量（Δd）は $\Delta d_o = d_o - d_i$ である．この値を圧密メカニズムの違いにより区分し，次のように各圧密比を定義する．

1) 瞬時圧密比：$r_o = \Delta d_o/\Delta d$, $\Delta d_o = d_o - d_i$
2) 一次圧密比：$r_1 = \Delta d_1/\Delta d$, $\Delta d_1 = d_{100} - d_o$
3) 二次圧密比：$r_2 = \Delta d_2/\Delta d$, $\Delta d_2 = d_f - d_{100}$

図 7.18 は各荷重下における圧密比 r_i と圧密荷重強度（p）との関係を示したものである．実験結果によると r_2（二次圧密比）の値は，飽和度（S_r）が $S_r = 70 \sim 90\%$（この値は一般盛土の飽和度である）では圧密荷重強度とは無関係に一定値を示し，$r_2 = 0.03 \sim 0.2$ 程度である．

また，図 7.19 は r_2 を除いて瞬時圧密比と圧密荷重強度との関係を示したものである．図から知れるように供試体の初期飽和度により瞬時圧密比は大きく変化するが，$p \geq 0.5 \, \text{kgf/cm}^2$ ではほぼ一定値を示し $r_o \doteqdot 0.8$ である．このことは，盛土施工時の飽和度が $S_r = 70 \sim 90\%$ であること

を考慮すると，圧密試験結果をもとに算出される**総沈下量の約 80 % は盛土の終了時点で終了す**ることを意味する[8]．したがって，盛土終了後に起こる上記の沈下量は下式により表される．

$$s_a \fallingdotseq 0.8 s_f - (1-U) s_f \tag{7.22}$$

盛土構造物の設計では，盛土終了後の沈下量は一般に上記の式 (7.21) に従い余盛高を決定した．しかし盛土完成後の沈下量は，実測値によると式 (7.21) で求めた値よりかなり小さい．このことは初期の空気圧縮により引き起こされる誤差であるので，今後は式 (7.22) の利用が適当と考えられる．なお，外観上要求される余盛は別である．

参考文献

1) 山口 柏樹：土質力学，技報堂出版，1984
2) Bishop, A. W. et al.: Undrained Triaxial Tests on Saturated Sand and its Significance in the Theory of Shear Strength, Geotech, 1950
3) Hilf, J. W.: Estimating construction pore pressure on rolled earth dam, Proc. 2nd ICSMFE, Vol.3, 1948
4) 山口 柏樹，大根 義男：フィルダムの設計および施工，技報堂出版，1973
5) Narita, K., Okumura, T. and Ohne, Y: A Simplified Method of Estimating Construction Pore Pressures in Earth Dams, Soils & Foundations, Vol.23, No.4, Dec. 1983
6) 沢田 敏男，鳥山 晄司：間隙水圧の消散工法について，土質工学会北陸支部，1967
7) 土岐市開発公社，(財)東海技術センター：北部大富工場用地造成工事に係る高盛土の安定性に関する技術検討業務報告書，1990

第 8 章 せん断強度

8.1 はじめに

土質構造物の設計,施工において材料のせん断強度特性を把握することの重要性はすでに述べた.土塊に外力 (σ) を与えるとこれにつり合うための内力が生起するが,土塊は三相構造(土粒子,水,空気)であるので,外力を受け持つのはこれら土粒子,水および空気である.

いま,土塊に外力が作用した直後を想定すると,土は圧縮されるのでその瞬間には,外力は間隙空気と水により支持されるが,時間の経過に伴い間隙空気圧 (u_a) および水圧 (u_w) は消散し,外力 (σ) は土粒子により支持される.この現象はすでに述べたように圧密現象であり,遂には $\sigma = \sigma'$ となるが,その過程では外力は式 (8.1) で表示される.

$$\sigma = \sigma' + (u_a + u_w) \tag{8.1}$$

また,土の飽和度 (S_r) が $S_r > 50 \sim 60\ \%$ では $u_a = u_w = u$ と見なすことができるので,

$$\sigma = \sigma' + u \tag{8.2}$$

さらに,$S_r = 100\ \%$ では

$$\sigma = \sigma' + u_w \tag{8.3}$$

で表示される.

Bishop は u, u_a, u_w の関係を $u = u_a - \chi(u_a - u_w)$ で表し,χ は土塊が完全な乾燥状態において $\chi = 0$,飽和状態で $\chi = 1$ としている.

土のせん断強度 (τ_f) は密度に支配され,また土の間隙比 (e) は外力の大きさにより変化するので,これに伴い τ_f も変化する.これが一般材料と違う点であり,土のせん断強度に特有の難しい点である.

Coulomb は土のせん断強度を $\tau_f = c + \sigma \cdot \tan \phi$ と表しているが,u の変化により τ_f が変化するので,一般式としては次式による表現が適当である (図 8.1)[1].

$$\tau_f = c_f + \sigma \cdot \tan \phi_f(\sigma) \tag{8.4}$$

ここで,τ_f は土の強度,σ は垂直応力,c_f は見かけの粘着力,$\tan \phi_f$ は見かけの摩擦係数 (ϕ_f は摩擦角) である.

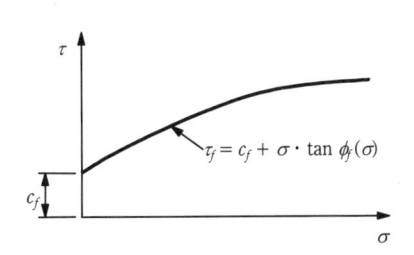

図 8.1 不飽和土のせん断強度特性 [1]

式中の c, ϕ は与えた外力に対し全応力で表示しているので，これを全応力による強度定数といい，τ_f を**全応力強度**という．

8.2 有効応力強度

全応力表示の式 (8.4) は，u の変化に伴って τ_f も変化するので，土固有の強度ではなく，見かけの強度である．土固有の強度を表すには摩擦抵抗の成分を有効応力 σ' で表示し，u と σ' とを別々に扱った式 (8.5) の表現が適切である．

$$\tau_f = c' + (\sigma - u_f)\tan\phi' \tag{8.5}$$

ここで，c', ϕ' は有効応力表示の強度定数である．c, ϕ にダッシュを付けたのは有効応力表示であることを意味する．

8.3 せん断強度の意味と実務への適用 [2]

土に外力を与えた場合，これにつり合う内力（σ', u_a, u_w）が生起することを述べたが，u_a, u_w の値は土の組成や含水比により異なり，例えば砂のような場合は外力を与えた後，空気分は直ちに排出され，$u_a = 0$ となる．また，u_w も多少の時間を要するが，間もなく排出され $u_w = 0$ となり，外力はすべて σ' で支持される．これに対し，粘性土では u_a, u_w の排出にはかなりの時間を必要とするが，まず u_a が排出され，続いて u_w が排出される．以上で知れるように，砂のせん断試験では，試験中に排水を許すものとすれば，常に全応力（外力）が有効応力に等しいとして差し支えない．一方，粘性土のせん断試験では載荷に伴って常に過剰間隙水圧が生起し，その消散にはかなりの時間を要するので，c', ϕ' を求めるには，排水条件下において間隙水圧が発生しないように緩速せん断を行うか，せん断中に発生する間隙水圧を測定し，試験結果を有効応力（σ - u）で整理する方法が採られる．

8.3.1 砂質土のせん断強度

砂のような粒状体のせん断抵抗力は，一般力学でいう固体間の摩擦のほかに，砂粒子相互の嚙み合い（インターロッキング）と，図 **8.2** に示したようにせん断変形に伴う体積変化（**ダイレイタンシー**）に起因する摩擦成分であり，粘性土のせん断で見られる粘着成分はゼロである．せん断中の体積変化はせん断前の初期の粒子配列の状態によって異なり，膨張することも，収縮することもある．初期の配列がゆるい状態であれば図 **8.2** とは逆に体積は収縮する．これを負のダイレイタンシーという．

せん断中の体積が膨張する場合（単にダイレイタンシーという）は，その分だけ多くの仕事量を必要とするので，測定されるせん断抵抗角は固体摩擦角より大きくなり，逆に負のダイレイタ

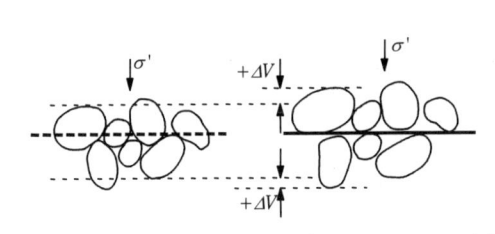

図 8.2 せん断時の土構造の膨張（ダイレイタンシー）[1]

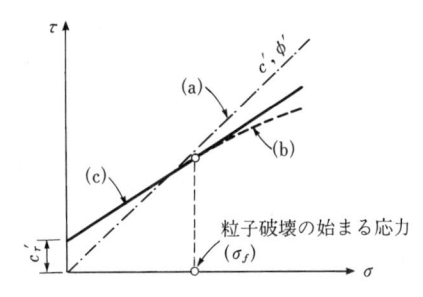

図 8.3 高拘束圧のせん断強度

ンシーの場合はせん断抵抗が小さく測定される．いずれの場合も応力的には有効応力であるので，摩擦角（ϕ'）は図 8.3 の一点鎖線（a）に示したように応力の大きさと比較して増大し一定となり，$c' = 0$ となる．しかし，砂を含む粗粒材のせん断試験を行うと，高い拘束圧下（$\sigma \geq \sigma_f$）において同図の（b）線に示したように破壊包絡線は曲線となり，ϕ' は一定とはならない．この理由として高い拘束圧でせん断した場合，インターロッキングやダイレイタンシー効果による密度変化やせん断中の粒子の破壊等が挙げられる．

一方，曲線（b）の直線部を τ 軸方向に延長すると図中の直線（c）に示したように，見掛けの粘着成分 c'_r を得る．しかし，非粘着性材料は $c'_r = 0$ でなければならないので，結局この種の材料のせん断強度は次式で表示されることになる．なお，c'_r については次項で述べる．

$$\tau (= \phi') = f(\sigma') \tag{8.6}$$

8.3.2 粗粒材料のせん断強度

ロックで代表される粗粒材料のせん断特性は基本的には砂，礫と同様である．しかし，粗粒材料に対し三軸圧縮試験を行うと図 8.3（c）に示したように c'_r が現れ，式 (8.6) は成立しない．しかし，乾燥砂について同様の試験を行うと $c'_r \fallingdotseq 0$ となる．粗粒材において $c'_r \neq 0$ の理由としては，上述のようにせん断中のインターロッキングやダイレイタンシー効果および粒子の破砕等が考えられるが，いずれも材料の個々の強度，形状あるいは寸法により異なる．例えば図 8.4 は一軸圧縮強度 $q_u = 10 \sim 30\,\mathrm{MN/m^2}$，平均粒径 50 mm の安山岩質の砕石に対する三軸圧縮試験結果であるが，この場合は図で明らかなように，$\sigma' \geq 1.5\,\mathrm{MN/m^2}$ において ϕ' は減少傾向にあり，このことは $\sigma' \fallingdotseq 1.5\,\mathrm{MN/m^2}$ において粒子破壊が始まったことを意味する．また，図 8.5 は一軸圧縮強度の比較的小さい（$q_u = 1 \sim 1.5\,\mathrm{MN/m^2}$）砕石，平均粒径 50 mm の三軸圧縮試験結果であるが，この場合は試験結果全体が非線形性を示し，低拘束圧から高拘束圧に至る全拘束圧域において粒子破壊が起きているものと理解される．

一方，図 8.4，8.5 に示した c'_r は，前述のように図 8.3 に示した試験結果（b）の直線部分を τ 軸方向に延長して求めた値であるので，$\sigma = 0$ におけるせん断強度を表すものではない．τ の実際の値は式 (8.6) に示したように $\sigma = 0$ において $c'_r = 0$ であり，σ の増加に伴って τ も非線形

図 8.4 高一軸圧縮強度材料の三軸圧縮試験結果

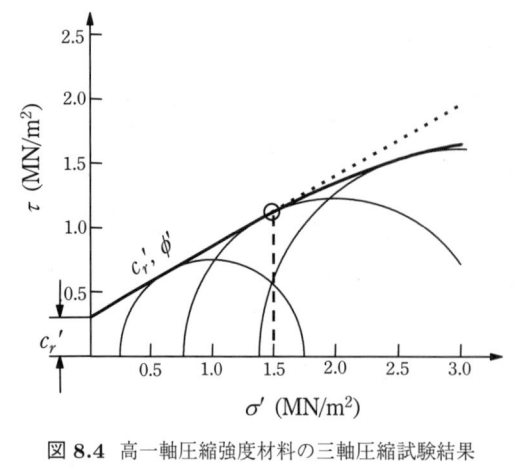

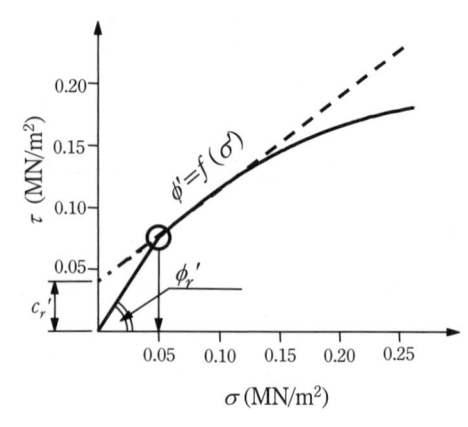

図 8.5 低一軸圧縮強度材料の三軸圧縮試験結果 [3]

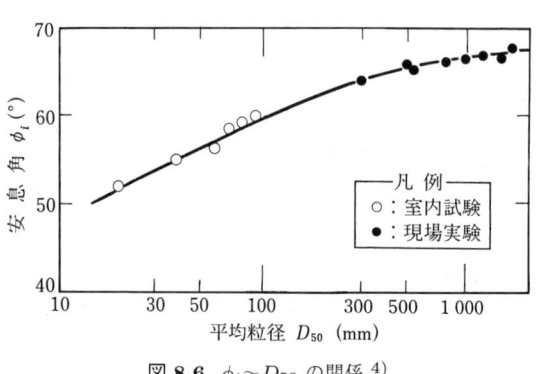

図 8.6 $\phi_i \sim D_{50}$ の関係 [4]

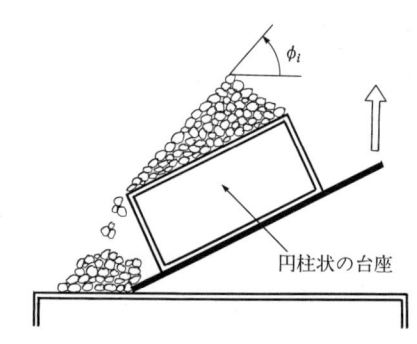

図 8.7 安息角実験概略図 [4]

に増加し，図 8.3 (b) に接することになる．これを確認するためには低拘束圧下において三軸圧縮試験を行わなければならないが，この種の実験は事実上不可能である．このため国土交通省の「フィルダム設計指針（案）」では図 8.5 に示したように，鉛直圧 $50\,\mathrm{kN/m^2}$ と破壊包絡線との交点から原点に向かって直線を引き，その角を ϕ'_r とし，ϕ'_r をロックの低拘束圧下（ロックフィルの表層部）の摩擦角と定義し，実務においては拘束圧の小さいロックの表層部に対し $c'_r = 0$ とし，ϕ'_r を用いることとしている [3]．

しかし，鉛直圧 $50\,\mathrm{kN/m^2}$ は，ロックの盛立て厚に換算すると約 $2\,\mathrm{m}$ に相当し，これよりさらに表層部のロック，換言すれば表面ロック個々の摩擦抵抗を代表するものとは考えにくい．拘束圧ゼロ付近で発揮されるせん断抵抗角は，乾燥砂で定義される安息角にほかならないので，ロックの表層部摩擦角は砂と同様にして**安息角**とすべきと思われる．ロックの安息角（ϕ_i）は粒径の大きさにより異なる．図 8.6 はロックの平均粒径（D_{50}）と ϕ_i との関係を求めたものである [4]．

図 8.7 はロックの安息角実験の概略図である．一端固定の台上に円筒（$\phi = 30\,\mathrm{cm}$）をセットし，この中に砕石を投入し，十分締め固めた後に円筒を取り外す．砕石はピラミッド状となるが，これをさらに傾斜させると，砕石の表層部は同図のようにすべり出す．このすべり出し角を**安息角 ϕ_i** と定義し，図 8.6 の関係を求めたものである．なお，図中には現場実験結果も示してある

が，この実験はエンドダンプカーを利用して行ったものである．

8.3.3 設計指針（国土交通省）[3]

国土交通省（建設省）は平成3年6月に「フィルダムの耐震設計指針（案）」を示しているが，この中でロックフィル材料のせん断強度の表示に関して次のとおりに整理している．

図 8.8 はロック材料のせん断試験の結果であり，破壊包絡線を引くと $c' \neq 0$ となる．しかし，実際には $c' = 0$ と考えるべきであるので，図 8.9 に示したように σ_n において得られる τ_f から原点に向かって直線を引き，σ 軸との角を ϕ_0 とすると，ϕ_0 は

$$\phi_0 = \sin^{-1}\left(\frac{\sigma_{1f} - \sigma_3}{\sigma_{1f} + \sigma_3}\right) \tag{8.7}$$

で表示され，多くの粗粒材料に対して行われた試験結果により σ'_n と ϕ_0 との関係を求めると図 8.10 が得られる．

また，$\sigma' \geq 50\,\mathrm{kN/m^2}$ において，多くの試験結果を整理した結果，せん断強度は次式により表

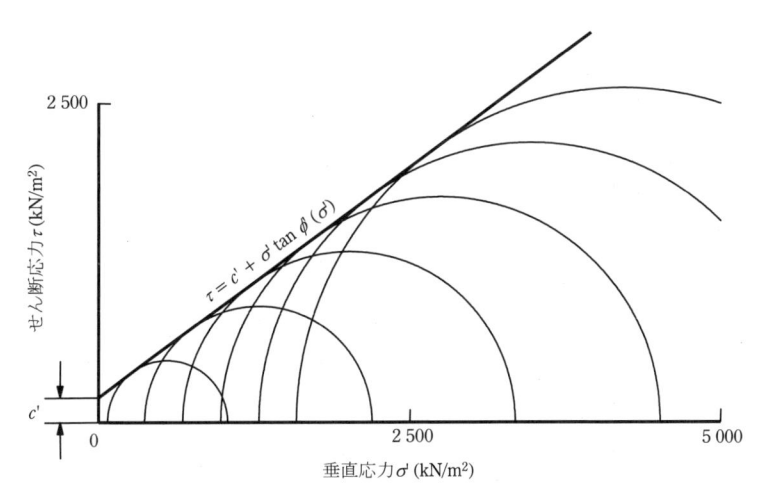

図 8.8 ロック材料の三軸試験結果

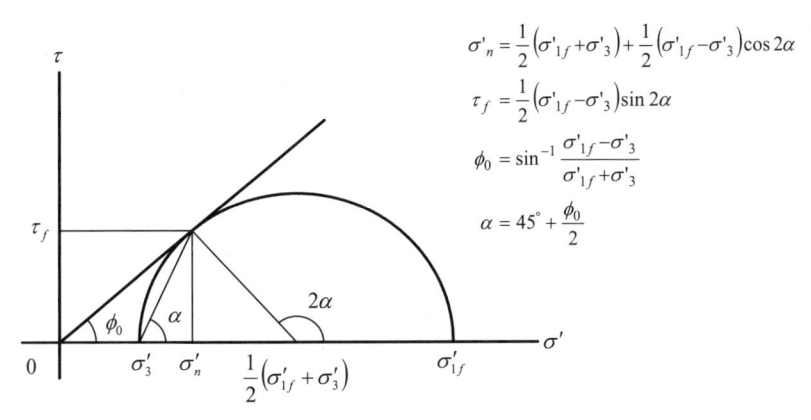

図 8.9 内部摩擦角 ϕ_0 の定義

164 / 第8章 せん断強度

図 8.10 ロック材料の $\phi_0 \sim \overline{\sigma'_n}$ の関係（排水試験）

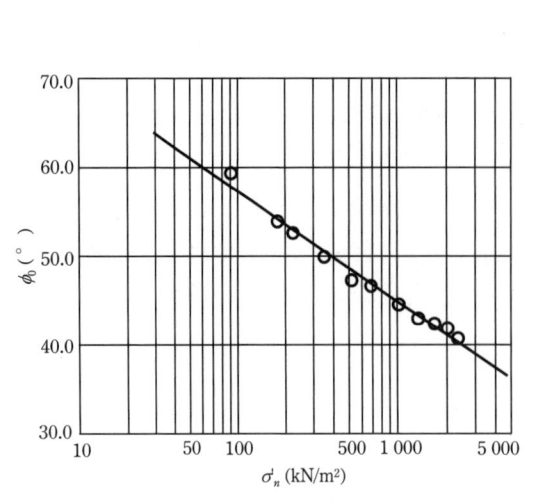

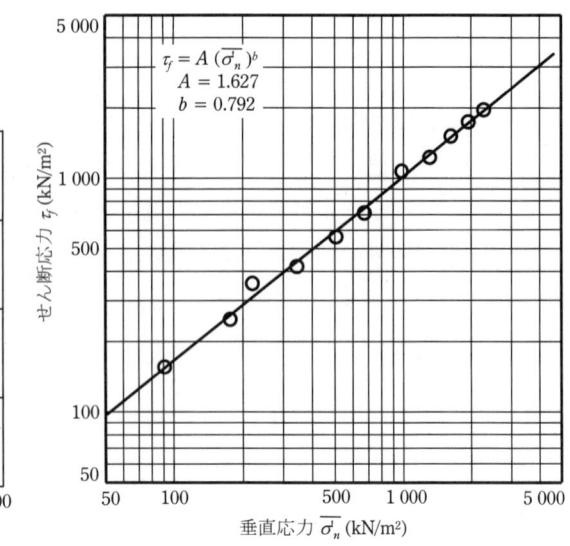

図 8.11 ロック材料の $\tau_f \sim \overline{\sigma'_n}$ の関係（排水試験）

示される（図 8.11）．

$$\tau = A(\sigma')^b \tag{8.8}$$

ただし，$A = 1.627$, $b = 0.792$ とする．

以上が，「フィルダムの耐震設計指針（案）」である．実務においてはロックフィルダムの表層すべりの検討に際しては $0 \leq \overline{\sigma'_n} \leq 50\,\mathrm{kN/m^2}$ における ϕ_0 を用い，また $\overline{\sigma'_n} \geq 50\,\mathrm{kN/m^2}$ では $\overline{\sigma'_n}$ に応じて式 (8.8) により τ_f を求め，これを利用して安定計算を行うこととしている．

8.4 粘性土のせん断強度

8.4.1 概　要

　自然界において土はさまざまな状態で存在し，人工的に締め固めた土でも均質になる可能性は極めて少ない．そして，せん断強度は試験の方法により異なるので，強度を物理的に特定するのはそれほど簡単ではない．土のせん断強度の表示方法には，**全応力表示法**と**有効応力表示法**の2通りがあるが，いずれの方法で表示するかは実務において遭遇する応力条件により異なる．以下に実務において強度を定め，これを利用する方法について述べる．

8.4.2 正規圧密土の強度

　正規圧密土は**浚渫地盤**や軟弱な**沖積粘土地盤**においてしばしば見られ，一般には飽和状態にある．飽和粘性土ではせん断中の排水は起こらないと見てよいので，得られる強度は非排水強度 C_u である．また施工中の圧密が期待できない場合は，載荷圧による強度増加が見込めないので，見

かけの内部摩擦角はゼロである．すなわち，

$$\tau_f = c_u, \qquad \phi_u = 0 \tag{8.9}$$

また，**図 8.12**(a) は正規圧密土の間隙比 (e) と $\log p'$ との関係を示し，同図 (b) は c_u 値と p' との関係を示したものである．図 (b) において c_u と p' との関係は，

$$c_u = p' \cdot \tan\theta \tag{8.10}$$

である．なお，図中には正規圧密土と比較して過圧密強度についても示してある．

ここで，$\tan\theta$ は**強度増加率**（または係数）といわれ，一般には $0.2 \sim 0.5$ であるので，正規圧密土の非排水強度 c_u は

$$c_u = (0.2 \sim 0.5)p' \tag{8.11}$$

で表示される．ただし，p' は有効鉛直応力である．

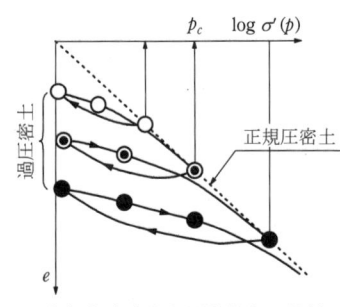

(a) 鉛直応力と間隙比との関係　　(b) 鉛直応力と非排水強度との関係

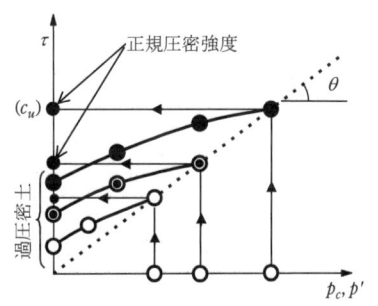

図 8.12 正規圧密土と過圧密土の強度特性

8.4.3 過圧密土の強度

過圧密の粘性土の e - $\log p'$ 関係を**図 8.13**(a) に，また τ - p' 関係を同図 (b) に示した．先行圧密荷重 (p_c) 以下の過圧領域内の σ の下で，非排水せん断試験を行うと，同図 (b) の点線のようになる．図の2つの関係は正規圧密・過圧密に対応して，以下のように整理される．

1) 過圧密状態：p_c で圧密した後，σ を変えて求まる非排水強度は σ の関数として

$$\tau = c_{cu} + \sigma \cdot \tan\phi(\sigma) \tag{8.12}$$

2) 正規圧密状態：それぞれの p' で圧密して求めた非排水強度は

$$\tau = c_u = c_s + p' \cdot \tan\theta \tag{8.13}$$

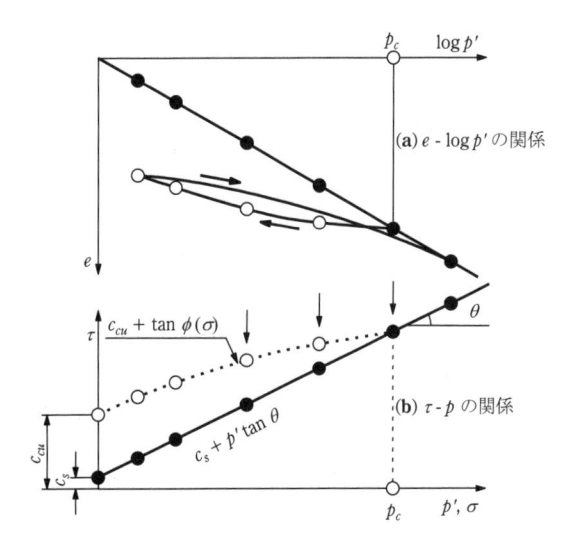

図 8.13 正規圧密強度と過圧密強度

ここで，$\tan\phi(\sigma)$ は応力状態により変化する間隙水圧を含んでいるので，見かけの内部摩擦係数であり，c_{cu} と同記号を用いて一般には ϕ_{cu} と表示する．$\tan\theta$ は上述の強度増加係数であり，また式 (8.13) に c_s を加えて表示したのは，正規圧密地盤の表層土の非排水強度 c_s を考えたからである．式 (8.12) の c_u を c_{cu} と表示したのは，正規圧密土と過圧密土の非排水強度とを区別するためである．

実務においては，式 (8.12) は，例えば地盤に対し先行圧密荷重（p_c）を与え圧密した後，これを除去し，新たに荷重を与える場合の安定性の検証に用いる．また，式 (8.13) は，それぞれの荷重段階において圧密を待ちながら逐次載荷する際の安定性を検討するために用いられる．言うまでもなく式 (8.12), (8.13) は，応力範囲を特定して利用することになる．しかし，式 (8.12) の $\phi(\sigma)$ はせん断中に試料が膨張，収縮の下で生起する摩擦抵抗であるので，その物理的意味はあいまいである．このため実務においては $\phi(\sigma)=0$ と見なし，$\tau=c_{cu}$ とし，安定性を検討することもある．

8.4.4 不飽和土の強度

ハイドロリックフィルのような水締め盛土を除いて，転圧盛土では土は例外なく不飽和状態にある．土中の u は荷重強度により変化するので，全応力強度において τ-σ 関係は圧密圧 p に対して非線形となり，式 (8.14) のように表示される．

$$\tau = c_u(p) + \sigma \tan\phi_u(p) \tag{8.14}$$

式 (8.14) で表示された強度は土の初期飽和度と圧密圧 p により変化するので，実務において利用するためには，実験条件を盛土の状態とすべて合致させなければならない．これらは盛土の飽和度，鉛直荷重強度と間隙水圧の大きさなどであるが，実際問題としてこのようなことは不可能である．このため，実務においては図 8.14 に示したように圧密度（U）と非排水強度（c_u）との関係を締固め度（D 値）と対応させて求めておくことにより有効に利用することができる．例えば，$D=95\%$ を管理基準とする盛土の高さが 50 % に達した時点での安定性を確認するものとすると，この場合，まず盛土高が 50 % に達するまでの期間を定め，次にこの期間で進行する圧密度を **7.5.3** 項に述べた方法により推定する．この値が例えば 40 % と推定されたとすると，図 8.14 より $D=95\%$，$U=40\%$ における非排水強さとして $c_u=81\,\mathrm{kN/m^2}$ が得られるので，この値を用いて安定解析をすればよい [5]．このようにせん断強度を全応力で表示し安定解析を行う方法を**全応力解析**という．

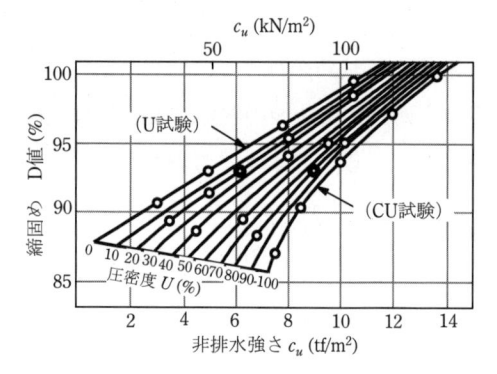

図 8.14 圧密度と非排水強さ [5]

8.4.5 締め固めた粘性土（不飽和）の有効応力強度

全応力強度は土固有のものではなく，強度定数 (c, ϕ) が試験時の圧密・排水条件により異なるという物理的あいまいさを残している．これに対し有効応力強度は土固有のものであるので力学的にも理解しやすい．土の有効応力強度 (τ_f) は次式で表される．

$$\tau_f = c' + (\sigma - u)\tan\phi' \quad (8.15)$$

または

$$\tau_f = c_d + \sigma'\tan\phi_d \quad (8.16)$$

上式において c', ϕ' はせん断中の間隙水圧を精度よく測定し有効応力で整理をして求めた強度定数である．また，c_d, ϕ_d はせん断中の排水を許し，間隙水圧が発生しないようにせん断力をゆっくり与え，有効応力下 (σ') で求めたものである．c', ϕ' の値は図 8.15 から知れるように c_d, ϕ_d とほぼ同値である．

しかし締め固めた不飽和土に対し圧密試験を行うと，図 8.16 (a) に示したように過圧密土で見られるような p_c が現れる（この p_c は厳密には先行圧密荷重ではない）．この種の土に対し，有効応力強度を求めるには，せん断中の u_a, u_w を別々に求めることになるが，u_a を精度良く計測するのはなかなか面倒であるので，一般には p_c なる圧密荷重の下で供試体を飽和させ，間隙水圧を測定しながら τ を求める．同様にして σ_1 ～σ_4 を与えて τ を求める．同図 (b) はこの結果を有効応力で整理し，これを c'_{cu}, ϕ'_{cu} として示したものである．盛土の安定性の有効応力解析は，多くの場合，このようにして求めた c'_{cu}, ϕ'_{cu} を用いて行うが，この値は図から知れるように，$0 \leq \sigma' \leq p_c$ では c', ϕ' より全体的に大となる．また，$\sigma \geq p_c$ においては $c'_{cu} \fallingdotseq c'$, $\phi'_{cu} \fallingdotseq \phi'$, $\phi'_{cu} \fallingdotseq c'$, ϕ' となる．

実務においては平均的 c'_{cu}, ϕ'_{cu} を用いることになるが，厳密には応力範囲を特定し，$\sigma \leq p_c$ では c'_{cu}, ϕ'_{cu}, $p_c \leq \sigma$ に対しては c', ϕ' を用いることになる．

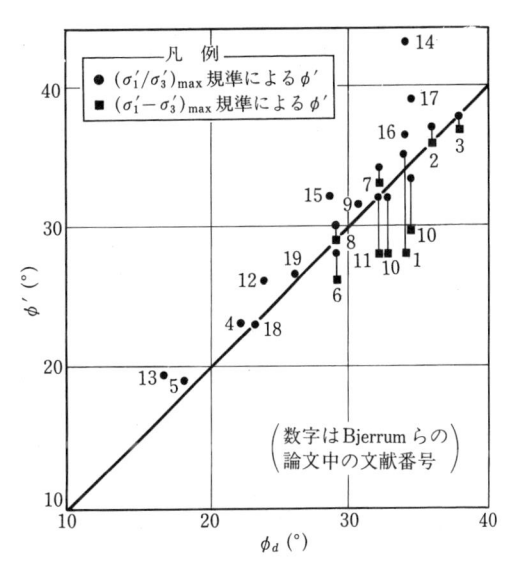

図 8.15 ϕ' と ϕ_d との関係 [1]

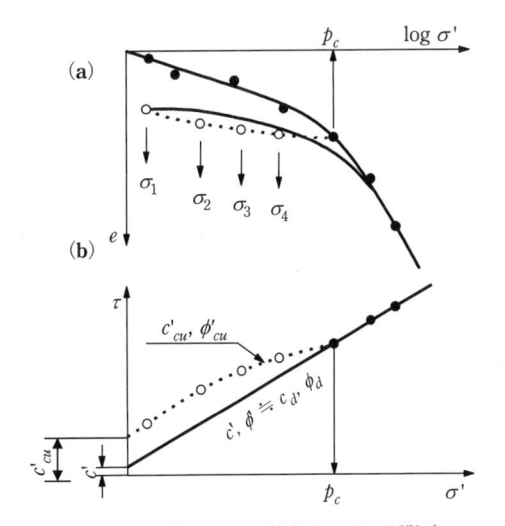

図 8.16 突き固めた不飽和土のせん断強度

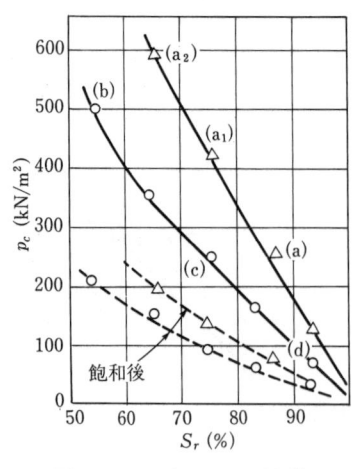

図 8.17 p_c と S_r の関係[6]

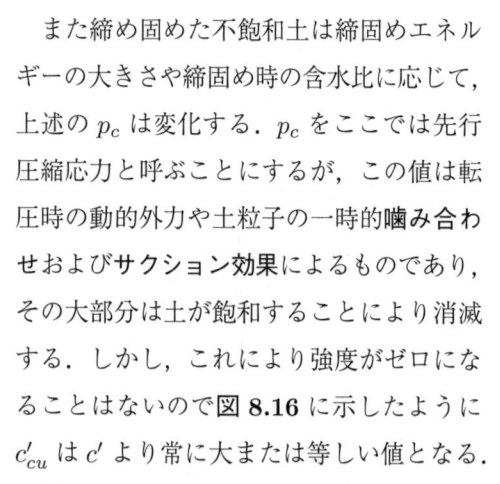

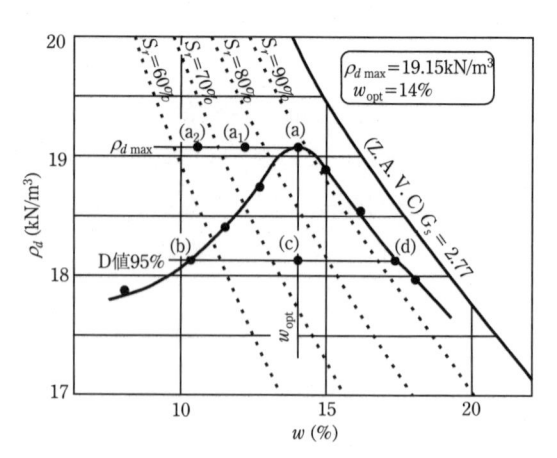

図 8.18 ρ_d と w の関係

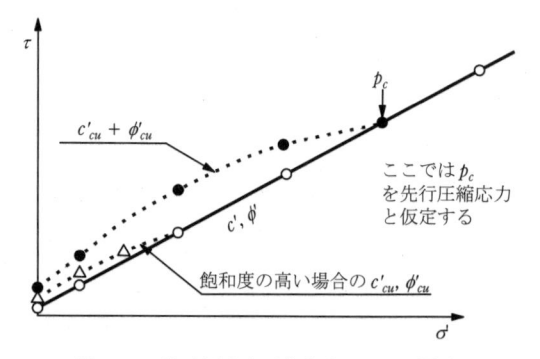

また締め固めた不飽和土は締固めエネルギーの大きさや締固め時の含水比に応じて，上述の p_c は変化する．p_c をここでは先行圧縮応力と呼ぶことにするが，この値は転圧時の動的外力や土粒子の一時的噛み合わせおよびサクション効果によるものであり，その大部分は土が飽和することにより消滅する．しかし，これにより強度がゼロになることはないので図 8.16 に示したように c'_{cu} は c' より常に大または等しい値となる．

図 8.19 締め固めた不飽和土のせん断強度

図 8.17 は図 8.18 に示した各突固め密度に対し p_c を求め，飽和度 (S_r) との関係において示したものである[6]．図には飽和後の p_c（点線表示）も示してあるが，飽和することにより p_c の値は大幅に低下する．しかし $p_c = 0$ となることはない．このことは図 8.16 からも知れるように c'_{cu}，ϕ'_{cu} の値にも影響を与えることになる．実務においては通常，前述のように $c'_{cu} = c'$，$\phi'_{cu} = \phi'$ として扱っているが，締め固めた不飽和土の p_c に起因するせん断強度を設計上無視することは過小の強度を与えることになる．

以上を整理すると，締め固めた土のせん断強度を有効応力で表示すると，図 8.19 に示したように，応力度に応じて 2 つの折線 $(c'_{cu}, \phi'_{cu}$ と $c', \phi')$ となる．

安定解析においては応力度に応じて $c'(c'_{cu})$，$\phi'(\phi'_{cu})$ を使い分ける．しかし，飽和度が高く $S_r \geq 95\%$ においては p_c が小さく，$c' \fallingdotseq c'_{cu}$，$\phi' \fallingdotseq \phi'_{cu}$ となるので，どちらの強度を用いてもよいことになる．

参考文献

1) 山口 柏樹：土質力学，技報堂出版，1984
2) 山口 柏樹，大根 義男：フィルダムの設計および施工，技報堂出版，1973
3) 建設省河川局開発課監修：フィルダムの耐震設計指針（案），(財) 国土開発技術研究センター，1991
4) Ohne, Y. et al.: Discussions on seismic stability of slopes for rockfill dams, Proc. of 1st Symp. on Earthquakes and Dams, 1987
5) 山口 柏樹，大根 義男：苅田および東郷アースダム建設工事における土質工学の実例，土質工学会，1969
6) 大根 義男：フィルダム設計上の問題点とその考察，ダム技術，No.77,(財)ダム技術センター編，1993.2

第 9 章　斜面の安定

9.1　はじめに

　斜面崩壊はせん断破壊とせん断を伴わない破壊とに大別することができる．せん断を伴わない破壊は，例えばフィルダムや河川堤防等において洪水時の堤頂部の越流やパイピング等による土粒子の流失などの原因により崩壊するものである．せん断による斜面崩壊は，自然斜面では風化の進行や掘削など周辺環境の変化によるもの，また人工斜面では盛立中および盛立終了後において地下水や地震外力の作用によるものなどが挙げられる．以下に崩壊の実例を紹介する．

9.2　岩盤斜面の崩壊例

　自然斜面の安定は主として地質構造に支配されるが，地質構成は一般にそれほど単純ではないので，斜面が崩壊する場合はその形も多種多様である．また，自然斜面では突然崩壊することがあるが，その原因はほとんどの場合，対象地と隣接する地域全体の**環境変化**や長年にわたる**風化**の進行などによるものである．環境の変化は，例えば地山表層部を覆う堆積土砂や風化岩（残積土）が洗い流される，あるいは開発により除去されたため，雨水が地山内に浸入しやすくなり，地山の地下水位が上昇し崩壊を招くものである[1]．

9.2.1　地山地下水の上昇による崩壊

　周辺環境の変化により地下水が変動することを先に述べたが，地下水の流動状況は地山の地形や地質構造により異なり，かなり離れた地点の影響を受けることがある．例えば，図9.1はダム建設にあたりダムサイトより約600m地点を岩石採取場として掘削したが，この掘削により岩盤内の地下水が掘削前と比較して約12m上昇し，地山部はダムサイト側に大きく移動した．この場合，完全崩壊には至らなかったが，明瞭なすべり面が岩盤層理面に沿って現れた．このように岩盤の崩壊は主に節理や層理に沿って，わずかな周辺

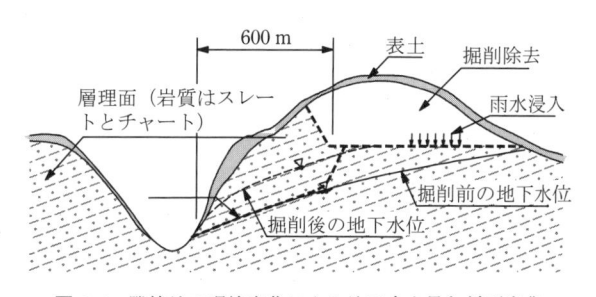

図9.1　隣接地の環境変化による地下水上昇と斜面変兆

環境の変化により発生することがある．節理や層理がすべり面方向に傾斜する岩盤を**流れ盤**と呼ぶが，節理や層理をすべり面とする崩壊は岩盤全体がかなり新鮮であっても発生することがあるので，現場においてこの種の地盤に対しては特別な配慮が要求される．

9.2.2 トップリング現象による崩壊

図 9.2 は砕石場で発生した崩壊である．地質構成は安山岩を主体としており，安山岩特有の柱状節理がやや傾斜して発達していた．崩壊は切羽高約 50 m において発生したが，その形は上部において節理や層理が剥離，転倒する，いわゆる**トップリング現象**によるものであった．

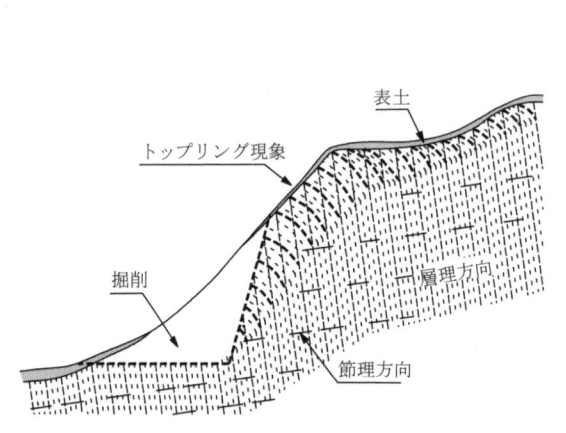

図 9.2 掘削に伴うトップリング現象

写真 9.1 トップリング現象 [2]

9.2.3 グラウト施工時の崩壊

岩盤上にダムを建設する場合，支持力の改善や基礎地盤からの漏水量を軽減する目的で，セメントミルク等を用いて**グラウチング**が行われる．グラウチングの圧力は深さにより異なるが，1 cm^2 当たり数 kg〜数 10 kg とすることがある．グラウト圧により岩盤内の間隙水圧が上昇し，岩盤を浮き上がらせることもあるが，これによりダム取

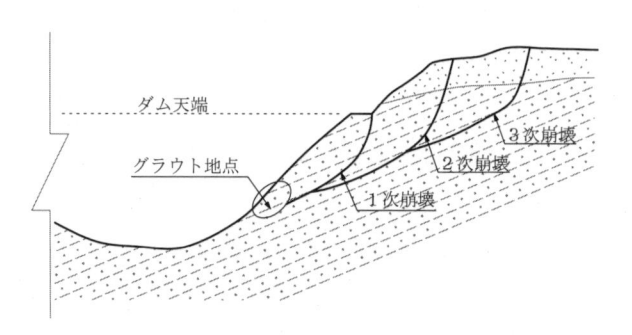

図 9.3 グラウト時に発生した崩壊

付け部斜面の崩壊を招くことがある．また，グラウトによる岩盤内の圧力は主として**節理**や**層理**あるいは**断層面**に沿って広範囲に分布し上昇する．節理，層理や断層が，流れ盤をなす地質構造の場合，崩壊の危険性はより高くなり，広範囲にわたって崩壊することがある．図 9.3 はテストグラウト時に発生した岩盤崩壊の一例を示したものである．

9.2.4 湛水池内の崩壊

湛水地内の斜面崩壊は，1）貯水の途中に発生する場合，2）貯水位が満水位に達した後に発生する場合，および3）貯水位が降下する場合等において発生することがある．1），2）のケースは貯水により浸水した部分が浮力を受け，有効応力が減少し，これに伴うせん断抵抗の低下による崩壊である．ま

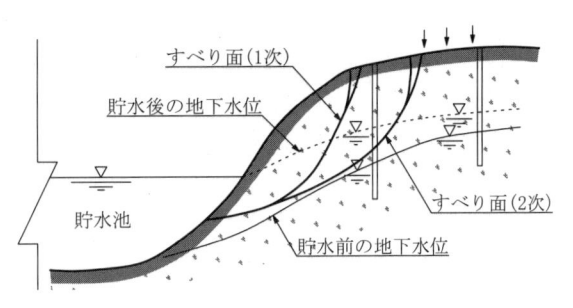

図 9.4 貯水による地山崩壊

た，このような崩壊はしばしば降雨時に発生することがあるが，この理由として降雨による地山地下水位の上昇および降雨による地山の湿潤化により質量が増加し，これに伴い**滑動モーメント**も増加することが挙げられる．また，3）のケースは地山内への浸透水が貯水位降下後も地山内に残留して有効応力とせん断抵抗の低下を招き，かつ前と同様に滑動力が増加するためである．

9.2.5 泥岩斜面の崩壊

地質学的に分類された泥岩は，土質工学的にはしばしば**固結シルト**とか**固結粘土**と呼ぶことがあるが，地域によっては**青サバ**，**土たん**，あるいは沖縄地方では**クチャ**（方言）と呼んでいる．近年，泥岩は土質構造物の構築用としてしばしば使用されているが，泥岩は自然斜面や掘削斜面の安定問題を始め構築材料として利用する場合でも，その扱いはなかなか面倒であるので，これについては章を改め詳述する（第 10 章）．

9.3 岩盤斜面の崩壊対策

9.3.1 地下水低下工法

岩盤斜面を対象として代表的な崩壊例を示したが，これらの崩壊防止対策とてしは，例えば図 9.4 のように地下水上昇による崩壊に対しては，地山に対し，排水用の横ボーリングが有効である．排水効果により**図 9.5** (a) のように単にボーリングを行う方法，また，同図 (b) のように二段式として地山の奥深くまで排水する方法，あるいは図 (c) に示すようにトンネルを谷部と平行して掘削し，この中から排水する方法などがある．

なお，この種の排水工法は，第 10 章で述べるように泥岩類や粘性土層斜面に対しては，長期的にはほとんど有効的ではないので，十分注意しなければならない．

9.3.2 トップリング対策

図 9.2 に示したトップリングに対しては**図 9.6** (a)，(b) に示したようにロックボルトを用いてアンカーするか，トップリング部の掘削除去などの処置がなされる．

(a) トンネル内からの排水ボーリング   **(b)** 二段式排水ボーリング

(c) 排水ボーリング

図 9.5 地下水位降下対策

(a) アンカー工   **(b)** 掘削除去

図 9.6 トップリング対策   **図 9.7** 安全な掘削角

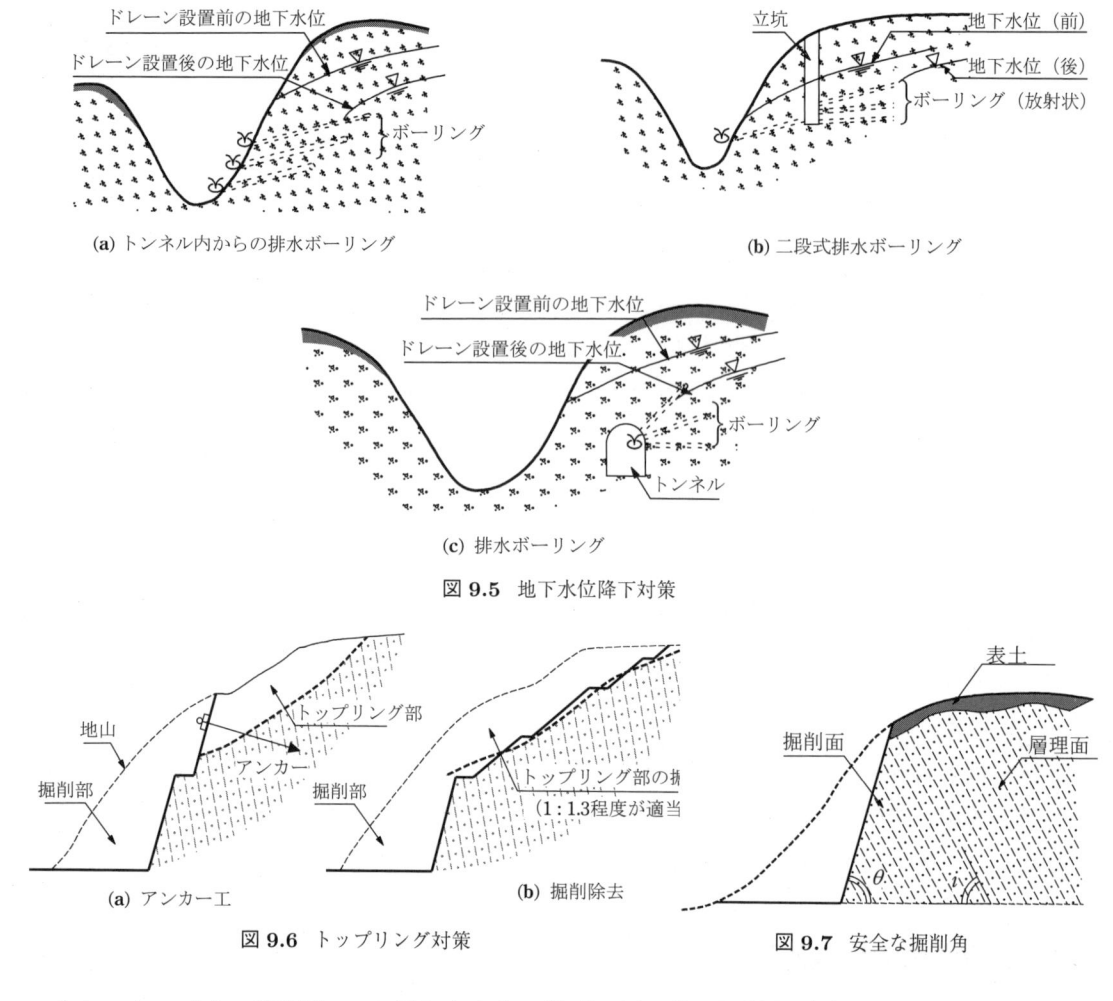

なお，トップリングは図 9.7 に示したように節理，層理等の傾斜角 (α) と掘削角 (θ) との関係において起こるので，これを防止するためには $\alpha > \theta$ でなければならず，安全な掘削角は経験的には式 (9.1) で表される．

$$F_s = \frac{\tan \alpha}{\tan \theta} \tag{9.1}$$

ここで，$F_s = 1.2 \sim 1.3$ が適当である．

9.3.3 グラウチング時の崩壊防止対策

グラウチングによる岩盤の持ち上がりや斜面崩壊を防止するためには岩盤表面に変位計を設置し，**グラウト圧の管理**を行う．しかし，圧力のみに配慮し，注入圧を低くすれば，所要の地盤改良目的を達し得ないことがある．このような場合は複数のボーリング孔を設け，一方の孔から注入し，他の孔をドレーンとして利用し，ミルクが吹き出た時点で注入を中止し，硬化待ちをした後，再度注入を開始する．この方法により岩盤内の注入圧の広範囲に分布するのを防止でき，岩

盤崩壊は回避されるが，このほかにも図 9.8 に示したように，岩盤面に砂を敷き詰め，これを鉄筋コンクリート板で覆い，さらにコンクリート板を岩盤にアンカーした後にグラウトを行うなどの方法がある．しかし，いずれの方法もかなりの労力と時間が必要であることを認識しておかなければならない．

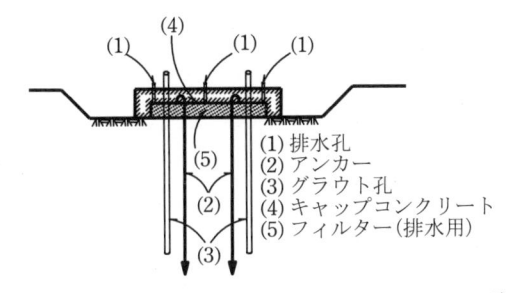

(1) 排水孔
(2) アンカー
(3) グラウト孔
(4) キャップコンクリート
(5) フィルター(排水用)

図 9.8 キャップコンクリートによるグラウチング工 [3]

9.3.4 貯水池内の崩壊防止対策

貯水時の有効応力の減少による地山部の崩壊は，対象地に対しロックアンカーや滑動抑止杭を施工するか，滑動モーメントに寄与する部分を掘削除去するか，あるいは両者を併用するかであり，他の適当な工法は考えられない．いずれにしても崩壊後の復旧，処置費は事前に実施する対策費と比較にならないほどの多額となるので，貯水前の十分な調査と検討が必要である．

9.4 土質斜面の安定

土質斜面は自然斜面と盛土斜面に大別されるが，自然斜面の安定性は地層を地質年代別に分類し，また盛土斜面については盛立て中および盛立て終了後に分けると議論は進めやすくなる．自然斜面は，大きくは第三紀および第四紀の堆積土層に分類されるが，工学的には**第四紀**の**更新世**と**完新世**（1～1.5 万年）とを区別すべきであろう．完新世堆積物は，一般に沖積堆積層と呼ばれ，力学的には多くの場合不安定である．更新世以前の堆積物は，礫層や礫混じり砂層と粘性土層との互層からなり，地層全体のせん断強度は比較的大きく，安定性に優れているのが特徴である．そして，長年にわたって風雨にさらされ，**風化**が進み，**侵食**された結果，現状地形が維持されている．したがって周辺の環境が極端に変化しない限り斜面が崩壊することはなく，このことは同地域周辺の**盛土や切土**を行うにあたり大いに参考になる．すなわち，概略的には自然斜面の勾配より急な盛土，切土を行おうとすれば，それなりの対策が必要となると考えなければならない．

一方，**盛立て中の安定性**は，盛土の自重により生起する過剰間隙水圧の大きさや盛土材料の強度低下（チキソトロピー）などに支配され，また**盛土終了後**は**地震外力**や**地下水**，あるいはフィルダムの場合は**コラプス現象**や上述のように貯水位の急激な降下により堤内に残存する間隙水圧等の影響を大きく受け崩壊することになる．以下にこれらの要因により崩壊したと思われる代表的事例を示した．

9.4.1 地山の表層崩壊（土石流）

斜面表層部に崩石土砂や倒木等により窪地ができ，これに雨水が貯留されることがあるが，こ

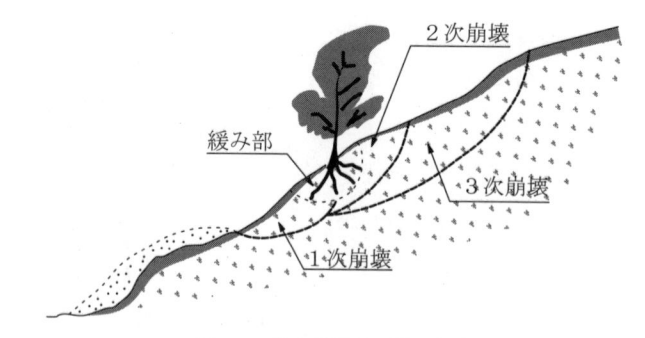

図 9.9 樹木根周辺の緩み崩壊

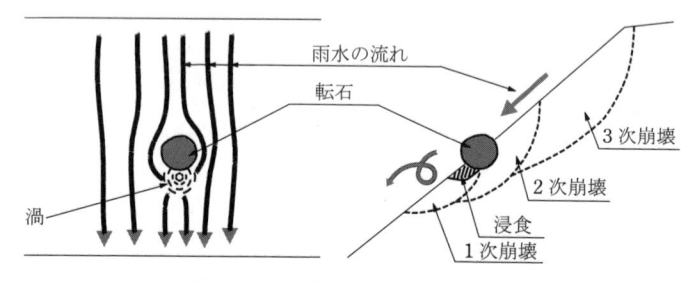

図 9.10 転石周辺の土の緩みと崩壊

れにより表層土砂のせん断強度が低下し，さらに貯留された雨水がこれを越流すれば表層土砂は泥濘化し一気に流動し（土石流），これが大規模崩壊に発展することがある．同様の現象は斜面上に繁茂した樹木が風で揺られ，根の周辺土が緩み，これに雨水が浸入して発生することもある（図9.9）．さらに，斜面上に転石等の障害物が存在するような場合，図 9.10 に示したように，雨水の流れが転石下方に集中し，この部分の土砂が浸食されて転石がずれ落ち，その後この部分に水流が集中し，これが逐次拡大して大規模崩壊を引き起こしたことがある．

9.4.2 周辺地の開発による崩壊

岩盤斜面において，地下水の上昇による崩壊例を先に述べたが，同様の現象は第三紀や洪積世の地盤環境下において一層顕著に現れることがある．図 9.11 は隣接地を宅地用として切土造成し，残土を用いて道路を建設した例であるが，建設の約 6 ヶ月後に道路盛土は崩壊した．崩壊原

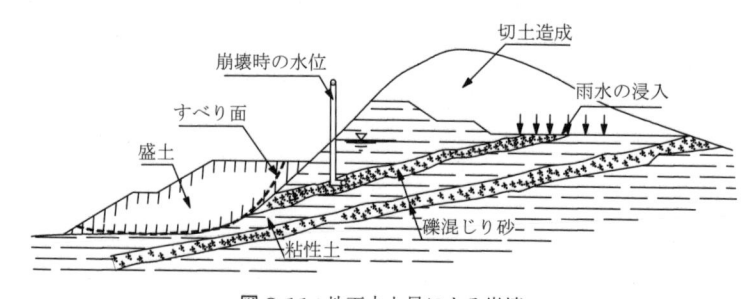

図 9.11 地下水上昇による崩壊

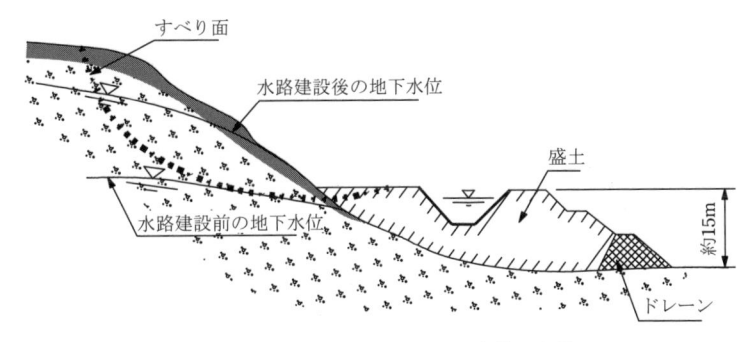

図 9.12 水路の建設による地下水位の上昇

因は同図で知れるように 300 m ほど離れた造成地に複数の砂層が露頭し，この部分から雨水が浸入し，一方では盛土により浸透水の出口が塞がれ，その結果，盛土背面の間隙水圧（地下水）が上昇したためである．

また，図 9.12 は自然斜面の崩壊である．この場合は自然斜面の側方に高さ約 15 m の開水路を建設したが，通水の約 2 ヶ月後の降雨時に崩壊した．地質調査の結果，地山を構成する地質は第三紀の鮮新世に属するもので砂層を挟在し，崩壊時の砂層内地下水位は盛土面より 10 m ほど上部にあった．地下水面の上昇は図 9.11 と同様，盛土により地下水の出口が塞がれたためである．

9.4.3 設計の誤りによる崩壊

図 9.13 は高さ約 13 m の開水路盛土の崩壊であるが，設計段階では浸潤線が外法面に現れるのを防止するため法先ドレーンを設けることとした．完成後まもなく通水されたが，半年ほど経過した時点で，浸潤面は Casagrande の方法により求めた地下水位よりはるか上方に現れ，水路の一部が崩壊した．盛土に用いた材料は GC〜GM（礫混り砂質ローム）であり，盛立て含水比は最適含水比より 2〜3％湿潤側であり，締固めはタイヤローラーを用いて行われた．浸潤面が高い位置に現れた理由としては，盛土の水平方向の透水係数 (k_h) と鉛直方向の透水係数 (k_v) との差が大きいためであると考えられた．観測された浸潤面を基に透水係数比 (k_h/k_v) を逆解析により求めた結果，$k_h \fallingdotseq 25\,k_v$ であることが知れた．このことはフィルダムなどの水利構造物の設計に

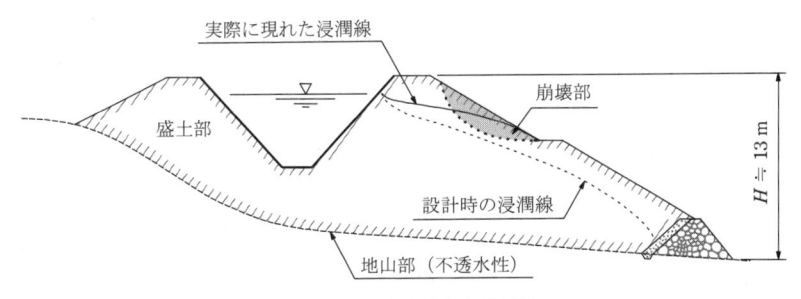

図 9.13 開水路盛土と浸潤線

9.4.4 芝生の透水性の低下による崩壊

盛土や切土の斜面にはほとんどの場合，植生が行われるが，芝による植生は斜面内の地下水を上昇させ斜面崩壊の誘因となることがある．すなわち，芝の成長に伴い**毛根**が**地盤内**に**密集**し，これが**透水性を低下**させるためである．

実測結果によると毛根が成長し最も密集した時の（4～5年後）透水係数は 10^{-5} cm/s オーダーとなるが，これにより排水が不能となり崩壊を招くことになる．図 9.14 は練り石積上部の斜面崩壊例である．完成3ヶ年ほど経過した後に崩壊したもので，その原因は明らかに芝の根による透水性の低下であり，降雨時の排水が阻まれたことによる間隙水圧の上昇によるものであった．

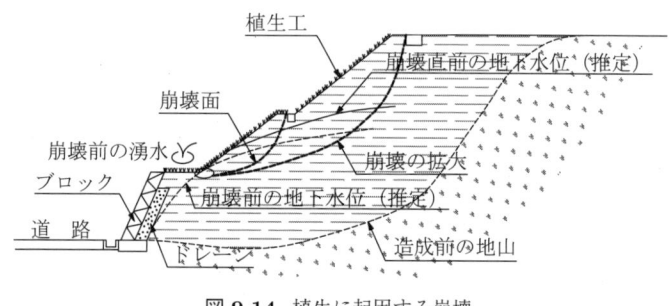

図 9.14 植生に起因する崩壊

9.4.5 過剰間隙水圧による崩壊

盛土中に発生する過剰間隙水圧は盛土の自重により土が圧縮されて生起するものである．その大きさは第7章で詳述したように，三軸圧縮試験機を用い非排水状態において加圧した際に発生する水圧を直接観測するか，Hilfの提案した方法により，圧密試験結果を用いて求めることができる．図 9.15 は両方法により求めた結果を比較したものであるが，その違いはせいぜい5％以内である [4]．

非排水条件下において求めた過剰間隙水圧は盛土の施工期間中に，その一部は消散（圧密現象）する．消散の速度は盛土の透水係数，盛立て速さ，排水の境界条件，さらに盛土の転圧方法などにより異なるため，任意の盛土段階における間隙水圧の残留値を求めるのはなかなか面倒である．例え差分法や有限要素解析を行っても精度的満足は得られない．しかし第7章で述べた方法を用いることにより，残留間隙水圧の値は比較的容易に概算することができる．この値を用いて安定解析を行うことにより盛立て中の安定性は容易に評価できる．

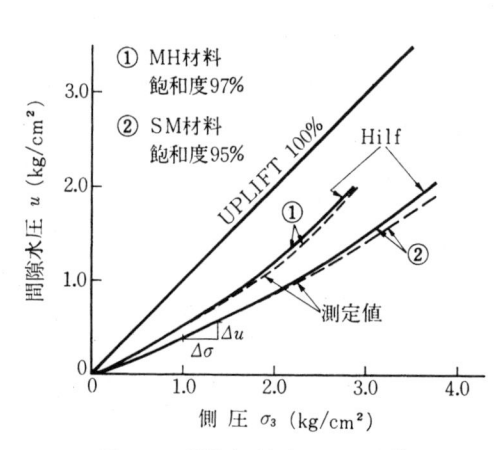

図 9.15 間隙水圧と側圧の関係 [4]

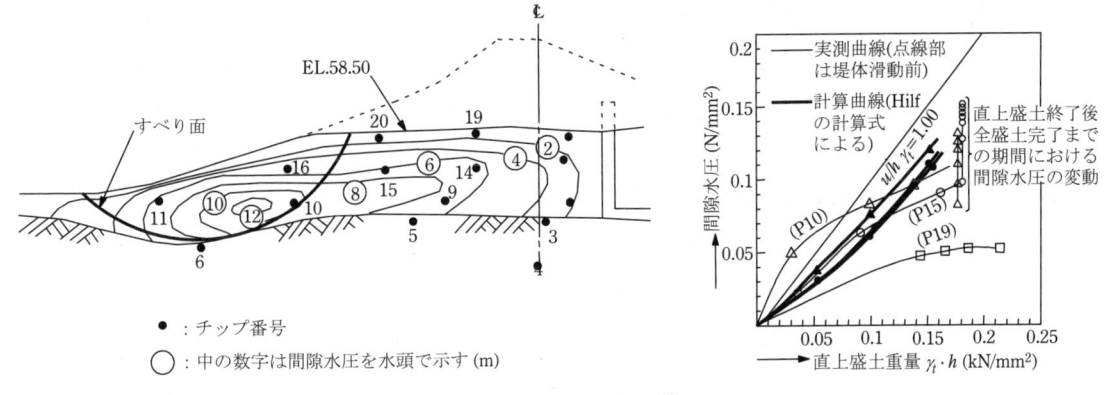

図 9.16 東郷ダムの崩壊[5]

過剰間隙水圧による盛土の崩壊は経験的に2種に大別することができる．その一つは，過剰間隙水圧により有効応力が減少し，斜面内の滑動力がせん断抵抗力を上回る場合である．図 9.16 は過剰間隙水圧の発生による崩壊例である．同図で明らかなように，崩壊時には斜面先付近において鉛直方向の土圧を上回る間隙水圧が発生した．土圧を上回る間隙水圧の発生は理論的には考えられないが，弾性体では凹部において外力を上回る**応力集中**が見られる．このことを考えると，このような現象の発生は理解され，事実その後の研究により，その妥当性が証明された[6]．

もう一つは，含水比の高い粘性土を用いた盛土では盛立て中，転圧機械の運行により盛土表面が波打つことがある．このような現象は火山性ローム土の施工時に顕著に見られるが，これにより盛土内には一時的に縦方向の亀裂が発生する．亀裂の発生は瞬間的なものであるが，この現象が繰り返されて亀裂内の水分量が増加する．これは周辺の高い間隙水圧によるものであるが，これに新たな盛土の圧力が作用することにより，盛土内には図 9.17 に示したように高い間隙水圧が発生する．この間隙水圧により盛土斜面の一部は同図に示したように，**押し出される形で崩壊する**[1]．また，寒冷地の盛土で冬季に盛土を中止する場合，堤体内に亀裂が残存した状態で越冬すれば，この間に間隙水が亀裂内に集まり，また雪解け時の水が入り込むこともある．この状態で盛土が再開された場合，亀裂内の間隙水圧は盛土荷重と同程度まで上昇し斜面崩壊が起こる．この種の崩壊は，経験的には上部1～2mのものが最も多いが，稀ではあるが斜面全体に及んだこともある．

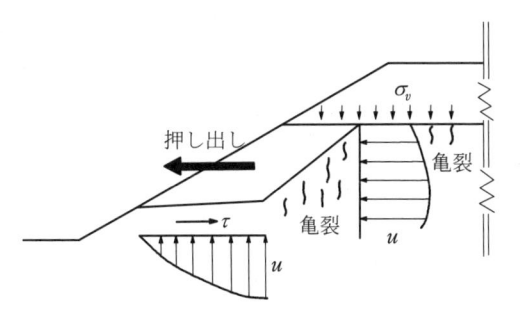

図 9.17 盛土内部亀裂の過剰間隙圧[1]

9.4.6 排水の不備による崩壊と対策 [7]

　土木や建築構造物を土質地盤上または岩盤上に建設することにより構造物周辺の環境は少なからず変化することになる．特に，各種コンクリートや土質構造物の建設は，構造物周辺の地下水位を変化させ，構造物自体ばかりでなく周辺地山部の安定性にも影響を及ぼすことになる．例えば，水路などの**水利構造物の建設**は周辺地山や**盛土内部の地下水位を上昇**させることになり，これが**斜面崩壊の誘因**となる．またコンクリートライニング水路やコンクリート水利構造物では，水路内の水位低下時の揚圧力により水路底面に亀裂が発生したり，あるいは構造物全体を浮き上がらせるなどの事故が過去数多く経験されている．

　これらの事故はほとんどの場合，**不十分な排水施設**によるものであり，これを防止するためには十分な機能を有する**排水施設を設置**することである．排水施設は単に排水のみを目的とするものと，排水と止水機能の両面を有するものとに大別される．すなわち，**斜面の安定確保**を目的とする排水施設は，**排水のみが重視**される構造となる．これに対し**水利構造物**の場合は，**排水**と**止水機能**を兼ね備えた構造でなければならない．例えばコンクリートライニングの開水路や各種三面張りコンクリート構造物では，構造物内に水位が存在する場合は，漏水防止，また空虚時には構造物の背面や底面に作用する水圧を排除可能な構造でなければならない．このような排水施設は，通常，単にドレーンと呼ばれる．排水のみを目的とする場合のドレーンは，次項に述べるように**面的**あるいは**帯状**に，また水利構造物に対しては点あるいは**局所的**に設置される．

(1) 斜面安定用ドレーン

　盛土や切土斜面は降雨や地下水により斜面内の水位が上昇し，有効応力が減少し，あるいは浸透水やガリ浸食を受け，これが崩壊の誘因となることがある．これを防止するため盛土に対しては，例えば図**9.18**に示したように地山部との境に面状または帯状ドレーンが設置される．また，法先部に対しては法面の浸食防止や法先部からの崩壊防止用として，石積工（ブロック積工を含む）や擁壁が設置される．石積工や擁壁背面にはその規模に応じてドレーン層やドレーン孔が設置されるが，ドレーン層は図**9.19**に示したようにその末端部を隣接する側溝に連絡して排水する．また，ドレーン層を設けない場合は，同図 (c) に示したよう

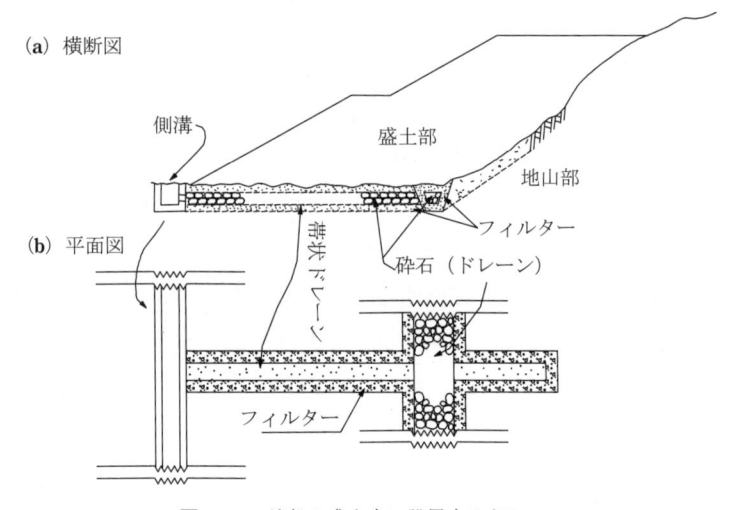

図 9.18 地盤や盛土内に設置するドレーン

(a) ロックフィルドレーン

(b) 石積み背部のドレーン

(c) 擁壁背部のドレーン

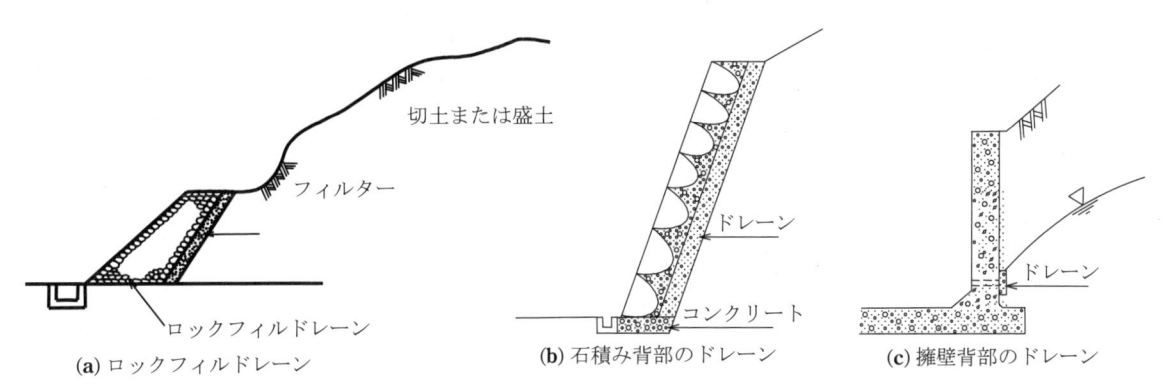

図 9.19 法先に設置するドレーン

に適当な間隔でドレーン孔を設置する．

(2) 水利構造物用ドレーン

　水利構造物に対しては，構造物内に水位が存在する場合は漏水を防止し，また，水位が存在しない場合は構造物背面，底面に作用する水圧を排除可能な構造を有するドレーンが設置される．

　水利構造物の背面には，通常図 9.20 (a), (b) に示したような全面ドレーン層は施工されず，底部に対する縦断方向の連続したドレーン，帯状ドレーン（図 9.20 (a)）あるいは独立したドレー

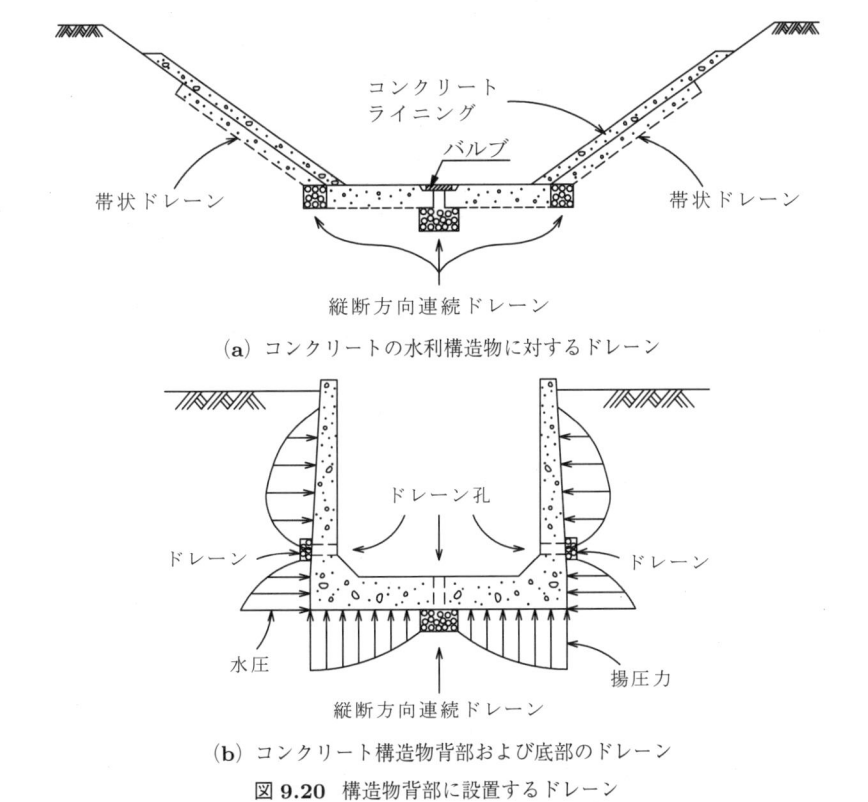

(a) コンクリートの水利構造物に対するドレーン

(b) コンクリート構造物背部および底部のドレーン

図 9.20 構造物背部に設置するドレーン

ン（図 9.20 (b)）が設置される．ドレーン孔には**漏水防止用バルブ**が具備されている．水利構造物に対し，全面ドレーンを設けないのは止水用バルブに事故が発生した場合，漏水により構造物背部の飽和域の拡大を最小限に止めるためである．

(3) 排水孔の配置と間隔

各種構造物の背部全面に対しドレーン層を施工しない場合は，斜面内または側壁部にドレーン孔を独立して配置する．ドレーン孔の設置間隔は背面の地質構造や土質により異なるが，「土木構造物用ウィープホールの設置計画・設計に関する解説」によると，水平方向，高さ方向いずれも 2.5 m 程度，千鳥配置が適当とされている[7]．

9.4.7 地震力による崩壊

地震強度は地質構成により異なり，岩盤部より軟弱地盤部においてより大きいことが知られている．そして飽和した砂質系地盤は，その締り状態や地震強度により異なるが，地震時に液状化することがある．一方，斜面部では斜面内に新たな滑動力が生起し，これにより斜面は崩壊することがある．

(1) 液状化現象

比較的緩く堆積した飽和砂地盤では地震力の作用により土粒子の再配列が起こり，**図 9.21** に模式的に示したように，間隙内の水が外へ押し出される．水が押し出され，また土粒子が再配列する過程において，土粒子は浮力を受け一時的に**浮遊状態**になる．浮遊状態では有効応力がゼロであるので，地盤支持力もゼロとなる．この現象を**液状化現象**と呼ぶ．地震力が大きく間隙内の水が急激に押し出される際には，土粒子を伴い噴出することがあり，この現象を**噴射現象**と呼んでいる．

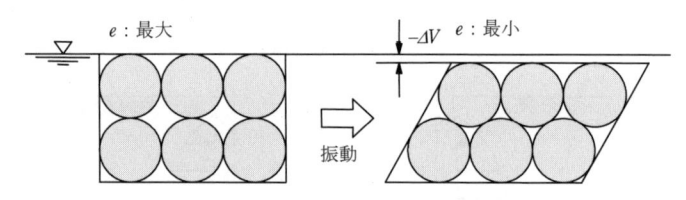

図 9.21 地震力による土粒子の再配列

液状化発生の難易度は概略的には土の粒度組成，標準貫入試験の N 値などにより判定されるが，一般には動的試験を通じて判定される．土の粒度組成による判定では均等係数 (U_c) が使われる．すなわち液状化の可能性は均等係数が概ね $U_c \leq 7$ であり，また 10 m より深い部分では，液状化の可能性は低いとされている．また，標準貫入試験では 15 > N 値 において液状化は起こりにくいとされている．また，実験的に判定する方法には **14.3.1** に示したように，繰り返し三軸および

ねじりせん断試験等による方法がある．

以上，沖積砂質地盤に関する液状化判定方法に関する概要を述べ，またＮ値 > 15 において液状化は起こりにくいことを述べた．しかし，奥村[8]は洪積や第三紀の固結したＮ値の大きい砂質地盤でも，その応力状態によっては液状化の可能性が高いことを指摘している．これについて **14.7** 節において詳述する．

一方，土質構造物の加速度応答は構築材料の動的性質や構造物の形状，盛土の高さ，さらに地震強度により異なることは言うまでもない．例えば図 **9.22** は実ダムで観測された応答加速度の値を入力加速度との関係として示したものである．図には大型振動台を用いた堤高 2 m の盛土の実験結果も示されているが，入力加速度が 150 gal を上回ると，ダム天端付近の応答値は入力値と比較して 2～2.5 倍となることが知れる[9]．このことは動的応答解析結果でも確認されている．以上のような実ダムにおける観測結果，大型模型実験結果あるいは応答解析結果を踏まえ，堤高 15 m 以上の大ダムの設計値として，国土交通省は堤高方向に加速度を変え，堤頂部における設計加速度を基礎部の 2.5 倍とすることを指針として示している．これについては **14.6** 節で詳述した．

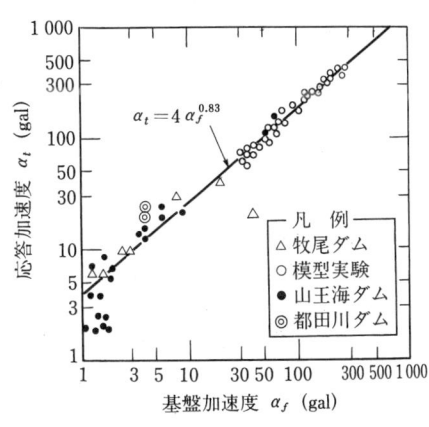

図 **9.22** 基盤加速度と応答加速度の関係[9]

(2) フィルダムの耐震性

わが国において，第二次世界大戦後，数多くの大型ダムが建設されているが，これらのほとんどのダムは耐震設計指針が示された以前に完成している．そして，これらのうち一部のダムは今日までに，新潟地震，兵庫県南部地震を始め多くの大地震を経験しているが，致命的被害を受けたという報告はない．このようにダムの安全性は，コンクリートダムを含めて，十分確保されていることがわかる．しかし，国土交通省はダムが万が一崩壊した場合の社会的影響は計り知れないものがあるとのことから，新しい指針（案）[10]を提示した．

9.5 斜面の安定解析

9.5.1 設計値の決定

各種土質構造物のうち，大型のロックフィルダムの建設では，力学的に満足な，しかも均質なコア材料を生産するため，および工事工程上の理由等により，多くの場合，材料を一時的にストックする．これに対し，一般盛土やアースダム等の建設では，主として経済的理由により材料を土取場から施工現場へ直送する施工計画がなされ，これを前提とした設計がなされる．

前者の場合はストックの過程において，材料の含水比を調整したり，必要に応じて粗粒材料や礫分が混入される．したがって，生産された材料は粒度組成において大きく変化することはない．一方，後者の場合は，土取場や施工現場においてせいぜい含水比の調整が行われる程度であるので，材料の組成的変化は免れない．このため，設計者は設計に先立ちすべての構築材料の力学的性質を把握し，施工条件を考慮し，設計値を決定するよう心掛けなければならない．

（1）混合材料の設計値

各設計値は突固め試験結果に基づいて決定される．土の突固め特性は与えるエネルギー（E_c）の大きさや材料の組成により異なるので，設計値の決定に当り，まず突固め試験を行い採用する突固めエネルギー（E_c）を特定する．そのためには，**図 9.23** に示したように E_c を変えた試験を行う．同図には土の含水比と $E_c = 100\%$，200%，300% を与えて突固めた試験結果を示したが，図から知れるように自然含水比は $E_c = 100\%$ の最適含水比付近に位置している．盛土の設計値は通常，施工時の締固め密度，すなわち D 値と飽和度（S_r）をもって管理される．フィルダムのような水利構造物では一般に $D \geq 95\%$，$S_r \geq 85\%$，その他の一般盛土では $D \geq 90\%$，$S_r \geq 90\%$ が採用されている．盛土の締固め条件として飽和度を規定するのは盛土が飽和した場合，**コラプス現象**による被害を防止するためである．特にフィルダムのような水利構造物の不透水部は将来完全飽和を前提とするので，飽和によりコラプス現象の起こりにくい $S_r \geq 85\%$ が採用される．$D \geq 95\%$ において $S_r \geq 85\%$ を満足するためには，**図 9.23** から知れるように，材料の含水比は突固め試験で得られる最適含水比の常に湿潤側でなければならない．**図 9.23** の自然含水比で突き固めた場合，この条件を満たすのは基準となるエネルギーを $E_c \geq 200\%$（JIS）に特定することができるが，闇雲にエネルギーを大きくすればよい，というものではない．一般には材料の自然含水比が $D \fallingdotseq 95\%$ の湿潤側に位置するような突固めエネルギーが選択される．基準となるエネルギーを与えて突き固めた試料に対し各種力学試験（せん断，圧密など）を行う．フィルダムの場合はこのほかにも透水試験を実施し，締固め密度と透水係数との関係を求める．ストック材料であっても粒度組成は多少異なるので，これらのすべての材料に対し同様の試験を行い，この結果を用いて設計値を決定する．以下はフィルダムにおける設計値の決定例である．

a) 設計乾燥密度：フィルダムでは先に述べた理由により，まず突固め基準となるエネルギーを決定する．設計値は通常 $D \geq 95\%$ が採用される．組成の異なる各材料に対し，先に決定し

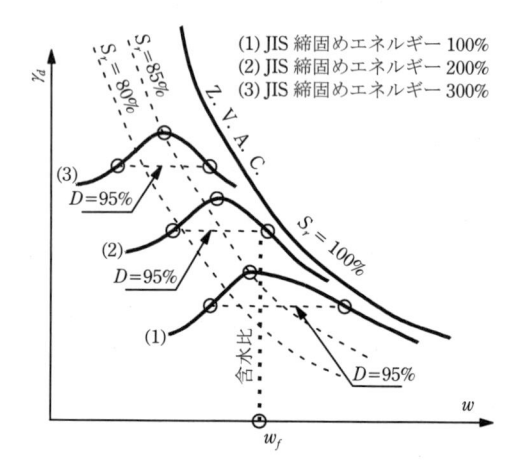

図 9.23 エネルギーを変えた突固め曲線

た突固めエネルギーを与えて突固め試験を行い，$D = 95\%$の乾燥密度の平均$(\rho_{d\text{mean}})_{95}$を求める．設計値としては一般に平均密度の$95～98\%$，すなわち$0.95～0.98(\rho_{d\text{mean}})_{95}$が採用される．

b) せん断強度：$D = 95\%$の密度に締め固めた試料に対し，せん断試験を行い，各材料の平均せん断強度$(c'_{\text{mean}}, \phi'_{\text{mean}})$を求める．設計値$(c'_s, \phi'_s)$は通常，$c'_s, \phi'_s \doteqdot 0.95(c'_{\text{mean}}, \phi'_{\text{mean}})$が採用される．

c) 透水係数：水利構造物では，その目的により設計値が決定されるが，一般に$k_v = 1 \times 10^{-5}$ cm/sが最大値として許容される（例外として5×10^{-5} cm以下とすることもある）．k_h, k_vが大きく相違する場合は$k_{\text{mean}}(= \sqrt{k_h \cdot k_v}) \leq 5 \times 10^{-5}$ cm/sとする．ここで，k_vは転圧層に対する直交方向，k_hは平行方向，k_{mean}は平均透水係数である．

(2) 自然材料をそのまま利用する場合

土取場の材料は多種に及んでおり，JIS突固め試験結果の最大乾燥密度において，$1.0\,\text{g/cm}^3$から$2.0\,\text{g/cm}^3$の範囲に分布するのは珍しいことではない．このため，設計密度を特定するのは，なかなか面倒である．しかし，密度の大きさは安定解析結果を大きく支配するものではないので，多少の誤差は許される．これに対し，土の力学的性質は締固め度，すなわち最大乾燥密度に対し，どの程度の密度まで締め固めるかに依存するので，材料の強度(c, ϕ)は主として**締固め度**に支配され，したがって設計値は締固め度の関係において決定される．

土取場の材料は多くの場合，粒度組成ごとに幾つかのグループに分類できるが，分類採取が可能な場合はこれを設計に反映させ，盛土の構造を決定する．例えばアースダムなどの場合は透水性のより低い材料を上流側に配置するなどの配慮がなされる．また，材料の分類や分類採取が困難な場合は全材料を**ランダム**に使用可能な構造，例えばコアの下流側にランダムゾーンを設けるなどの構造設計がなされる．

a) 設計密度

設計密度は材料をストックする場合と同様，各種材料に対し突固め試験を実施し，自然含水比が$D = 95\%$の湿潤側付近となるような**突固めエネルギーを特定**し，これよりわずかに大きい突固めエネルギーをもって**基準突固めエネルギー**とし，突固め試験が行われる．

設計密度（乾燥）は各種材料の突固め試験結果の$D \doteqdot 90～95\%$密度の平均値とする．ここで$D \doteqdot 90\%$としたのは自然材料は混合材とは異なり，自然含水比が$D = 95\%$の含水比より湿潤側に位置することがあり，この場合は$D = 90\%$までの密度を設計の対象とするからである（図**9.24** (a) 参照）．$90\% \leq D \leq 95\%$における締固め度を**C値**と呼び，次式で表示し，C値≥ 98とする．

$$\text{C値} = \frac{\text{現場締固め密度}}{\text{突固め密度}} \geq 98\% \tag{9.2}$$

なお，各材料の賦存量が既知の場合は，重みつき配分をした密度を求め，その平均値を設計値とすることもある．

b) せん断強度，透水係数

組成の異なる各材料に対し，前項に従って特定した基準エネルギーを与えて突固め試験を行う．この結果を模式的に図9.24 (a) に示したが，同図に示した各突固め密度に対し，せん断試験および透水試験を行い，その結果から図 (b)，(c) を作成する．図からせん断強度については最小値（図の c_s, ϕ_s），また透水係数に関しては最大値をそれぞれ求める．このような試験を組成の異なる他の材料についても行い，同様にして c_s, ϕ_s を求める．設計値は組成の異なるすべての材料の c_s, ϕ_s の平均値 $(\phi_s, c_s)_m$ と $0.95(\phi_s, c_s)_m$ の間で採用されるが最近は $(\phi_s, c_s)_m$ をそのまま採用する傾向にある．また設計透水係数 (k_s) としては通常 $D \doteqdot 95\%$ の乾燥側の値が採用されるが，最近は最適含水比における $D \doteqdot 95\%$ の密度における値の平均値（k_m, 図9.24 (c) の点 (d) における平均値）を採用する傾向にある．

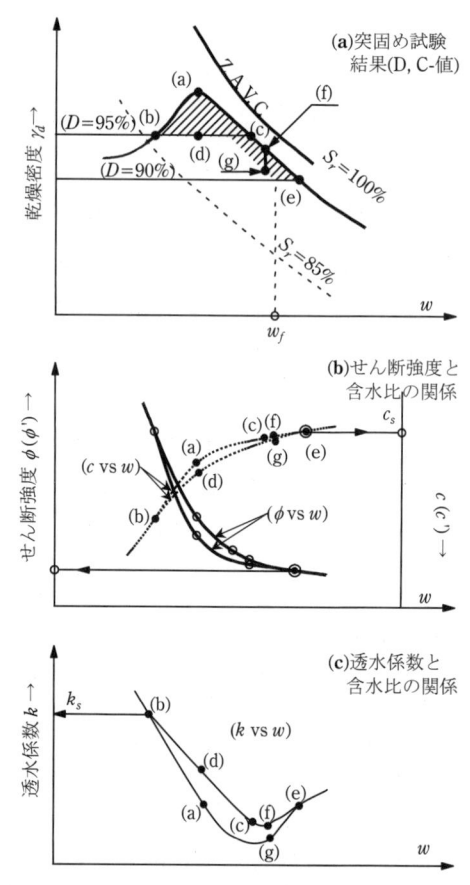

図9.24 突固め密度とせん断強度と透水係数の関係

9.5.2 安定解析法

土質構造物の破壊は自重による場合と外力の作用による場合があるが，これらはいずれもせん断破壊である．斜面は自然斜面と人工斜面に大別され，これらの安定性を検討する方法を**安定解析法**と呼んでいる．斜面の安定解析法については現在までに多くの手法が提案されているが，斜面崩壊をせん断破壊と見なす以上，これらの解析はいずれも土のせん断強度が基となって展開される．土のせん断強度の表示方法は**全応力**と**有効応力**の2通りであり，全応力強度を用いて安定解析を行う方法を**全応力解析**，有効応力強度を用いて安定解析を進める方法を**有効応力解析**と呼んでいる．

実務において，いずれの解析法を用いるべきかについては一概に結論することはできない．なぜなら全応力解析，有効応力解析のいずれも一長一短があり，国際的にも未だ結論されていないからである．また，安定解析の方法についても過去多くの手法が提案され，これらは，例えば1) すべり面を円弧と仮定した簡便分割法，2) Morgenstern の一般分割法，3) Bishop の分割法，4)

Spencer の分割法，5) Janbu や 6) Taylor の解析法などであり，簡便分割法や Taylor の方法を除いてはいずれもすべり面内の**不静定応力**を解析に取り入れている．また，Morgenstern や Janbu の方法を除いて，いずれも**すべり面を円弧**と仮定したものである．安定解析の方法としては，このほかにもすべり面を直線と円弧を組み合わせて表現する，いわゆる**複合すべり面法**も提案されている．複合すべり面法も原理的には Morgenstern の方法を基本としたものであるが，一般に知られ，また実務に利用されているのは Wedge 法，Fellenius や修正スウェーデン法（この方法は Modified Fellenius 法としても知られている）などである．

　以上の解析法のうち，いずれの方法を実務に適用すべきかは議論の分かれるところであるが，すべり面内の不静定内力を取り入れる解析法はかなり複雑であり面倒である．これに対し，不静定内力を事実上無視した簡便分割法や Wedge 法は解析手法が単純で汎用性に優れているが，解析結果の精度が問題とされている．土質構造物の設計・施工では，材料試験結果の精度，設計と施工条件との整合性，解析手法の適合性（全応力，有効応力）などにおける**精度的なバランス**が重要であって，一部のみの精度を上げても全体としてはあまり意味はない．このように安定解法としては多くの手法が提案されているが，研究目的は別として，実務においてはどの方法を用いても，結果において明瞭な差異は認められない．例えば，**表 9.1** は不静定内力を考慮した精度的に優れた方法とされる Bishop の分割法と簡便分割法を用いて安定解析を行った結果を比較したものである．表で明らかなようにケース 4 を除いて安全率の違いは 1〜2 割であり，簡便分割法の解は常に安全側にある．また，ケース 4 では安全率に大きな差が認められるが，水没部の重量を水中重量で計算すると表の「*」に示したようにそれほどの差は認められない．以上，述べたように簡便分割法は実務において，十分利用可能と思考されるので本書では主に**簡便分割法**について詳述することにした．なお，上述の各安定解析法については文献[4]に詳細に解説されている．

表 9.1　分割法と安全率 [11]

ケース	Bishop	簡便法	備考
1	1.61	1.49	均一斜面，勾配 1:2　$c' = 4.5\,\text{kN/m}^2$，$\phi' = 32°$
2	1.33	1.09	軟弱地盤（$c' = 7.5\,\text{kN/m}^2$, $\phi = 20°$）の上に砂層（$\phi' = 34°$）が乗る
3	0.7〜0.82	0.66	ケース 2 で軟弱層の c_u を $15\,\text{kN/m}^2$ とし，$\phi' = 0$ とする
4	2.0	1.14 (1.84)*	傾斜コア型アースダムで，上流部が水没している

　斜面の安定性の検討において，全応力，有効応力法のいずれを用いるべきかは上述のように未だ国際的にも意見が分かれるところである．しかし，実務的には，両解析法は対象となる現場条件により使い分けすればよいと思考される．例えば，次に示す各ケースについては**全応力解析**を適用することができる．

1) 軟弱地盤のように土が常に飽和状態にあり，また透水性が低くせん断中（載荷時）の間隙水

圧の変動が無視できる，あるいは極めて少ないと認められる場合

2) 盛土の場合でも火山生成ローム質土のように含水比が高く，飽和またはこれに近い状態で施工される場合

3) 盛立てが休止され，この間に盛土中に発生した間隙水圧はある程度消散するが，その後急速施工を行う場合

4) 透水性の低い土を材料とする盛土において，盛立て工事が比較的短期間に終了する場合（間隙水圧の変動無視）

一方，実務において，設計や施工の条件として，**間隙水圧**を切り離して**安定性**を議論しなければならないことがあるが，このような場合は**有効応力解析法**が適用されるのはいうまでもない．有効応力解析の適用の具体的なケースとして以下が挙げられる．

1) 堤高の大きい大規模盛土では，盛立て速度により異なるが，高い過剰間隙水圧が発生し，盛立て中の安定を脅かすことがある．設計段階において過剰間隙水圧を高い精度で見積もることができる場合（例えば第7章に述べた方法により）．

2) フィルダムにおいて貯水位が降下する際，堤体内には透水性によりその大きさは異なるが，間隙水圧が残留し，斜面の崩壊を引き起こすことがある．このような残留間隙水圧を見積もることができる場合（例えば第7章に述べた方法により）．

3) フィルダムでは，貯水時に基礎地盤部を含む堤体内の浸透により間隙水圧が生起するが，このような間隙水圧の推定が可能な場合（例えば浸透解析や流線網を描くことにより）．

4) 地すべりのようにすべり面上の地下水位（間隙水圧）が既知の場合（観測により）．

9.5.3 安定解析の簡便分割法 [11]

簡便分割法では**図9.25**に示したようにすべり面を円弧と仮定する．仮定した円弧すべり面で囲まれる土の部分を適当な幅の帯片に分割する．i番目の帯片に着目し，帯片の側面に働く垂直力，せん断力の全合力をΔZ_iで表せば，帯片に働く力は自重W_iと，すべり面上の全垂直力N_i，せん断力T_iおよびΔZ_iである．すべり面上のせん断応力τは，そこで発揮される強度sとの間に$\tau = s/F_s$で結ばれるものとすると，c-ϕ法では

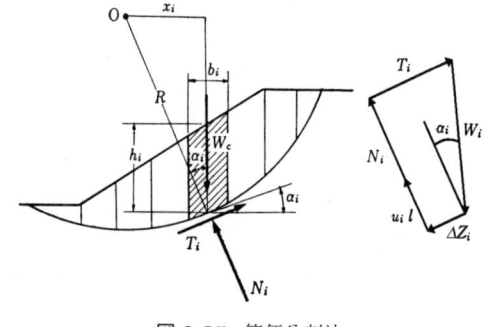

図9.25 簡便分割法

$$T_i = \tau l_i = \frac{s}{F_s} l_i = \frac{l_i(c'_i + \sigma'_i \tan \phi_i)}{F_s} = \frac{c'_i l_i + N'_i \tan \phi'_i}{F_s} \tag{9.3}$$

である．ここで，l_iは帯片の底面の長さで，幅b_iとの間に$l_i = b_i \sec \alpha_i$の関係がある．また，c'_i，ϕ'_iは帯片底面における有効応力に関する強度定数 $\sigma'_i = N'_i/l_i$ はすべり面上の有効垂直応力である．ΔZ_i がすべり面に平行に作用すると仮定すると，すべり面における垂直方向のつり合い式は

ΔZ_i の値にかかわらず

$$\sigma'_i l_i = N'_i = N_i - u_i l_i = W_i \cos\alpha_i - u_i l_i \tag{9.4}$$

ただし，u_i は間隙圧である．両式を組み合わせて

$$T_i = \frac{l_i}{F_s}\left\{c'_i + \left(\frac{W_i \cos\alpha_i}{l_i} - u_i\right)\tan\phi'_i\right\} \tag{9.5}$$

以上に基づいて，すべり土塊全体に作用する力のモーメント，つり合い式を作ると

$$\sum W_i x_i = R\sum W_i \sin\alpha_i = R\sum T_i \tag{9.6}$$

上式と式（9.5）より

$$F_s = \frac{1}{\sum W_i \sin\alpha_i}\sum\{c'_i l_i + (W_i \cos\alpha_i - u_i l_i)\tan\phi'_i\} \tag{9.7}$$

これが c - ϕ 法による簡便法の安全率の表式である．

$\phi = 0$ 法では $T_i = c u_i l_i/F_s$ である．これは不静定内力に関係のない形であり，間隙圧も含まれない．このとき式 (9.7) を用いて

$$F_s = \frac{\sum c u_i l_i}{\sum W_i \sin\alpha_i} \tag{9.8}$$

が得られる．

9.5.4 簡便分割法を用いた計算例
(1) 図式解法

　簡便分割法は図式的に解くこともできる．中心コアのフィルダムで間隙圧のない場合を図 **9.26** の例によって説明しよう．断面の区分に応じて土質定数を図のように（γ_r, c'_r, ϕ'_r：ロック部，γ_c, c'_c, ϕ'_c：コア部）とする．そして，点Oを中心とする一つのすべり円弧 mi を描いたとき，コア境界との交点を j, k とする．断面形状の変化点に注意してすべり土塊を幾つかの帯片に分割すれば，各帯片の土重量は帯片を代表する鉛直線の長さに比例する．例えば，任意の帯片の中心鉛直線 abc をとれば，線分 ab および bc はこの帯片の上流ロック部およびコア部の土重量に対応する．したがって，線分 ab, bc の半径 oc 方向および oc に垂直方向の成分を図式的に求めれば，これらは帯片底面の垂直力（$W\cos\alpha$）とせん断力（$W\sin\alpha$）の成分を与える．図 **9.26** における A 部の詳細図を図 **9.27** に示す．

　土塊のすべての帯片についてこれらの値を求め，すべり面に沿う分布を描けば図 **9.26** (b), (c) が得られる．さて図 (b) において面積 kejc, kk″dj″je をプラニメーターで測り A_1, A_2 とすると，コア部の摩擦抵抗は $\tan\phi'_c \sum W_i \cos\alpha_i = (A_1\gamma_c + A_2\gamma_r)\tan\phi'_c$ となる．ロック部に対しては mkk″, ijj″ の合面積を A_3 とすると，この部分の摩擦抵抗は $A_3\gamma_r\tan\phi'_r$ で与えられる．また図 (c) においてコア部，ロック部に相当する k″fj″d, mtk′aj′ij″fk″ の面積を測って A_4, A_5 とする．ただし，すべり面の水平接点を t とし，t の左で mt で囲まれる部分は負値として A_5 を計算しなければならない．このとき $\sum W_i \sin\alpha_i = A_4\gamma_c + A_5\gamma_r$ である．

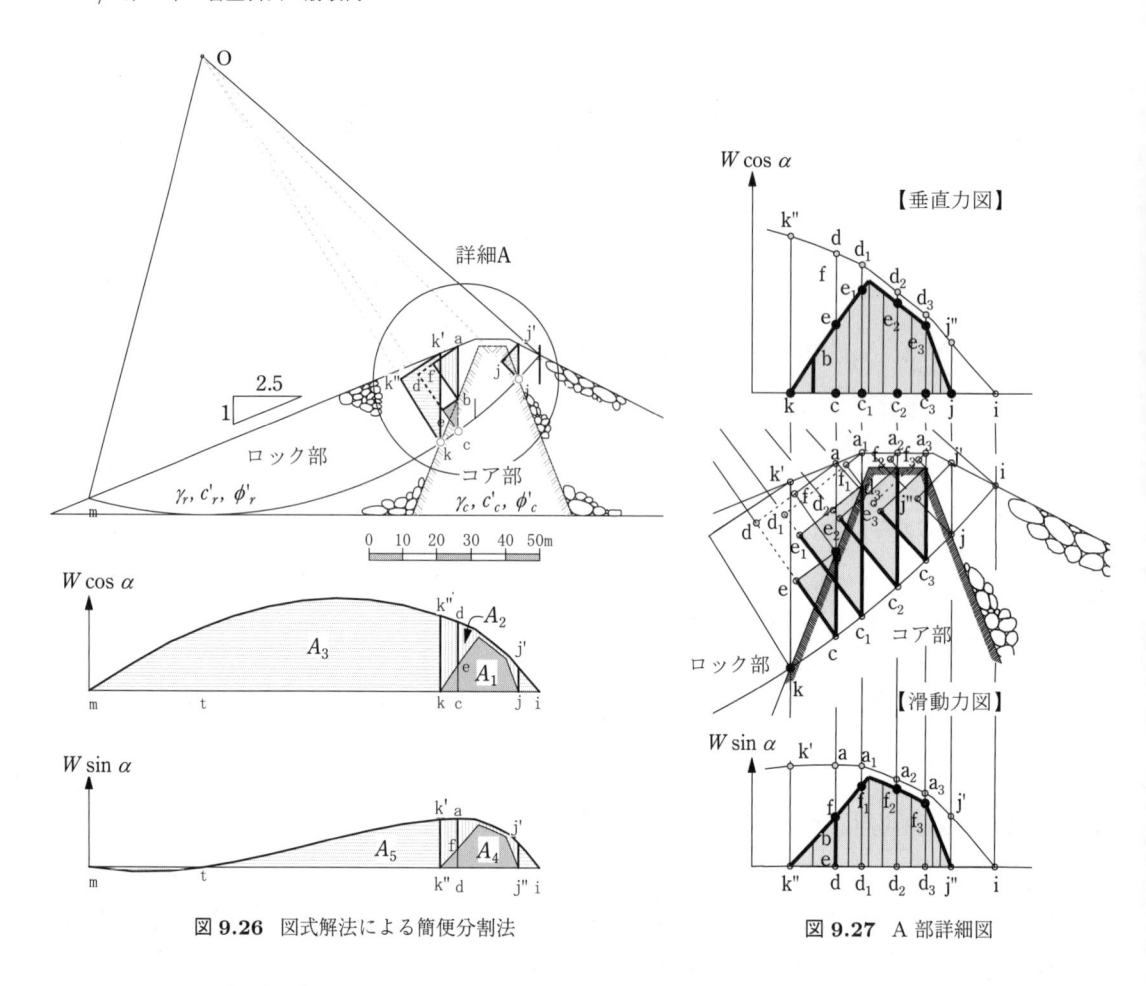

図 9.26 図式解法による簡便分割法

図 9.27 A 部詳細図

したがって，式 (9.8) より

$$F_s = \frac{c'_c \widehat{kj} + c'_r(\widehat{mk} + \widehat{ji}) + (A_1\gamma_c + A_2\gamma_r)\tan\phi'_c + A_3\gamma_r\tan\phi'_r}{A_4\gamma_c + A_5\gamma_r} \quad (9.9)$$

となる．

具体的な例として，$\gamma_r = 20\,\text{kN/m}^3$，$c_r = 0.0\,\text{kPa}$，$\phi_r = 40°$，$\gamma_c = 18\,\text{kN/m}^3$，$c_c = 10\,\text{kPa}$，$\phi_c = 25°$ とし，図 (b)，(c) から A_1，A_2，A_3，A_4，A_5 および各ゾーンの円弧長を求めると次のとおりとなり，$F_s = 2.469$ が得られる．

円弧長：$\text{kj} = 29.3\,\text{m}$，$\text{mk} = 108.1\,\text{m}$，$\text{ji} = 9.2\,\text{m}$

面　積：$A_1 = 204.1\,\text{m}^2$，$A_2 = 154.5\,\text{m}^2$，$A_3 = (2\,005.6 + 21.2)\,\text{m}^2 = 2\,026.8\,\text{m}^2$，
$A_4 = 166.8\,\text{m}^2$，$A_5 = (638.5 - 28.4)\,\text{m}^2 = 610.1\,\text{m}^2$

$$F_s = \frac{10 \times 29.3 + 0 \times (108.1 + 9.2) + (204.1 \times 18 + 154.5 \times 20)\tan 25° + 2\,026.8 \times 20 \times \tan 40°}{(166.8 \times 18 + 610.1 \times 20)}$$

$$= \frac{37\,543}{15\,204} = 2.469 \fallingdotseq 2.47$$

(2) 分割計算による方法

図式解法と同様に，図 9.28 に示したロックフィルダムについて安定計算した結果を表 9.2 に整理した．ここではすべり土塊を 15 個の帯片に分割し，それぞれの帯片の寸法と底面のすべり角度を求めている．ここで，b は帯片の幅，α はすべり底面の角度，l は円弧長さであり $l = b/\cos\alpha$ で近似する．また，h は帯片の鉛直高さでありロック部を h_r，コア部を h_c とすると帯片重量 W は $W = W_r + W_c = \gamma_r \times b \times h_r + \gamma_c \times b \times h_c$ で計算される．なお，α, h はいずれも帯片の中央の値を採る．

表 9.2 分割法による計算例

No.	b (m)	a (度)	l (m)	$c \cdot l$ (kN)	h_r (m)	h_c (m)	W_r (kN)	W_c (kN)	$W \cdot \cos\alpha$ (kN)	$W \cdot \sin\alpha$ (kN)	$W \cdot \cos\alpha \times \tan\phi$ (kN)	$W \cdot \cos\alpha \times \tan\phi + c \cdot l$ (kN)
1	12.81	−12.20	13.11	0.00	4.12	0.00	1 056	0	1 032	−223	866	866
2	11.00	−6.80	11.08	0.00	10.87	0.00	2 391	0	2 375	−283	1 993	1 993
3	10.00	−2.20	10.01	0.00	15.90	0.00	3 180	0	3 178	−122	2 666	2 666
4	9.00	2.00	9.01	0.00	19.72	0.00	3 550	0	3 547	124	2 977	2 977
5	10.00	6.20	10.06	0.00	22.84	0.00	4 568	0	4 541	493	3 811	3 811
6	10.00	10.60	10.17	0.00	25.37	0.00	5 074	0	4 987	933	4 185	4 185
7	10.00	15.20	10.36	0.00	27.08	0.00	5 416	0	5 227	1 420	4 386	4 386
8	10.00	19.80	10.63	0.00	27.93	0.00	5 586	0	5 256	1 892	4 410	4 410
9	10.00	24.50	10.99	0.00	27.85	0.00	5 570	0	5 068	2 310	4 253	4 253
10	10.98	29.70	12.64	0.00	26.67	0.00	5 857	0	5 087	2 902	4 269	4 269
11	10.02	35.20	12.26	122.62	15.03	9.16	3 012	1 652	3 811	2 689	1 777	1 900
12	5.00	39.80	6.51	65.08	2.00	18.47	200	1 662	1 431	1 192	667	732
13	4.00	42.00	5.38	53.83	2.00	14.60	160	1 051	900	810	420	474
14	3.67	44.30	5.13	51.28	6.17	6.41	453	423	627	612	292	344
15	6.19	47.40	9.14	0.00	5.04	0.00	624	0	422	459	197	197

$$F_s = \frac{37\,461}{15\,209} = 2.463 \qquad \sum = 15\,209 \qquad \sum = 37\,461$$

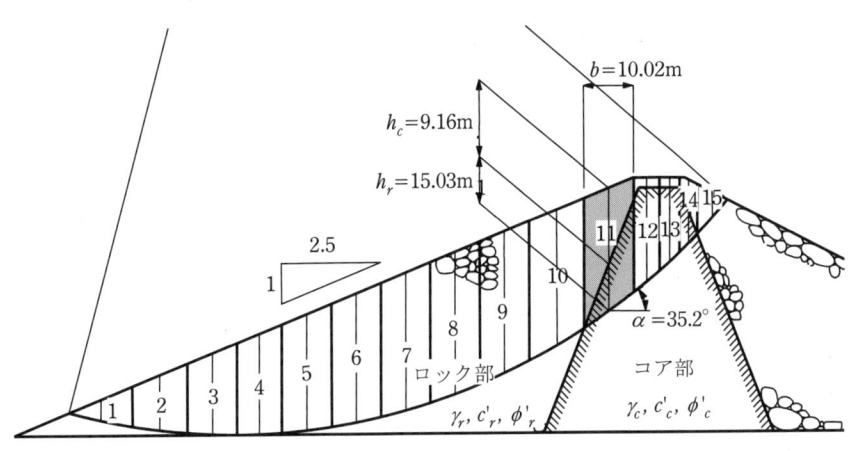

図 9.28 分割計算による安定計算例

(3) 定常浸透時の間隙水圧

貯水や地下水流によって斜面内に定常浸透が生じている場合，まず浸潤面を求め流線網を描けば，すべり面上の間隙水圧の分布が知れる．図 9.29 ですべり面上の任意点 a の間隙水圧は，これを通る等ポテンシャル線が浸潤面と交わる b 点との縦距 h に相当する水圧 $\gamma_w h$ で与えられる．安定計算では図 9.30 に示すように，浸潤面より上で γ_t，下で γ_{sat} として土重量 W を計算する．

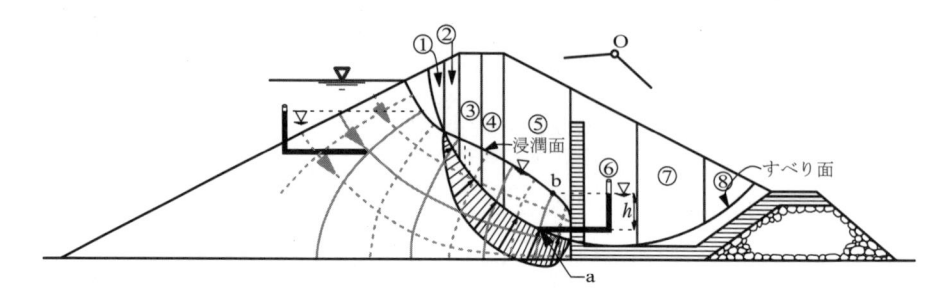

図 9.29 定常浸透流

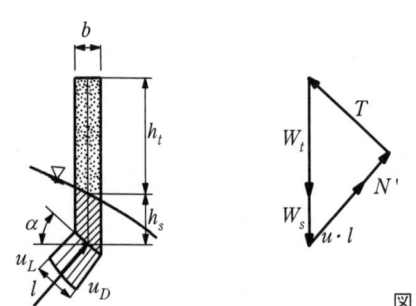

W：自重（鉛直力）
　　$W_t = h_t \times \gamma_t$（湿潤部）, $W_s = h_s \times \gamma_{sat}$（飽和部）, $W = W_t + W_s$
τ：滑動力
　　$\tau = W \times \sin \alpha$
u：間隙水圧
　　$u = 1 \times (u_L + u_D)/2$
N：垂直力
　　$N' = N - u_1 = W \times \cos \alpha - u_1$

図 9.30 帯片の力のつり合い

(4) 水位急降下時の間隙水圧と N，T の作図

貯水位の降下速度と堤体の透水係数の関係において浸潤面を求める．次に流線網を描き等ポテンシャル線からすべり面に作用する間隙水圧を算定する．図 9.31 の例では，貯水部まで円弧を伸ばし貯水による抑え荷重を考慮しているが，次項 (5) に示すように静水圧を表面荷重に置き換えても同様な結果が得られる．

図 9.31 に示した斜面において，土質定数を $\gamma_t = 18\,\mathrm{kN/m^2}$, $\gamma_{sat} = 20\,\mathrm{kN/m^2}$, $c' = 20\,\mathrm{kN/m^2}$, $\phi' = 25°$，水の単位体積重量を $\gamma_w = 9.8\,\mathrm{kN/m^3}$ としてすべり安全率を求めると表 9.3 のようになり，$F_s = \sum 9673 / \sum 9179 = 1.054$ を得る．

(5) 貯水圧を表面荷重に置き換えて計算する方法 [12)13)]

図 9.32 は，貯水部を静水圧に置き換えて計算した例である．図 (a) では，帯片①の代わりに，水平方向に静水圧を作用させた場合であり，図 (b) では，帯片②，③の斜面表面に静水圧を作用させた場合である．以下，両ケースによるすべり安全率を，表 9.3 を用いて算定してみよう．

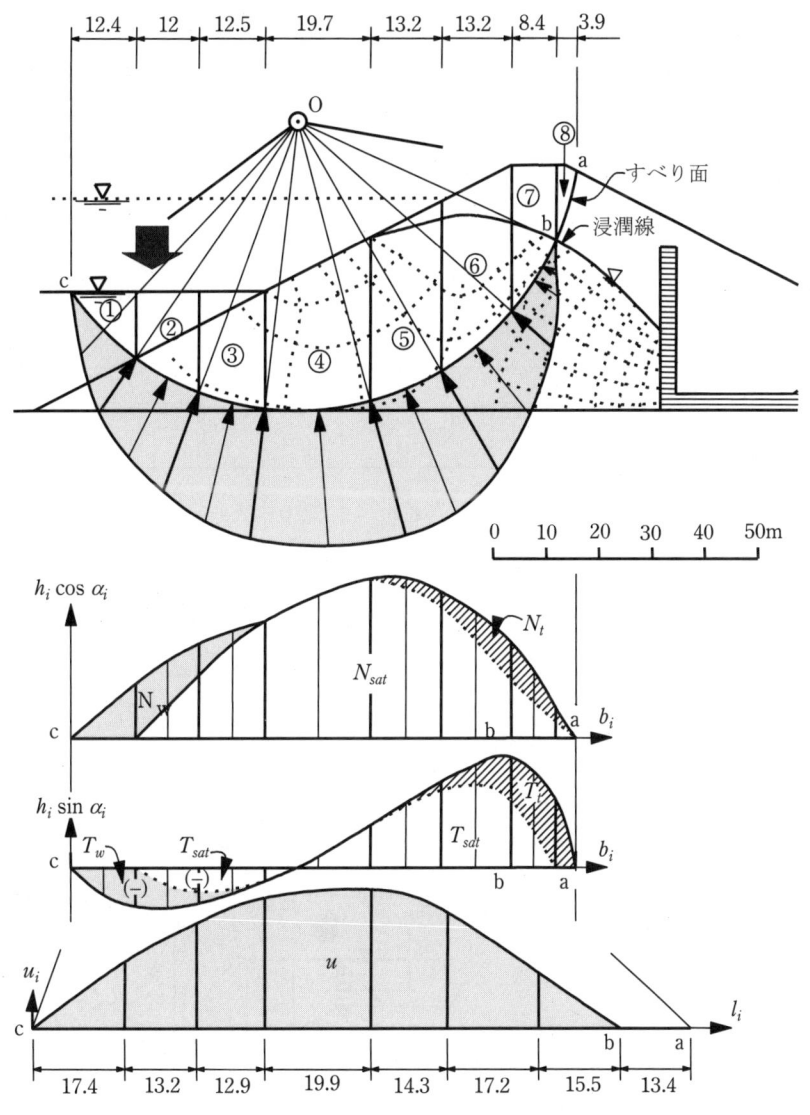

図 9.31 水位急降下時の安定計算

表 9.3 垂直力およびせん断抵抗力と滑動力

No.	b (m)	l (m)	$c \cdot l$ (kN)	AN_w (m²)	$AN_w \times \gamma_w$ (kN)	AN_{sat} (m²)	$AN_{sat} \times \gamma_{sat}$ (kN)	AN_t (m²)	$AN_t \times \gamma_t$ (kN)
①	12.4	17.4	0	62.9	616	0.0	0	0.0	0
②	12.0	13.6	272	98.5	965	68.9	1 378	0.0	0
③	12.5	12.9	258	33.2	325	212.4	4 248	0.0	0
④	19.7	19.9	398	0.0	0	512.4	10 248	0.0	0
⑤	13.2	14.3	286	0.0	0	360.0	7 200	21.9	394
⑥	13.2	17.2	344	0.0	0	233.5	4 670	66.5	1 197
⑦	8.4	15.5	310	0.0	0	55.9	1 118	45.6	821
⑧	3.9	13.4	268	0.0	0	5.9	118	4.5	81

表 9.3 垂直力およびせん断抵抗力と滑動力（つづき）

No.	A_{uw} (m^2)	$ul = A_{uw} \times \gamma_w$ (kN)	$N' = N - ul$ (kN)	$N' \times \tan\phi'$ (kN)	$N' \times \tan\phi' + c' \cdot l$ (kN)
①	110.1	—	—	—	0
②	216.6	2 123	221	103	375
③	283.2	2 775	1 798	838	1 096
④	499.6	4 896	5 352	2 496	2 894
⑤	344.1	3 372	4 222	1 969	2 255
⑥	272.3	2 669	3 198	1 491	1 835
⑦	78.2	766	1 172	547	857
⑧	0.0	0	199	93	361
				$\sum 7\,537$	$\sum 9\,673$

No.	AT_w (m^2)	$AT_w \times \gamma_w$ (kN)	AT_{sat} (m^2)	$AT_{sat} \times \gamma_{sat}$ (kN)	AT_t (m^2)	$AT_t \times \gamma_t$ (kN)	T (kN)
①	−54.8	−537	0.0	0	0.0	0	−537
②	−53.0	−519	−33.0	−660	0.0	0	−1 179
③	−12.0	−118	−46.9	−938	0.0	0	−1 056
④	0.0	0	42.8	856	0.0	0	856
⑤	0.0	0	147.1	2 942	8.1	146	3 088
⑥	0.0	0	191.4	3 828	53.7	967	4 795
⑦	0.0	0	54.5	1 090	91.4	1 645	2 735
⑧	0.0	0	0.0	0	26.5	477	477
							$\sum 9\,179$

❑ 図 (a) の例

静水圧による水平抵抗力 $P_1 = 12.2\,\mathrm{m} \times 12.2\,\mathrm{m} \times 1/2 \times 9.8\,\mathrm{kN/m^2} = 729\,\mathrm{kN}$ が円弧中心から 39.1 m の位置に作用するから，$R = 53.2\,\mathrm{m}$ のすべり面位置の抵抗力として換算すると $729\,\mathrm{kN} \times (39.1\,\mathrm{m}/53.2\,\mathrm{m}) = 536\,\mathrm{kN}$ となり，この値を分母の滑動力から差し引く．円弧を貯水部まで伸ばして計算した例では，帯片①の $\Delta T = AT_w \times \gamma_w =$ 537 kN がこれに相当する．一方，分子のせん断力は 9 673 kN で不変だから，この場合の安全率は次のようになる．

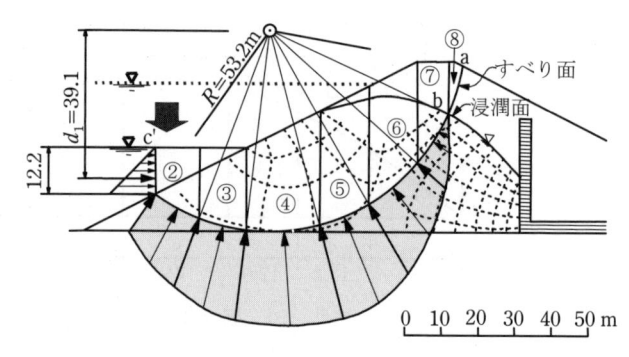

図 9.32 (a) 突固め密度とせん断強度と透水係数の関係

$$F_s = \frac{\sum(c' \cdot 1 + N' \tan\phi')}{\sum(T + \Delta T) - P_1 \times d_1/R} = \frac{9\,673}{(9\,179 + 537) - 536} = \frac{9\,673}{9\,180} = 1.054$$

❑ 図 (b) の例

斜面に作用する水荷重は $P_2 = 12.2 \times 27.4\,\mathrm{m} \times 1/2 \times 9.8\,\mathrm{kN/m^2} = 1\,638\,\mathrm{kN}$ であるから，上と同様に水圧による抵抗力は $P_2 \times d_2/R = 1\,638\,\mathrm{kN} \times (37.6\,\mathrm{m}/53.2\,\mathrm{m}) = 1\,158\,\mathrm{kN}$ となる．**表 9.3** では帯片①，②，③の負の滑動力に相当し，$\Delta T = 537 + 519 + 118 = 1\,174\,\mathrm{kN}$ となる．したがっ

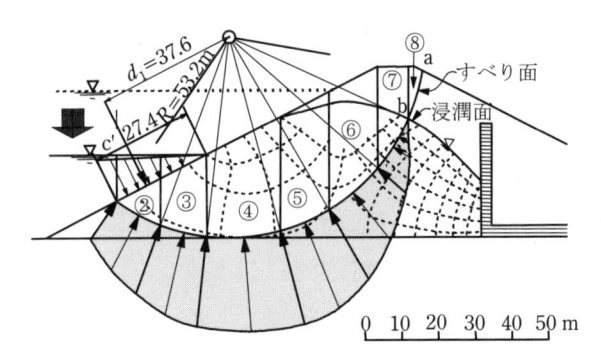

図 9.32（b） 突固め密度とせん断強度と透水係数の関係

て，この場合の安全率は次のようになる．
$$F_s = \frac{\sum(c' \cdot 1 + N' \tan \phi')}{\sum(T + \Delta T) - P_2 \times d_2/R} = \frac{9\,673}{(9\,179 + 1\,174) - 1\,158} = \frac{9\,673}{9\,195} = 1.052$$

9.5.5 ウェッジ法の解説と例題

すべり面が 1 つの直線からなる折線 CDB（図 9.33 (a)）であるとき，折点 D を通る鉛直線で，すべり土塊を 2 つに分けて考える．DG 面には不静定内力 Z が働くが，その方向は法面 AB に平行であると仮定してよい．Z の大きさは各土塊のつり合いを保ち，かつすべり面に働く抵抗力が同じ安全率で規定されるように定めればよい．

このことを解析的に行うには各土塊部分に働く力のつり合い式を図式的に表した図 (b), (c) より

$$\frac{W_1}{\sin(\beta_1 + \theta_1)} = \frac{Z}{\sin \theta_1} = \frac{R_1}{\sin \beta_1} \tag{9.10}$$

しかして，CD 面に沿う抵抗成分 T_1 は

$$T_1 = R_1 \sin(\alpha_1 + \theta_1)$$
$$= \frac{c_1 + R_1 \cos(\alpha_1 - \theta_1) \tan \phi_1'}{F_s} \tag{9.11}$$

上式で α_1, β_1 は既知の角度である．ただし，c_1 は合成粘着力である．同様に既知角 α_2, $\beta_2 = \pi - \beta_1$ を用いて

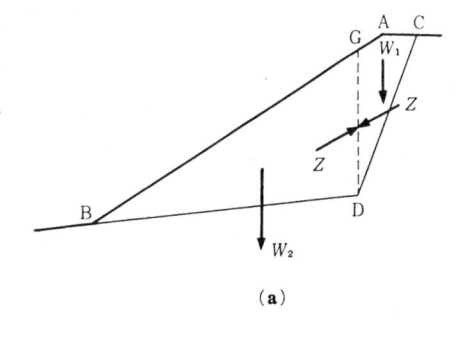

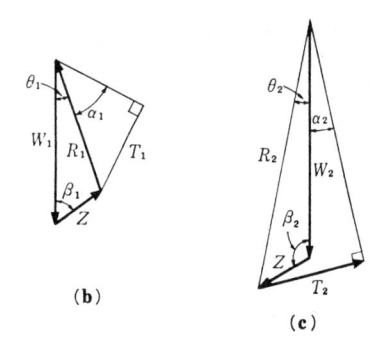

図 9.33 ウェッジ法 (1)

$$\frac{W_2}{\sin(\beta_2 + \theta_2)} = \frac{Z}{\sin \theta_2} = \frac{R_2}{\sin \beta_2} \tag{9.12}$$

$$T_2 = R_2 \sin(\alpha_2 + \theta_2) = \frac{c_2 + R_2 \cos(\alpha_2 - \theta_2) \tan \phi_2'}{F_s} \tag{9.13}$$

が得られる．まず Z の大きさを仮定すると式 (9.10) より θ_1, R_1 が得られ，式 (9.11) より F_s が知れる．同様に上の Z に対して式 (9.12), (9.13) より θ_2, R_2, F_s が求まるが，両者の F_s が等しくなるように Z を変えて試算すればよい．

また，さらに簡便に次のように考えることもできる[4]．図 9.34 において複合すべり面の代わりに，すべりの水平部分の両端で考えた鉛直線に働く土圧に着目する．鉛直線に挟まれた土塊の側面には主，受働圧 P_a, P_p が働くと考えてよいから，水平力のつり合いをとり

$$T(x) = \frac{c'x + W(x)\tan\phi'}{F_s} = P_a - P_p \qquad (9.14)$$

図 9.34 ウェッジ法 (2)

一般に，P_a は x の関数である．x をいろいろ変えて得られる最小の F_s が，このタイプのすべりに対する法面の安全率を与えることは明らかである．

9.6 土質斜面のすべり面の形状

土質斜面の崩壊形状は，多くの場合，図 9.35 に示したようにすべり面の頭部において，ほぼ鉛直方向に亀裂が発生する．そして斜面の移動方向は，同図に示したように頭部ではわずかに下向きではあるがほぼ水平に，斜面先付近では斜め上向きに，また中腹部では斜面方向であり，移動量は頭部と比較して 1/2 以下である．言うまでもなく，斜面が完全に崩壊した場合は全体に斜面方向に移動する．

頭部に現れる亀裂はテンションクラック (tension crack) と呼ばれ，その深さは土圧論により次式で表示される．

$$z_c = \frac{4c}{\gamma_t} \tan\left(45 + \frac{\phi}{2}\right) \qquad (9.15)$$

ここで，γ_t は土の湿潤単位体積重量，c は粘着力，ϕ は内部摩擦角である．

テンションクラックの発生する位置と深さは図 9.35 (b) に示したように経験的にはすべり面の最大滑動力が発揮される位置であり，また確認可能な深さは式 (9.15) で求めた値の 60～70% である．このことは，斜面の頭部付近がほぼ水平方向に移動することを考えると，想定したすべり面の z_c 部分の c, ϕ は共に土塊のすべりに対し，せん断抵抗力として寄与

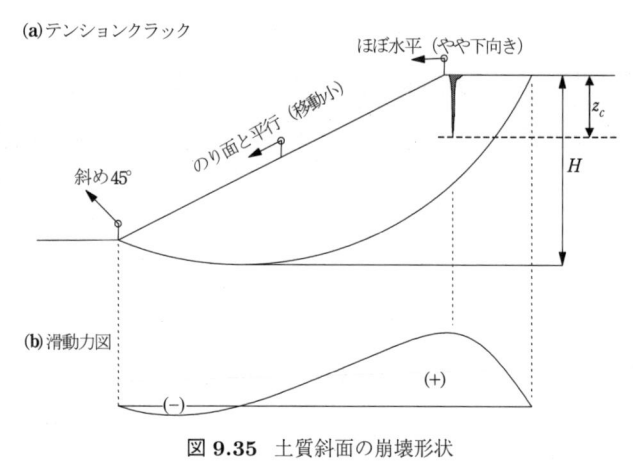

図 9.35 土質斜面の崩壊形状

しないことを意味する．すなわち，斜面の安定解析においては，z_c の部分は単なる荷重として扱うべきである．しかし，簡便分割法を用いて安定性を議論する限り，他の厳密解と比較して安全率は少なめに算出されるので（安全側），z_c の部分の c, ϕ をゼロとする必要性は感じられないことから，本書においては第14章で述べた地震力を考慮した安定解析を除いて z_c の部分のせん断強度を解析に取り入れることにした．

一方，盛土構造物，特にフィルダムの設計ではコラプス現象を防止するため，施工時の飽和度 (S_r) を $S_r > 80$〜85 ％と規定することが多い．このような飽和度の下で盛立てを行った場合，盛土の境界条件，施工速度あるいは材料の組成によっても異なるが，一般には高い過剰間隙水圧が発生し，間隙水圧比 (r_u) が $r_u \geq 0.5$ を示すことは珍しいことではない．ここで，間隙水圧比は $r_u = u/(\gamma_t \cdot h)$ であり，h は盛土高，γ_t は盛土の湿潤単位体積重量，u は発生間隙水圧である（間隙水圧係数は Skempton の係数 A, B の関係で多少意味合いを異にするが，実務的には $r_u = \bar{B}$ としてよい）．

間隙水圧比 $r_u \geq 0.5$ を考えると，盛土の頭部付近では図 9.36 に示したように，すべり面に作用する有効垂直応力 (σ'_n) は間隙水圧を差し引くので計算上は負となる．例えば，$\gamma_t = 20\,\mathrm{kN/m^3}$ とすると，図 9.36 においてすべり面の水平方向との角度 (θ) が $\theta = 60°$ において $\sigma_n = u$ となり，$\theta > 60°$ において σ_n は負となる．このことは土塊が

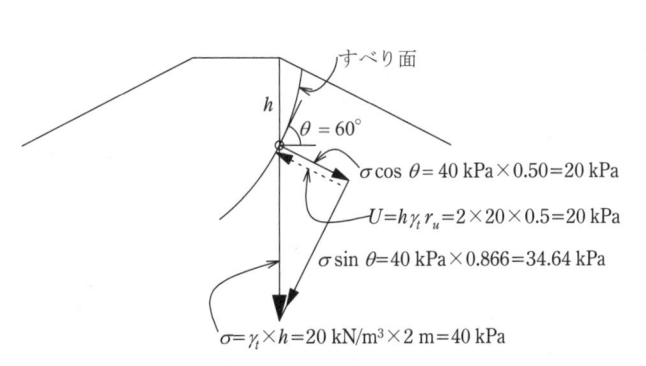

図 9.36　すべり面上の鉛直応力と間隙水圧比

すべり面方向に滑動するのではなく，水平方向に押し出されることを意味し，(c, ϕ) に関するすべり抵抗が消失することを意味する．このように $\sigma'_n \leq 0$ の場合，崩壊に対する安全性は 2 つのケースについて検討する必要がある．

❏ **その 1：全体すべり**

間隙水圧の大きさとすべり面の角度 (θ) により $\sigma'_n \leq 0$ となるゾーンの出現することを上述したが，安定性の検討においては $\sigma'_n = 0$ となる部分に対しては，この部分を上載荷重と考え，$c = 0$, $\phi = 0$ とする．過剰間隙水圧は盛土中にその一部は消散するので $c = 0$, $\phi = 0$ のゾーンは常に変化（減少）することになる．したがって，このゾーンを特定するのはなかなか面倒であるので，先に述べた Z_c の値を求め，この部分を $c = 0$, $\phi = 0$ として安定性解析を行っても結果において大差は認められない．

❏ **その 2：局部破壊**

$\sigma_n < 0$ または $\sigma_n < u$ の条件下での亀裂を伴う崩壊は，局部的に法面付近に限り，主として盛土の施工中に発生し，盛土の終了後にはほとんど起こらない．

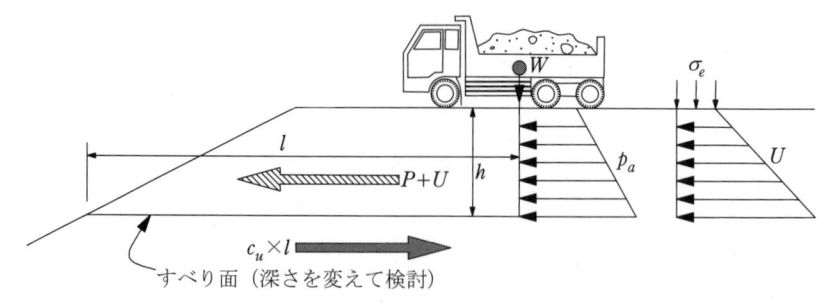

図 9.37 盛土中の局所的すべり

これは盛土終了時に間隙水圧が最大となり，以降は消散過程に入るからである．これに対し施工中は重機械の繰返し運行に伴って間隙水圧が単調に増加し，重機の自重による接地圧 (σ_e) を考えると，$r_u \geq 0.8$ となることは珍しくなく，これが局部崩壊（押し出し型破壊）の誘因となる．この場合の安定性の検討は図 9.37 に示したように，すべり面をほぼ水平に仮定し，主働土圧 (p_a) と間隙水圧を滑動力として考え，せん断抵抗として c_u（非排水強度）を用いる．なお，主働土圧係数 (K_0) は間隙水圧比により異なる．経験的には $r_u = 0.5\,(\pm)$ では $K_a = 0.7$，$r_u = 0.8\,(\pm)$ では $K_a = 0.8$ である．安全率は次式により表示される．

$$F_s = \frac{c_u \cdot l}{p_a + U} \tag{9.16}$$

参考文献

1) 大根 義男：特別講演「斜面安定と変形」，第 16 回中部地盤工学シンポジウム，地盤工学会中部支部，2004
2) 応用地質学会：応用地質，第 40 巻第 2 号，199 年 6 月の表紙を転写
3) 大根 義男，木村 勝行：ダムの浸透について，第 11 回フィルダム施工技術講演会テキスト，日本ダム協会，1976
4) 山口 柏樹，大根 義男：フィルダムの設計および施工，技報堂出版，1973
5) 山口 柏樹，大根 義男：苅田および東郷アースダム建設工事における土質工学の実例，土質工学会，1969
6) 大根 義男：フィルダムの安定性に関する土質工学的研究，東京工業大学学位請求論文，1968
7) 土木構造物用ウィープホールの設置計画・設計に関する解説，中部美化企画(株)，2006
8) 奥村 哲夫：フィルダムの基礎地盤と堤体材料の動的強度・変形特性に関する研究，平成元年東京工業大学学位請求論文
9) 大根 義男：牧尾ダムの耐震挙動，長野西部地震における斜面崩壊の実体とその教訓，第 20 回土質工学研究発表会特別セッション，1975
10) 建設省河川局開発課監修，(財)国土開発技術研究センター発行：フィルダムの耐震設計指針（案），1991
11) 山口 柏樹：土質力学，技報堂出版，1984
12) Donald W. Taylor: Foundation of Soil Mechanics, John Wiley & Sons, Inc., New York, 1956
13) 大根 義男，成田 国朝：斜面安定，土質工学ハンドブック，第 7 章，土質工学会，1982

第10章　泥岩類の工学的性質

10.1　はじめに

　グリーンタフで代表される泥岩類は日本列島の日本海側，太平洋側では静岡県や北海道地区を中心とし，また沖縄では南部において広く分布しており，建設工事においてはこの種の地質を対象として工事を行う機会が非常に多い．泥岩類の多くは水中で堆積した後に，地殻変動や気象変化を受け固結化している．このため高い拘束圧の下では確認することのできない**潜在亀裂**が多く存在する．そして，これらの亀裂は掘削等により拘束圧が解放された場合，地盤の膨張に伴って**開口**する．地盤が膨張する時，亀裂内には**負圧**が生起するが，この負圧は時間の経過に伴い逐次減少する．負圧の減少過程において亀裂内に雨水や大気中の水分を吸い込み，最終的に負圧は解消されて**間隙水圧が正に転じ**，この結果，斜面は崩壊する．亀裂内の負圧が正の間隙水圧に変わる時間は，亀裂の密度や規模により異なるが，現在までの経験や各種計測結果によると，小規模な亀裂（ヘアークラック）が多く存在する場合は比較的短期間，すなわち，4～5ヶ月から1年程度，亀裂が少ない場合は2～3年から5～6年程度である（負圧挙動の観測結果の例を**図10.5**に示した）．また，ヘアークラックの多い掘削斜面ではすべり面が深い大規模崩壊が起こることは稀であり，表層のみの，最大でも深さ1～2m程度の崩壊にとどまることが多い．そしてこのような小規模な崩壊現象が何度となく繰り返され，その結果，大規模崩壊に発展することがある．これに対し，亀裂の数が比較的少なく，斜面内深くまで存在する場合は大規模崩壊が一気に発生する恐れがある（**写真10.1**は掘削後3ヶ年程の後に崩壊した例である）．

　泥岩地帯において，緩い勾配に整形された斜面の表層崩壊をしばしば目にするが，しばらくすると斜面は垂直に近い状態で安定する．しかし，この状態でさらに放置すると直立した斜面が風雨により風化，浸食され，ローカルな崩壊が起こり，崩壊後の斜面は前と同様，垂直に近い状態で安定する．自然状態の泥岩は常にこのような崩壊現象を繰り返すことが多い．

　一般の土質斜面では，地山を掘削する場合，掘削勾配をより緩く整形すれば，斜面の安定性はより向上するが，この常識的概念は泥岩斜面には当てはまらない．泥岩が鉛直に近い状態で安定しているのは，鉛直方向の拘束圧により，上述の**潜在亀裂**が開口しないためである．これに対し斜面を緩く掘削した場合，表層部付近では拘束圧が減少し，これにより前述の潜在亀裂が開口し風化，浸食が急進し肌落ちまたはローカルな崩壊が起こることになる．

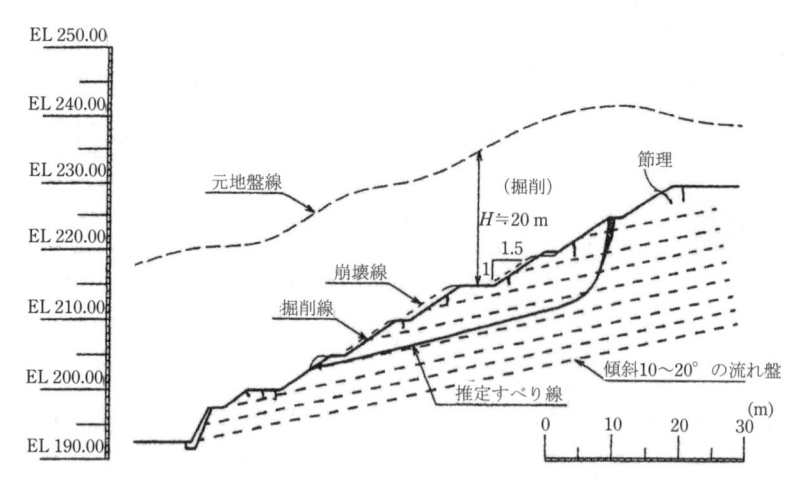

写真 10.1　掘削後 3 ヶ年ほど後に崩壊した例

　以上で明らかなように，泥岩地帯では掘削斜面を緩く整形することは**潜在亀裂の開口を促し崩壊を助長する**．このことは次に述べる崩壊事例からも容易に理解される．

10.2　泥岩掘削時の崩壊例

　図 10.1 は泥岩地帯を掘削し開水路を建設した例である．地山泥岩部の掘削は一般土の掘削勾配と同様に 1：1.8 に整形された．掘削後 3 ヶ月ほど経過した降雨の際，掘削された斜面表層部の厚さ 10〜20 cm の部分が押し流される形で崩壊（第 1 次）した．崩壊部は早速除去され，斜面部は 1：3.0 に再整形された．しかし，6 ヶ月ほど後に再度同様の形で崩壊（第 2 次）したが，このときの崩壊は初回より深く 40〜70 cm に達していた．ここで注目される点は 2 度目の崩壊は初回より崩壊深さが大きく，崩壊に至る期間がわずかながら長いことであり，このことは上述の拘束

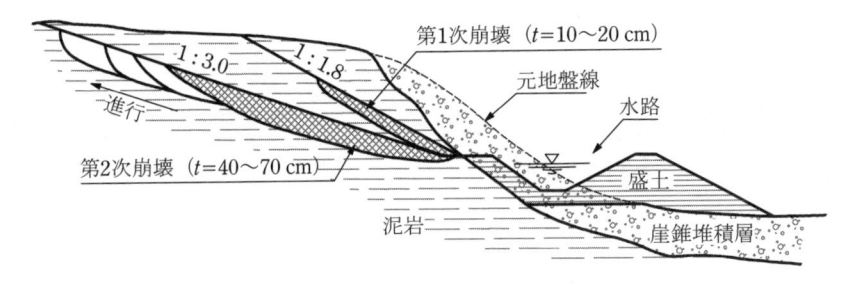

図 10.1 泥岩掘削斜面の崩壊例

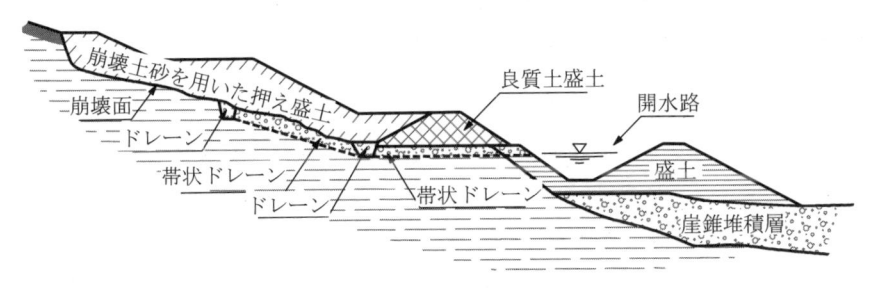

図 10.2 崩壊復旧工

圧の低減による崩壊を裏づけするものと思われる．またこの崩壊に対しては図 10.2 に示した押え盛土により復旧された．

10.3 崩積泥岩の安定性

泥岩斜面は鉛直に近い状態で安定することを述べたが，直立部の側面は風化し，浸食されて崩落し，図 10.3 に示したように小規模な**丘陵地**を構成する．同図は，崩積土部の末端を掘削し前項と同様に開水路を建設した際に発生した崩壊事例である．この場合は掘削後間もなく，小規模な崩壊（図中の 1 次すべり）が起こり，続いて 2 次，3 次と拡大した．泥岩の崩積土地帯ではしばしばこの種の地すべりが発生するが，原因は崩積土砂は通常緩く堆積しているため，地下水が蓄

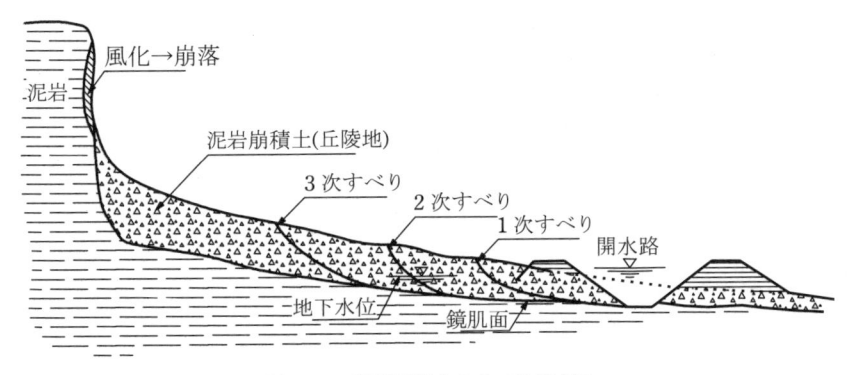

図 10.3 泥岩崩壊土のすべり模式図

(a) 連続ドレーン　　　　　　　(b) 対策（押え盛土）

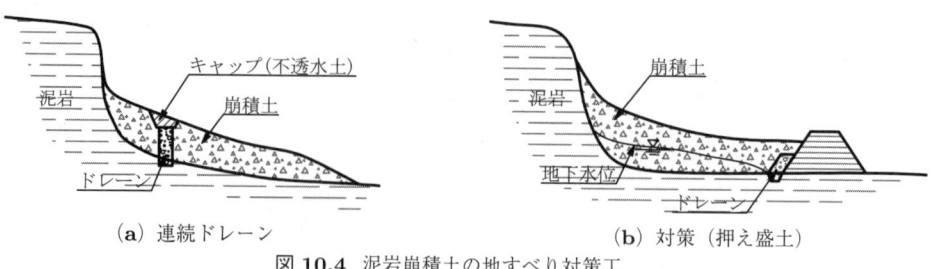

図 10.4　泥岩崩積土の地すべり対策工

積しやすい．地下水は崩落部と基盤面との境界面を流動することになるが，これにより，境界面は軟化し平滑になりせん断強度が極端に低下し，滑動する．**この種の崩壊に対しては地下水を完全に排除しない限り斜面は安定しない**．崩壊（地すべり）対策としてしばしば排水ボーリングが行われる．しかしこのような工法は奨励されるものではなく，また恒久対策とはいいがたい．これは崩積土は大小様々な岩塊や細粒土からなるため土中の水の流れが不規則であり，したがってボーリングのような**点的排水は岩盤面上の排水に対し有効ではない**．また，ボーリング孔には通常フィルターが設けられるが，泥岩の細粒分は粒度的にフィルターの目詰まりを起こしやすく，長期的排水に対しては適さない等によるものである．このため崩壊を抑止するためには，浸透水を完全に遮断する構造，例えばトレンチによる**連続ドレーン**の設置や，大規模な**押え盛土**が必要となる（図 10.4）．

以上，泥岩崩壊の代表例を示したが，このほか道路建設において泥岩斜面の法先の一部を掘削したが，約1年後にすべり面長が5～6 m の小規模の崩壊を起こした．これに対し排水用のボーリングを実施したが，2年後には背部 500 m ほどに拡大し，さらに 3 年後には背部 800 m に及ぶ大規模地すべりに発展した例もある．

このように泥岩斜面の扱いはなかなか面倒であるが，これに関する研究はあまり進んでいないのが現状である．以下，現在までに明らかにされている力学的特徴や，構築材料としての工学的特徴についてもう少し詳しく述べておこう．

10.4　応力解放時に生起する負圧 [1]

自然状態の泥岩地帯を掘削し拘束圧を解放すると，掘削された部分が膨張し，内部の潜在亀裂が開口して，亀裂内に負圧が生起する．図 10.5 に掘削により発生した負圧の観測結果を示した．この観測では掘削計画に従い，あらかじめ現地盤面からボーリングを行い，図示の箇所に**プレシオメーター**を設置した後に掘削を開始し，負圧を計測したものである．

同図 (b) の観測結果から知れるように，地表面より約 30 m の地点（WS2-1）では $40\,\mathrm{kN/m^2}$ に及ぶ**負圧**が観測され，掘削終了後約 400 日経過した後にも変化は見られない．これに対し掘削による除荷重の小さい部分では負圧の発生量も小さく，また掘削終了後まもなく負圧が減少する

傾向が見られる．特に WS1-1 は掘削後約 200 日で正の間隙水圧に転じている．これらの観測結果は上述の実務において経験した崩壊，すなわち掘削後比較的早期に現れた小規模な表層すべりや，長期経過した後に発生した大規模崩壊を裏づけしている．

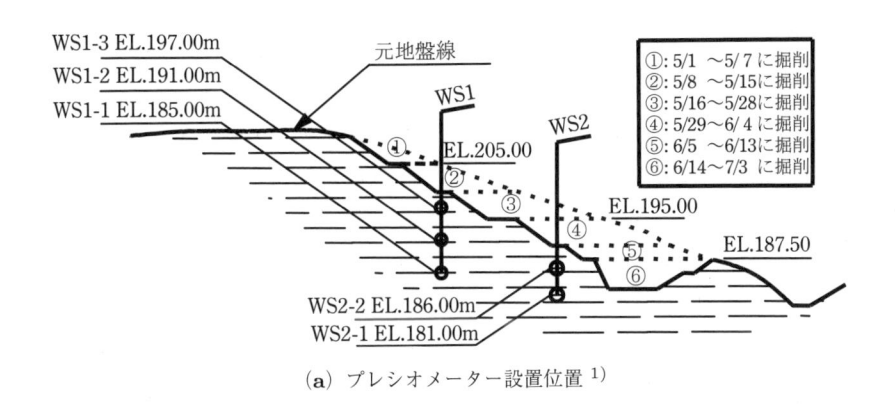

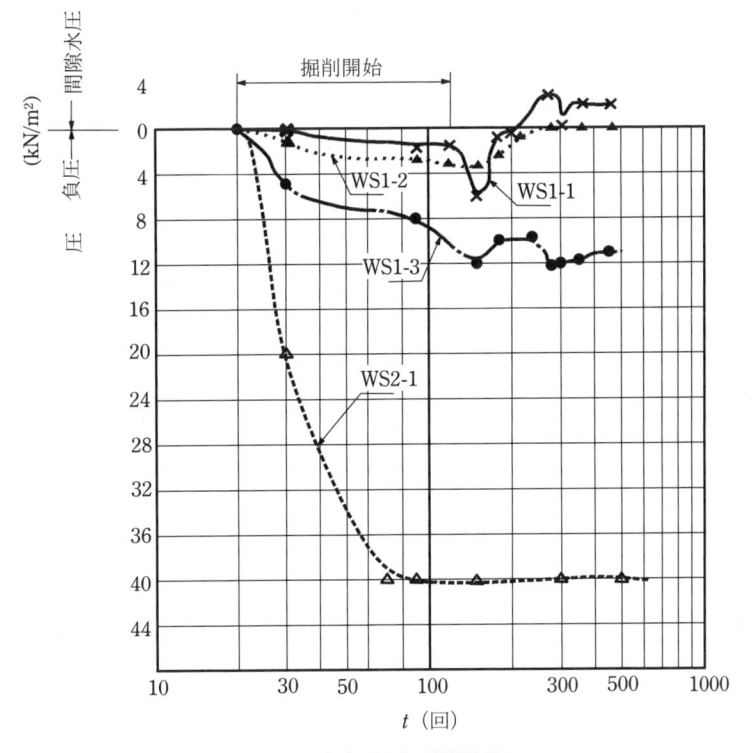

(a) プレシオメーター設置位置 [1]

(b) 負圧の計測結果

図 10.5 掘削に伴う負圧観測結果 [1]

10.5 泥岩の工学的性質の特徴 [2][3]

　自然状態あるいは掘削した泥岩斜面の安定性を検討したり，あるいは泥岩を構築材料として利用する場合は，その物理的，力学的性質を把握しておくことが大切である．本節では不撹乱および撹乱試料に対して行われた実験結果を紹介する．

　図 10.6 は崩壊地より採取した不撹乱試料に対する圧密試験の結果の一例を示したものである．一般土の圧密降伏応力 (p_y) に相当する値にはかなりのばらつきが認められるが，これは採取した試料の風化の程度やヘアークラックの量の違いによるものである．また，**図 10.7** は先に求めた p_y をパラメータとして拘束圧除去後の膨張量と**膨張圧**の関係を示したものである．実験では p_y における拘束状態から段階的に荷重を除去し，各除荷重段階において給水後の膨張量と**膨張圧**との関係を求めている．図で明らかなように，この試験で用いた泥岩の場合，最大膨張圧は 60～80 kN/m² であり，また，図から鉛直応力が 25～30 kN/m² 以上においてはあまり大きな膨張は起

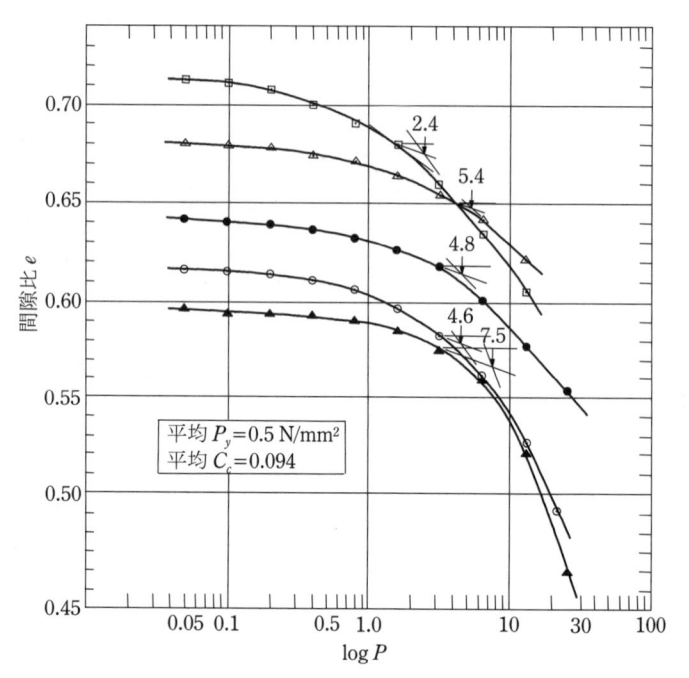

図 10.6　圧密試験結果 [1]

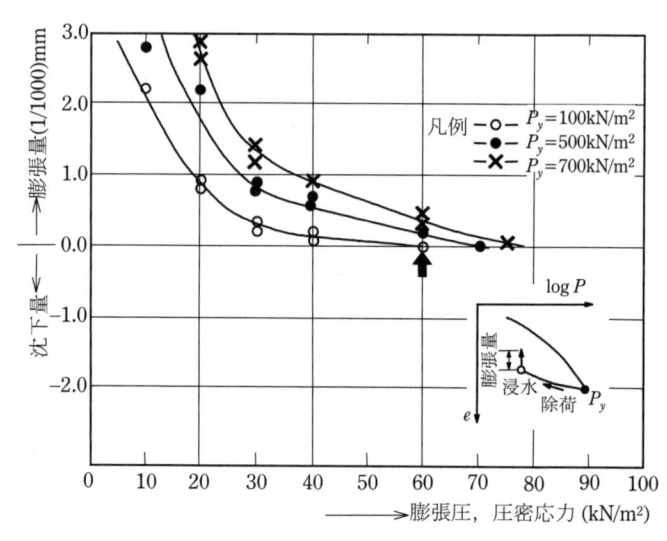

図 10.7　膨張圧，圧密応力と膨張量の関係 [1]

こらないことが知れる．換言すれば，この種の泥岩は 25～30 kN/m² 以上の拘束圧を与えれば**膨張**することはなく，したがって強度低下も起こらない．実務においては，掘削後できる限り早期 (2～3 ヶ月以内) に，この程度の上載荷重を与えることにより崩壊を回避することが可能となる．

10.6 泥岩のせん断強度特性

　不攪乱泥岩は拘束圧を解放することにより膨張し，強度が低下するが，これを定量的に明らかにするための実験が行われている[1]．この実験では供試体に対し，まず拘束圧 p_y を与えた後に給水し，十分吸水し膨張した後に p_y を解放しせん断試験を行う．これを1工程（Step）とし，5回繰り返す．各工程ごとにせん断強度の変化を調べ，この結果を図 10.8，10.9 に示した[2][3]．試験は等体積せん断試験によるものであり，結果は有効応力で表示してある．図から知れるように載荷，吸水除荷を繰り返すことにより，粘着力は逐次減少し，内部摩擦角は増加する．このことは，降雨などにより斜面が飽和した際，斜面の表層部では有効応力の減少により摩擦抵抗によるせん断抵抗が低下し，さらに粘着力も減少する．掘削斜面ではこのような現象が常に繰り返されることになるが，これにより表層部のせん断抵抗力は減少し，降雨時において斜面の表層部では，流動のような崩壊が起こることになる．そしてこの現象は泥岩のヘアークラックが多く，拘束圧が低いほど起こりやすい．しかし，現実問題として泥岩の場合，側方の拘束圧がゼロに近く，垂直に近い状態で安定している斜面は多く存在している．この理由を明らかにするため，三軸圧縮試験機を用い，水中下の供試体に対し一定の鉛直応力（σ_1）を与え，側方拘束圧（σ_3）をゼロから $(1/2)\sigma_1$ の間で繰り返し与える実験も行われたが，上述のせん断試験で見られたような強度低下は観測されていない．このことは，この種の泥岩は水中堆積した後に固結化したために異方性が大きく，ポアソン比が小さいためであると考えられる．すなわち，泥岩斜面がほぼ鉛直に近い状態で比較的長い間安定しているのは，鉛直方向の拘束圧下で側方拘束圧を解放しても，岩の膨張は極めて少なく，潜在クラックの開きも少なく，したがって，風化が進行しにくく，せん断強

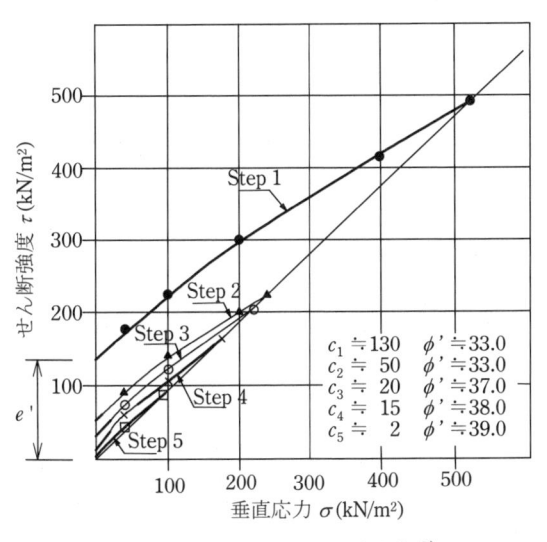

図 10.8 応力変動による強度変化[2]

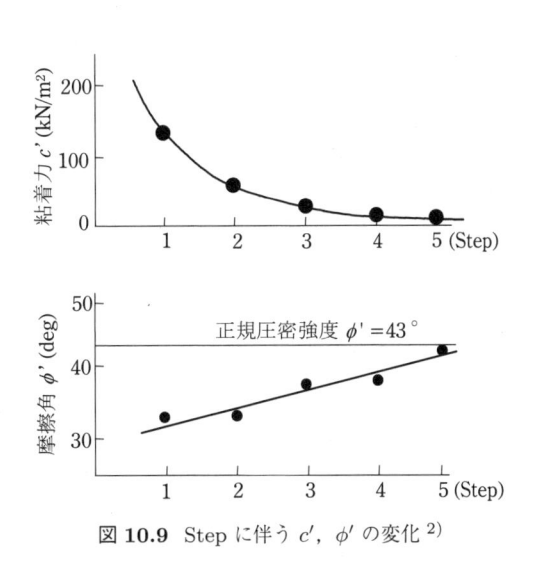

図 10.9 Step に伴う c'，ϕ' の変化[2]

度の低下も起こりにくいためと考えられる．換言すれば，泥岩類の掘削では，岩の圧縮強度に応じた掘削高の範囲内で，鉛直に近い状態に整形することにより安定を確保することができるということである．

　この場合，長期の安定を維持するためには掘削面を風雨による風化や浸食を防止するための，例えばブロック積み等の保護工が必要となる．六甲山南方には第三紀鮮新世から洪積世に堆積したと思われる泥岩が広く分布し，宅地として利用されているが，これらの宅地の大多数は掘削勾配が 1：0.2〜0.5 程度のかなりの急勾配に造成され，その表面は空石積により保護され，長期にわたり安定が保たれ，兵庫県南部地震の際も一部の斜面変兆が認められたものの崩壊等の報告はない．このような造成は経験によるものと思われるが，泥岩の**力学的特徴**をよくとらえている．しかし，泥岩層であっても，断層が存在し，節理，層理などが発達し，これらが複雑に混在する場合はこの限りではないので，常に十分な地質調査を行い，地質構造，構成に応じた対策が必要となることを忘れてはならない．

10.7　盛立て材料としての泥岩の性質 [4)5)]

10.7.1　概　要

　泥岩類を構築材料として利用する場合，その採取方法が問題となる．採取方法により粒度分布が異なるからである．採取は通常ショベルやリッパーが用いられ，圧縮強度の大きいものに対しては発破やブレーカーが併用される．このように採取された材料の**均等係数**は多くの場合 1〜10 程度である．しかし，撒出しや，転圧作業等により外力を与えれば容易に細粒化し，タルボット式の指数は $n = 0.4〜0.6$ となる．

　一般に，タルボット式の指数が $0.2 < n < 0.4$ で近似される材料は Well Grade といわれ，締め固めた状態では工学的に安定している．しかし，これは一般土に対していわれることであって，泥岩材料に当てはまるとは限らない．泥岩は，すでに述べたように，拘束圧を解放することにより風化が進行し，軟化するからである．また，泥岩はこれを撹乱し円筒状に締め固め，水中に放置すると崩壊する性質を有している．これを**スレーキング現象**と呼ぶが，盛土構造物を構築した材料が築堤後にスレーキングしたり，風化し軟化すれば，盛土は**沈下**したり，**崩壊**することになる．

　図 10.10 に宅地造成地の沈下による被害状況を示した [2)]．この例では，盛土に用いた泥岩材の一軸圧縮強度（q_u）は $q_u = 0.5〜1 \text{N/mm}^2$ であり，盛土高は同図に示したように約 5 m であった．沈下被害は家屋建設後まもなく発生した．原因は家屋を建設するため，造成面の一部に水溜場が設けられ，家屋建設期間の約 6 ヶ月にわたって貯水されていたことによるものである．沈下は水溜場を中心とし 10 m 四方に及び，最大約 22 cm に達した．沈下後の調査によると，盛り立てられた泥岩は著しく軟化して，$q_u < 0.05 \text{ N/mm}^2$ であり，軟化が沈下の原因であることが判明した．このような軟化は，粒度分布の悪い材料に対し十分な締固めが行われていなかったため，飽

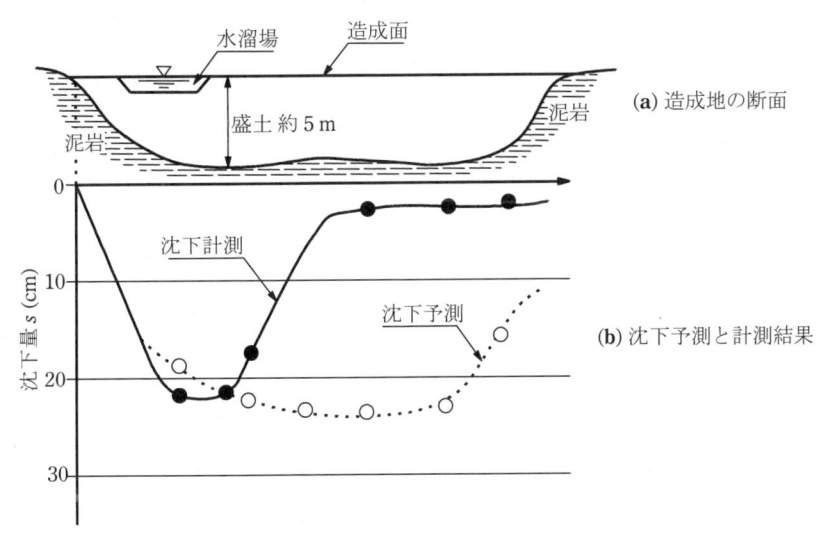

図 10.10 盛土断面と沈下形状

写真 10.2 泥岩採取（リッパーによる）

写真 10.3 撒出し状況

和度が低く水の浸入を許し，スレーキングが起きたことによるものと結論された．

　スレーキングを防止するためには，泥岩塊を常に拘束状態におく必要がある．そのためには十分な転圧を行い，密度を大きくしなければならない．締固め密度の大きさは，主として材料の粒度特性に支配されるので，泥岩を材料とする盛土では盛立て時の粒度分布の管理が重要であるといえる．

　なお，タルボットによる粒度特性は，次式により与えられる．

$$P = \left(\frac{d}{D}\right)^2 \tag{10.1}$$

ここで，P は通過百分率，d は任意の粒径，D は最大粒径である．

　写真 10.2 は泥岩を採取するためリッパーを用いて掻き起こしている状況，**写真 10.3** は撒出し状況，**写真 10.4** はタンピングローラーを用いて破砕転圧している状況，および**写真 10.5** は振動

写真 10.4 破砕転圧完了（タンピングローラーによる）　　写真 10.5 転圧状況（振動ローラーによる）

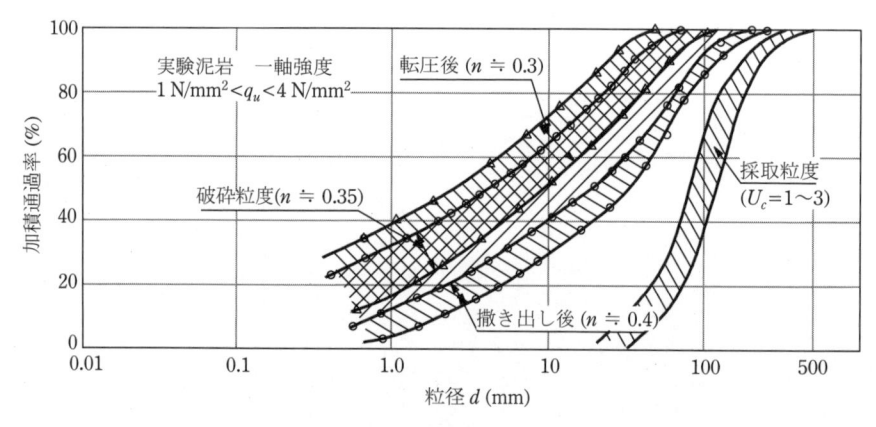

図 10.11 泥岩の細粒化現象

ローラーを用いて転圧している状況を示した．また，図 10.11 は掻き起こしたときの材料粒度を含めて各施工工程における平均粒度を示したものである．新鮮な泥岩を採取したときの粒度はほとんどの場合，図示のように均等係数は1に近い．この種の材料を締め固めた場合，転圧作業によりかなりの細粒化が予想されるが，これには別に人為的な細粒化工程を施さない限りスレーキングの発生しない密度に締め固めるのはかなり難しい．

10.7.2 泥岩材料の粒度特性 [6)7)8)]

泥岩塊はスレーキングしやすいが，スレーキングによる強度低下や沈下を防止するためには，十分な密度が得られるまで締め固める必要があることを上述した．十分な密度を得るためには締め固める前の粒度が well grade になっていなければならない．以下はスレーキング程度と粒度特性，締固め密度および拘束圧との関係を実験的に明らかにしたものである．

図 10.12, 10.13 は一軸圧縮強度 (q_u) がそれぞれ，$1\,\text{N/mm}^2 \leq q_u \leq 4\,\text{N/mm}^2$ および $2.4\,\text{N/mm}^2 \leq q_u \leq 2.9\,\text{N/mm}^2$ の2種の材料について，転圧による細粒化試験を行った結果

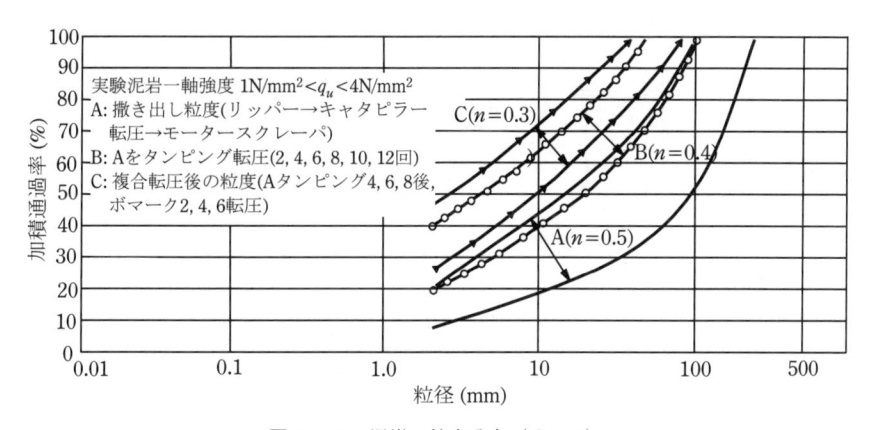

図 10.12 泥岩の粒度分布（その 1）

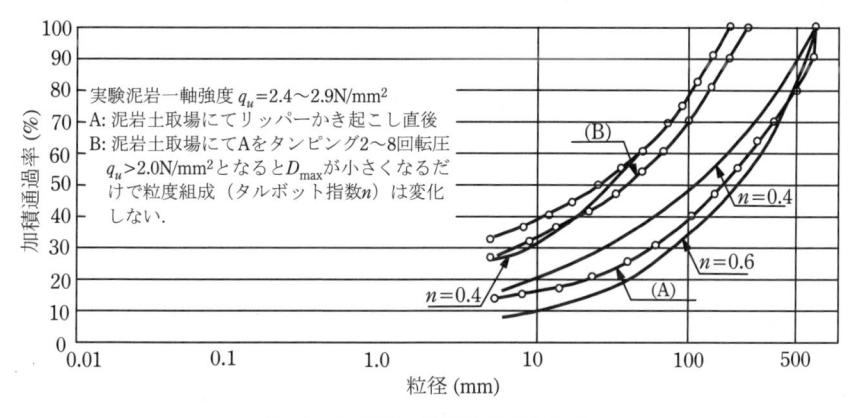

図 10.13 泥岩の粒度分布（その 2）

である．図 10.13 から知れるように，q_u が大きい場合，転圧によって最大粒径は変化するが，タルボットの n 値の変化はほとんど見られない．一方，q_u が比較的小さな材料では図 10.12 から知れるように最大粒径と n の値は共に変化している．言うまでもなく，前者は転圧によって粒子間を構成する間隙の径が小さくなるが，間隙比そのものはあまり減少しない．これに対し，後者の場合は間隙の径が小さくなるばかりでなく，間隙比も減少したことを意味する．間隙の径の大きさは材料の最大粒径と 15％粒径分（細粒分 d_{15} と呼ぶ）の含有量により異なることが知られているが，泥岩のように風化しやすい材料は，風化の程度や進行速度は主として間隙の大きさに支配されると考えてよい．このような関係を明らかにした実験結果を図 10.14 に示した．この実験は細粒分（d_{15}）の含有量を変えて締め固めた供試体を，それぞれ $\sigma = 0, 50, 100, 200 \,\mathrm{kN/m^2}$ で拘束した後に硫酸ナトリウム溶液に，十分浸した後に乾燥させ，この作業を 5 回繰り返した後，粒度分布を調べ，**風化率と初期粒度**（d_{15}）との関係を求めたものである．ここで，風化率は図 10.14（b）のとおり**定義**する．また，本実験に用いた泥岩の吸水量と圧縮強度の関係を図 10.15 に示した[7]．

図 10.14 (a) から風化は d_{15} が小さいほど，また拘束圧が大きいほど起こりにくいことが知れ

図 10.14 風化率と d_{15} の関係

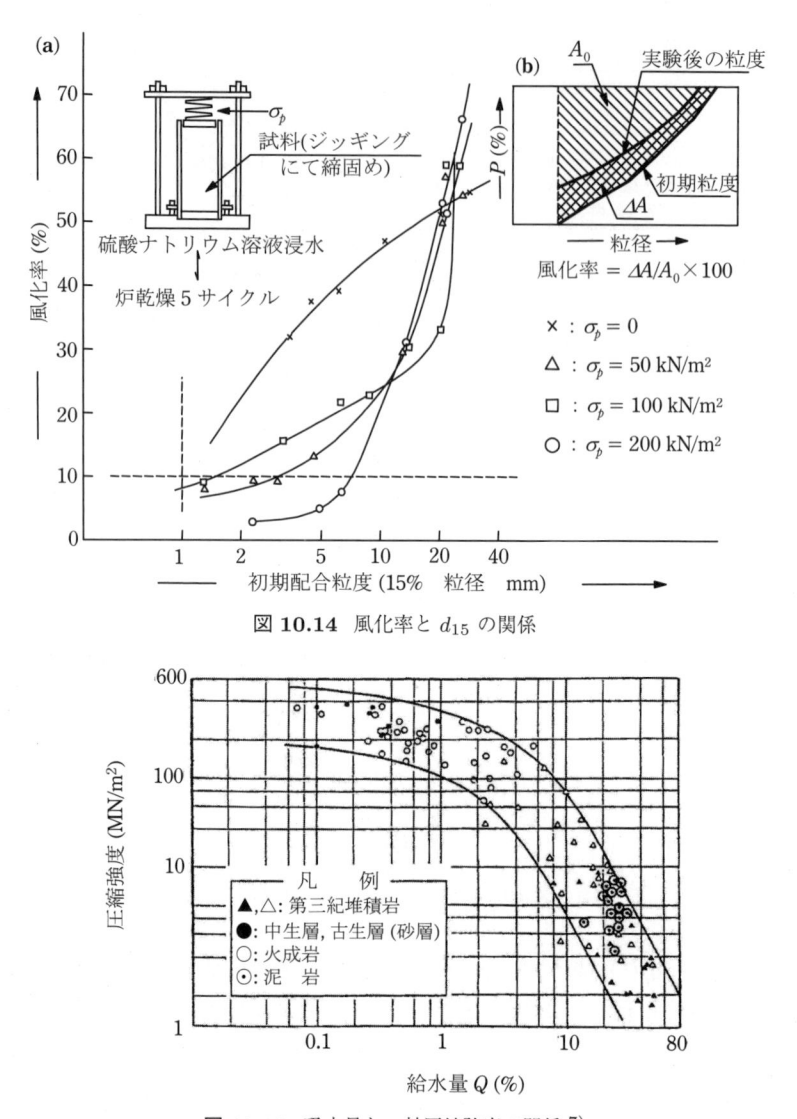

図 10.15 吸水量と一軸圧縮強度の関係[7]

る．また，拘束圧が小さい場合でも，$d_{15} \leq 1.0\,\mathrm{mm}$ の材料では風化することはほとんどないこともわかる．

10.7.3 強度低下と乾燥密度

風化に伴う強度低下を明らかにするため，前述と同様に硫酸ナトリウムを用いた実験を行い，この結果を図 10.16 に示した．同図は強度比（R）を次式により定義し，R，初期乾燥密度と拘束圧との関係を示したが，図で明らかなように**強度低下率は拘束圧や乾燥密度**により異なるが，かなり低い拘束圧下でも十分な締固めを行い，乾燥密度を大きくすることにより，強度の低下はほとんど起こらないことがわかる．

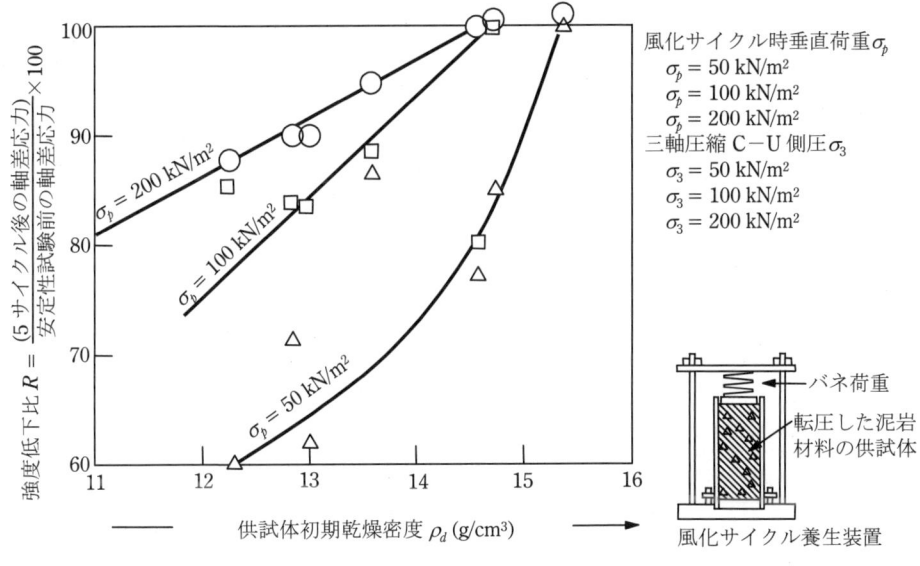

図 10.16 強度低減比と ρ_d との関係[8]

$$強度比(R) = \frac{5\,\text{サイクルの後の軸差応力}}{安定性試験前の軸差応力} \times 100 \tag{10.2}$$

強度低下の起こらない条件として，同図から拘束圧 $\sigma_3 \geq 50\,\text{kN/m}^2$ では $\rho_d \geq 15\,\text{kN/m}^3$，$\sigma_3 \geq 100\,\text{kN/m}^2$ では $\rho_d \geq 14\,\text{kN/m}^3$ となる．しかし，この関係にはタルボット指数 (n) が無視され（粒度特性），また，ρ_d は泥岩の締固め乾燥密度であり，その大きさは，含有鉱物により異なるので，ρ_d の大きさと風化率とを結びつけるのは一般性に欠ける．そこで，岩塊の単位体積質量（ρ_{df}）に対する締固め乾燥密度（ρ_d）との比を E 値とし，これ

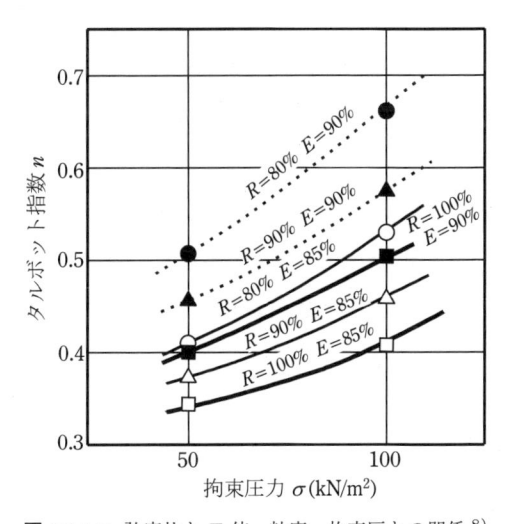

図 10.17 強度比と E 値，粒度，拘束圧との関係[8]

を次式で定義する．E 値と強度低下率 (R)，拘束圧 (σ) およびタルボット指数 (n) との関係を求めると，図 10.17 が得られる[8]．

$$\text{E 値} = \frac{\rho_d}{\rho_{df}} \times 100 \,(\%) \tag{10.3}$$

ここで，ρ_d は締固めた全体の乾燥密度，ρ_{df} は岩塊自体の乾燥密度である．

図 10.17 より強度低下の起こらない施工条件として，例えば $\sigma \leq 100\,\text{kN/m}^2$ では，$n \leq 0.4$ の材料に対しては $E \geq 85\,\%$ の締固め度が必要であり，盛土の表層部に相当する $\sigma \leq 50\,\text{kN/m}^2$ では $n \leq 0.35$ の材料を $E \geq 85\,\%$ に締め固めることにより高い安定性を確保できるといえる．

結論的には，タルボット指数 $n \leq 0.3 \sim 0.4$ あるいは $d_{15} \leq 0.1 \sim 2\,\mathrm{mm}$ の粒度において，強度低下は起こらないと考えてよく，したがって実務においてはこの数値が満足されるような施工を行うことが大切である．そのためには盛土中，または土取場において必要に応じて**細粒化工程**を加えなければならない，ということである．なお，細粒化の工程には，タンピングローラーの使用が最も有効である．

10.7.4 細粒化した材料の締固め特性[9)]

泥岩類や風化花崗岩のような材料を半動的外力，例えばタンピング系ローラーを用いて転圧した場合，細粒化が起こりやすいと考えてよい．細粒化の程度は初期の粒度組成により異なり，タルボット指数 (n) が大きいほど細粒化しやすく，$n \leq 0.35$ ではほとんど起こらない．図 10.18 は一般土 (SM) と風化花崗岩 (DG) および泥岩の転圧試験の結果を示したものである．一般土では転圧回数の増加に伴い密度は増加している．

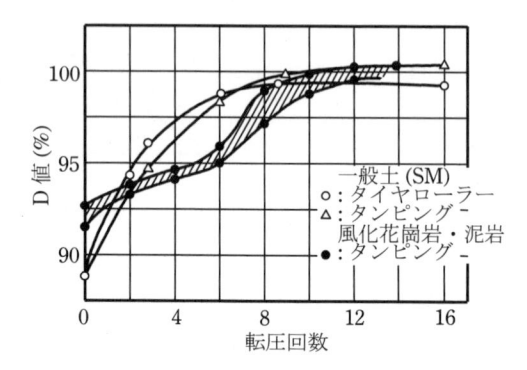

図 10.18 締固め密度と転圧回数 [9)]

一方 DG および泥岩の初期の n は $n = 0.4 \sim 0.45$ であった．この材料をタンピングローラーで転圧すると，図から知れるように，転圧回数が約 6 回までは顕著な密度増加は認められない．しかし，6 回を過ぎると密度は急激に増加する．つまり，この材料の場合，転圧のエネルギーは転圧回数 6 回までは細粒化に使われ，細粒化がほぼ終了した後に密度増加に費やされたと考えてよい．そして，転圧回数がほぼ 12 回以上では，密度増加はあまり見られず，このことは締固めにより力学的に安定状態に至ったことを意味する．また細粒化が終了した状態（$n \leq 0.35$）では拘束圧の小さい表層部においても強度低下は起こらないので，一般土と同様の扱いが可能となる．

10.7.5 泥岩類を用いた宅地造成の例

泥岩類を用いて構築した土質構造物は水の影響を受けやすく，その施工方法によっては様々な問題を引き起こす．盛土内に浸入した水が，岩塊の風化やスレーキングを促進し，これが盛土の沈下や強度低下の誘因となる．風化やスレーキングを防止するためには適当に細粒化し，十分な締固めを行い，さらに常に所定の拘束圧下に置く必要があること等を上述した．しかし，実務においてこの条件を確保するのはかなり厳しい．このため，フィルダム等のように堤体内に浸水を許すような水利構造物を除いて，一般の土質構造物に対しては施工条件をいくぶん緩和し，多少の強度低下を許すことになる．どの程度の強度低下を許容するかは構造物の建設目的や経済性等により決定されるが，一般には $R \leq 80\,\%$ を採用する．

10.7 盛立て材料としての泥岩の性質

表 10.1 ゾーン区分と材料

ゾーン名	材料	摘要
ゾーン 1	段丘堆積層	植生土
	土岐砂礫層	拘束荷重
ゾーン 2	泥岩類	
ゾーン 3	花崗岩	法先崩壊防止
		排水ゾーン

表 10.2 掘削土量内訳

地層名	掘削土量 (m³)
段丘堆積物	62 000
土岐砂礫層	177 000
泥岩類(瑞浪層群)	1 068 000
花崗岩	213 000
合計	1 520 000

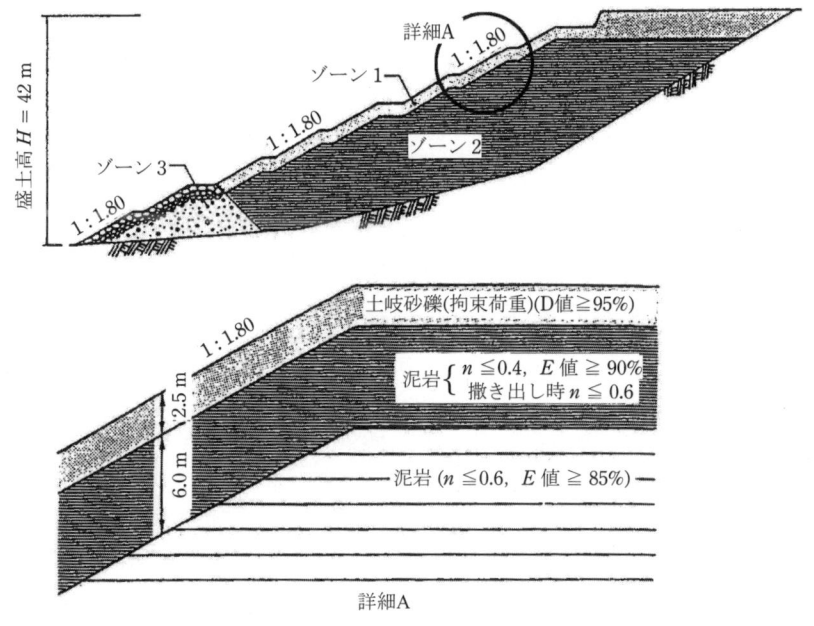

図 10.19 盛土標準断面図[7]

図 10.19 は宅地造成盛土の例であるが，この場合，造成地から産出される掘削土量は表 10.2 に示したように泥岩類が総量の約 70 % を占めている．覆土（拘束荷重）として段丘堆積物と土岐砂礫層が用いられているが，この土量は覆土厚として 2.5 m 程度と概算された．安定解析の結果，施工後の強度比として経済的にも $R \fallingdotseq 80\%$ が適当であると結論された．覆土約 2.5 m の拘束圧はほぼ $\sigma \fallingdotseq 50\,\mathrm{kN/m^2}$ となるので，図 10.17 よりタルボット指数 $n \leq 0.4$，$E = 85\%$ または $n \leq 0.5$，$E = 90\%$ が盛土の施工条件とされた．また，この下部は $\sigma \geq 120\,\mathrm{kN/m^2}$ となるので，$n \leq 0.6$，$E \geq 85\%$ に定められた．一方，盛立てには細粒化の効果を期待し，タンピングローラーを用いることとしたが，盛立てに先立って実施された現場試験により，施工条件として転圧前の粒度をタルボット指数 $n \fallingdotseq 0.6$ と決定した．$n \fallingdotseq 0.6$ は採取された材料に対し，ブルドーザーを用いて数回の撒出し作業により得られる値である．また，転圧は 8 回/層に決定されたが，転圧により細粒化し，その程度は $n \leq 0.4$ を十分満足すると結論されたからである[4]．

参考文献

1) (財)東海技術センター：土岐北山団地開発に係る高盛土調査研究報告書, 2002
2) 李 啓春他：先行圧密効果を有する粘性土の強度特性, 愛知工業大学"研究報告", No.29, 1994
3) 李 啓春他：締固め土の先行圧縮効果と強度特性について, 土木学会第48回年次学術講演概要集, III-462, pp.978–979, 1993
4) 大根 義男：盛立て材料としての岩塊の諸問題, 土と基礎, Vol.32, No.7, 1984
5) Lee, G. C. et al.: Long term stability of soft sedimentary rock slopes, Proc. 11 th Asia Regional Conf. on SMFE, Hong Kong, 1999
6) 三重県企業庁：山村ダム工事誌, 1975
7) 中村 吉男, 小島 淳一：軟岩材料を用いた品質管理, 第5回調査, 設計技術報告会発表論文集, 1996
8) 大山 英治・中村 吉男・大根 義男・成田 国朝：堆積軟岩を使用した高盛土の調査・設計および施工, 堆積軟岩による盛土の工学的諸問題に関するシンポジウム発表論文集, 1995
9) 梶原, 工藤, 宮本：マサ土を主とした河内ダムの築堤材料の性質と施工について, ダム日本, No.469, 1983

第 11 章　不飽和土の性質

11.1　はじめに

　粘土粒子は様々な理由により負の荷電を持ち，他方，水は双極分子を有するので，粘土粒子の表面には水分子が引き寄せられ薄い水膜が形成される．この膜を**吸着水層**，水分を**吸着水**と呼んでいる．この吸着水は特別な外力を与えない限り容易に除去することはできないので，土中の自由水と区別して扱われている．

　不飽和土では土中内の空隙が連続し，大気と接している場合とそうでない場合がある．大気と接している場合，水の表面には水分子の働きにより表面張力が起こり，これにより連続する間隙内の水は上昇する．水面上昇は**毛管上昇**として知られているが，これを細いガラス管で表すと**図 11.1** となる．そして管内の水面は表面張力により曲面（メニスカスという）を呈し，管壁と α なる角度をなす．この表面張力の単位長さ当たりの大きさを T_s (N/m) とすると，全円周に働く表面張力の鉛直分力の大きさは $\pi D T_s \cos \alpha$ で，この力が上昇した毛管水の全重量を支えている．毛管水の上昇が一定の高さ h_c (m) に達したとき，毛管水の全重量と表面張力の鉛直分力はつり合うので，次式の関係が成り立つ．

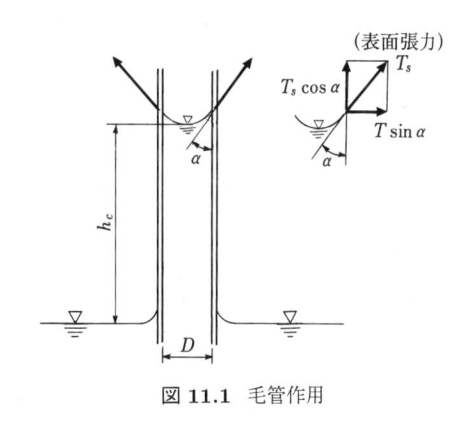

図 11.1　毛管作用

$$\pi D T_s \cos \alpha = \gamma_w \frac{\pi D^2}{4} h_c$$

ゆえに，

$$h_c = \frac{4 T_s \cos \alpha}{\gamma_w D} \text{ (m)} \tag{11.1}$$

ここで，T_s は水の表面張力（15°において 0.075 N/m），α は水とガラス管壁の接触角，γ_w は水の単位体積重量（9.8 kN/m³），D はガラス管の内径 (m) である．

　土中における間隙は水の通路であり，無数の毛管が連なったものと考えられる．しかし，実際の土の毛管は折れ曲がり，形状や大きさがまちまちであるから，真直なガラス毛管と同じようには考えられない．そこで，土中の毛管水の上昇高さ h_c を求める経験式として次式が提案されている[1]．

$$h_c = \frac{C}{e D_{10}} \text{ (cm)} \tag{11.2}$$

ここで，C は土の間隙の大きさ（形状および毛管の不純度などに影響される係数で，$0.1 \sim 0.5 \text{ cm}^2$ の値をとる），e は間隙比，D_{10} は有効径（cm）である．

11.2 サクションとコラプス現象

表面張力はその周辺の複数の土粒子を引き付ける働きをし，結合させるため見かけ上実際の粒子より大きい粒子を構成する．このように土粒子相互の引き合う力を**サクション**（suction force）と呼んでいる．サクションは土の含水比の増加に伴って逐次減少し，飽和状態が長時間続くとその圧力は完全に消滅する．サクションの消失により土は軟化し沈下したり，流動することがある．これらの現象を**コラプス**（collaps）と呼んでいる．

図 11.2 は，数ヶ月間にわたり十分乾燥した粘土ロームに対し，塑性限界より幾分プラス側に加水し，(1) 72 時間，(2) 24 時間および (3) 3 時間，それぞれ放置した後に JIS 突固め試験を行った結果である．図で明らかなように加水後の放置時間により突固め特性は全く異なり，加水後 3 時間放置した場合の試験結果は，最大乾燥密度 1.67 t/m^3，最適含水

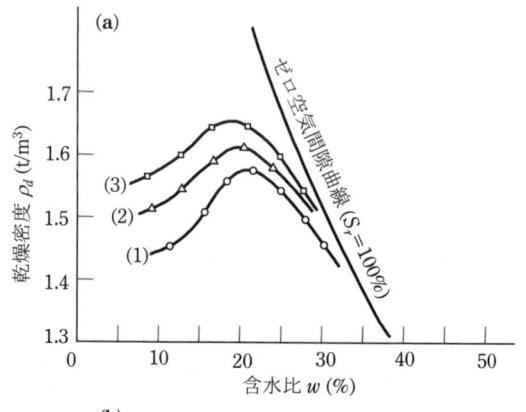

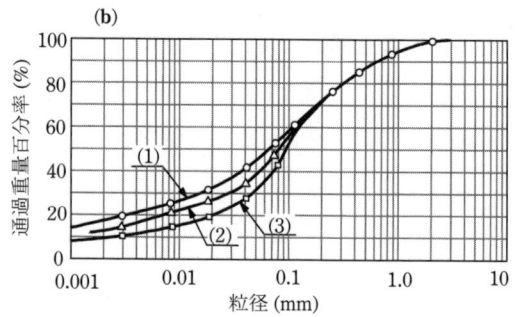

図 11.2 突固め密度とサクション効果

比は約 20 % であり，砂質ローム（SM）の突固め試験結果と類似している．これに対し 24 時間および 72 時間放置した後に突固めた結果は，放置時間が長いほど最大乾燥密度が小さく，最適含水比の値が高い．このことは，加水後の時間の経過に伴いサクションが順次消滅したことを示している．

同様の現象は貯水開始してから数年経過後に崩壊したシリア共和国灌漑省管轄のアースフィルのゼイズーンダム（Zeyzoun Dam）の構築材料においてもみられる[2]．築堤に使われた材料の粒度範囲を**図 11.3** (a) に示したが，この種の材料は一般にフィルダム構築材料には適さないといわれている[3]．しかし，突固め試験結果によると同図 (b) に示したように，最適含水比の値は $w_{\text{opt}} \fallingdotseq 25 \text{ \%}$ （±），$\rho_d \fallingdotseq 1.5 \text{ t/m}^3$ である．一般土において $w_{\text{opt}} \fallingdotseq 25 \text{ \%}$ となる粒度は同図 (a)

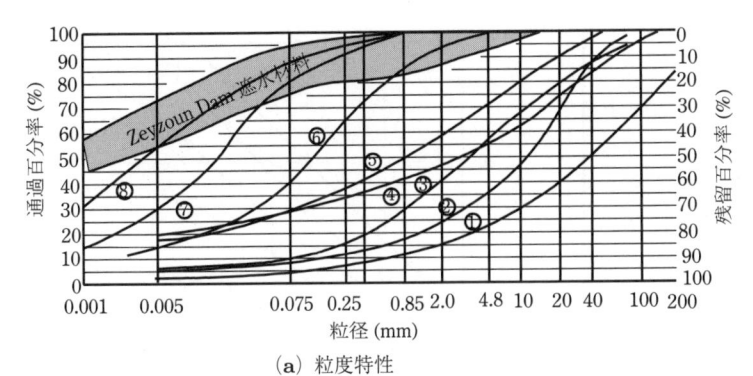

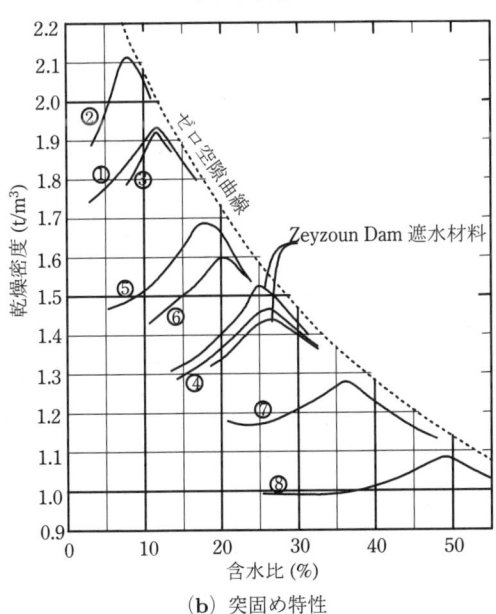

図 11.3　土質材料の物理的および力学的特性 [2)3)]

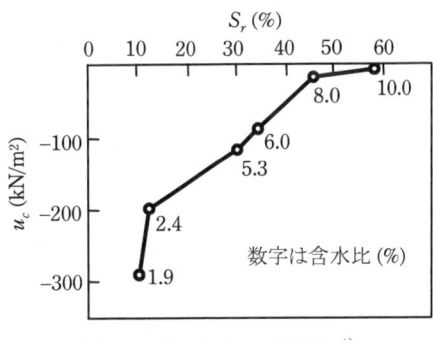

図 11.4　u_c と S_r の実測例 [4)]

の④で，粒径 −4.76 mm の含有量は約 30 % であり，SC 材料に分類される．これに対し Zeyzoun Dam の粒径 −4.76 mm の含有量は 70〜95 % で，一般土と比較してその含有量は 2 倍以上であり，CH 材料に分類される．このことは直ちにサクションの影響によるものと結論することはできないが，突固め試験を行った時点ではサクションが完全に消滅することなく，サクション効果により実際よりも見掛け上粗い粒度であったのではないかと想像される．

図 11.4 はギブス (1965) の実験結果であり，砂質粘性土を突固めた試料に対し飽和度とサクションとの関係を示している．同図で明らかなように，飽和度 (S_r) が約 60 % に達するとサクションはほとんど消滅することがわかるが，土の組成によっては $S_r \doteqdot 80$ % でもサクションの発生することがある．

図 11.5, 11.6 は三軸圧縮試験機を用い，飽和度，間隙水圧（サクションを含む）と拘束圧との関係を求めたものであるが，この場合は，飽和度 (S_r) が 80 % 以上においてサクション圧の発生

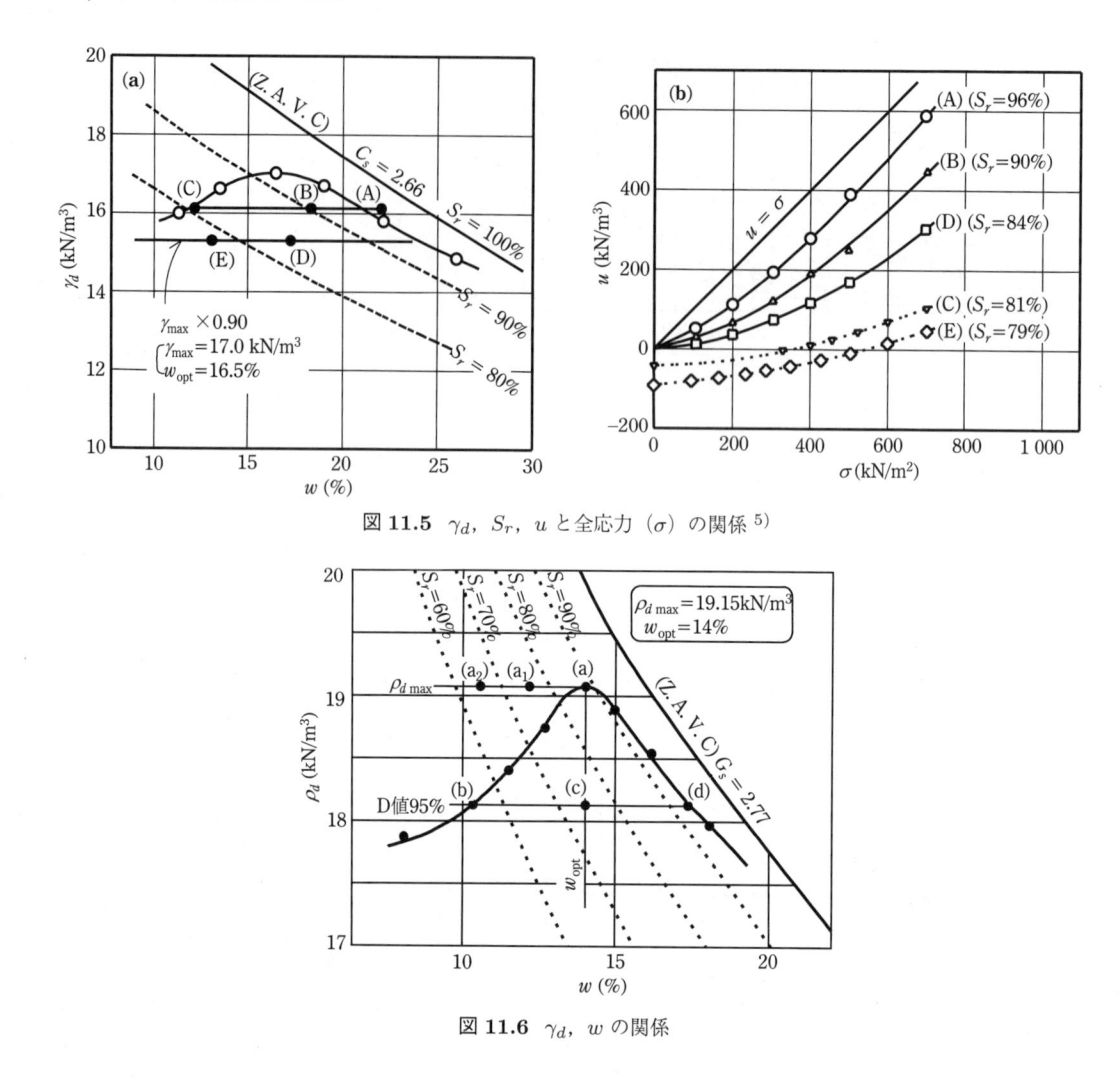

図 11.5 γ_d, S_r, u と全応力 (σ) の関係 [5]

図 11.6 γ_d, w の関係

は見られない．換言すれば，$S_r > 80\%$ に締め固めることによりサクションによる強度低下は起こらないと考えてよい．

11.3 一軸圧縮強度とコラプス現象

図 11.7 は SM 材料に対し，飽和前後の一軸圧縮強度と供試体の初期飽和度との関係を示したものである．図で明らかなように飽和度が低い場合，極端な強度低下が起こることが知れる．これはコラプス現象によるものであるが，両図から強度低下の起こる飽和度は 80％程度以下であることがわかる．飽和度が高くなるに従い土中の間隙が独立し，大気と連通しないことが知られている．$S_r \geq 80\%$ においてサクションの発生が見られないのは土中の間隙が独立するため毛管上昇による負圧が発生しないためと思われる．

いずれにしてもコラプス現象は土質構造物の安定性を支配し，構造物の種類によっては破局的崩壊の誘因となるので，施工にあたっては構造物の種類，目的に応じた施工仕様に従い，厳格な管理の下で盛立て工事を行われなければならない．具体的には，乾燥した粘性土を用いて土質構造物を構築する場合，例えばフィルダムの場合は，堤体への水の浸入が前提となる部分に対しては，コラプスの起こらない飽和度を確保するための十分な締固めや含水比の調整が要求される．これに対し，道路や宅地造成盛土等のように構造的に飽和防止が可能な場合は，高い飽和度を得るための締固めは要求されない．

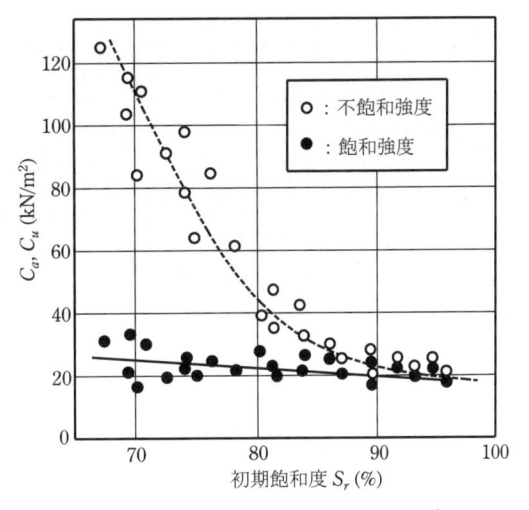

図 11.7 飽和前後の強度 (C_a, C_u) [5]

極端に乾燥した土質材料に対し所定の飽和度を確保するため加水しながら盛立て作業を行うことがあるが，加水直後においてはサクションは残留することがあり，結果的に実粒径よりも粗い粒度組成となり，これを締め固めた場合，高い密度が得られることになる（Zeyzoun Dam のように）．しかし，飽和度は必ずしも密度の大きさに比例して高くなるとは限らないので，この種の材料の施工に際しては事前に突固め試験を行い，**所定の飽和度が得られる突固めエネルギーを特定**し，実務においてはこれを基準とした**締固め密度の管理**が行われなければならない．

11.4 コラプス現象によるアースダムの崩壊

締め固めた不飽和土は，飽和することにより強度低下や沈下を起こすことをすでに述べた．後述する**写真 13.2** は東南アジアの乾燥地帯で構築されたアースダムであるが，このダムは完成後の初期湛水時に崩壊し，その原因はコラプスによる水理的破壊現象であると結論された．このダムは **13.3.1 (3)** 項で詳述したように未崩壊部から採取した不撹乱試料に対する実験結果によると，飽和度 (S_r) は $S_r \fallingdotseq 70\%$ で締固め度（D 値）は JIS エネルギーを与えて得られる $D \fallingdotseq 90\%$ であった．**図 13.15** には飽和前後の沈下・荷重関係を示してあるが，飽和することにより大きな沈下の起こることが知れる．この沈下はコラプス現象によるものであり，この沈下によりコアトレンチ内の応力的釣合いが破れ，水理的破壊現象を惹起したものと思われる．

また，**写真 11.1** は，建設後 10 年以上経過したアースダムの崩壊例である．このダム内には写真右側の図に示したようにドレーンが設置されていた．貯水により堤体の飽和部は逐次軟化し，沈下した．堤体材料とドレーンとの粒度的条件が十分満されていなかったが，このため，堤体を構成する軟化した部分の細粒子が流動しドレーン内に流入したものと考えられる．細粒分の流

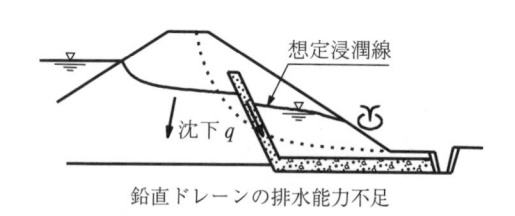

写真 11.1 アースダムの堤体内ドレーンの機能喪失による崩壊

入によりドレーンは排水能力を失い，浸潤線は下流斜面の高い位置に出現し，下流側堤体の一部は飽和し，コラプス現象が起こり崩壊したものと結論された．

　東南アジアや中東あるいは米国の乾燥地帯では，しばしば極端に乾燥した粘性土を材料としてフィルダムが建設され，貯水直後の崩壊を多く経験している．いずれもコラプス現象によるものと考えられており，この種の土の扱いには十分な注意が必要である（第 13 章参照）．

参考文献

1) 浅川 美利他：土質工学入門，基礎土木工学講座(8)，コロナ社，1992
2) 大根 義男：シリア・アラブ共和国 Zeyzoun Dam 崩壊調査報告，愛知工業大学総合技術研究所研究報告，第 5 号，No.5，Mar. 2003
3) 河上 房義：土質力学，森北出版，1976
4) Gibbs, H. J., J. W. Hilf, W. G. Holtz and F. C. Walker: Shear Strength of Cohesive Soils, Proc. Res. Conf. on Shear Strength of Cohesive Soils, ASCE, 1960
5) 大根 義男：フィルダム設計上の問題点とその考察，ダム技術，No.77，(財)ダム技術センター，1993

第 12 章　火山生成ロームの力学的性質

12.1　はじめに

　粘土鉱物は，長石や雲母などの岩石が，化学的風化作用を受けてできたものであるが，風化過程において温度や圧力等の環境条件の相違により，数多くの種類の結晶に分かれる．しかし，鉱物学的に分類すると，カオリナイト群，モンモリロナイト群，イライト群の3種に大別することができる[1]．

　これらの鉱物のうち，モンモリロナイト群は水を含んだとき体積が増える膨潤的性質に富んでいるので工学的には扱いにくい．これに対し，カオリナイト，イライト群系の鉱物は安定性に優れている．火山生成物であるカオリナイト系の鉱物は結晶組織の間に水分子を包含しているので安定性に問題があるという意見もあるが，この水の大部分は常温乾燥により容易に除去することができ，一度脱水した後加水しても，初めの鉱物組織には戻らない性質を有するので，モンモリロナイトとはその性質を全く異にしている．

　関東ロームで代表される火山性のローム質土は，いったん乾燥すると物理的性質が変わり，土性は非可逆的であるといわれるが，このためである．また，この種の土は自然状態において高い含水比，例えば関東ロームでは $w = 70 \sim 120$ %，立川ロームでは $w = 90 \sim 150$ %，愛鷹ロームでは $w = 180 \sim 220$ %等であるが，比較的安定した構造を持っている．特に堆積年代の古い過圧密状態の粘性土はセメント性物質の沈着による骨格構造を有するので，より安定度が高い．この骨格構造は一般に吸着水の結合力，固体粒子と空気との間に作用する**界面効果**や **van der Waals 力**等によるものといわれている．なお，van der Waals 力とは，単一の分子であるときは無極性であるものが，他の分子の接近に伴い干渉を起こして，双極子モーメントが両分子に誘発され，これらの電磁作用に起因して現れる引力のことである．

　以上のように，火山性のローム質土は，自然状態において力学的に比較的高い安定性を有し，かなり急勾配に掘削した斜面でも安定している．しかし，自然堆積状態のロームをいったん撹乱すると，鉱物内に包含される水分が遊離し，かなり軟らかい状態に変化する．この軟化の程度は，与える外力の大きさにより異なり，外力が大きい（こね返し回数が多い）ほど，軟化の程度も高くなる．しかし，軟化した状態で放置すると，再び骨格構造が形成され，以前を上回る骨格構造に変化する．この現象は，化学の分野でいうゲルから外力を与えることによりゾルに変化し，そのまま放置すると再びゲル状に戻る thixotropy 現象（チキソトロピー）に似ていることから，土

のチキソトロピー現象と呼んでいる．

　乱さない粘土の一軸圧縮強度（q_{un}）と乱した粘土を整形して求めた一軸圧縮強度（q_{ua}）との比を**鋭敏比**と呼んでいるが，チキソトロピーの性質を有する土の鋭敏比は，一般土と比較して極端に大きい．一般土（堆積），北欧クイック粘土と火山性ローム土とを対比して図 12.1 に示したが，鋭敏比に関しては，チキソトロピーの性質を有する火山性ロームは，北欧クイック粘土と類似していることが知られる[1]．

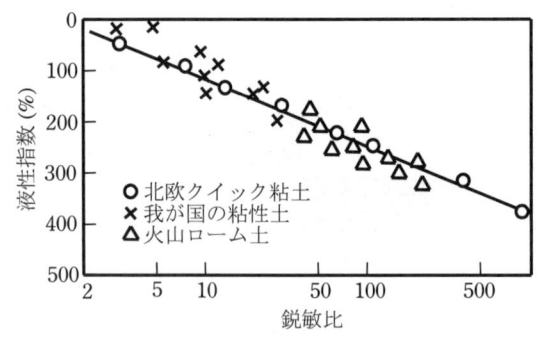

図 12.1 鋭敏な粘土の St-IL

$$鋭敏比 (S_t) = \frac{乱さない土の一軸圧縮強さ}{乱した土の一軸圧縮強さ} \tag{12.1}$$

12.2 盛立て時の強度低下

12.2.1 盛立て工事

　一般盛土では，土取場から材料を採取し，所定の盛立て地に運搬し，撒き出した後に転圧作業が行われる．この過程において，火山性ロームは軟化することがある．例えば，図 12.2 は関東ロームを盛り立てた際の強度低下の一例であり，盛土の進行に伴って強度低下が起きていることを示している[2]．図 12.3 に示すように，材料を撒き出し，タンピングローラーを用いて転圧（8 回/

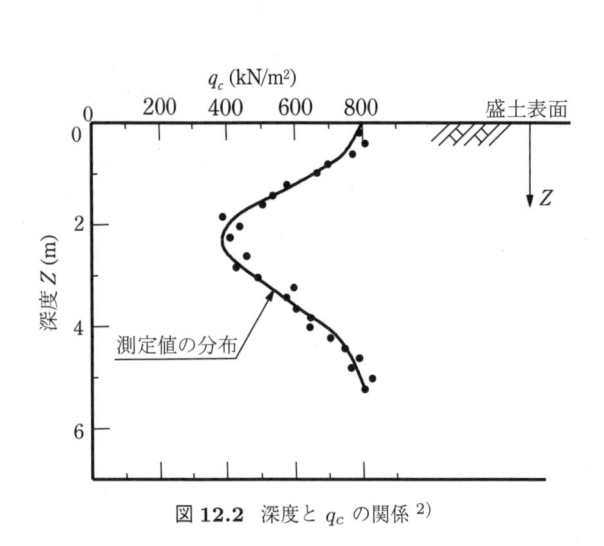

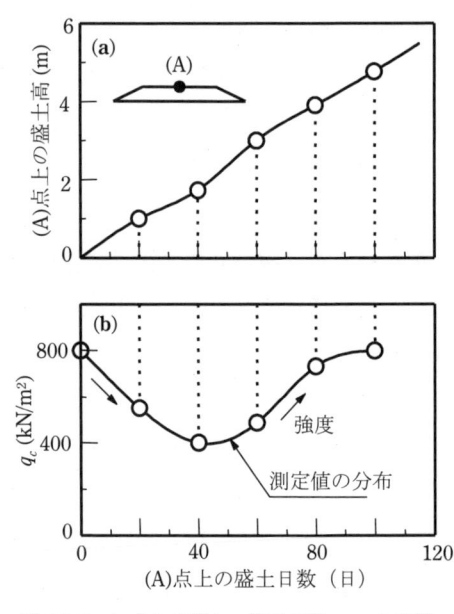

図 12.2 深度と q_c の関係[2]

図 12.3 A 点上の盛土，施工日数，q_c の関係

層）した時点で，表層の点 A のコーン指数（q_c）は $q_c \fallingdotseq 800\,\mathrm{kN/m^2}$ であるが，その上部に盛土を行うと，下部では逐次強度低下が起きている．そして，点 A 上の盛土高が約 2 m に達した際，強度は最小値を示し，転圧直後の強度 $q_c \fallingdotseq 800\,\mathrm{kN/m^2}$ の約 1/2 まで低下していることが知れる．しかし，点 A 上の盛土高が 2 m を超えると，強度は逐次回復し，盛土高が 4〜5 m に達した時点で初期の強度まで回復する．この強度低下は転圧に伴う繰返し荷重載荷により生じたことはいうまでもないが，強度の回復は，先に述べたように，吸着水の結合力，界面効果や van der Waals 力によるものと思われる．この現象を明らかにするために，動的三軸圧縮試験が行われたが，この結果を次に紹介する[3]．

12.2.2 動的三軸圧縮試験による検証

実験は 2 種類種の材料に対して行われた．過去に乾湿の繰返しが行われたと思われる表層約 1 m の深さから採取した A 材料と，乾湿の影響の少ない深度 3 m 付近から採取した B 材料であり，その物理的性質を**表 12.1** に，また粒度分布を**図 12.4** に示した．

表 12.1 試料の物理的性質

試料名	採取深度	自然含水比 (FM)	比重 (Gs)	液性限界 (LL)	塑性限界 (PL)	粘土分	シルト分	砂分
A	1 m	134.9 %	2.80	128 %	73 %	32 %	52 %	16 %
B	3 m	124.0 %	2.75	132 %	75 %	27 %	59 %	14 %

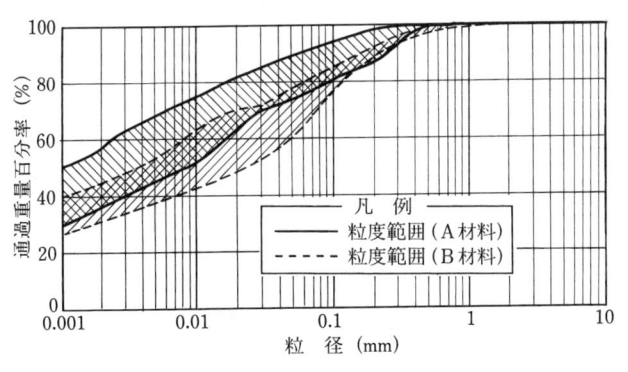

図 12.4 関東ロームの粒径加積曲線

(1) 実験方法および実験条件

図 12.5 および **12.6** は，盛土内部の応力変化と強度変化の関係，および三軸供試体の応力状態を模式的に示したものである．σ_0 は盛土内の土要素上部に作用する土被り圧力，σ_d は施工機械の走行によって発生する繰返し応力を表す．これら 2 応力のうち σ_0 は盛土の進行とともに増大し，逆に σ_d は応力伝播により減少する．

以上のような盛土の進行状態を三軸セル内の供試体に再現するためには，**図 12.5** (b) および (c) に示すように，1 つの供試体に対し，各層の転圧状況に対応する σ_0 および σ_d と転圧回数を

図 12.5 盛土の転圧状況と強度低下

図 12.6 供試体の応力状態

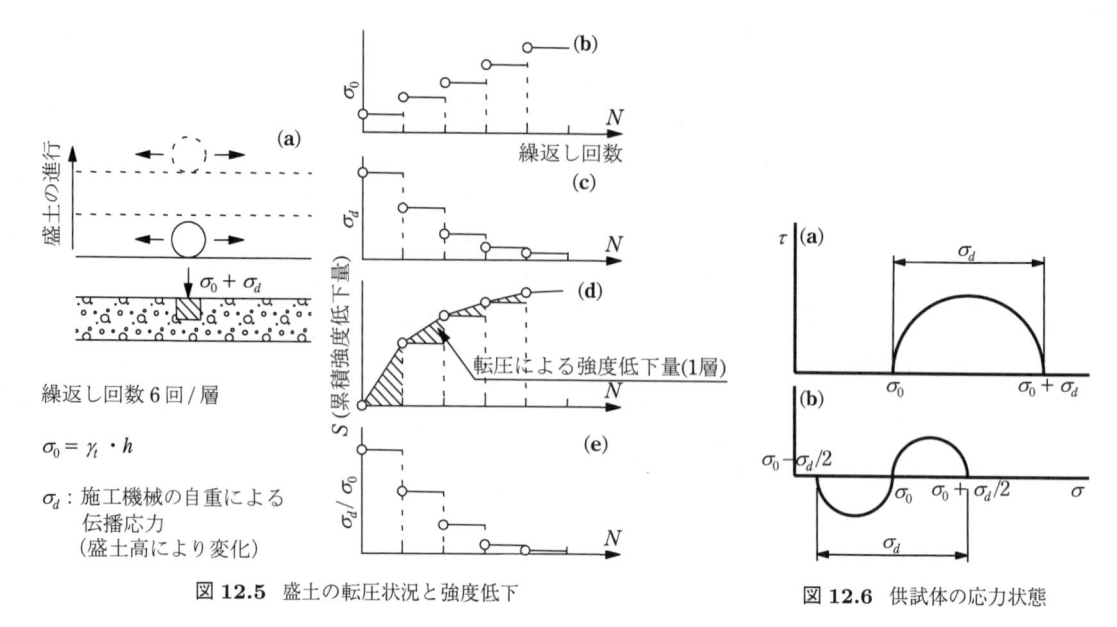

表 12.2 繰返し三軸試験の試験条件

供試体形状	$\phi 50 \times 125$ mm	載荷波形	正弦波
初期拘束圧 (σ_0)	50 kN/m^2 (等方)	載荷回数 (n)	100 回
排水条件	非排水 (U-U)	周波数 (f)	0.5 Hz
制御方式	応力制御（油圧サーボ）		

表 12.3 盛土内部の繰返し応力測定結果

Z (m)	タンピングローラー		ベアダンプ		湿地ブルドーザー	
	σ_d	σ_d/σ_0	σ_d	σ_d/σ_0	σ_d	σ_d/σ_0
0.5	0.31	4.43	—	—	—	—
1.0	0.12	0.86	0.45	3.21	0.09	0.64

(注) $\sigma_0 = \gamma \cdot Z$ ($\gamma = 14.0$ kN/m^3)

順次変えて与えればよい．供試体の強度低下は図 (d) の形で現れ，応力状態を σ_d と σ_0 の比で表すと図 (e) のようになる．

　三軸セル内では非圧密条件の等方応力状態 ($\sigma_1 = \sigma_3 = \sigma_0$, $k_0 = 1$ と仮定) にある供試体に対して**図 12.6** (b) のように σ_0 を中心として施工機械の走行による繰返し応力 σ_d を作用させた．

　繰返し三軸試験の実験時の条件を**表 12.2** に示した．繰返し載荷前の初期拘束圧 σ_0 は実験が可能で，なるべく低い値とするため $\sigma_0 = 50$ kN/m^2 とした．供試体に与える応力比 σ_d/σ_0 は，施工機種と盛土高さによって異なるが，本実験では**表 12.3** に示す3種の施工機械に対する現場における測定値を参考にした．

(2) 供試体作成

　一般土の締固め密度は，締固めエネルギーの増加とともに増大する．本実験で使用した試料（自然含水比）の場合，密度の増加限界は JIS エネルギーの 80～100 % であり，これ以上締固めエネルギーを増加しても密度の増加はほとんど見られないばかりか，試料 B では逆に低下する傾向にある．

　一方，現場におけるタンピングローラーの締固め機構は JIS 締固め突固めのように衝撃的ではなく，自重によって準静的に抑えつける形式に近い．以上のことから，本実験では，JIS 締固め突固めエネルギーの 80 % ないし 100 % を与えた際に得られる密度を目標にし，静的外力を与えて供試体を作製した．

　供試体作製時の含水比は，それぞれの試料について自然含水比（FM）と，これより含水比を約 5 % および 10 % 減じた 2 種類（FM-5 および FM-10）の合計 3 種類とした．

(3) 実験結果の破壊ひずみと初期強度

　供試体作製後，直ちに一軸圧縮試験を行い，初期状態の強度，変形係数および破壊ひずみを求め，繰返し載荷試験後の値と比較し，この結果の一例を**表 12.4** に示した．

表 12.4 一軸圧縮試験結果

試料	供試体 No.	q_u (kN/m²)	E_{50} (kN/m²)	ε_f (%)	供試体 No.	σ_d/σ_0	q_u' (kN/m²)	E_{50}' (kN/m²)	ε_f' (%)
(試料 A) FM	1	74.2	1750	4.6	1	0.440	71.6	1610	4.6
	2	75.8	1720	6.0	2	0.754	75.0	1410	5.4
					3	1.310	74.8	1440	6.8
					4	1.836	68.9	1100	7.7
					5	1.376	76.3	1440	7.5
					6	1.846	64.1	830	11.0
FM-5	1	108.9	2500	5.0	1	1.954	101.3	2260	6.0
	2	107.8	2700	5.0	2	2.104	105.1	2560	6.8
					3	2.826	77.0	1280	8.1
					4	0.742	110.7	2560	4.6
FM-10	1	150.7	3590	5.0	1	3.212	113.2	3140	5.4
	2	145.6	3870	3.9	2	1.752	145.0	3630	4.6
					3	2.086	128.5	3430	5.0
					4	0.950	166.0	4880	3.9
(試料 B) FM	1	48.4	1260	6.7	1	0.755	41.8	520	6.8
	2	46.2	1200	6.7	2	0.940	37.2	300	10.6
					3	1.293	35.8	200	16.9
FM-5	1	70.6	2850	5.1	1	1.600	34.8	200	13.9
	2	69.3	2320	5.1	2	1.005	59.7	1710	6.5
					3	1.195	72.1	2120	5.1
FM-10	1	94.9	3770	3.5	1	1.780	78.7	2030	5.0
	2	89.5	3440	3.5	2	0.965	115.1	3530	4.0
					3	1.197	89.1	2780	4.3

また，図 12.7 は，初期状態の供試体含水比と一軸圧縮強度 q_u との関係を示したものである．図から知れるように，試料 A は試料 B に比べ含水比が高いにもかかわらず強度は大きい．両試料の物理的性質がほとんど同じであることを考えると，表層部における乾湿繰返し応力を受け骨格強度が変化したものと思われる．

(4) 繰返し載荷による強度低下特性

a) 応力比と強度

図 12.8 および 12.9 は，試料 A および B の繰返し三軸試験後 ($n = 100$ 回後) の一軸圧縮強度 q_u と繰返し応力比 σ_d/σ_0 の関係を示したものである．また，図 12.10 は強度低下の程度を強度比 q'_u/q_u で表し，応力比との関係で整理し，示したものである．

図 12.8 および 12.9 によると，強度低下はある応力比以上において発生する．強度低下の始まる応力比を**限界応力比**とすると，この値は含水比の高い材料ほど小さいことが知れる．また，限界応力比の値は試料によって大きく異なり，試料 B は低い応力比で強度低下が現れ，その低下度合も試料 A より大きく，繰返し載荷に対して鋭敏な試料であることが知られる（図 12.10 参照）．

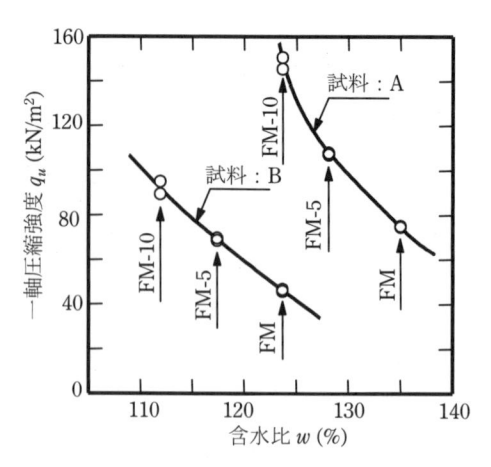

図 12.7　繰返し載荷前の $q_u \sim w$ 関係

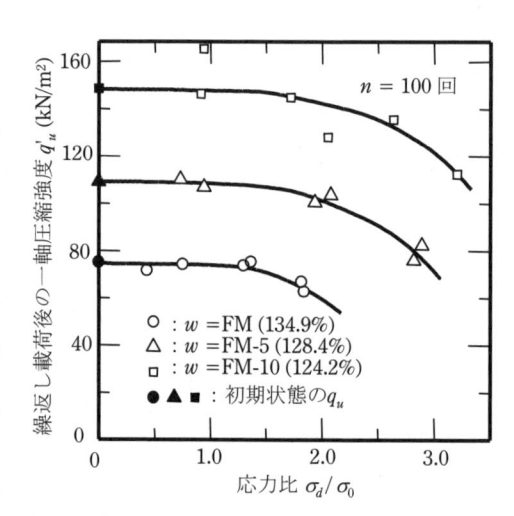

図 12.8　$q'_u \sim \sigma_d/\sigma_0$ 関係（試料 A）

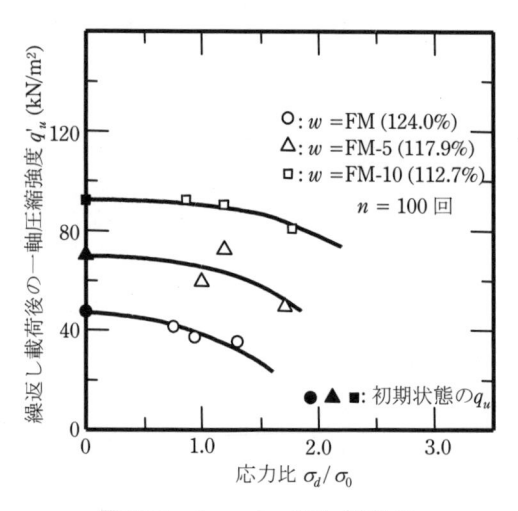

図 12.9　$q'_u \sim \sigma_d/\sigma_0$ 関係（試料 B）

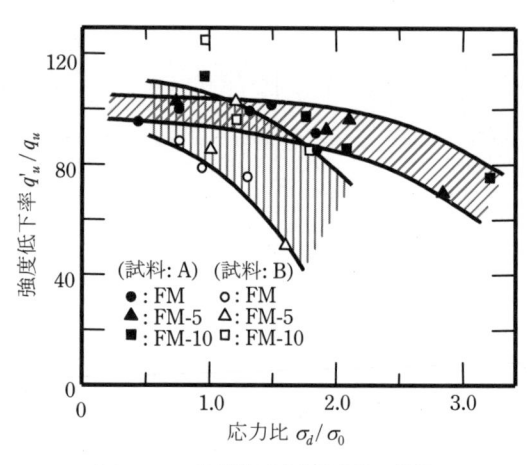

図 12.10　強度低下率と応力比の関係

b) 応力比と変形係数

繰返し載荷後の供試体の一軸圧縮試験から求めた変形係数 E'_{50} と繰返し応力比の関係を調べると図 **12.11** および **12.12** のようになる．応力比の増大による E'_{50} の低下傾向は q'_u と類似しており，図には示していないが低下率も同程度の値となっている．一般に，繰返し載荷を受けた土の変形係数 E'_{50} と一軸圧縮強度 q'_u との間には，$E_{50} = k \cdot q'_u$，$k = 20 \sim 60$ の関係が認められているが，本実験結果 ($k = 20 \sim 30$) も概ねこの範囲にある．

図 **12.13** は，載荷回数 $n \fallingdotseq 100$ 回目の動弾性係数 E_d と応力比の関係を示している．ここで，動弾性係数 E_d は繰返し応力 σ_d と，この応力の載荷によって発生した軸ひずみ ε_d との比 σ_d/ε_d から求めている．両試料ともに E_d は応力比の増大に伴って一様に低下する傾向が見られ，q'_u/q_u ～σ_d/σ_0 関係あるいは E_{50}～σ_d/σ_0 関係で見られるような限界応力比は現れていない．

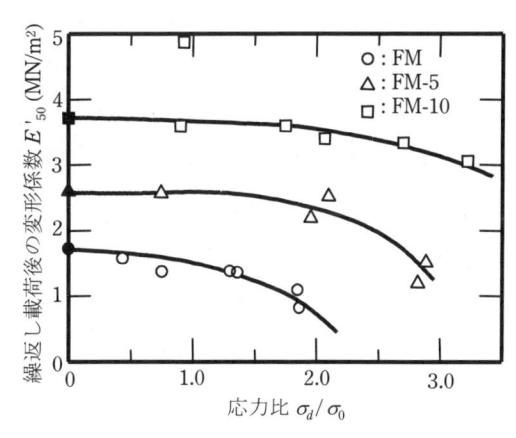

図 12.11 E_{50}～σ_d/σ_0 関係（試料 A）

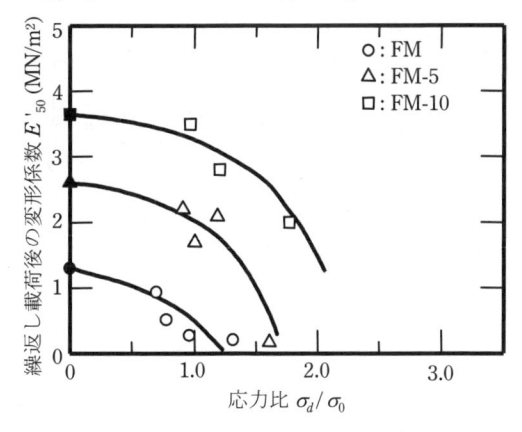

図 12.12 E_{50}～σ_d/σ_0 関係（試料 B）

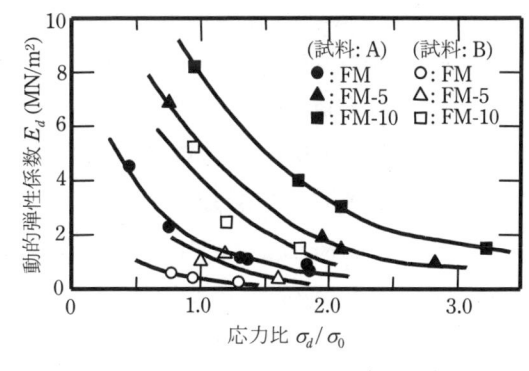

図 12.13 E_d～σ_d/σ_0 関係（試料 A）

c) 間隙圧変化

図 **12.14** は応力比と繰返し載荷により発生した動的間隙水圧と繰返し応力比の関係であり，u_i は繰返し載荷前，u_f は繰返し載荷後の値を示す．100 回の繰返し載荷によって発生する間隙圧 ($u_f - u_i$) は応力比が大なるほど大きく，また試料 B のほうが試料 A より高くなっている．この結果は，試料の軟化に対して応力比が影響すること，および試料によっ

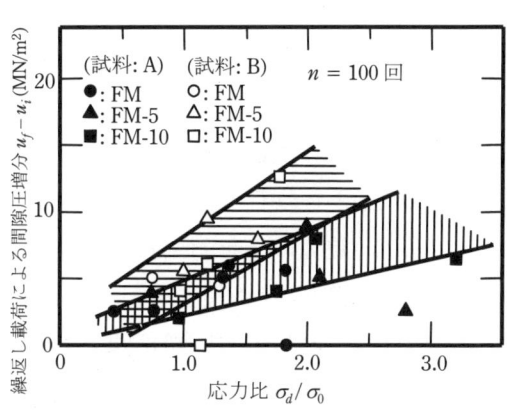

図 12.14 応力比と間隙圧増分

て軟化の程度が異なることを意味するものであり，一軸圧縮試験から求めた q'_u/q_u，E'_{50} および繰返し載荷試験から求めた E_d と応力比の関係を別の立場で裏づけるものである．

12.2.3　転圧機械の走行による強度低下の推定

現場における転圧盛土の強度低下現象は，図 12.5 で示したように，施工機械の走行によって盛土内部に発生する繰返し応力の大きさとその回数によるものであり，表面から任意の深度 (z) における強度低下量は図 12.15 に示したフローチャートに従って推定することができる．具体的には，深度 z の土が第 1 層目の転圧作業によって受ける σ_d と，点 z の土柱高から求まる拘束圧 σ_0 を求め，第 1 層目の応力比を推定する．一方では繰返し載荷試験の結果を整理して 1 層当たりの載荷回数に対応する強度比 q'_u/q_u と応力比 σ_d/σ_0 の関係を求める．前に推定した応力比を実験から求めた $q'_u/q_u \sim \sigma_d/\sigma_0$ 関係に当てはめ，第 1 層目の転圧による強度低下量 s_i を求める．以上の操作を深度 z に相当する層の数だけ繰り返して最終的な強度低下量 S ($S = \sum s_i$) を求める．

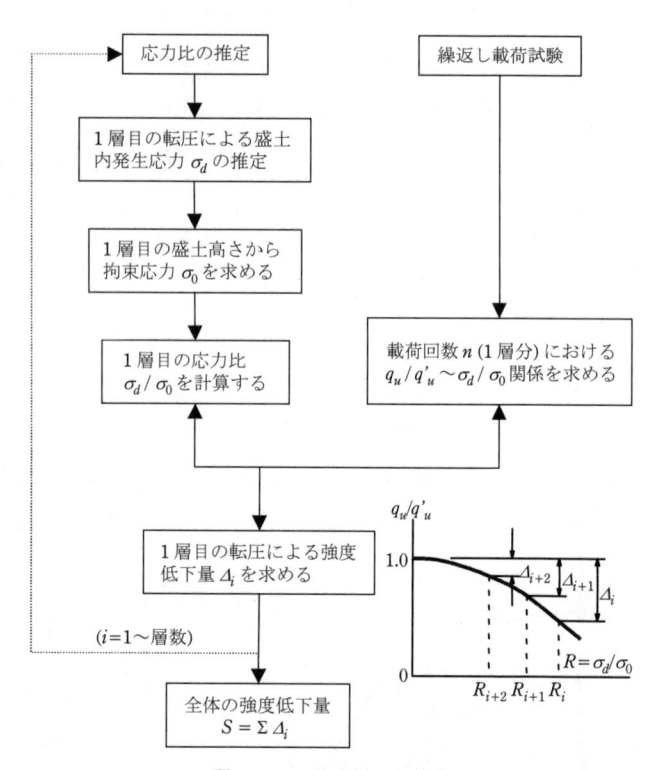

図 12.15　強度低下の算定

以上の流れの中で，任意の繰返し載荷回数における強度比 q'_u/q_u を求めることになるが，そのためには盛土内に発生する繰返し応力を推定する必要がある．

載荷によって土中に生じる鉛直応力の算定には，Boussinesq 解を初めとして 2，3 の方法が提案されているが，ここでは道路の路床設計に際し，一般に用いられている概算法を採用した．すなわち，載荷面からの圧力は直線的に減少するものとし（圧力勾配は水平面に対し 45°），同一深さにおける鉛直応力は荷重分散範囲内で均一に分布するとして計算した．表 12.5 は実際の現場で用いられているタンピングローラー，湿地ブルドーザーおよびベアダンプについて応力比を求めたものである．それぞれ代表的深度における実測値（表中カッコ内の値）が得られており，計算値が大きくかけ離れるものでないことが知られる．

表 12.5 盛土内に発生する応力比 σ_d/σ_0

深度 (m) \ 機種	タンピングローラー $W=27,\ A=3.375$	湿地ブルドーザー $W=17.55,\ A=12.393$	ベアダンプ $W=65,\ A=16.250$
0.5	3.486 (4.43)	2.429	17.943
0.75	1.362	1.057	8.038
1.0	0.671 (0.86)	0.564 (0.64)	3.463 (3.21)
1.25	0.383	0.337	2.606
1.5	0.238	0.219	1.695
1.75	0.155	0.151	1.163
2.0	0.111	0.107	0.836
2.5	0.060	0.060	0.471
3.0	0.036	0.038	0.293

(注) W：総重量 (t), A：接地面積 (cm^2)
カッコ内は実測値

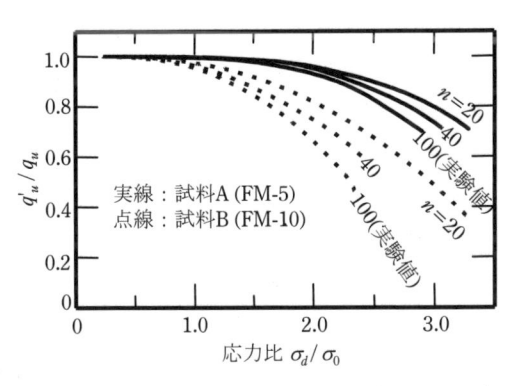

図 12.16 $q'_u/q_u \sim \sigma_d/\sigma_0$ 関係の推定 ($n=20,\ 40$)

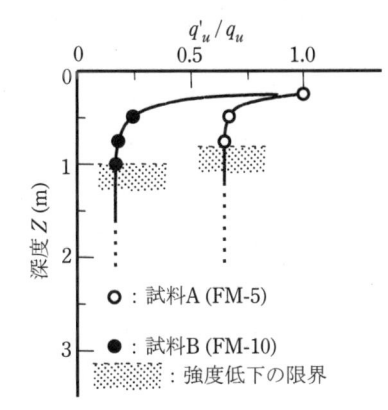

図 12.17 タンピングローラーの走行による強度低下の推定

図 12.16 には両試料の実験結果の一例を載荷回数 $n=20$ 回および 40 回に対する強度比と応力比の関係を示した．図 12.17 はタンピングローラーの走行による強度低下の様相を 2 つの試料について比較して示した．なお，載荷回数 n は撒出し厚さ 20 cm とし，タンピングローラーが 8 回/層通過するものとして求めた結果である．図から，深度約 1 m までの範囲において，盛土の強度が急激に低下していることがわかる．試料 B ではこの傾向が特に著しく現れている．また，深度 1 m 以深では q'_u/q_u 値に変化は見られず，この深度が強度低下の限界深さと見なすことができる．この結果は図 12.2 のサウンディング試験結果から求めた深さの約 1/2 である．この理由として，実験の仮定条件や実験方法が現場条件を完全に満足していないためと思われるが，転圧による強度低下の現象は十分表現されている．

12.2.4 火山生成ロームの特徴

実験に用いた A，B 材料は同一地点から採取されているが，採取深度が前者は約 1 m，後者は約 3 m であり，組成的にはほとんど変わりない．しかし，粒度分析結果では図 12.4 から知れるよ

うに，前者は後者と比較してわずかに粗粒分を含有する材料である．しかし一連の実験結果によると転圧荷重による強度低下に関しては，後者（B材料）は著しい．このことは表層部においては乾燥の繰返しによるセメンテーション効果により新たに骨格構造が構成されたためと理解される．この種の骨格強度は一般土のサクション効果により発揮される骨格強度とは異なり，水浸時に消滅することはなく，したがって火山性ローム質土はいったん乾燥や動的外力等を与えることにより，より安定した骨格構造に変貌することを意味し，このことは次に述べる強度回復実験結果からも明らかである．

12.3 強度回復

12.3.1 概　要

　転圧等により乱され強度が低下した火山性のローム質土は，そのまま放置することにより強度が回復することをすでに述べたが，強度回復の割合は初期の撹乱程度に応じて異なる．実務においては，撹乱し軟化した土が時間の経過とともにどのように回復するか，また初期の撹乱程度が強度回復に対しどのように影響するかを知ることにより，施工上の対応が可能になる．この意味において，本項では初期撹乱程度と強度回復の経時的関係について紹介する．

12.3.2 突固めエネルギーと密度との関係

　実験に用いた試料は表 12.6 に示した A，B 材料であり，突固め試験は，初期含水比を変えた試料に対し，JIS エネルギーの 50 %，100 %，200 %，300 %および 400 %を与えて突固めを行った．乾燥密度 ρ_d と突固めエネルギー E_c の関係を図 12.18 に示した．図から明らかなように，突固め密度は A，B 材料とも突固めエネルギーを JIS 50 %から 100 %に増した場合は顕著に増加するが，それ以上エネルギーを増しても A 材料の FM-10 %を除いて全体的な変化はほとんど見ら

表 12.6 実験内容

1．試料

試料名	含　水　状　態	
	名　　称	平均含水比 (%)
A	FM	130.3
	FM-5	124.2
	FM-10	118.1
B	FM	127.1
	FM-5	120.6

2．締固めエネルギー
　　50 %，100 %，200 %，300 %，400 %
3．強度回復試験の放置期間
　　3日，7日，15日，30日，60日
　　（一軸圧縮試験は7日，30日のみ）

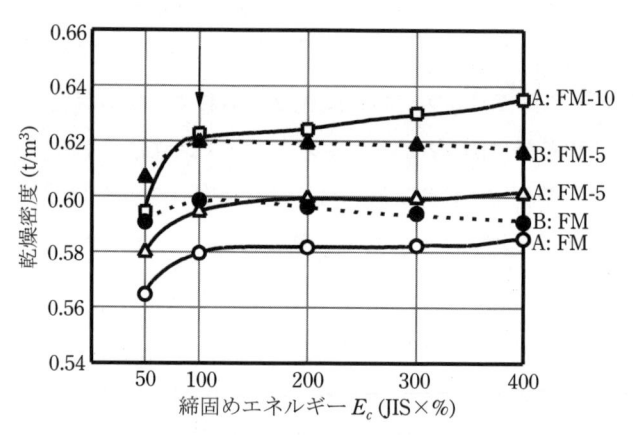

図 12.18 締固めエネルギーによる密度増加

れない．しかし，詳細に見ると A 材料はエネルギーの増加に伴って密度がわずかながら増加し，B 材料は減少傾向にある．この理由として上述の骨格構造の影響が考えられる．以上により明らかなように，この実験結果は火山性ローム土の転圧には JIS 100 ％から 200 ％程度の突固めエネルギーに相当する締固め効果を効率よく発揮する転圧機械を選定すべきことを示唆している．

12.3.3 突固めエネルギーと強度

A，B 材料の含水比を変化させた場合の突固めエネルギーと土の強度との関係を調べ，図 12.19 に示した．土の強度はコーンペネトロメーターによるコーン指数（q_c）で表示した．図で明らかなように A，B 材料ともコーン指数は突固めエネルギー JIS 50 ％を与えた場合において最大値を示し，エネルギーの増加に伴い減少している．注目すべきは，JIS 50 ％の突固めエネルギーを与えた際の q_c に対し，JIS 400 ％を与えた場合は q_c が 40〜60 ％に減少していることである．このことは先に述べた転圧による強度低下や繰返し三軸試験の結果を裏づけているものである．

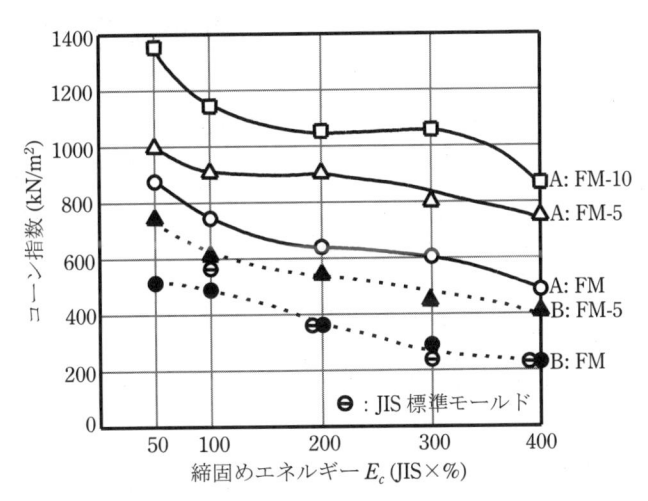

図 12.19 締固めエネルギーと初期強度

12.3.4 経時的な強度回復

図 12.20 は供試体作製時（$t = 0$）の q_c 値と時間 t だけ経過した後の q_c 値の比をとり，経時的な強度回復の特性を調べたものである．A 材料では約 30 日間で初期強度の 120〜130 ％に回復するのに対し，B 材料では A 材料の 1/2 の期間の約 15 日で初期強度の 150〜200 ％に回復していることが知れる．しかし，図 12.21 に示したように強度の値自体は両試料でそれほどの差異はない．また B 材料において，大きなエネルギーを与えて十分こね返した場合，

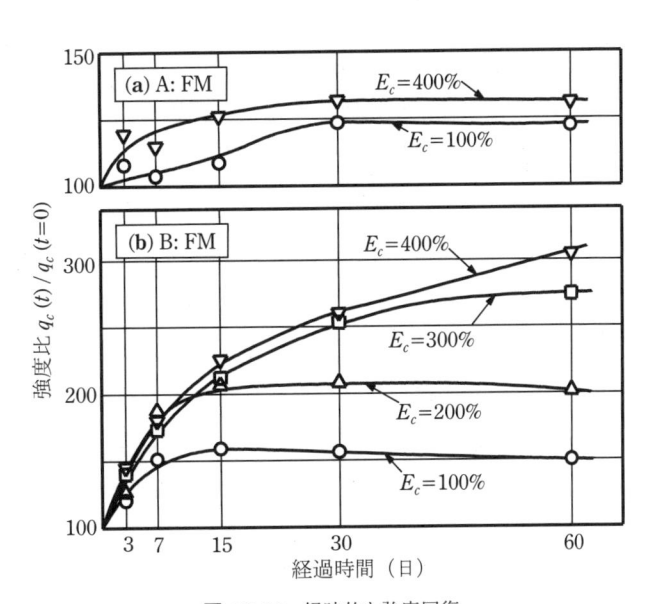

図 12.20 経時的な強度回復

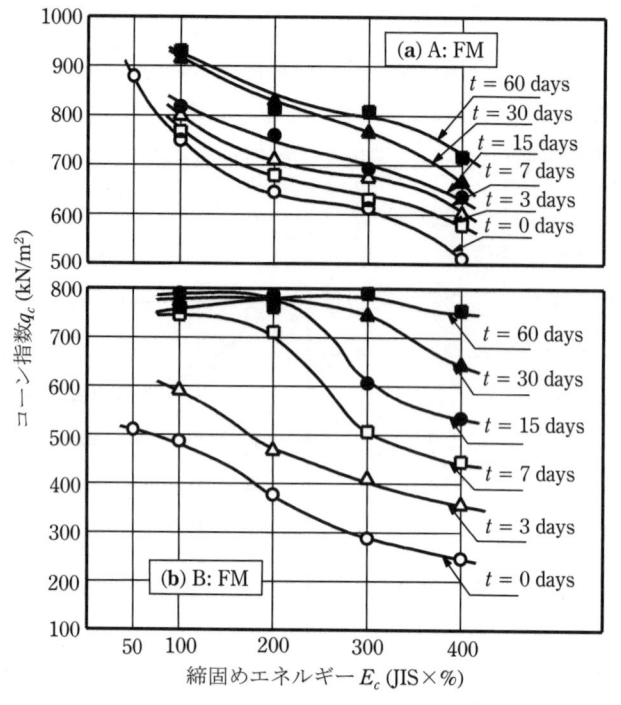

図 12.21　強度回復特性の相違

経過時間15日を過ぎても強度の増加が見られるが，最終強度はA材料の値とそれほど相違していない．すなわち，十分こね返した火山性のローム質土は，初期強度にあまり関係なく時間の経過とともに，ある一定強度に収束する傾向にあり，この種の土を構築材料とする盛土ではこれらの特性を十分配慮した設計，施工が望まれる．

12.3.5　実務における強度低下の扱い

　盛土構造は全体的に均質になるように締め固める必要がある．局部的な強度や透水性の違いが盛土の安全性を脅かすことがあるからである．火山性のローム質土を構築材料とする場合，軟化によるトラフィカビリティの悪化を防止するため，材料をできるだけ撹乱せずに盛り立てることがある．この工法は，米国ハワイ州において道路建設で採用され，成功しているが，この工法で盛土を施工しても均一性は保証されない．道路建設では盛土高がせいぜい数mと小さいので，完成後不同沈下や局部的な崩壊が発生してもあまり問題にはならないが，ダム等の重要な水利構造物の建設では不均質な構築は許されない．均質な**盛立て**を**確保**するためには十分な転圧を行う必要があるが，この場合上述のように材料の撒き出しや，転圧による軟化は避けがたく，施工中の運搬機械や転圧機械の運行により，盛土の斜面付近は**図12.22**に示したように小規模な崩壊の起こることがある．

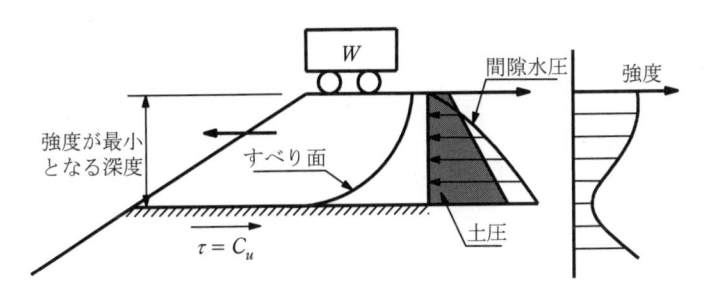

図 12.22 土圧，間隙水圧および強度低下発生の模式図

この種の崩壊は，強度低下を主因とするが，このほかにも軟化時に発生する間隙水圧や土圧の作用が考えられる．**図 12.23** は強度低下時に発生する間隙水圧を示したものである．強度比が $q_c'/q_c \fallingdotseq 0.2$ 程度まで低下した場合 $\bar{B} \fallingdotseq 0.9$ となり，重機の運行時に盛土は容易に横方向に押し出されるような滑動が予想される[4]．ここで間隙圧比 $\bar{B} = u/\sigma$（u：間隙水圧，σ：全応力）である．

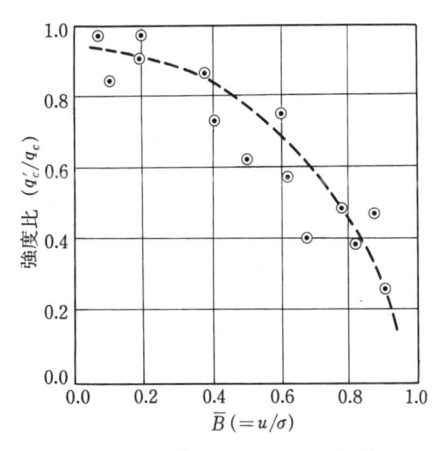

図 12.23 $\bar{B}$ 値と強度比の関係[4]

12.3.6 盛土の施工管理

一般盛土の施工は転圧時の締固め密度により管理される．これは設計段階において，土のせん断強度と乾燥密度とを対応させて設計仕様を決定しているからである．しかし，火山性のローム質土の場合は，転圧により一時的に強度が低下し，斜面は崩壊することがあるので，締固め密度による施工管理は意味がなく，強度を直接管理する方法を採らなければならない．そして，強度管理を行って斜面崩壊の危険性が予想される場合は，一時的に盛立て作業を休止し，強度の回復を期待する．ここで行った実験結果では，休止期間はせいぜい 7～15 日程度である．この値は**定量的**なものではなく，ローム質土の組成，初期含水比あるいは撹乱程度等により多少異なるのは言うまでもない．

参考文献

1) 山口 柏樹：土質力学，p.14，p.28，技報堂出版，1984
2) 水資源公団房総導水路建設所：長柄ダム工事誌，1991
3) 奥村 哲夫，成田 国朝：アースダムや道路の構築材料としての火山灰質土の力学的値に関する実験的研究，平成 5 年度科学研究補助金研究成果報告書（試験密度（B）　代表 大根義男），1994
4) 大根 義男：フィルダムの設計・施工の現状と課題 (1)，日本ダム協会，月刊ダム日本，No.629，1997

第 13 章 土質構造物の水理的破壊現象

13.1 はじめに

　河川堤防やフィルダム等の崩壊事故のうち，最も多いのは洪水の堤頂越流による流失事故である．この種の事故は異常洪水や経済的理由による堤高不足によるものであるから，その防止策は単に堤体を嵩上げすれば解決される．堤頂越流による事故に次ぐ崩壊事故として水理的な要因によるものが挙げられる．これらは例えば，河川堤防では基礎地盤の**パイピング現象**や**クイックサンド現象**であり，またフィルダムでは初期湛水時に最も多く見られる**上流側斜面崩壊**およびコア内部の**パイピング現象**等である．

　初期湛水時の斜面崩壊は，構築された堤体が飽和して強度低下を起こすことによるものであり，土の骨格構造が破壊する**コラプス現象**といわれている．また，コア部は構築中および施工後の湛水時に沈下するが，この沈下は堤体の内部構造，例えばコアと他ゾーンとの位置関係や，コアの基礎となるアバットメントの形状等の影響により**不同沈下**となって現れる．

　不同沈下は応力的均衡を崩すことになり，一部では応力集中，他の部分では解放状態を惹起することになる．応力の解放状態，すなわち低拘束圧下ではせん断抵抗力が低下し，また透水性は増大する．この結果，土粒子は水圧により流失しやすくなり，これがパイピング現象を引き起こすことになり破局的崩壊をもたらす．以下，水理的要因による崩壊例を示し，その防止策について紹介する．

13.2 水理的要因による河川堤防やアースフィルダムの崩壊

　土質地盤上に構築された河川堤防やアースフィルダムの水理的要因による崩壊はほとんどの場合，浸透水の浸出面付近において発生し，これが堤体を破局的崩壊に導くことになる．例えば基礎地盤に関しては，浸透水による揚圧力は堤体の法先付近において土の有効重量を上回り，あるいは土粒子を押し流し，これらが堤体のすべり破壊を惹起する．また堤体については，法先付近における浸潤面の出現により有効応力が減少し，時には土粒子が流失して局部破壊が起こり，これが大規模崩壊に発展する等が考えられる．以下，基礎地盤や堤体の破壊をもたらす水理的要因について記述するが，河川堤防はアースフィルダムとは異なり，基礎地盤や構築材料に対し，厳格な仕様なしで構築されているので，その構造および特に基礎地盤の地質構成については不確定

要素が多く，破壊形態はそれほど単純ではないので，この点の留意が必要である．

13.2.1 河川堤防[1)]
(1) 基礎地盤の崩壊

河川堤防の崩壊の主な原因は基礎地盤にあると考えられる．すなわち，河川堤防の大多数は沖積地盤上に建設されており，特に海岸に隣接する地域の沖積層の地質構成は複雑で，透水性の高い層や強度の脆弱な層の分布を広範囲にわたり把握するのは難しい．このような地盤に高い水圧が作用した場合，パイピングやクイックサンド現象の発生が予想されるが，これがどの位置に現れるかを予測するためには，地質調査を十分な精度で実施しなければならず，広範囲にわたるこのような調査は経済的にほとんど不可能である．

このため河川堤防の安全管理は通常完成後における基礎地盤や堤体の変兆調査を行い，必要に応じて対策を実施するという方法がとられている．変兆調査は従来，目視により行われたが，最近は間隙水圧計や変位計が用いられている．また，対策としてはリリーフウェルや連続ドレーンが有効である．

a) 基礎地盤のパイピング現象

基礎地盤のパイピングに起因する崩壊は，砂地盤上の堤防と粘性土地盤上ではその形態が異なる．例えば，砂地盤上の堤防では，浸透水により法先付近の砂粒子が最初に流失し，これが図 13.1 に示したように堤底内部まで進行する．いったん土粒子の流失が起こると，流線はその部分に集中するので一層流速を大にし，遂にはパイプ状の水道を形成して堤体を崩壊に導くことになる．

土粒子が流失する速度は粒子の大きさによって異なるが，この速度は**限界流速**（v_c）と呼ばれ，またこの時の動水勾配を**限界動水勾配**（i_c）と呼び，次式により与えられる．

$$v_c = \sqrt{\gamma_{\text{sub}} \frac{g}{F} \gamma_w} \tag{13.1}$$

$$i_c = \frac{G_s - 1}{1 + e} \tag{13.2}$$

ここに，γ_{sub} は土粒子の水中単位体積重量，g は重力加速度，F は浸透圧を受ける土粒子の面積，G_s は比重，e は間隙比である．また式 (13.1) の v_c に対しては**表 13.1** が提案されている[2)]．

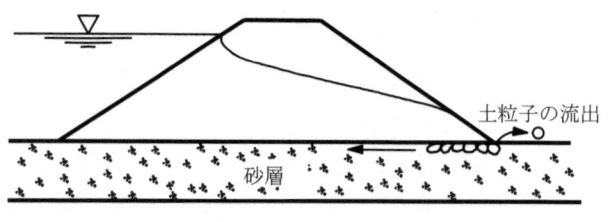

図 13.1 パイピング現象

表 13.1 粒子径と限界流速[2)]

粒子径 (mm)	限界流速 (cm/s)
1.0	9.7
0.5	6.9
0.3	4.8
0.1	3.0
0.05	2.2
0.01	0.87
0.001	0.30

一方，粘性土を主体とする地盤においては，浸透水に基因する揚圧力によりヒービング現象を惹起し，崩壊をもたらすことがある．

b) クイックサンド現象による崩壊

クイックサンド現象とよく似た現象に浸透水によるヒービングやパイピング現象があるが，両者の違いは **4.4.2** 項で述べたように，浸透水の出口付近の地層が透水性か不透水性かである．図 **13.2** に示した浸出面付近が不透水層で鉛直方向の土圧が揚圧力を上回る場合はヒービング，透水層の場合はクイックサンド現象が出現する．すなわち，クイックサンド現象は浸透に伴う揚圧力により，粒子間に働く有効応力がゼロ，すなわち地盤支持力がゼロになった状態のことである．図 **13.2** は，堤体基礎地盤の浸透流を模式図に示したもので，堤尻の z 面には浸透により揚圧力 p_w ($h_a \cdot \gamma_w$) が生起する．これに対する上方土圧（σ'_v）は，

$$\sigma'_v = \gamma_{\text{sub}} \cdot z_f \left(= \frac{G_s - 1}{1 + e} \gamma_w \cdot z_f \right) \tag{13.3}$$

である．

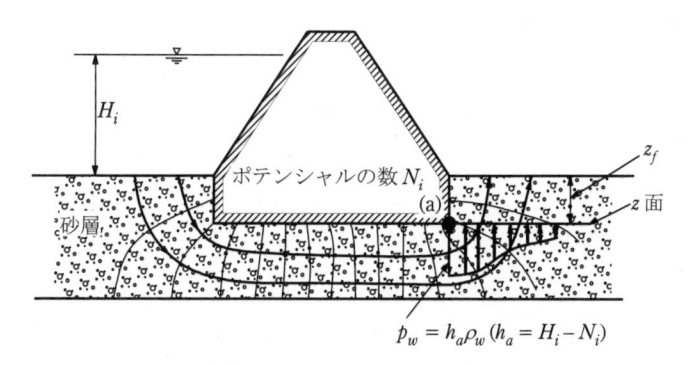

図 **13.2** クイックサンド現象

いま，z_f を不透水層厚とし，z 面における平均的揚圧力を $(p_w)_m$ とすると，$(p_w)_m \geq \sigma'_v$ においてヒービング現象が，また z_f が透水層の場合はクイックサンド現象が出現する．さらに浸出地点付近の最大揚圧力（点(a)）を $(p_w)_{\max}$ とすると $(p_w)_{\max} \geq \sigma'_v$ においてパイピング現象が現れる．いったんパイピング現象が発生すれば，流線がこの部分に集中し，パイピング孔が成長し，ついには地盤の全面破壊が起こる．

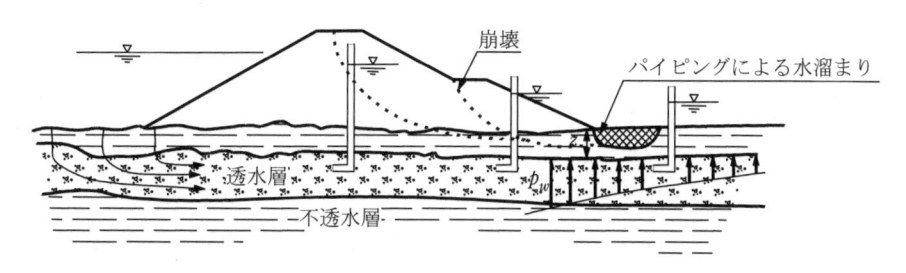

図 **13.3** 粘性土地盤上の河川堤防

図 13.3 は，法先付近を中心として大規模なヒービング現象が現れ，堤体のすべり破壊を惹起した例であり，また写真 13.1 はパイピング現象により大規模水溜まりが出現した例である．パイピング，クイックサンドあるいはヒービング防止策として法先付近に対し押え盛土を行うか，あるいはリリーフウェルが設置される．リリーフウェルについては 6.11 節で詳述した．

写真 13.1　大規模水溜まり

c）法先付近の浸潤線による浸食崩壊

河川堤防は，多くの場合，構築材料として砂質土や粘性土等がランダムに利用され，築堤は材料をほぼ水平に撒き出し，簡単な転圧が行われる．転圧盛土では第 6 章に述べたように，水平方向の透水係数（k_h）と鉛直方向の透水係数（k_v）は相違し，一般には $k_h \gg k_v$ となるので，浸潤面は理論値より法面の高い位置に浸出することになる．また，法面に芝等の植生がなされている場合は，芝の根により浸出面付近の透水係数が低下するので，浸潤線はさらに高い位置に押し上げられることになる．

図 13.4 は均一型河川堤防を想定して，透水係数を $k_h = k_v$ とした場合の浸潤面と $k_h = 10\,k_v$ とした場合の浸潤面を比較して示したものである．図で明らかなように，$k_h = k_v$ では，浸出面の高さは地盤面から約 60 cm であるのに対し，$k_h = 10\,k_v$ と仮定して浸潤面を求めると，図 13.5 に示したように約 1.5 m に上昇することが知れる．さらに上述のように植生による透水性の低減を考えると，この値をさらに上回ることが考えられる．

砂質土では粘着力は無視できるほど小さいので，せん断抵抗は摩擦角（ϕ）のみであり，浸出面付近では浸透水により有効応力が小さくなるので，この部分では局部的崩壊の可能性が高くなる．いったん，局部的崩壊が発生すれば，大規模崩壊に発展することもある．また，図 13.5 には浸出面における流出勾配（i_f）も示してあるが，この部分においては土粒子の流失の可能性も考えられ，これが崩壊につながることもある．浸出面の流速（v_c）は $v_c = k i_f$ であり，k が知れれば表 13.1 に従って土粒子の流失の可能性を概略判定することができる（k は透水係数）．

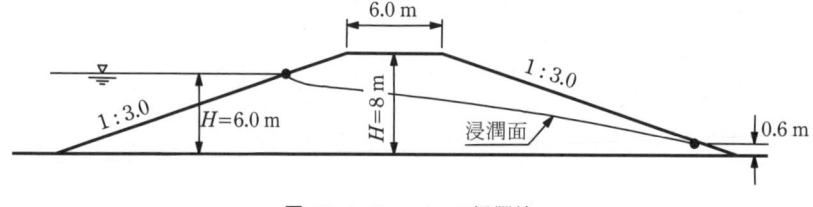

図 13.4　$k_h = k_v$ の浸潤線

図 13.5　$k_h = 10\,k_v$ の浸透

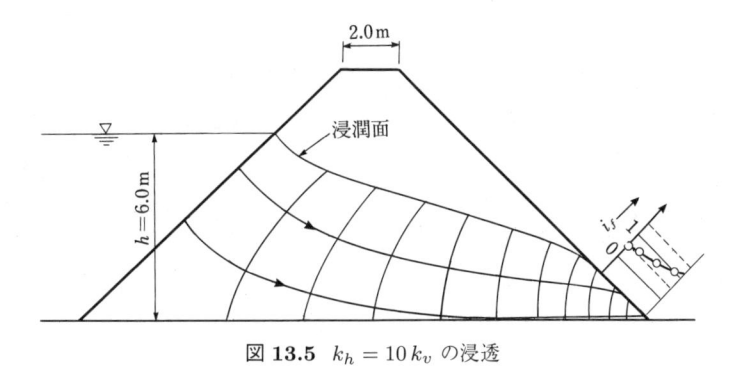

13.2.2　フィルダムの水理的破壊現象

水理的要因によるフィルダムの崩壊事故のうち，最も多く報告されているのはコア部の浸透による破壊であるが，このほかにも，次の (2) 項で述べるように，基礎地盤に作用する揚圧力により堤体の基礎地盤が脆弱化したり，有効応力の減少によりせん断抵抗が低下し崩壊した例も報告されている．

(1) コア部の浸透破壊

フィルダムのコア部は，築堤中および築堤終了後の初期湛水時に沈下することが知られている．築堤中の沈下は圧密沈下によるものであるので，間隙水圧の消散に伴って徐々に生じる．一方，初期湛水時の沈下は主として飽和による土粒子の再配列によるものであるので（コラプス），比較的急激に起こる．沈下はコア内部の応力状態の変化をもたらすことになるが，アバットメントやコアトレンチの形状によっては不同沈下が起こり，これにより応力が解放される部分と集中する部分とが現れる．応力解放された部分では透水性が大となり，また，浸透に対する抵抗も小さくなるので，浸透圧により土粒子は移動しやすい状態となる．土粒子が移動し流失すればパイピング現象に発展し，遂には堤体崩壊に至ることになる．フィルダムにおいてはこのように水理的要因により崩壊することがあるが，この現象をハイドロリックフラクチャー（Hydraulic Fracturing：H.F.）と呼んでいる．

(2) 基礎地盤の破壊

凝灰質の堆積岩は，堆積時の環境により図 13.6 に示したように連続した透水性の層を挟むことがある．この種の岩盤を基盤としてフィルダムなど水利構造物を建設することがあるが，泥岩を含む凝灰岩は拘束応力が低下した場合，スレーキングや拘束圧解放により強度低下の起こることが知られている．例えば，図 13.6 に示した地質条件下においては，上部の不透水性岩盤は浸透による揚圧力を受けることになる．この場合，法先付近の上載荷重の少ない部分では揚圧力によ

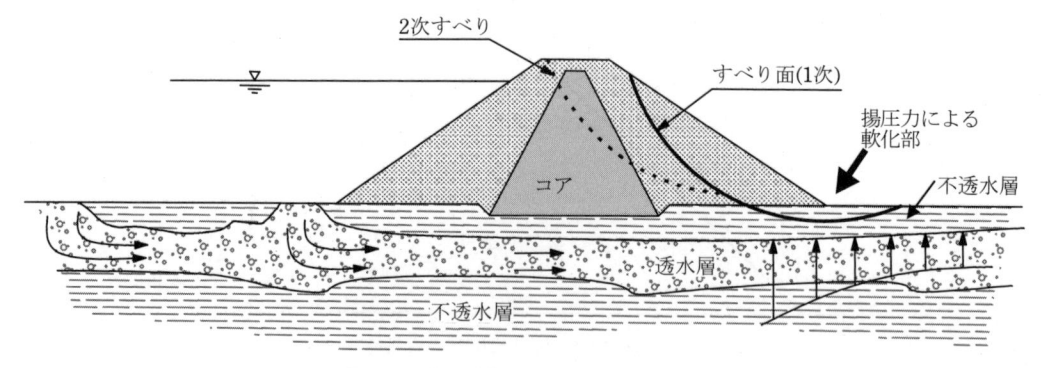

図 13.6 基礎地盤の強度低下による崩壊

り，拘束圧（鉛直土圧）はさらに小さくなり，これにより強度が低下し，さらに有効応力も減少するのでせん断抵抗も低下し，局部的破壊を起こすことがある．透水性の層の広がりを精度良く把握するのは経済的にも困難を伴うので，泥岩のみならず，透水層を挟在する地質構造の地盤上にフィルダムを構築する場合は，堤体の下流法先付近の揚圧力観測施設を設け，必要に応じてリリーフウェルの設置が求められる．

また，河川堤防の場合は，沖積地盤上に建設される機会が多く，沖積層は透水層と不透水層とが混在するので，パイピングやクイックサンド現象の起こる確率はより高いと考えられる．

（3）湛水時の斜面崩壊 [3]

締め固めた粘着性土は，飽和度 (S_r) が $S_r \leq 80\%$ では浸水時にコラプス現象が起こり，沈下や強度低下が起こることを先に述べた．乾燥地帯ではしばしば $S_r \leq 80\%$ の条件下でフィルダムの盛立てが行われる．

図 13.7 は $S_r \fallingdotseq 70\%$ で盛り立てられたアースダムであるが，初期湛水時に湛水位が満水位の約 60% に達した際，上流側斜面に変状が現れ一部崩壊した．この種の盛土の湛水時の斜面崩壊は 2 つのパターンに分けられる．

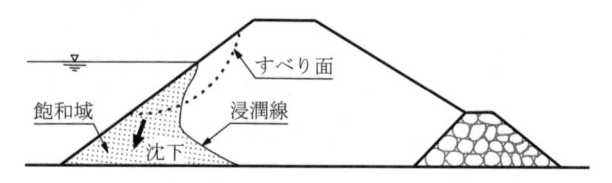

図 13.7 湛水位急速上昇

その 1 は水位を比較的急速に上昇させた場合であって，すべり崩壊は表層のみの小規模である（**図 13.7**）．しかし，この状態で長期間放置すれば，飽和域が逐次拡大し，大規模崩壊をもたらすことになる．

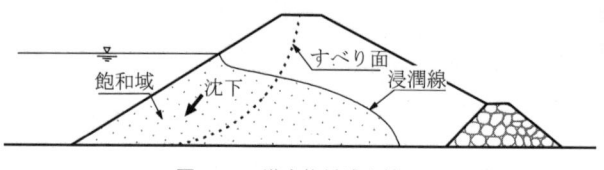

図 13.8 湛水位緩速上昇

その 2 は湛水位をゆっくり上昇させる場合であるが，この場合の崩壊は飽和域が水位上昇に伴い拡大するので大規模崩壊となる可能性が高い（**図 13.8**）．

13.3 水理的破壊現象によるフィルダムの崩壊例 [4)5)6)]

13.3.1 概　要

　水理的破壊現象（ハイドロリックフィラーという）により崩壊した代表的なフィルダムについて，崩壊の特徴を整理し，その原因を分類すると以下のごとくである．

(1) ストックトン・クリークダム（Stockton Creek Dam）

　このダムの崩壊は，右岸側アバットメントの堤頂付近で発生した．崩壊は初期湛水時の満水位より4～5m低い水深で発生し（図 **13.9**（A）点），同図に示した範囲が流出した．コアトレンチの縦断面は図 **13.10**（a）に示したように，崩壊が発生した部分において岩盤の勾配が急変し，コア部の不同沈下を惹起しやすい階段状をなしていた．したがって，図 **13.9** の（A）点や（B）点のアバットメントの勾配急変部付近では不同沈下によるせん断変形が起こる可能性が高くなるが，本ダムの場合，この変形は土中に引張領域を形成し，水理的破壊の条件を満たしたものと推測される．この時の応力状態は模式的に図 **13.10**（b）のごとく想定される．

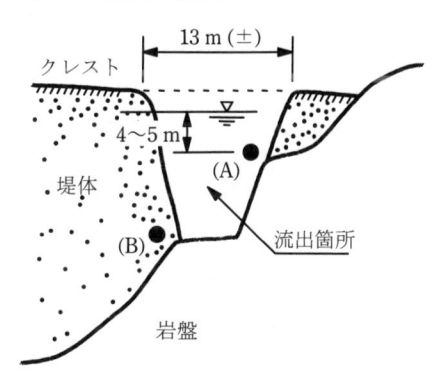

図 **13.9** HF による堤体材料の流出
（Stockton Creek Dam）

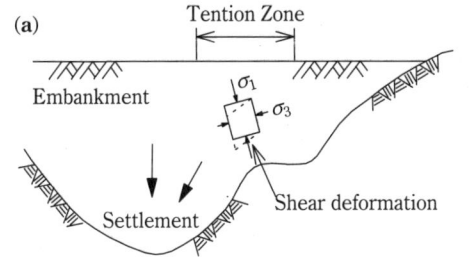

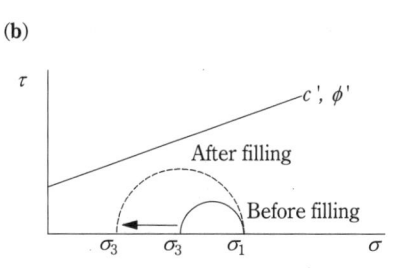

図 **13.10** アバットメント勾配急変部の応力・変形（Stockton Creek Dam）

(2) ボールダー・ヘッドダム（Bolder Head Dam）

　このダムのコア部の形状は図 **13.11** に示したように，水理的破壊が発生したと思われる部分においてコア部の勾配が急に変化している．このことは勾配の変化点付近より下部のコアが沈下した際，上部のコアは周辺摩擦により支持されるので，不連続な沈下が起こり，拘束圧が低下することになる．さらに沈下が進行すれば水平方向に亀裂が発生し，上部のコアは宙吊り状態になる．

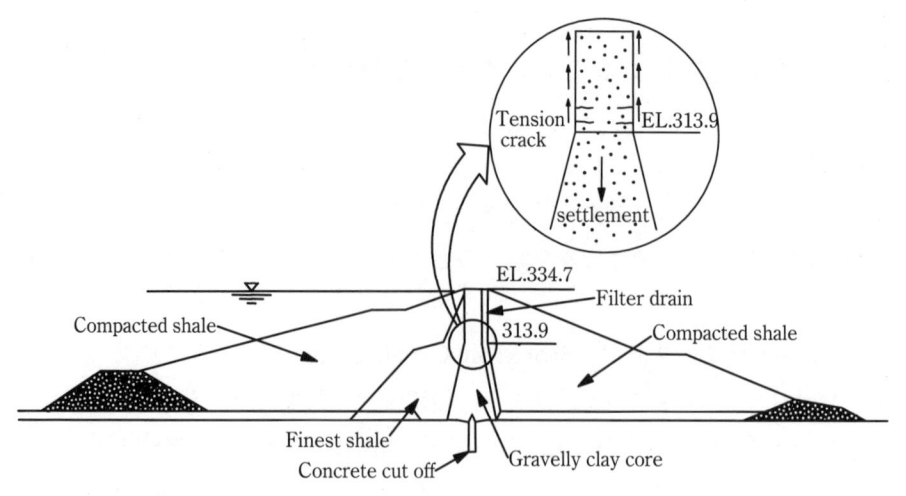

図 13.11 コア部の勾配変化点付近での HF 破壊（Bolder Head Dam）

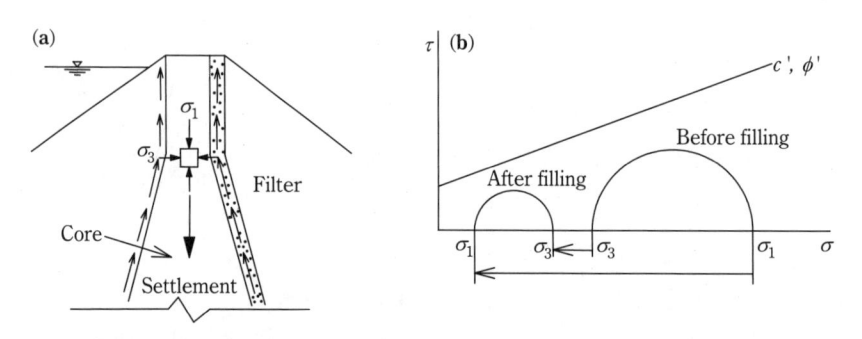

図 13.12 コア部の勾配変化点付近の沈下時応力状態（Bolder Head Dam）

このような状況から，本ダムの破壊は拘束圧の低下および亀裂発生の過程において起きたものと思われる．なお，図 13.12 はコアの勾配変化点付近の沈下時の応力状態を想定し，模式的に示したものである．

(3) コアトレンチ内の水理破壊

図 13.13 は初期湛水時に崩壊した均一型アースダムの例である．このダムは土質地盤上に築造されたが，堤敷には幅 10 m ほどの小河川がダム軸とほぼ直交して存在し，河床には沖積砂層が数 m の厚さで堆積していた．この砂層は図 13.13 (b) に示したようにカットオフトレンチ（コア部）によって遮断されていた．ダム完成後まもなく貯水が開始されたが，貯水位が約 10 m に達し

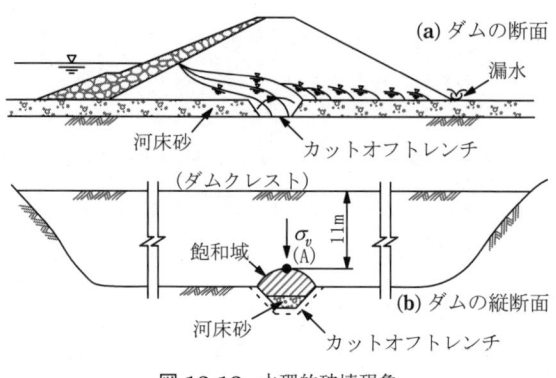

図 13.13 水理的破壊現象

13.3 水理的破壊現象によるフィルダムの崩壊例 / 243

(a) ボイリング現象の始まり

(b) ボイリング直後の堤尻流出

(c) 崩壊直前

写真 13.2

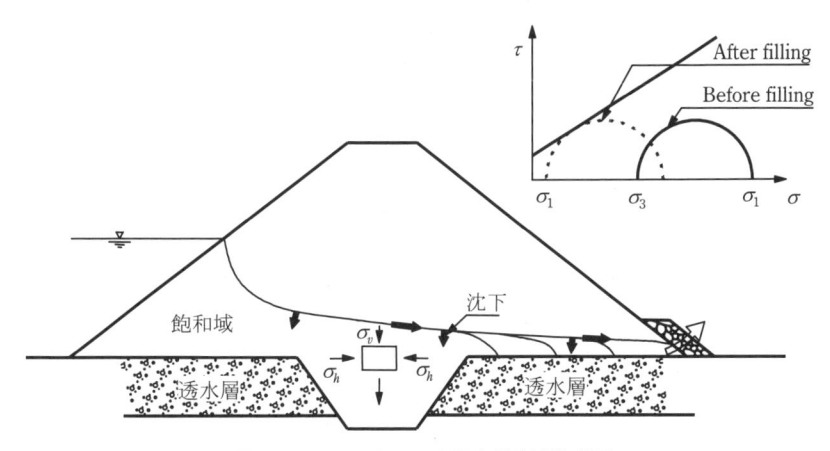

図 13.14 コアトレンチ部水理破壊模式図

た時点でダム下流法先付近に漏水が認められた（**写真 13.2**（a））．漏水量の増加に伴い堤底にダム下流から貯水池に至るトンネル（最終的に直径約 5 m，**写真 13.2**）ができ，数時間後に崩壊した．崩壊の原因としてコアトレンチ内に埋め戻した粘性土のコラプス現象による沈下が指摘された．沈下時のトレンチ内の応力状態は**図 13.14** のように想像され，トンネルの形成はアーチング現象

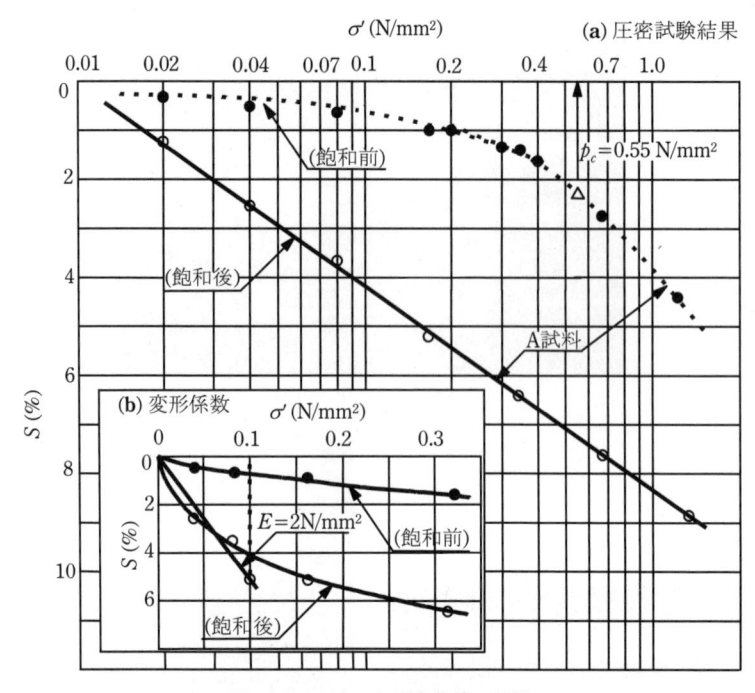

図 13.15 沈下と圧密荷重の関係

によるものと想定されるが，アーチング現象は周辺不飽和部の土の圧縮強度と拘束圧との関係において発生することが知れる．すなわち，**図 13.13** (b) において，A 点より下部が飽和し，飽和部は軟化し沈下したものと想定される．この場合，A 点より上部の未飽和部における土の一軸圧縮強度 (q_u) が A 点付近に作用する鉛直土圧 (σ_v) を上回れば ($q_u > \sigma_v$)，A 点付近における破壊は起こらない．このことは A 点より下部が沈下した場合，この部分に不連続面，すなわちアーチング現象が起こり亀裂が発生することになり，土の水理的破壊現象に対する抵抗が低下し，パイピング現象が発生し崩壊したものと考えられる．この現象を確認するため未崩壊部から不撹乱試料を採用し，圧密試験および一軸圧縮試験を行った．圧密試験では，飽和前後の応力，沈下関係を明らかにし，この結果を**図 13.15** に示した．また，一軸圧縮試験結果によると，一軸圧縮強度 (q_u) は，$q_u \fallingdotseq 0.4 \sim 0.7\,\text{N/mm}^2$ であった．一方，A 点上の σ_v は $\sigma_v \fallingdotseq 11\,\text{m} \times 17\,\text{kN/m}^3 \fallingdotseq 0.187\,\text{N/mm}^2$ であり，両者の関係は $q_u \gg \sigma_v$ であることからこの部分に連続した隙間（亀裂）が発生し，これがパイピングの誘因となり，トンネルを形成し崩壊したものと想像される．圧密試験結果を用いて A 点下部の沈下量を概算すると，飽和時の変形係数 (E) は**図 13.15** (b) より $E \fallingdotseq 0.2\,\text{N/mm}^2$ であるので，この部分の沈下 (S) は，

$$S = \int_0^H \varepsilon\, Z\, d\varepsilon = \frac{\gamma_s H^2}{2E} \fallingdotseq 2.0\,\text{cm} \tag{13.4}$$

となる．以上により，飽和部と不飽和部では明らかに応力的不連続面が形成され沈下したものと思われる．ただし，γ_s は土の水中単位重量で $9 \times 10^{-6}\,\text{N/mm}^3$，$H = 300\,\text{cm}$ である．

(4) ティトンダム (Teton Dam)

本ダムの標準断面を図 13.17 に示したが,このダムは初期湛水時にダム右岸から漏水が始まり崩壊した.コア敷の縦断を図 13.16 に示したが,堤高の 1/2 よりわずかに低い位置(EL.5 100 ft)に水平部が存在し,さらにコア敷内には同図 (b) に示したように深さ 70 ft (約 21 m) に及ぶコアトレンチが設けられていた.水理的破壊現象は右岸側のコア敷水平部付近で発生し,これが上方に拡大したものと考えられる(**写真 13.3,13.4**).本ダムのコア敷の水平部の形状およびコアトレンチの形状は,Stockton Creek Dam の場合と同様,コア部が沈下した際,アバットメント付近のせん断変形やアーチング現象の誘因となる.すなわち,コア敷水平部付近では図 13.10 と同様の応力状態となり,また,コアトレンチ周辺では図 13.12 に示したように Bolder Head Dam と同様の応力状態となり,これが水理的破壊の誘因となったものと思われる.

以上,水理的破壊現象の誘因と形態について,実ダムにおいて経験した事実に基づいて述べたが,これらの崩壊例を通じて明らかになったことは,崩壊に最も寄与するのは堤体(特にコア部)の沈下・変形である.

堤体の沈下は,圧密によるものと土の骨格構造の破壊,すなわちコラプスによるものに大別される.圧密現象による沈下は,長期にわたるのでアバットメントの形状に比較的なじみやすく,短

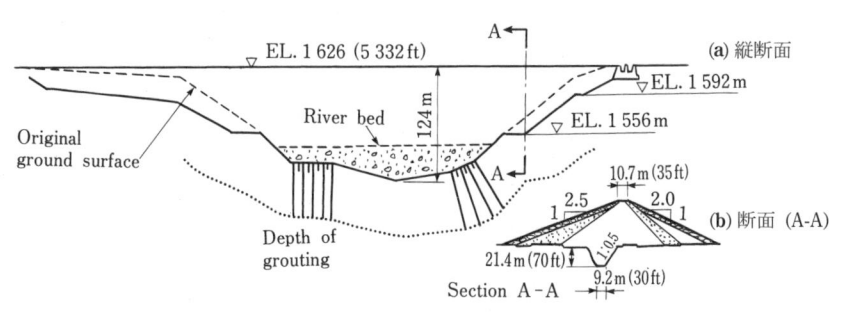

図 13.16 Teton Dam のコア敷縦断図

写真 13.3 Teton Dam. 1976 年 6 月 5 日 11 時 20 分頃

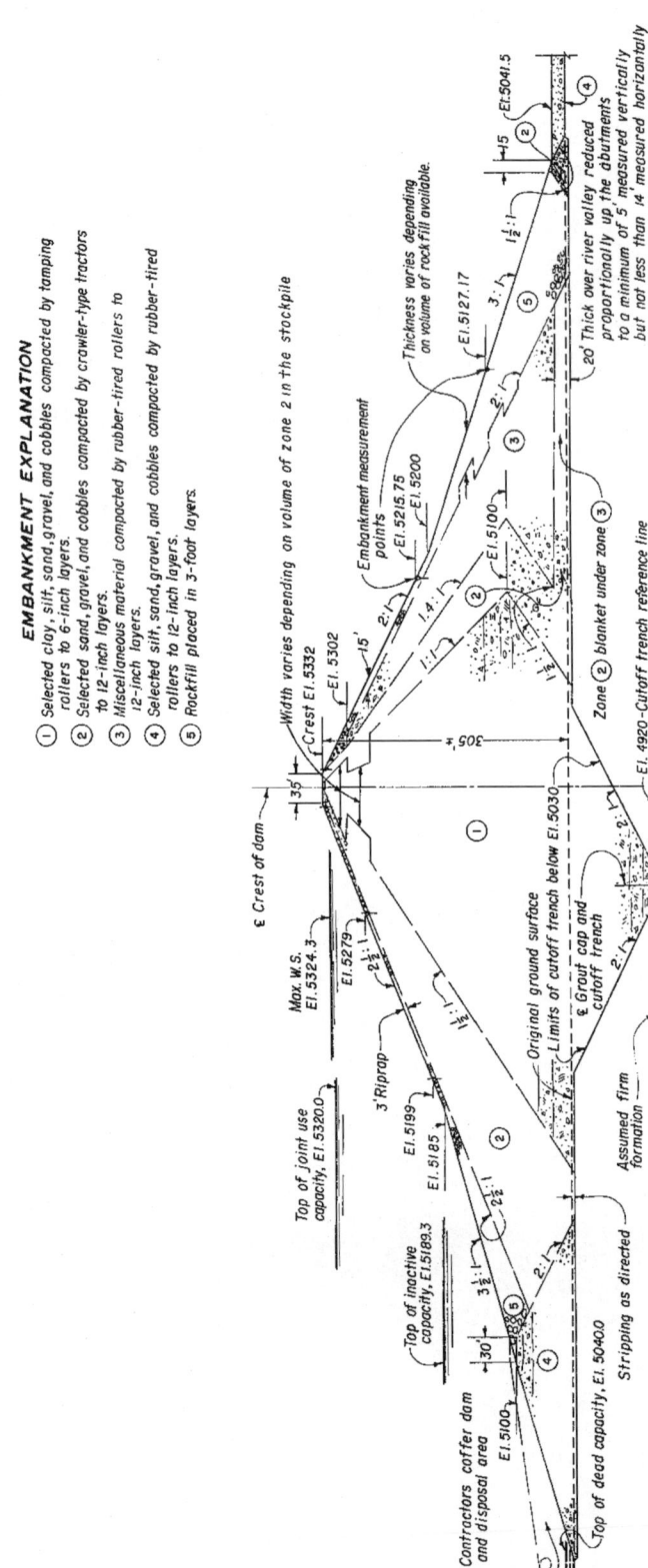

図 13.17 Teton Dam の標準断面図

写真 13.4 Dam Crest breaching. 1976 年 6 月 5 日 11 時 55 分頃

期間にコア内部に亀裂の現れることも少ない．これに対し，コラプスによる沈下は土が飽和する際に起こり強度低下を伴うので，沈下や変形が大きくしかも急速であり，水理的破壊現象は一層起こりやすくなる．以下に，水理的破壊現象の判定法について紹介する．

13.3.2 水理的破壊現象の成田らの判定法 [7]

フィルダムのコア内の水理的破壊現象について，成田らはアバットメントの形状（勾配 $l:b$）と盛土終了後に堤頂部に生ずる最大引張ひずみ量（$\varepsilon_{\max}$）の関係から，コア部の引張亀裂を推定する手法を提案し，図 13.18 を作成した．同提案では施工中から施工後に至る全沈下量（S_t）を次式

$$S_t = W_0 \left(\gamma_t \cdot H \cdot \frac{2}{E} \right) \quad (13.5)$$

で表し，また，施工後に起こる沈下量（S_a）を次式で与えている．

$$S_a = A \cdot S_t, \ A = (100 - U)/100 \quad (13.6)$$

図 13.18 引張領域の推定

ここで，W_0 は土の性質や谷形状から決まる定数，γ_t は土の単位体積重量，H は堤高，E は圧密試験から定まる弾性率，U は施工中の圧密度，ε_t は土の引張破壊ひずみである．

例えば，堤高 50 m，$\gamma_t = 20\,\mathrm{kN/m^3}$，$E = 10\,\mathrm{MN/m^2}$，残留沈下量 $A = 0.25$ とし，$\varepsilon_t = 0.4$ % とすると，施工後に発生するひずみと引張破壊ひずみの比として，ひずみ比 η が

$$\eta = \frac{100\,\varepsilon_t}{A\dfrac{\gamma H}{E}} = 16 \quad (\%)$$

と計算され，図 **13.18** より対応するアバットメント勾配が $b = 1.2$ と読み取れる．この値には安全率（F_s）が考慮されていないので $F_s = 1.5$ とすると，$\varepsilon_t/F_s = 0.27\,\%$，$\eta = 11$ となり $b = 1.7$ を得る．堤頂付近において引張亀裂の発生を防止するにはアバットメントの平均勾配を $1:1.7$ より緩くすればよい．この提案は簡便で実務的であり，ダム設計時に極めて有用である．ただし，この方法は盛土終了後の圧密沈下だけを対象としたものであり，コラプスによる沈下・変形は含まれていないことに注意しなければならない．

コラプス現象による沈下は飽和時に突然起こるので，崩壊に対しより深刻である．この場合は圧密試験による E の代わりに図 **13.19** に示した E_c を用いることにより，貯水時の沈下量を求めることができる．なお，図 **13.19** は圧密試験結果を示したものであり，図には不飽和土の変形係数（E）とこれを飽和させた後の変形係数（E_c）を示してある．

また，コアの堤頂部に発生する亀裂の深さ（Z_c）と浸透破壊の関係について言及すると，Z_c は土圧論から主働土圧（σ_h）をゼロとして求めることができ，

$$\sigma = K_a \cdot \sigma_v = \gamma_t \cdot Z_c \cdot \tan^2(45° - \phi/2) - 2c \cdot \tan(45° - \phi/2) \tag{13.7}$$

$$\therefore\ Z_c = (2c/\gamma_t)\tan(45° + \phi/2) \tag{13.8}$$

となる．

Z_c が貯水位以内に達すれば水中に没した亀裂部では，当然のことながら，水理的破壊現象が起こるが，σ_h が十分減少しゼロにならなくても水圧が拘束圧を上回る深さまでは水理的破壊の可能性が考えられる．

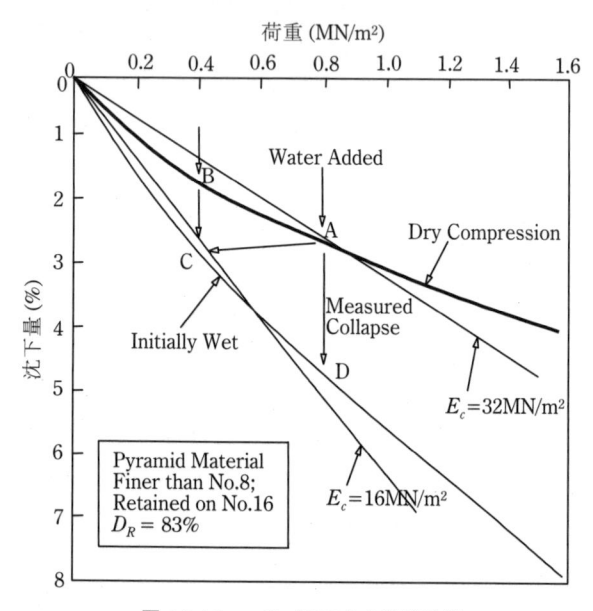

図 **13.19** コラプスによる構造破壊

13.3.3 水理的破壊現象に対する村瀬らの判定法 [8]

フィルダムの水理的破壊現象の誘因はコア部の沈下に伴う応力的な変化によるものである．水理的破壊につながる応力変化として，1) 最大主応力（$\sigma_{\max} \doteq \sigma_1$）一定下において最小主応力（$\sigma_{\min} \doteq \sigma_3$）が減少する場合，2) 最大主応力と最小主応力が共に減少する場合が考えられる．村

瀬らは三軸圧縮試験機を改良し，以下の2種類の応力条件を要素試験として再現して水理破壊現象を確認している．

Test 1：三軸試験装置を用いて初期応力状態を $\sigma_1 = \sigma_3$ とし，動水勾配一定の下で，透水試験を行いながら σ_3 を段階的に減じ，破壊の発生する応力状態を明らかにする．この試験は図 **13.10** に示した応力変化状況を再現したものである．

Test 2：有効鉛直応力（σ_v'）を一定に保った状態で透水試験を行い，動水勾配を段階的に増加させ，破壊時の動水勾配（i_f）を明らかにする．この試験はコア部の勾配変化付近で想定される図 **13.12** の応力状態を想定したものである．

(1) 水理的破壊現象の実験

上記 Test 1 に対しては図 **13.20** に示した装置を，また Test 2 に対しては図 **13.21** に示す装置を用いた．装置はいずれも三軸圧縮試験機を改良したもので，供試体に与える σ_1, σ_3 を変化させた状態で透水試験を行う．Test 1 では図に示したように供試体の片方から給水し，また Test 2 では供試体の中央から給水し，パイピングの発生する拘束圧および動水勾配を特定した．

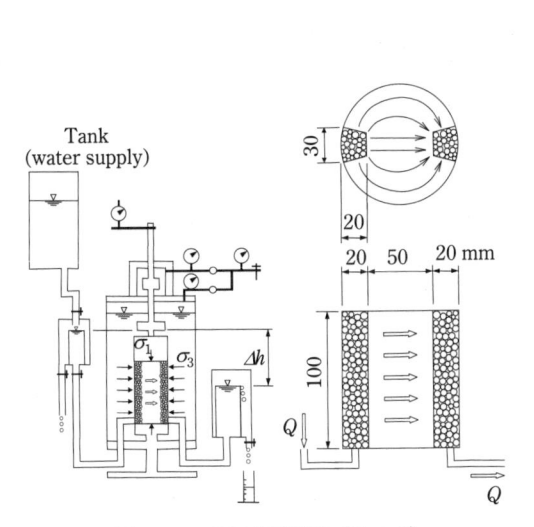

図 **13.20** HF 実験装置（Test 1）

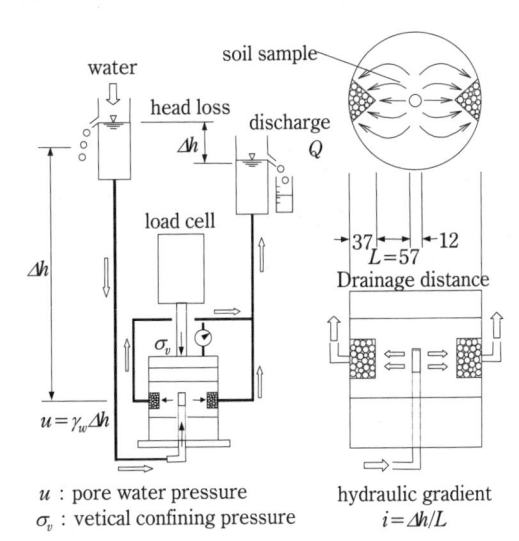

図 **13.21** HF 実験装置（Test 2）

a) 供試体

実験に用いた試料は，Test 1 に対しては図 **13.22** に示した a) 材料（統一分類 SM），また Test 2 に対しては同図の b) 材料（同 SC）を用いた．供試体は，a), b) 材料を Proctor の基準に従って突き固めて作成した．

また供試体の乾燥密度，含水比等については Test 1 の場合，図 **13.23** に示した B, C, D の 3 点，Test 2 の試験では E の 1 点とし，これらに対して実験が行われた．表 **13.2** に両実験の条件を整理して示した．

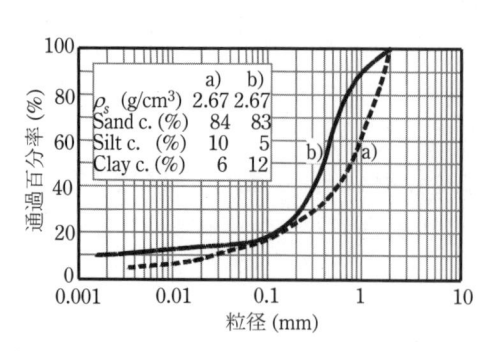

図 13.22 実験に用いた材料（Test 1, 2）

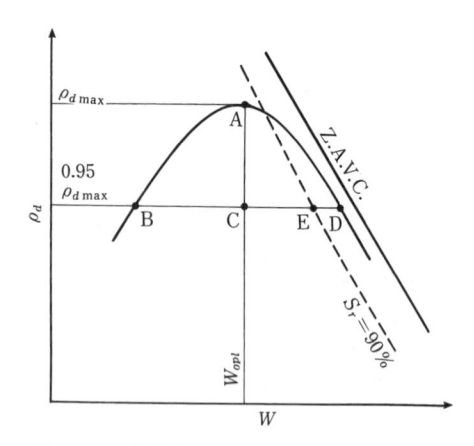

図 13.23 供試体の $\rho_d \sim W$ の関係（Test 1,2）

表 13.2 HF 試験の条件

		Test-1			Test-2
応力条件 浸透条件		初期応力状態：$\sigma_1 = \sigma_2$ $\sigma_1 = 100, 200, 300\ (\text{kN/m}^2)$ $i = 5, 10, 20$ σ_3：徐々に減少			$\sigma_v = 50\ \text{kN/m}^2$ $\sigma_v' = 10, 20, 40$ i：徐々に増加
供試体	試験点	B	C	D	E
	密度	$0.95 \times \rho_{d\ \text{max}}$ $(\rho_{d\ \text{max}} = 1.86\ \text{g/cm}^3)$			$0.95 \times \rho_{d\ \text{max}}$ $(\rho_{d\ \text{max}} = 1.85\ \text{g/cm}^3)$
	含水比 W (%)	9.4	13.7	16.8	17.6
	飽和度 S_r (%)	49.1	71.5	87.8	90.0

b）実験方法

Test 1 では図 13.20 に示したように，円柱供試体の片面の溝から給水し，他方の片面の溝へ排水した．そして動水勾配 (i) を一定とし，等方応力状態 ($\sigma_1 = \sigma_3$) から σ_3 を段階的に減じ，浸透量を測定した（図 13.10 の応力状態を想定）．

また，Test 2 では図 13.21 に示したように円柱供試体の中央から給水し，両端の溝（ドレーン）に排水した．この場合，異なる有効鉛直応力のもとで動水勾配を段階的に増やし，破壊時の動水勾配 (i_f) を明らかにした．

(2) 実験結果

a）Test 1

試験結果を図 13.24, 13.25 に示した．図 13.24 は流量 q と有効応力比 ($\overline{o_b}/\overline{o_c}$) との関係であり，図で明らかなように，応力比を段階的に増すと流量は急激に増加する．この急増点を図中に示したごとく求め，破壊有効応力比 $(\overline{o_b}/\overline{o_c})_f$ とする．同様の試験を動水勾配 (i) を変化させて行い，破壊時の i を (i_f) として $(\overline{o_b}/\overline{o_c})_f$ との関係を求めたのが図 13.25 である．図中 B, C, D はそれぞれ図 13.23 に対応している．

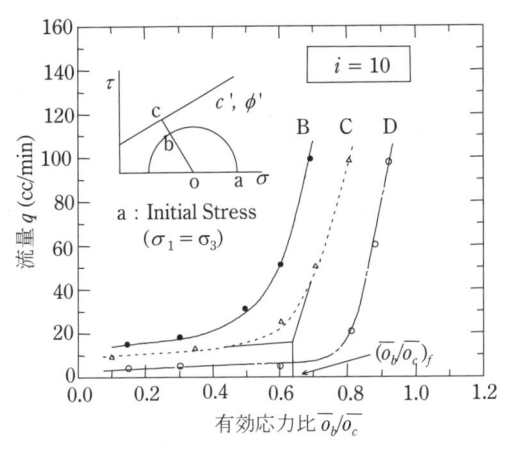

図 13.24 流量 q〜応力比関係（Test 1）

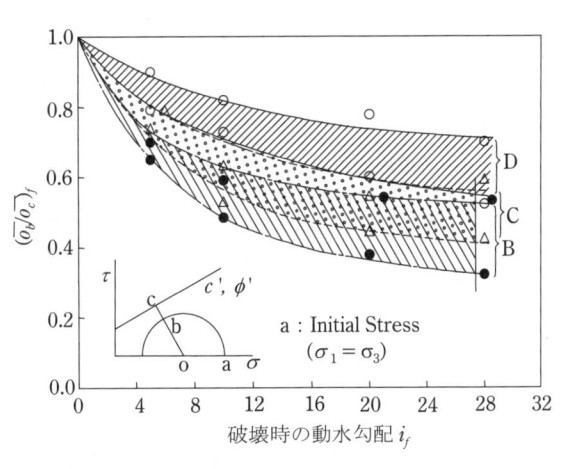

図 13.25 破壊時の応力比と動水勾配（Test 1）

b) Test 2

図 13.26 は実験結果の代表例（$\sigma'_v = 40\,\mathrm{kN/m^2}$）である．縦横軸はそれぞれ流量 Q，動水勾配 i であり，図中に示した斜線は両者が正比例の関係にある場合（透水係数が一定）の勾配を表している．すなわち，動水勾配 i の変化に伴う測定流量が，これらの斜線に沿って変化する間は，Darcy 則が成立する，いわゆる層流状態にある．同図では $i \fallingdotseq 35$ 付近まで比例関係が認められるが，それ以降は急激な流量増大が見られる．この急変点の動水勾配を $\sigma'_v = 40\,\mathrm{kN/m^2}$ における破壊点（i_f）と定義すると $i_f \fallingdotseq 35$ となる．図 13.27 はこのように定めた i_f と σ'_v の関係を示している．なお，図中には同様な実験装置を用いて行われた他の実験結果（SM〜CL 材料，締固め密度：$0.95\rho_{d\,\mathrm{max}}$）も併記されている．

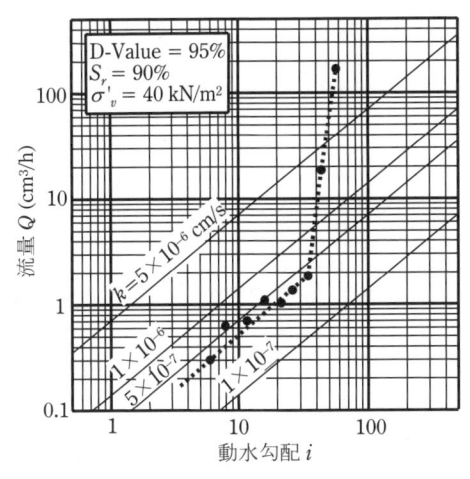

図 13.26 流量 Q〜動水勾配関係（Test 2）

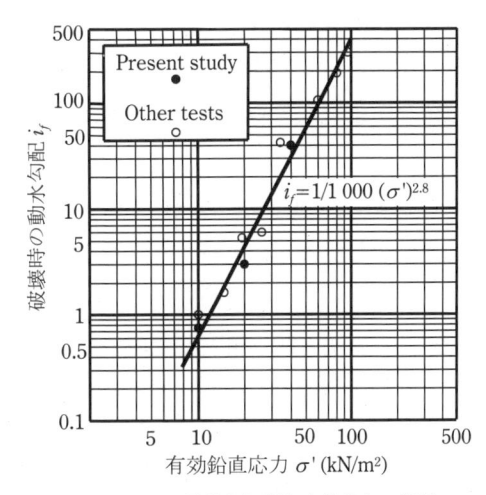

図 13.27 限界動水勾配と有効応力の関係

(3) 結果の考察

不同沈下によって生ずる応力分布を想定し，Test 1，2 を行った．この結果，アバットメント付

近の破壊時の応力比と動水勾配の関係，およびコア内部が不同沈下を起こした場合の有効拘束圧と破壊動水勾配との関係が明らかになった．図 **13.25** の B，C，D で明らかなように，同一締め密度であっても湿潤側で締め固めることによって，破壊に対する抵抗性は乾燥側の場合と比較してかなり大きい．

また，堤体の変形解析を行い，堤体内の応力分布が明らかになれば，この実験結果を用いて水理的破壊現象の評価が可能になる．これについての詳細な議論は文献 4)5) を参照されたい．

13.3.4 水理的破壊現象に対する防止策に関する考察

水理的破壊現象はコア部の不同沈下による拘束応力の解放により動水勾配が増大し，同時に透水性も大となり，土粒子の流失によって発生することを述べた．極言すれば，いかなる応力状態や動水勾配の下においても，土粒子の流失が起こらない限り水理的破壊現象の発生はない．しかし，コアの基礎地盤の形状は様々で，不同沈下が起こらないような形状に整形するには経済的に問題がある場合，あるいは乾燥地帯においてコラプス現象の起こらない程度まで締め固めるためには締固めエネルギーを大きくする等，施工上の困難を克服しなければならない．不同沈下対策として，例えばスペインの Canales Dam では図 **13.28** に示したように，堤高の約 65 ％（約 100 m）の盛土を第 1 期工事として行い，圧密の終了（約 80 ％）を待って残りの 35 ％の盛土を行い，さらにアバットメントの急な左岸部に対しては，貯水に先立ち余盛（サーチャージ）を行い，コンタクトクレイ部での沈下を強制し，またアバットの緩な右岸部に対しては天端付近のコア部の亀裂を防止するためジオテキスタイルを施工した．

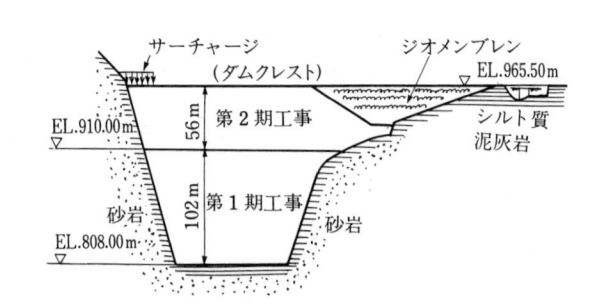

図 **13.28** Canales Dam

また，Rector Creek Dam では，図 **13.29** に示したようにアバットメントの形状（コア部）が小規模な階段状であったため，不同沈下防止用として厚いコンタクトクレイが施工された．しかし，盛土終了後に両岸天端に亀裂が発生したことが報告されている 7)．

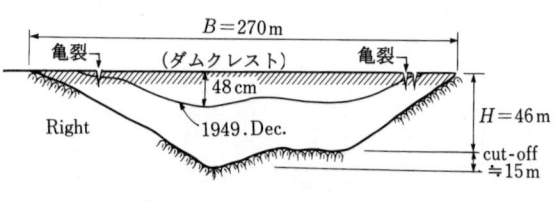

図 **13.29** Rector Creek Dam

以上のように，不同沈下を防止するため様々な対策がなされているが，不同沈下を完全に阻止することは極めて困難である．このため不同沈下が起こり，応力的配分において水理的破壊の起こる可能性があると推測される場合は，土粒子の流失防止の対策を行っておくことがより重要である．

(1) フィルター，ドレーン内の浸透

　土粒子の流失は，コアの背面に設けられているフィルターにより防止することができる．しかしこの条件として，例えば中心コア型のロックフィルダムでは図 13.30 に示したようにコア部を透過した浸透水はすべてドレーンを兼ねたフィルターゾーン内で基礎地盤面まで降下した後，ロックゾーンを通して堤外に排出されなければならない．このためにはフィルターゾーンの鉛直方向の透水能力が，コアからの浸透水を完全に処理できるだけの容量でなければならない．

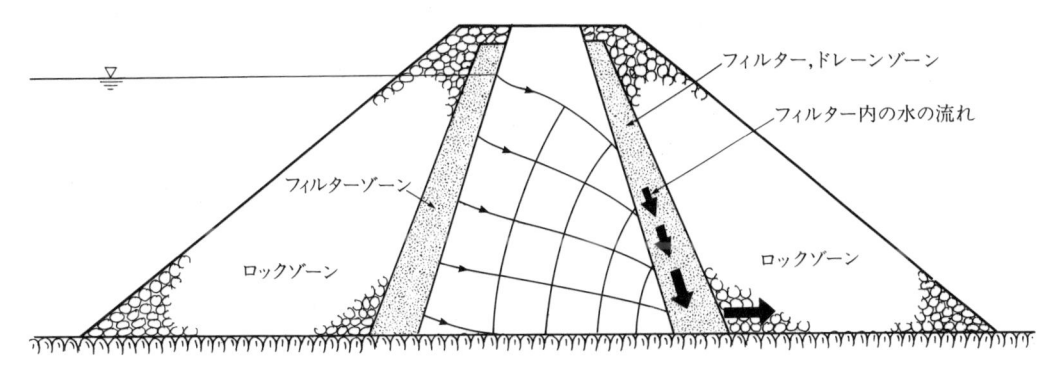

図 13.30　コア内浸透水の正常な流れ

　フィルターの透水係数はこのような排水能力を考慮され，通常，コアの透水係数の 10 倍以上といわれている．しかし，次に述べる諸条件を考えると 100 倍程度は必要であると思われる．

(2) フィルターの鉛直方向の透水性の低下

　フィルターゾーンの施工は，一般には水平方向に撒き出され，タイヤローラーまたは振動ローラーで転圧される．不透水性材料を転圧した場合，水平方向の透水係数 (k_h) と鉛直方向の透水係数 (k_v) とは転圧機械によって異なり，フラットローラーを用いた場合の平均値として $k_h/k_v \fallingdotseq 25$ 程度であることを述べたが，透水性材料においても同様である．これを確認するため，次の材料について k_h，k_v を調べた．

　a) 標準砂（豊浦）
　b) 細粒分（-0.075 mm）$3 \sim 4$ %混入材
　c) 細粒分（-0.075 mm）$5 \sim 6$ %混入材

　実験は $\phi = 100$ mm のモールドを用い，JIS エネルギーを与えて突き固めた後，定水位法により透水試験を行ったもので，その結果は以下のとおりである．

　a) 標準砂
　　透水係数の最大値は $k_h/k_v \fallingdotseq 10$ であり，平均的には $k_h/k_v = 2 \sim 3$ であった．
　b) -0.075 mm $3 \sim 4$ %混入材
　　k_h/k_v の最大値は $k_h/k_v \fallingdotseq 50$ であり，平均的には $k_h/k_v \fallingdotseq 10$ であった．
　c) -0.075 mm $5 \sim 6$ %混入材

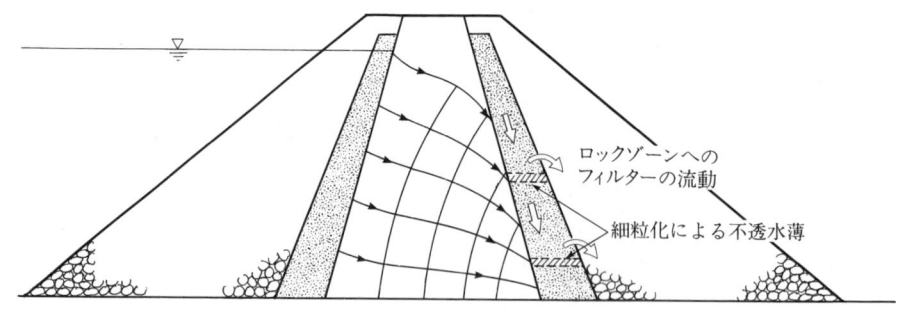

図 13.31 フィルターの施工不良によるフィルター粒子の流動

k_h/k_v の最大値は $k_h/k_v \doteqdot 100$ であり，平均的には $k_h/k_v = 60$ であった．

以上の結果は，試料に対し突固めによる動的外力（JIS 突固め）を与えた場合の結果である．現場における転圧外力は多少緩和されることから，実際には上記の値（k_h/k_v）より多少小さくなるものと思われる．なお，上記の材料は突固めによる細粒化はほとんど起きていない．現場において転圧により細粒化するような材料では上記の値をはるかに上回ることになり，フィルター内の水の流れは水平方向となり，フィルター粒子はロックゾーンへ流動することがある（図 13.31）．フィルターの流動は，コア部のパイピングの誘因となるのでフィルターの転圧には十分な注意が必要である．

(3) コアの透水性の増大とフィルター粒子の流失

ロックフィルダムでは上述のように，コア部を透過した浸透水はフィルターゾーンに浸入した後，ほぼ垂直に降下することを前提として設計がなされる．また，施工に際してもこの条件が満足されるよう，十分な配慮がなされるのは当然である．

一般にコア部の透水係数（k_c）に対し，フィルターの透水係数（k_f）は $k_f/k_c > 100$ であるので，上記のようにフィルターの透水係数比が $k_h/k_v = 50 \sim 60$ としてもコアからの浸透量はフィルターの排水能力と比較してはるかに小さく，したがってフィルター内の浸透は鉛直方向に起こることになる．しかし，問題はコアの不同沈下が起こりコア部の透水性が増大した場合である．コア部が局部的沈下により緩んだり，亀裂が発生すれば，漏水量は極端に増加し，フィルターの排水能力を上回ることになる．この場合フィルター内の水の流れは水平方向となり，フィルターと隣接するロックゾーンのロックの粒子とが大きく相違すればフィルターはロックゾーンに流動することになる．フィルターの流動は図 13.32 に示したように，コア土の流失につながり，堤体の破局的崩壊を惹起することになる（ハイドロリック現象の原因）．

(4) フィルターの流失防止

コアからの浸透量が増大し，フィルター部とロック部との粒度的相違が大きい場合，フィルター粒子がロック内に流入し，その結果，水理的破壊現象を惹起することを上述した．これを防止する

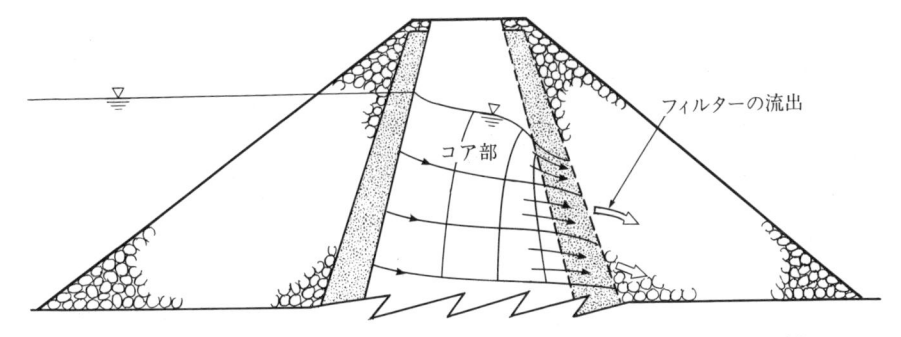

図 13.32 コア部の透水性増大時の浸透流（フィルターのロックゾーンへの流失）

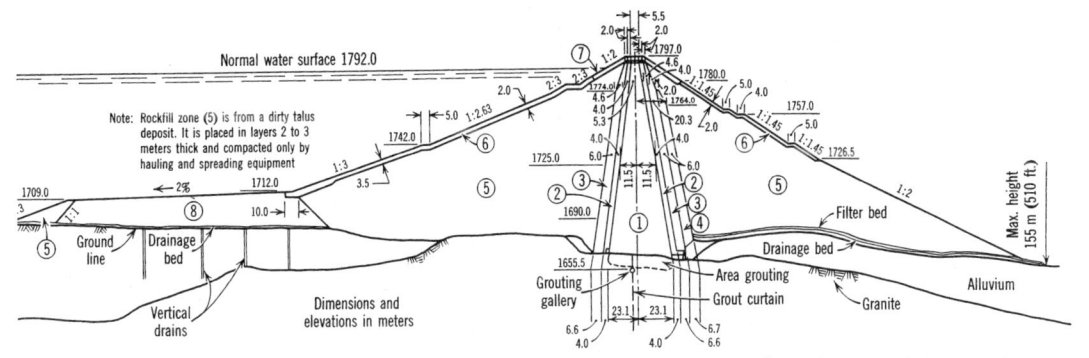

① impervious core：Alluvium 0–100 mm mixed with clay in a plant，② Fine filter：Alluvium 0–10 mm，③ Coarse filter：Alluvium and crushed rock 0–200 mm，④ Drainage zone：Crushed rock (and alluvium) 0–200 mm，⑤ Rockfill：Talus material high percent fines max. blocks 1 m^3，⑥ Dumped riprap：Upstream; up to 3 m^3・Downstream; up to 1 m^3，⑦ Placed riprap：Blocks to 3 m^3，⑧ Ballast：Talus and alluvium max. 1 m^3 blocks

図 13.33 Göschenenalp Dam（Switzerland）標準断面図 [9]

ためにはフィルターとロックとの間に，適当な粒度組成の材料を設ける必要がある．これをゾーン型フィルターと呼ぶ．コアの透水係数が比較的大きい（例えば 5×10^{-5} cm/s $\leq k$），あるいはコア幅が極端に狭い（例えば水深の 15 % 以下）等の場合はわずかな不同沈下やフィルターの排水能力の不足により一層水理的破壊現象の危険性が高くなる．このような場合は 2 層以上のゾーン型式のフィルター，ドレーンを設けることがある．

図 13.33 は Göschenenalp Dam（スイス）であるが，このダムとはコア幅が水深の 15 % 以下であることから，コア背面のロックゾーンとの間に 3 層のフィルター，ドレーンが設けられている [9]．

このように，コア部からの浸透水をドレーンにより集水し，これを透水性ゾーンに導くことにより水理的破壊現象は防止することができる．したがって，水理的破壊現象の発生が予想される部分，例えば不同沈下の発生の可能性が高いコアの地山との取付け部，急傾斜のアバットメント，あるいは不規則な形状のアバットメントや深いコアトレンチ等のコア背面に対してはゾーン型式のフィルター，ドレーンの設置が望ましい．

13.4 ゾーン型フィルターの粒度

フィルターはグレーディドフィルター（Graded Filter）と，ゾーン型フィルター（Zone Type Filter）に大別される．グレーディドフィルターの通常使われている粒度基準は次式で与えられる．

$$\left.\begin{array}{l} F_{15}/B_{15} \geq 5 \\ F_{15}/B_{85} \geq 5 \end{array}\right\} \tag{13.9}$$

ただし，F_{15} はフィルターの 15 %粒径，B_{15} はコアの 15 %および B_{85} はコアの 85 %粒径である．

また，ゾーン型フィルターについては，米国開拓局によると図 13.34 のごとく規定されている．図から知れるように，第 1 層目のフィルターはコアの粒度に対し，また第 2 層，3 層目はフィルターの粒度に対し次のように基準化している．

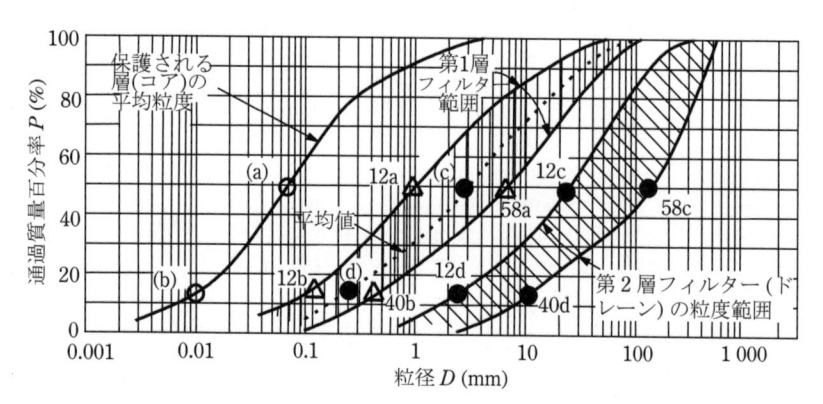

図 13.34 ゾーン型フィルター，ドレーンの基準（米国開拓局）

第 1 層目のフィルター

$$\left.\begin{array}{l} F_{15} = 12(b) \sim 40(b) \\ F_{60} = 12(a) \sim 58(a) \end{array}\right\} \tag{13.10}$$

第 2 層目のフィルター

$$\left.\begin{array}{l} F_{15} = 12(d) \sim 40(d) \\ F_{60} = 12(c) \sim 58(c) \end{array}\right\} \tag{13.11}$$

ただし，F_{15}, F_{60} はそれぞれフィルターの 15 %および 60 %粒径であり，(a) (b) (c) および (d) はそれぞれ図 13.34 に示した値である．

参考文献

1) 大根 義男：フィルダムの設計・施工の現状と課題(1), (2), 日本ダム協会, 月刊 ダム日本, No.629, 630, 1997
2) Justin, J. D.: The Design of Earth Dams, Trans. of ASCE, Vol.87, 1924
3) 大根 義男：フィルダム設計上の問題点とその考察, ダム技術, No.77, (財)ダム技術センター, 1993
4) Ohne, Y.: Failure causes of Embankment Dams, Proceeding of the 9th Asian Regional Conference on Soil Mech, and Found. Engineering, Bangkok, 1991
5) Teton Dam Failure Interior Review Group: First interim report on the Teton Dam Failure, 1976
6) Teton Dam Failure Interior Review Group: Second interim report on the Teton Dam Failure, 1976
7) 成田 国朝：フィルダムの亀裂発生機構に関する研究, 東京工業大学学位請求論文, 1977
8) 村瀬 祐司：土質コアを有するロックフィルダムの水理的破壊現象に関する研究, 愛知工業大学学位請求論文, 1996
9) Sherard, J. L., R. J. Woodward, S. G. Gizienski & W. A. Clevenger：Earth and Earth Rock Dams, John Wiley & Sons, Inc., 1963

第14章 土質構造物の耐震性

14.1 はじめに

土質構造物は，その目的により河川堤防，ため池堤，道路盛土およびフィルダム等に大別される．河川堤防は洪水の氾濫防止を目的とするので，沖積平野や低標高の河口付近に建設され，ため池堤は農業用水の確保が目的であるので，農家や農地に比較的隣接した水田上流の谷部に計画され，また建設されている．このように，両者は建設目的において地形的制約を受けるが，これに対し道路盛土は経済性や地域性を考慮して計画されるので，基礎地盤の地質にはあまり関係なく建設される．

一方，フィルダムはアースダムとロックフィルダムに大別され，ダム型式は，ダム建設計画地付近の地質構成や地形状況により決定される．例えばダムサイト周辺の地質構成が土質が主体であり，粗粒材料の経済的確保が難しい場合はアースダム型式が選択される．ロックフィルダムは，アースダムとは逆に，ダム建設計画地周辺の地質構成が岩を主体とし，細，粗粒材料の経済的採取が可能な場合に計画され，建設される．しかし，ロックフィルダムの建設計画において，細粒材料，すなわちコア材料の経済的採取が難しい場合は，コンクリートやアスファルトによる舗装形式のダムが選択される．

このように，土質構造物の基礎地盤は土質地盤と岩盤とに大別されるが，これらを基盤とする構造物の構造もかなり複雑である．このためこれらの構造物の地震時の挙動はそれほど単純ではなく，したがって，地震時の被害も地質，地形はもとより構造，ダムでは貯水状況等により全く異なる[1]．以下に被害状況を分類して解説し，安定性の評価法について述べる．

14.2 土質構造物の地震による被害状況

土質構造物は過去の地震において様々な形で被災している．被災の程度は地震の規模により異なるが，被災調査の結果を総括すると，次の4つのパターンに分類することができる．

1) 基礎地盤の支持力不足による崩壊
2) 液状化現象による崩壊
3) 堤体頭部付近の加速度応答の増大による崩壊
4) ロックフィルダムのコア部の水理的破壊現象による崩壊

14.2.1 基礎地盤および堤体の強度不足による崩壊

沖積地盤は砂層と粘性土層の累層で構成されていることはすでに述べたが，このような地盤を基礎として建設された河川堤防やため池堤および道路盛土等の地震による被害は図 14.1, 14.2, 14.3 に示したように 3 つのパターンに分類することができる．図 14.1, 14.2 は動的間隙水圧の上昇により，また図 14.3 は主として地震外力による滑動力が基礎地盤を含む堤体のせん断抵抗力を上回る場合の**崩壊形**である．すなわち，図 14.1 は緩く堆積した砂質地盤上に建設された土質構造物において，図 14.2 は粘性土を多少（5～10 %）含有する砂質系地盤上に建設された土質構造物，また図 14.3 は軟らかい粘性土質の地盤上の土質構造物において見られる崩壊パターンである．地震動に伴う基礎地盤内間隙水圧の発生状況は，前 2 者と後者では多少異なる．図 14.4 は間隙水圧の発生状況を模式的に示したものであり，横軸に地震の主要動（パルス），縦軸に地震動により発生した間隙水圧を示している．ゆるい砂地盤（例えば相対密度約 50 %）は数回の主要動で急激に間隙水圧が上昇し（$u \doteqdot 100$ %），有効応力の減少に伴い支持力を失い，堤体は横方向に流動しながら崩壊する（**図 14.1**）．これに対し，粘性土を多少含有する場合は，動的間隙水圧は徐々に上昇するので，これに伴い地盤支持力も逐次低下する．地盤支持力の低下は液状化試験からも知れるように，**動的応力比**が大となる斜面先付近において顕著に現れ，この結果，まず斜面先崩壊が起こり，これが全面破壊に発展する（**図 14.2**）．さらに，図 14.3 に示した崩壊の形は，地震外力により，間隙水圧が徐々に上昇し，滑動力が堤体および基礎地盤のせん断抵抗力

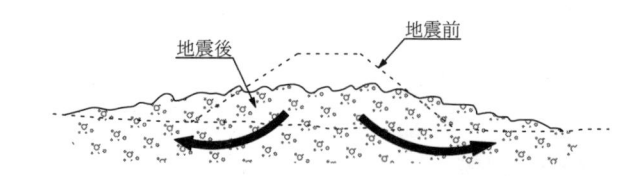

図 14.1 基礎地盤の液状化による崩壊（液状化型）

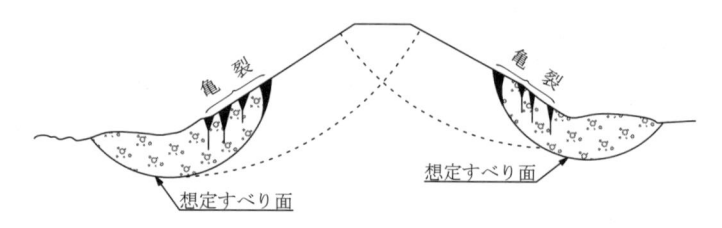

図 14.2 法先付近の基礎地盤の支持力不足による崩壊（液状化型）

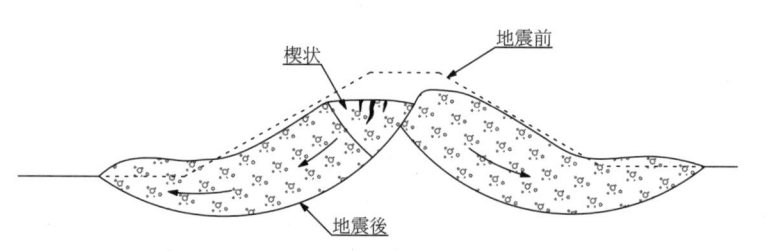

図 14.3 基礎地盤および堤体のせん断強度の不足による崩壊（滑動型）

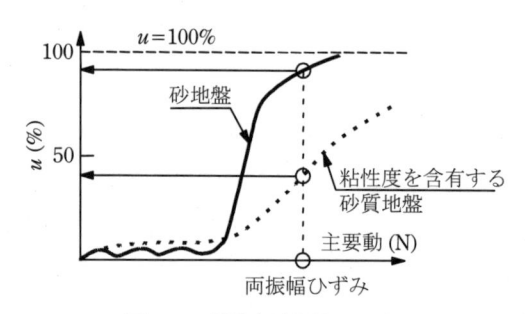

図 14.4 間隙水圧上昇パターン

を上回った時点で崩壊する．この場合，すべり面の形状はほぼ円弧状をなし，天端付近に楔状の土塊を構成するのが特徴である．以上のように前2者は動的間隙水圧の急激な上昇により支持力が減少して発生する崩壊であるので，これを「液状化型」の崩壊，後者は相対的せん断強度の低下による崩壊であるのでここでは「滑動型」の崩壊と呼ぶことにした．**写真 14.1** に滑動型崩壊の一例を示したが，天端付近では楔状の土塊が確認される．

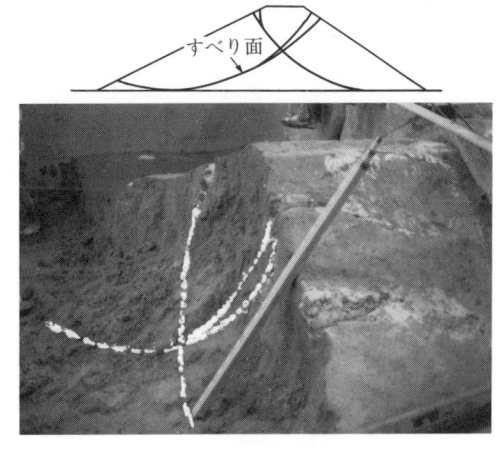

写真 14.1 滑動型崩壊の一例

また，兵庫県南部地震では，震源地近傍に建設されたアースダムで被害が発生した．このダムは花崗岩の風化土（マサ土）を用いて構築された均質型アースダムである．全面崩壊には至らなかったが，貯水池側の斜面先付近で**写真 14.2 (a)** に見られるような噴砂現象が発生し，続いて斜面中腹部から下部においてすべりが発生した（**写真 14.2 (b)**）．原因として，マサ土の転圧不足に問題があったのではないかと思考されるが，斜面先付近では「液状化型」，中腹，下部では「滑動型」の崩壊が発生したもので，地震時におけるこのような被害は珍しいことではない．

(a) 上流側斜面先付近で発生した噴砂現象 　　　(b) 堤底より $1/3H$ 付近の崩壊

写真 14.2 堤体の液状化写真

14.2.2 堤体頭部付近の応答加速度の増大による崩壊

地震動の作用により堤頂部付近の加速度応答は増大するが（**14.5.2項**），これによる崩壊は，支持力の比較的大きい地盤上に建設された土質構造物において多く見られ，崩壊は「滑動型」である．すべり面は**図 14.5** に示したように堤体斜面内の上部に円弧状に現れる．**図 14.5** は崩壊後の形状を模式的に示したものであるが，崩壊する直前に，堤頂部付近に鉛直方向の亀裂が数条現れ，前述の軟弱地盤上の土質構造物の場合と同様楔状の土塊を形成している．**写真 14.3** は楔状の土

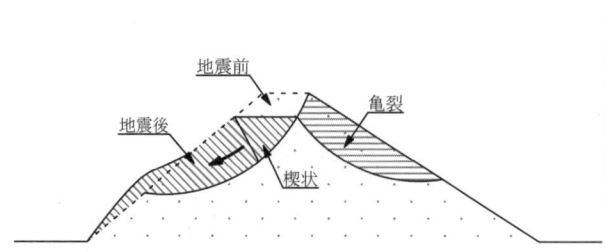

262 / 第14章 土質構造物の耐震性

図 14.5 堤頂部加速度の増大による崩壊（滑動型）

写真 14.3 楔状崩壊の一例

塊を伴う崩壊の例である．

14.2.3 ロックフィルダムの地震時の被害

アースダムやロックフィルダムのような大型の土質構造物は，主に戦後の 1955 年以降に建設されているが，この約 50 年間これらのダムは数多くの大型地震を経験している．しかし，現在のところ，地震により大きな被害が発生したという報告はない．例えば，牧尾ダムは 1984 年 9 月 14 日の長野県西部地震（$M = 6.8$）の際，ダム天端付近の最大応答加速度が 800～900 gal であったと推定されている[2]．これに対し，本ダムの設計地震係数（k）は $k = 0.15$（約 150 gal）であるが，被害は図 14.6 に示したように，天端付近においてロック部が 30～40 cm 沈下した

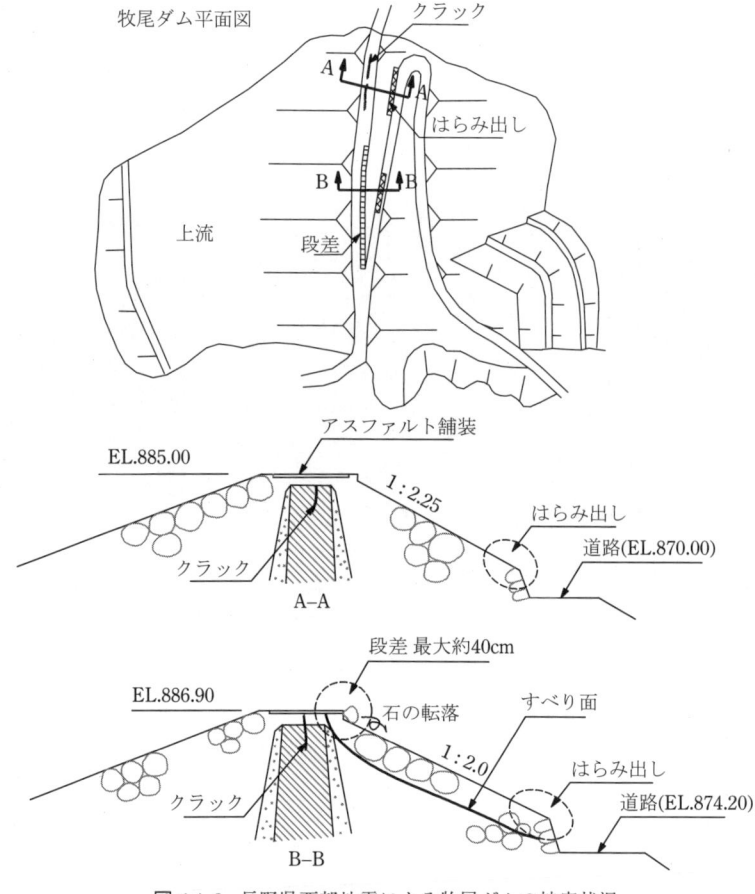

図 14.6 長野県西部地震による牧尾ダムの被害状況

ことと，天端のコア部に深さ約 1.5 m の鉛直方向の亀裂が発生したこと，および標高 EL.870.00～

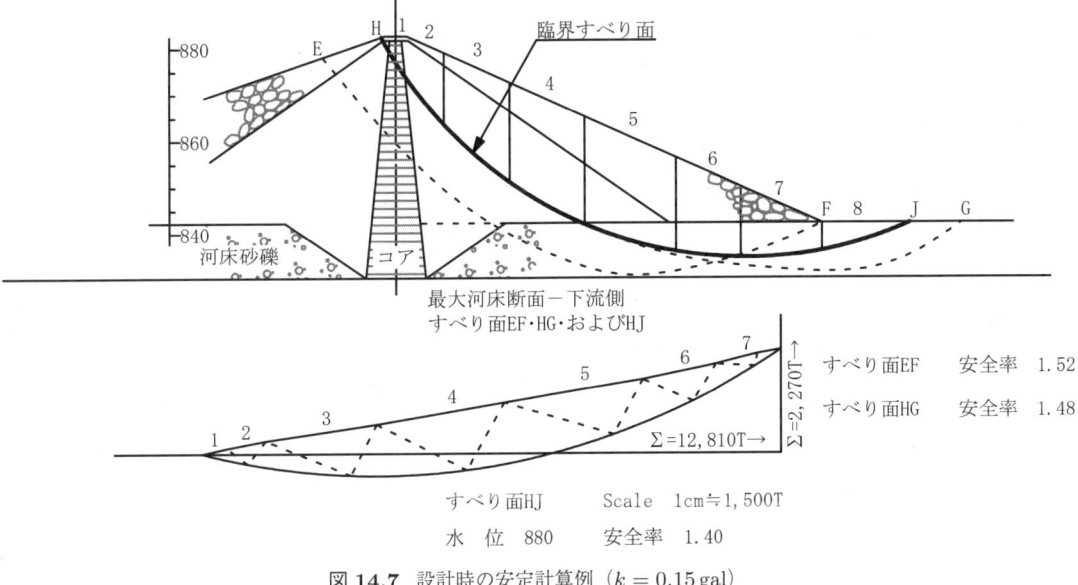

図 14.7 設計時の安定計算例 ($k = 0.15\,\text{gal}$)

874.20 m におけるダム下流側に設けられた道路石積部にわずかなはらみ出しが見られた程度で，設計時に検討された図 14.7 のようなすべり破壊の兆しは全く認められなかった．また，1985 年に $M = 8.1$ のメキシコ地震が発生し，都市部で多くの被害が発生した．震央域近傍に La Villita Dam（堤高約 60 m）および El Infiernillo Dam（堤高 148 m）の 2 つのロックフィルダムが建設されていたが，この地震による両ダムの被害は極めて軽微であり[3]，変兆は牧尾ダムの場合とよく似ていた．さらに，Morgan Hill 地震（1984 年，$M = 6.2$）では活断層上に建設された Coyote Dam（California，堤高 37 m，アースダム）では，下流側堤頂部付近において 1300 gal（観測値）と極めて大きな加速度を経験したが，ダムの被害は小さく，堤頂部で 7.5 cm 沈下し，上流斜面の数箇所でクラックが発生した程度であった，との報告がある[4]．

以上のような経験は地震に対する土質構造物の高い安全性を裏づけるものであり，一方ではフィルダムを始め土質構造物の現行の地震時安定解析手法に対し，少なからず疑問を提起するものである．

14.2.4 ロックフィルダムコア部の水理的破壊現象による被害

1995 年 1 月 17 日早朝発生した兵庫県南部地震（$M = 7.2$）では，神戸市を中心として大災害をもたらしたことは記憶に新しいが，幸いにしてダムの被害は軽微であった．鈴木ら[5]の報告によると，震央から半径約 200 km 以内には図 14.8 に示したように大小合わせて 200 基以上のダムが建設されている．主要なダムには地震計が設置されており，記録された結果は震央距離との関係として図 14.9 のごとく整理されている．同図 (a) は水平方向加速度の最大値，同図 (b) は鉛直方向加速度の最大値である．

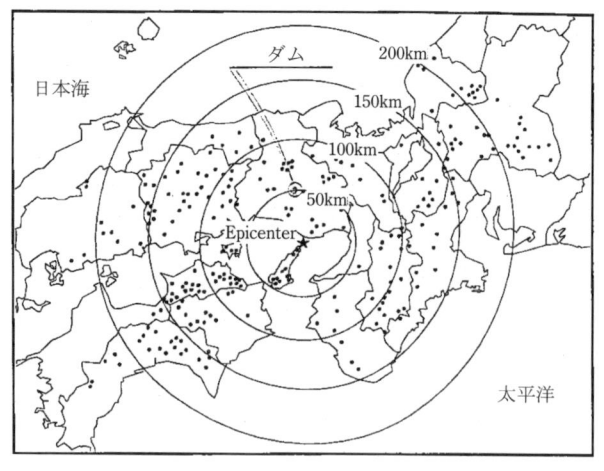

図 14.8 ダムの位置と震央 5)

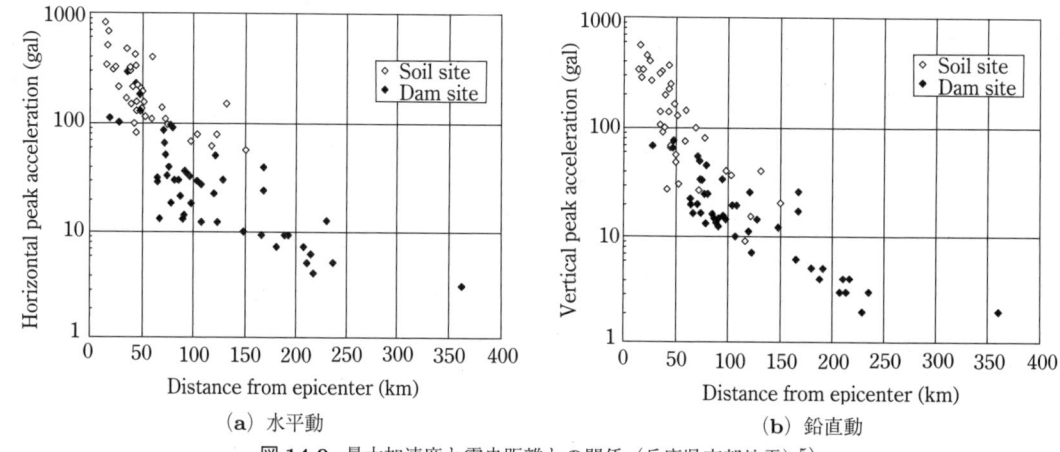

図 14.9 最大加速度と震央距離との関係（兵庫県南部地震）5)
(a) 水平動
(b) 鉛直動

　図 14.8 に示すとおり，震央から約 50 km 離れた地点にフィルダムが建設されているが，このダムの標準断面を図 14.10 に示したが，地震の後，図 14.11 (b) に示したように，貯水位 EL.292 m 付近で漏水量が急増し，満水位付近において最大約 700 m^3/日に達した．図 14.9 より本ダム地点における最大水平加速度は 100〜400 gal，最大鉛直加速度は 80〜200 gal と推定されるが，この地震によりコア部は沈下し，標高 EL.292 m 付近に不連続面が発生したものと想像される．このダムは図 14.10 から知れるように中心コア型でコア下流側にはドレーンが配置され，その頭部標高は EL.292 m である．このことから漏水の原因は地震時の沈下により標高 EL.292 m より上部のコアが同図 (a) に示したようにドレーンに支えられ，宙吊り状態になり，この部分の透水性が増大したと考えられる．

　このダムは，その後補修されたが，補修時にコア部の EL.292 m 付近において厚さ 10〜20 cm に及ぶ高含水比の軟弱部が確認され，地震による不同沈下の発生が裏づけられた．コア部のこの種の沈下は水理的破壊の誘因となることが知られているが，これについては第 13 章で詳述した．

図 14.10 ダムの標準断面図

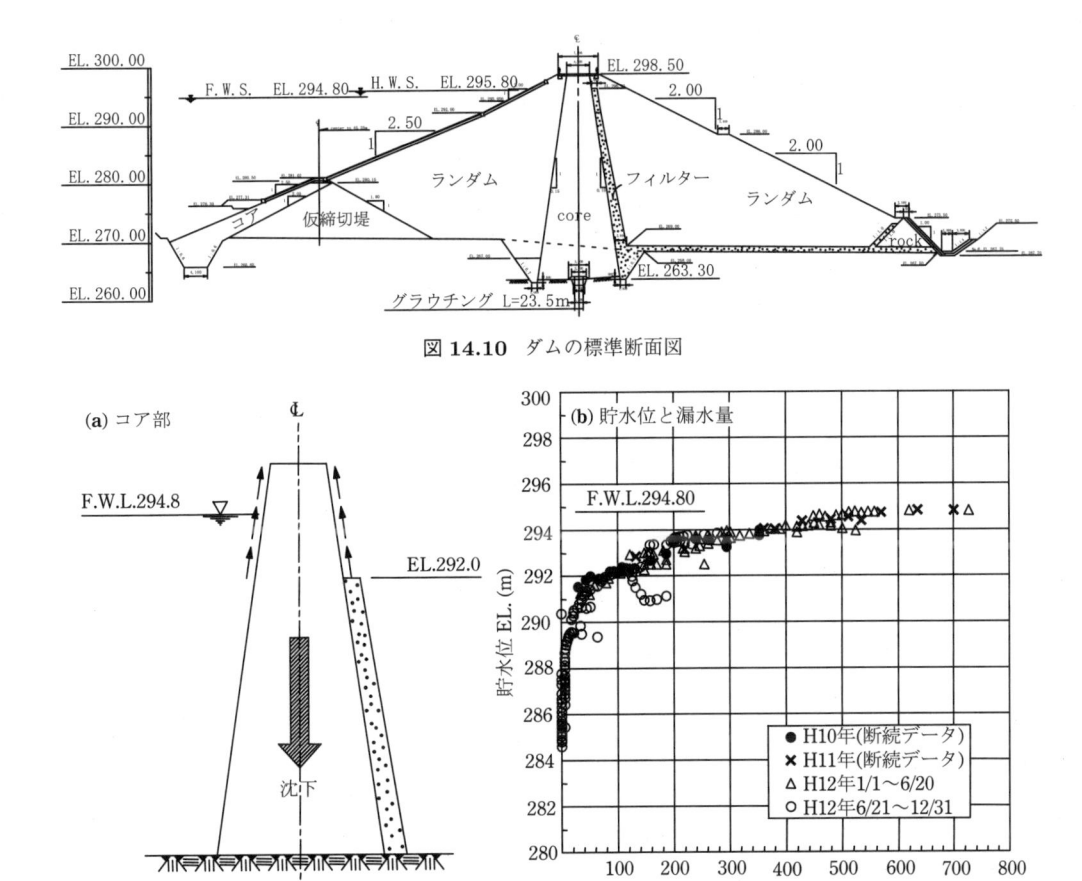

図 14.11 貯水位と漏水量との関係[6)7)]

14.3 地震時の地盤の安定性

　土質構造物を河川堤防，ため池堤や道路盛土およびロックフィルダム等に分類し，地震時の被害パターンを述べた．これらの土質構造物の基礎地盤の液状化現象について，以下もう少し詳しく解説しておこう．

14.3.1 地盤の液状化現象

　基礎地盤の液状化現象は，主として沖積堆積層のうちの飽和した砂地盤において発生するものである．しかし，地震の規模や発生する動的せん断応力の大きさによっては，液状化が起こりにくいとされている透水性の大きい砂礫層や，セメンテーションによって骨格構造を構成する洪積砂層，さらに第三紀の固結した砂層においても液状化の発生する可能性は否定できない．この種の地盤上に大規模な重要構造物を建設する場合，特にフィルダムなどの水利構造物の基礎地盤を含むその周辺部は飽和状態にある機会が多いので，設計時には液状化の可能性の検討が必要である．

(1) 沖積砂層の液状化

新潟地震（1964年，$M = 7.5$）以降，SeedやLee[8]を中心とした砂の液状化に関する研究が大々的に行われるようになった．地震国であるわが国においても，その後まもなくこの種の研究の必要性が指摘され，大学や各種の研究機関において液状化問題を始めとして，土質構造物の耐震性に至るまで，幅広い研究がなされている．液状化現象に関しては**表14.1**に示したような動的せん断試験や振動台による実験が行われるが，現在までの研究成果として，液状化の可能性は，地震の規模や砂の粒度組成あるいは相対密度等の関係として整理されている．

図14.12は地震規模（M）と液状化の発生した震央からの距離の関係を[9]，また**図14.13**は液状化の可能性を砂の粒度組成との関係において示したものである[10]．また，**表14.1**は液状化の可能性を地震加速度と砂の相対密度（D_r）との関係として整理したものである[11]．さらに**図14.14**は標準貫入試験値（N値）と深度との関係である[12]．**図14.12**から大規模地震$M \geq 7$では液状化の可能性は震央から50 km以上に及ぶことが，また**図14.13**からは土粒子の平均粒径（D_{50}）が概ね$0.02 \leq D_{50} \leq 20$ mmにおいても，さらに**図14.14**からは地層の深部ではN値が30以上でも液状化の可能性が知れる．

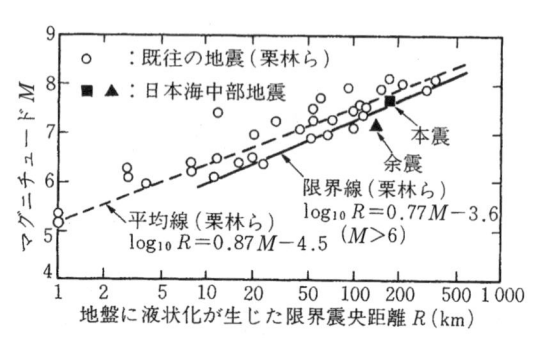

以上，液状化の判定方法について，現在までの研究成果を紹介したが，これらはいずれも判定の目安であるので，重要構造物の建設に際しては具体的な実験的検証が要求される．これに対しては**表14.2**のいずれかの方法を採用することになるが，わが国では動的三軸（繰返し三軸）試験が一般的である．具体的実験方法・手順については，例えば文献[13][11]，「土質試験の方法と解説」（地盤工学会）等を参照されたい．なお，基礎構造物や盛土構造物などに対する耐震設計法については，関係機関で設計指針が作成されているが，これらをまとめて**表14.3**に示した．

写真14.4は宮城県沖地震（1978年）における液状化による被害である[14]．

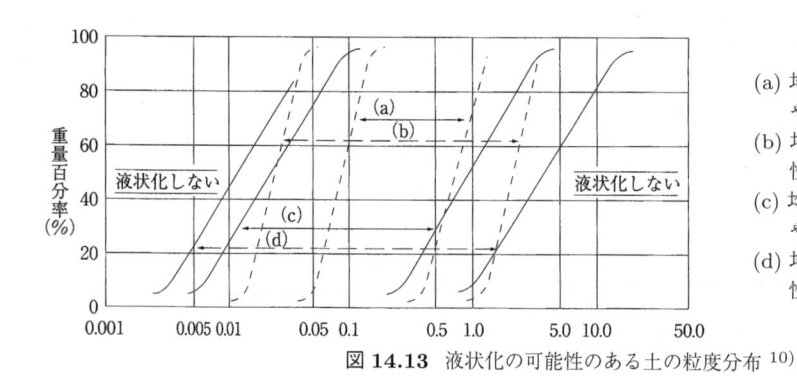

図14.12 液状化が生じた限界震央距離とマグニチュードの関係[9]

(a) 均等係数の小さい砂，特に液状化しやすい．
(b) 均等係数の小さい砂，液状化の可能性がある．
(c) 均等係数の大きい砂，特に液状化しやすい．
(d) 均等係数の大きい砂，液状化の可能性がある．

図14.13 液状化の可能性のある土の粒度分布[10]

表 14.1 相対密度と液状化の可能性 [11]

最大地盤面加速度	液状化が最も起こりやすい	液状化が土質と地震力左右される	液状化が最も起こりにくい
0.10 g	$D_r < 33$	$33 < D_r < 54$	$D_r > 54$
0.15 g	$D_r < 48$	$48 < D_r < 73$	$D_r > 73$
0.20 g	$D_r < 60$	$60 < D_r < 85$	$D_r > 85$
0.25 g	$D_r < 70$	$70 < D_r < 92$	$D_r > 92$

D_r：相対密度

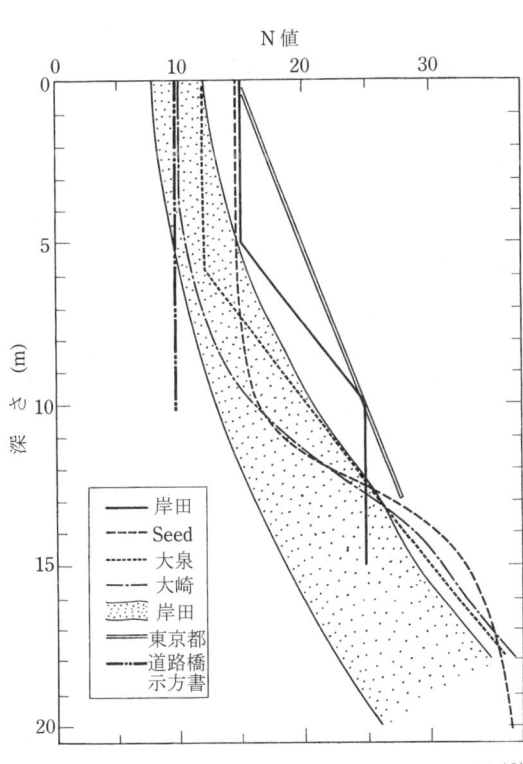

図 14.14 液状化を生ずる限界の N 値の深さとの関係 [12]　写真 14.4 宮城県沖地震(1978 年)による地盤の液状化 [14]

(a) 噴砂現象

(b) 液状化によるビルの沈下（1 階部は地盤内）

表 14.3 各種設計指針一覧

①基礎構造物	道路橋示方書 V 耐震設計編 建築基礎構造設計指針 鉄道構造物等設計標準・同解説 杭基礎の耐震設計法に関するシンポジウム論文集 港湾の施設の技術上の基準・同解説 埋立地の液状化対策ハンドブック
②盛土構造物	鉄道構造物等設計標準・同解説 道路土工-のり面工・斜面安定工指針 河川砂防技術基準 (案) 港湾の施設の技術上の基準・同解説
③護岸構造物	港湾の施設の技術上の基準・同解説 埋立地の液状化対策ハンドブック

表 14.2 室内液状化試験装置の種類と特徴 [11]

項目／種類	応力状態	モール円	応力経路（全応力）$1 \to 2 \to 3 \to 4$	拘束状態	ひずみ状態	繰返し荷重
現地盤				異方応力状態（K_0 圧密）（初期せん断応力が加わることもある）	平面ひずみ 単純せん断変形	多方向ランダム波
繰返し三軸（別名：振動三軸、動的三軸）		圧密時／せん断時		等方応力状態	軸対称変形	一方向正弦波
繰返しねじりせん断（別名：動的ねじりせん断）（リングねじりせん断も同種類）		圧密時／繰返しせん断時		等方または異方応力状態（準 K_0 圧密）（初期せん断応力も加えられる）	平面ひずみ 単純せん断変形	一方向正弦波またはランダム波
繰返し単純せん断 NGI 型		圧密時／繰返しせん断時		異方応力状態（準 K_0 圧密；K_0 未知）（初期せん断応力も可）	平面ひずみ 単純せん断変形	多方向正弦波ランダム波
繰返し単純せん断 Cambridge 型		圧密時／繰返しせん断時		異方応力状態（K_0 圧密）（初期せん断応力も可）	平面ひずみ 単純せん断変形	一方向正弦波ランダム波

(2) 粘性土を含有する基礎地盤および盛土構造物

粘性土を含有する比較的硬い土質地盤上に盛土構造物を建設する場合，砂地盤で見られるような液状化は発生しないと考えられる．しかし，繰返し地震力の作用により，地盤内には過剰間隙水圧が徐々に蓄積し（図14.4），地盤および盛土は大きく変形して崩壊することがある．この場合の安定性は，対象となる地盤および盛土内に生起する応力比と主要動の繰返しにより蓄積される間隙水圧との関係を求め，過剰間隙水圧の発生量を考慮した安定解析を行って評価する．具体的手法については，例えば文献「地盤の液状化」[15]や「河川堤防の液状化対策工法設計施工マニュアル（案）」[16]に，また各種構造物に関する設計指針は表14.3に記載した文献に詳述されているので，ここでは省略する．

14.4 骨格構造を有する砂地盤の動的強度特性

14.4.1 概 要

沖積砂層の液状化現象と被害について，その概要を上述したが，多くの場合，沖積砂層以外の例えば第三紀や第四紀洪積砂層のように骨格構造を有する砂地盤では地震被害はあまり発生しないのではないかと考えられている．

しかし，1985年のメキシコ地震では写真14.5に示したように洪積砂礫層において噴砂現象が観測されており，これ以降，わが国においてもこの種の研究が行われるようになった．第三紀や洪積層は，一般にはセメンテーション効果により骨格構造を有している．奥村[17]は，豊浦砂にセメントを混合し，人工的に骨格強度を異にする5種類の供試体を作成し，動的強度（液状化強度）と一軸圧縮強度や過圧密比等との関係を明らかにし，予備設計などで簡便に動的強度を推定する場合の関係式を提案している．

写真14.5 洪積砂礫層の噴砂現象（メキシコ地震，1985年）

14.4.2 動的強度特性

実験に用いた試料は，表14.4に示した骨格強度（固結度）の異なるセメント混合砂A～Eと豊

表 14.4 試料の物理的・力学的性質 [17]

供試体	A	B	C	D	E	豊浦砂
水とセメントの配合比（質量比）	1：0.13	1：0.22	1：0.28	1：032	1：0.28	—
養生時間（時間）	24	24	24	24	48	—
比重 G_s	2.665	2.693	2.698	2.700	2.698	2.645
乾燥密度 ρ_d (g/cm^3)	1.482	1.509	1.534	1.559	1.534	1.504
一軸圧縮強度 q_u (kPa)	24.5	43.1	69.6	82.3	151.9	—
変形係数 E_{50} (MPa)	3.6	12.3	18.3	26.3	54.4	—
圧密降伏応力 p_y (kPa)	124	201	225	240	250	—
粘着力 c_d (kPa)	19.6	32.3	32.3	42.1	45.1	6.9
内部摩擦角 ϕ_d (度)	36.2	35.3	36.0	35.7	37.4	39.0

浦砂の計6種類である．表には各試料の物理・力学的性質が示されているが，一軸圧縮強度 q_u，変形係数 E_{50}，圧密降伏応力 p_y および粘着力 c_d の各値はセメントミルクの濃度や養生時間に比例して大きくなっており，これらの力学定数は供試体の固結度を表現する量であることがわかる．

図 14.15 は，豊浦砂および試料 C について繰返し非排水三軸試験を行った結果を，破壊までの繰返し回数 n と，繰返しせん断応力 τ_d を初期有効拘束圧 σ_c' で除して正規化した $R_d (= \tau_d/\sigma_c')$ との関係として σ_c' 別に示している．この結果によると，試料 C の $\sigma_c' \geq 392\,\mathrm{kPa}$ においては，$R_d \sim n$ 関係は豊浦砂と同様拘束圧に関係なく一本の曲線で表すことができる．これに対し $\sigma_c' = 98,\ 196$ および $294\,\mathrm{kPa}$ の場合は σ_c' が小さくなるに従って R_d が大きくなっており，R_d の値は q_u と σ_c' に支配されることがわかる．そこですべての実験結果の

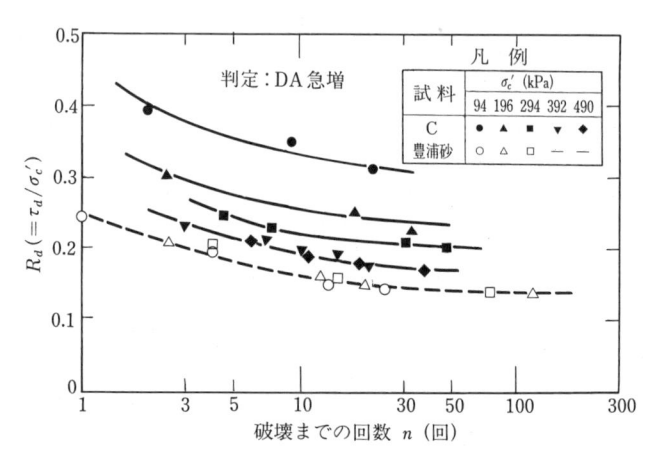

図 14.15 R_d と n の関係（C 試料，豊浦砂）[17]

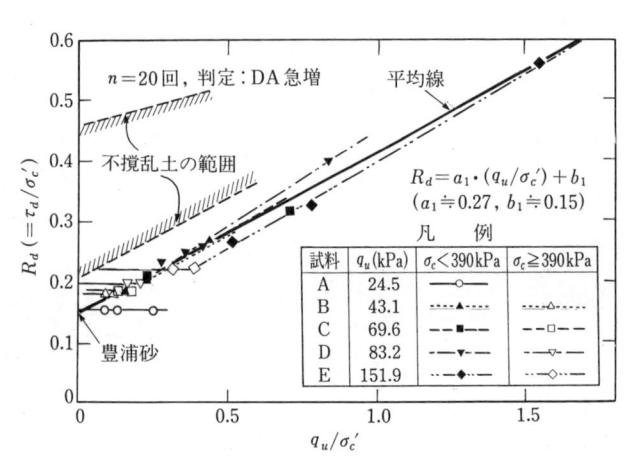

図 14.16 R_d と q_u/σ_c' の関係（セメント混合砂 A〜E）[17]

$n = 20$ 回における R_d と q_u/σ_c' との関係を見てみると（図 14.16），R_d は試料 A および試料 B〜E の $\sigma_c' \geq 390\,\mathrm{kPa}$ で q_u/σ_c' に関係なく一定値となるが，全体的に両者はほぼ直線関係にある．また，同図の破線は別に行った不撹乱土の結果の範囲を示しており，不撹乱土では実験値のばらつ

きはセメント混合砂と比べて大きく，傾向も異なるようである．

図 14.17 は $n=20$ 回における τ_d と σ_c' との関係を示したものであるが，豊浦砂と q_u の最も小さい試料 A の $\tau_d \sim \sigma_c'$ 関係は原点を通る直線で表すことができる．これに対し試料 B～E の試験結果は $\sigma_c' = 390\,\mathrm{kPa}$ 付近を折れ曲がり点とする 2 本の直線で近似することができる．そして，この特性は静的強度に対応して考えた場合，過圧密された飽和粘土の非排水強度 c_u と圧密圧 p の関係に類似したものと見なすことができる．したがって，本実験の場合は $\sigma_c' \fallingdotseq 390\,\mathrm{kPa}$ において砂の骨格が破壊したと考えることができ，$\sigma_c' \geq 390k\,\mathrm{Pa}$ を正規圧密状態，$\sigma_c' < 390\,\mathrm{kPa}$ を過圧密状態における動的強度と見なすことができる．

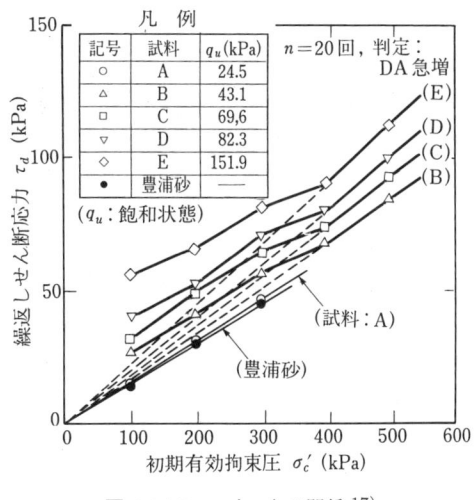

図 14.17 τ_d と σ_c' の関係 [17]

14.4.3 動的強度と静的強度

基礎地盤の地震時安定性を十分な精度で把握するためには，不撹乱試料を用いた試験によって動的強度を見積もる必要がある．しかし，予備設計の段階で必要となる動的強度は，設計全体の精度面のバランスから考えてそれほど厳密である必要性はなく，また，調査費用の面からも動的試験の実施が困難な場合が多い．

図 14.18 は試料 A～E のすべての結果について，同一の圧密拘束圧における動的強度 τ_d ($n=20$ 回) と静的排水せん断強度 τ_{sf} の比 τ_d/τ_{sf} を求め，これと q_u/σ_c' との関係をプロットしている．

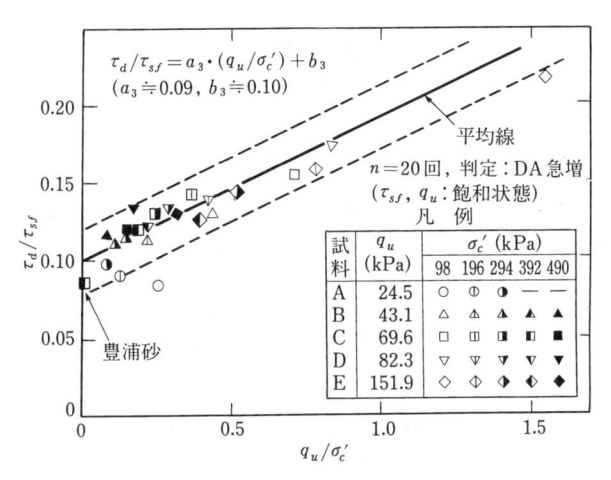

図 14.18 τ_d/τ_{sf} と q_u/σ_c' の関係 [17]

ここで，τ_{sf} は圧密・排水条件の静的三軸圧縮試験で得られる圧縮強さ $(\sigma_1 - \sigma_3)_f/2$ の値とした．図から，τ_d/τ_{sf} の値は q_u/σ_c' が大きいほど高くなっており，疑似過圧密効果による強度増加は，静的強度に比較して動的強度の方が著しく大きいことがわかる．また，τ_d/τ_{sf} の上限値が q_u/σ_c' が $\to \infty$ で $\sigma_c' = 0$ の場合の $2 \cdot \tau_{do}/q_u \doteqdot 0.6$ に漸近することから，τ_d/τ_{sf} と q_u/σ_c' との関係は本来比例しない（詳細は文献[17][18]参照）．しかし，図示の範囲における両者の関係は，試料や拘束圧の違いによらず図中の平均線でほぼ近似できる．次式はその一般式であり，任意の σ_c' における動的強度 τ_d は，圧密圧 σ_c' の下で行った静的排水せん断強度 τ_{sf} と一軸圧縮強度 q_u の値を用いることにより推定可能である．なお，a および b の値は本実験の場合，$a \doteqdot 0.09$，$b \doteqdot 0.10$ となる．

$$\frac{\tau_d}{\tau_{sf}} = a \left(\frac{q_u}{\sigma_c'} \right) + b \tag{14.1}$$

14.5 フィルダムの耐震性

14.5.1 概　要

　フィルダムの地震時の安定性は斜面滑動に対する安全性と遮水ゾーンの水理的破壊に対する安全性の両面から検討されなければならない．斜面滑動については，現行では震度法を適用し，また水理的破壊現象に関しては地震時における遮水部の不同沈下に起因する応力状態が許容値を上回るか否かで判定される．

　震動法による斜面の安定性評価では，質量 m の物体が地震時に受ける慣性力（y：相対変位）を静力学的に安定解析に導入する．すなわち，

$$\frac{\ddot{y}}{g} = k_h, \quad 慣性力 = m\ddot{y} = k_h \cdot W, \quad W（重量）= mg \tag{14.2}$$

k_h は**地震係数**または**水平震度**と呼ばれている．堤底から堤頂に至るまで震度分布が一様と仮定するという通常用いられている震度法が適用できるのは，構造物の高さが低く，剛性が比較的大きい場合に限られる．土質構造物のように，断面形状が高さ方向に変化し，かつ剛性が拘束圧に依存するような構造体では，地震時に観測される応答加速度の分布が高さ方向に一様ではなく，堤頂部付近の加速度は地盤加速度の数倍（2〜5倍）に達することがある．この傾向は堤高が大きくなると一層顕著に現れるが，これに関する初期の研究として松村孫治（土木研究所報告，1934）の論文が一般によく知られている[19]．この研究はせん断振動のみが卓越しているものとして振動解析を行い固有周期や振動モードを明らかにしたもので，**せん断梁理論**とも呼ばれている．

　一方，震度法が斜面の安定解析に適用されるようになったのは，定かではないが1924年頃で，松村の研究成果が発表された10年ほど前と思われる．当山道三の「土質力学」（コロナ社，1958）[20]では地震時の安定性の評価法を説明しているが，この方法は現行の震度法と相違するものではない．

　その後，Bishop, Taylor あるいは Spencer らの安定解析法においても震度法が登場して一般に広く使われるようになり，わが国においても土木・建築の一般構造物ばかりでなく，フィルダム

の設計にも使われるようになった．これは震度法の概念が単純であり，実用面に取り入れやすいこともあるが，震度法を用いて設計し，近代的な技術で施工されたダムが過去の大規模な地震において致命的な被害を受けたことがない，という経験的事実が適用上の大きな背景になっていることも否定できない．しかし最近，ダムは大型化の傾向にあり，これに伴って耐震設計に関する研究が進歩し，同時に実ダムに設置された地震記録などから地震時の挙動が明らかにされるようになった．その結果，実ダムの挙動は震度法で仮定するような単純なものではなく，堤頂部で応答の増幅が著しいことが指摘されるようになった．このことから，最近は大型ダムの設計時には**動的応答解析**を行い，その結果に基づいて安定性の議論がなされるようになった．しかし，この方法に対しては応答解析手法を始め，入力としての地震動や，振動解析を行うための材料の動的物性値の決め方，さらには結果に対する評価法などについていろいろ議論されている段階であって，未だ共通した結論が得られるに至っていない．しかし，最近は **14.6** 項で紹介する「フィルダムの耐震設計指針（案）」に示されている修正震度法に従って安定性を議論し，評価しようとする方向にある．

14.5.2 地震応答加速度と震度法

1984（昭和59）年9月14日の長野県西部地震に対し，村松ら[22]は余震記録を用いて本震の波形を再現し，また小林ら[21]は断層モデルを用いて最大加速度を推定している．これによると，村松らは牧尾ダム地点の最大加速度は800〜900 gal，卓越周期は1 Hzおよび10 Hz程度としており，小林らは牧尾ダム地点で500 gal，王滝村（ダムサイトより約7 km上流）で400 gal程度であるとしている．両者にはかなりの相違があるが，ダムに設置されている地震計がオーバースケールになったことなどを勘案すると，ダム基盤（α_f）では少なくても500〜600 gal程度の加速度が発生したと考えて差し支えない．

図 **14.19** は第9章でも触れたように実ダムにおける基盤部と堤頂部との加速度の観測値と，大型振動実験結果を併記して示したものである．この図から，堤頂部における加速度応答値は概略的に，次式により表される．

$$\alpha_t = 4\alpha_f^{0.83} \tag{14.3}$$

ただし，α_t は堤頂部加速度，α_f は基盤面加速度である．

この図を用いて，基盤面加速度を $\alpha_f = 500 \sim 600$ gal とし，堤頂部加速度を求めると，$\alpha_f \fallingdotseq 500$ gal の場合，$\alpha_t \fallingdotseq 700$ gal，$\alpha_f \fallingdotseq 600$ gal の場合，$\alpha_t \fallingdotseq 800$ gal が得られ，松村らの推定値とほぼ一致する．

なお，牧尾ダムの標準断面を図 **14.20** に示した．

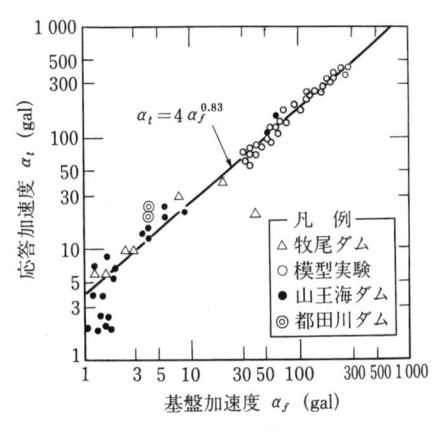

図 **14.19** 基盤加速度と応答加速度との関係

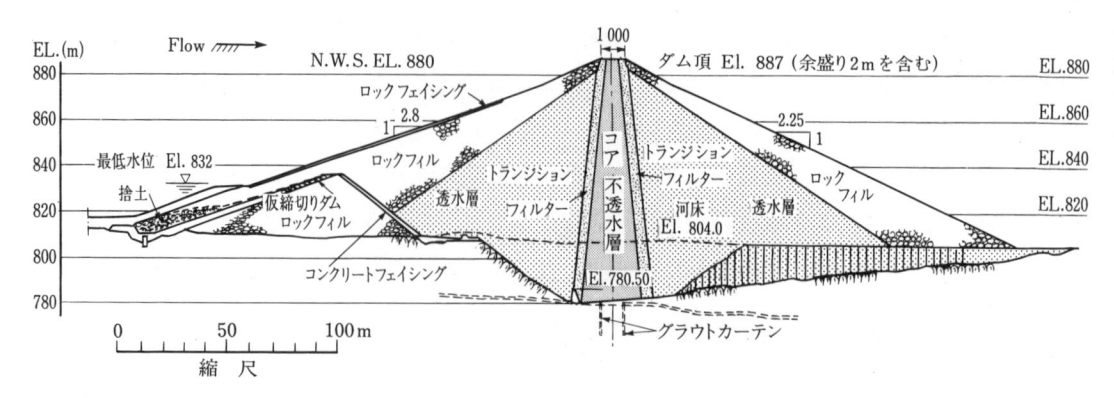

図 14.20 牧尾ダム標準断面図[2)]

ここで，堤体のすべりを表層すべりと内部すべりに分け，震度法を用いて地震係数を変化させた場合の安全率を調べてみよう．表層すべりの検討には図 14.6 の B–B 断面に示したすべり面を用い，また，内部すべりについては設計時と同一すべり面とし（図 14.7），また，解析には設計と同様，修正フェレニウス法を用いた．この結果は図 14.21 に示したように，表層すべりの場合は $k \fallingdotseq 0.35$（$\fallingdotseq 350\,\mathrm{gal}$）で $F_s \fallingdotseq 1$，また，堤内すべりの場合は $k \fallingdotseq 0.4$（$\fallingdotseq 400\,\mathrm{gal}$）で $F_s \fallingdotseq 1$ となり，いずれも上記の推定基盤面加速度

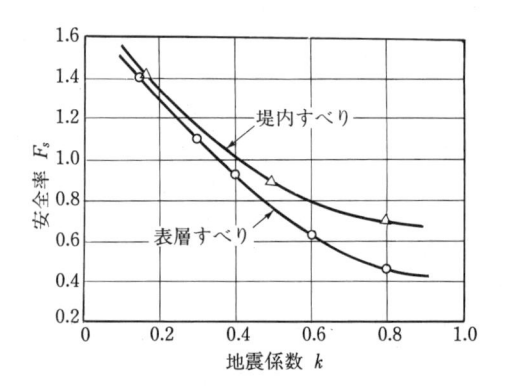

図 14.21 安全率と地震係数との関係[2)]

500〜600 gal において，安全率は 1 を大幅に下回ることが知れる．しかし，実際の被害状況は先に述べたように，天端付近においてわずかな亀裂およびはらみ出しが発生したのみである．このことは，地震動の周期成分と堤体の固有振動数の違いによるものとも考えられるが，このほかにも，安定解析の方法や材料の設計強度の決め方などにも大いに関係があると考えられる．

なお，設計に用いた材料強度および土質定数を表 14.5 に示した．設計では修正フェレニウス法に対し震度法およびヤンブー法を適用して安定性を比較検討したが，この結果は表 14.6 に示したように修正フェレニウス法で得られた安全率は簡便分割法とヤンブー法で求めた安全率のほぼ平均値を与えている．

表 14.5 安定計算に用いた設計数値

ゾーンと材料		①コア	②砂礫	③ロック	④砂質基盤
乾燥重量	(kN/m^3)	14.0	22.0	16.5	17.0
含水比	(%)	30	5	0	22
湿潤重量	(kN/m^3)	18.2	23.1	16.5	—
飽和重量	(kN/m^3)	18.8	23.8	20.4	20.8
粘着力	(kN/m^2)	30	0	0	0
せん断抵抗角	(°)	31.0	41.7	45.0	30.0

表 14.6 安全率の比較

すべり面 \ 計算法	簡便分割法	修正 Fellenius 法	ヤンブー法
H1	1.32	1.40	1.52
HG	1.22	1.48	1.54
EF	1.24	1.52	1.45

(各すべり面は図 14.7 に示した)

14.6 大型振動実験と震度法

前節で述べたように,牧尾ダムでは少なくても 500〜600 gal ($k_h = 0.5 \sim 0.6$)の加速度を経験したことになるが,震度法を適用した図 14.21 の安定解析結果では,$k_h = 0.5 \sim 0.6$ に対し,堤体内すべりの安全率 (F_s) が $F_s \fallingdotseq 0.9 \sim 0.8$,表層すべりに対しては $F_s \fallingdotseq 0.7 \sim 0.6$ が得られ,いずれも安全率は 1.0 を大きく下回っている.しかし,牧尾ダムの堤頂部においては,上述のように安定解析で想定されたすべりの兆候は確認されていない.このことは安定解析における震度法の適用に対し疑問を提起するものである.これを検証するため,大型振動台(11×6 m)を用いたフィルダムの振動実験が行われた[23].以下に実験結果の概略を述べる.

14.6.1 振動実験による崩壊形状

振動実験は均一型アースダム,均一型ロックフィルダムおよび中心コア型ロックフィルダムの 3 種について行われた.以下はそれぞれの崩壊状況を考察したものである.

(1) 均一型アースダムの崩壊形状

実験に用いた土質材料は図 14.22 に示した C-1,C-2 の 2 種であり,堤体は最適含水比付近において D 値 $\fallingdotseq 90$ %に締め固めて作製された.崩壊の形状を図 14.23 にスケッチして示し,また写真 14.6 に亀裂の発生状況を示した.崩壊形状の特徴は図 14.23 (a) で知れるように,崩壊の初期において堤頂部に鉛直方向に亀裂が出現し,続いて斜面に対し垂直方向の亀裂が発生して,振動外力の増加に伴い楔状の土塊が形成される.この楔状の土塊は振動外力のさらなる増加により上下方向に振動し,同図 (b) に示したように堤底を通る深いすべり面(円弧)を形成する.また,楔の深さは堤頂部より $(0.3 \sim 0.4)H$ であり,この部分は応答加速度が最も増大する部分でもある.写真 14.7 は宮城県沖地震(1978 年)の際発生したアースダムの被災状況であり,すべり面の形状は振動実験の結果と類似している.

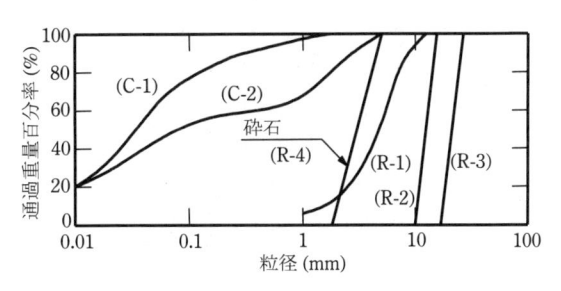

図 14.22 築堤材料の粒径加積曲線

276 / 第14章　土質構造物の耐震性

(a) 堤頂部の垂直方向の亀裂

(b) 堤底を通る深いすべり面

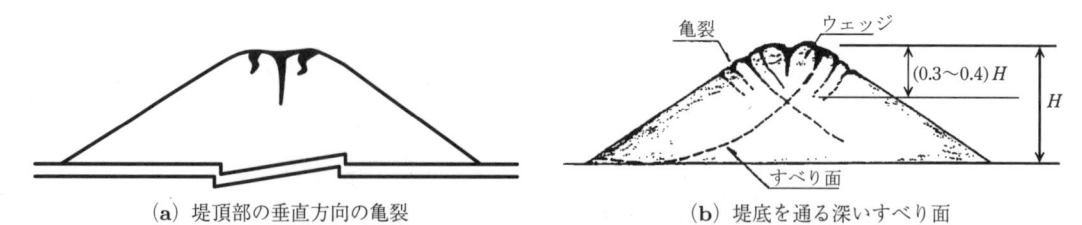

図 14.23　均一型アースダムの崩壊形状

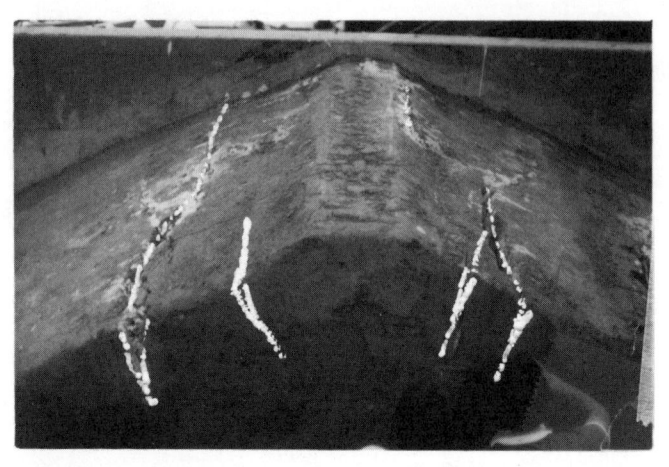

写真 14.6　振動実験結果（均一型アースダム模型の亀裂発生状況）

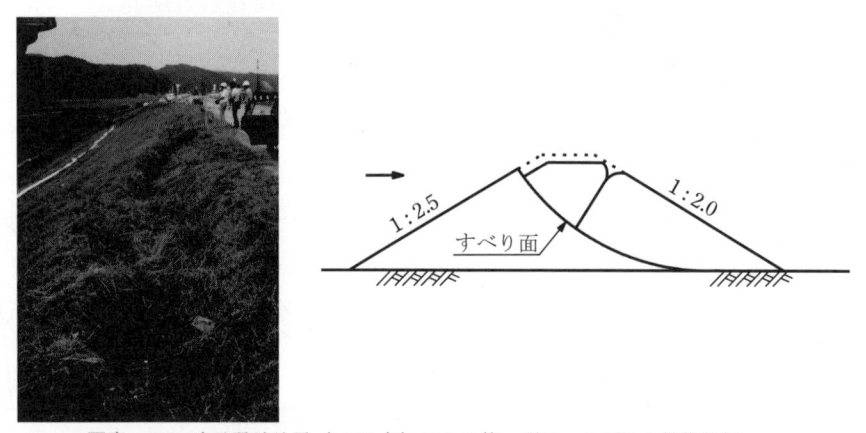

写真 14.7　宮城県沖地震（1978年）による均一型アースダムの被災状況

(2) 均一型ロックフィルダムの崩壊形状

　実験に用いた材料は，図 14.22 に示した R-1，R-2，R-3，R-4 の 4 種である．崩壊の形状は図 14.24 に示したように，振動外力の増加に伴い堤頂部近傍のロックが転がり，堤体の中腹部より幾分上部まで移動して局部的に急傾斜の斜面を形成する．さらに振動外力を増すことにより

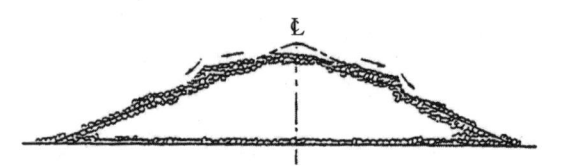

図 14.24　均一型ロックフィルダム模型の崩壊形状
（MODEL No-HR-5）

中腹部のロックがずり落ち，続いて上部のロックもずり落ちて，最終的に堤頂部は円弧状になって安定する．

(3) 中心コア型ロックフィルダムの崩壊形状

実験に用いた材料は，上記と同様 R-1, R-2, R-3, R-4 の 4 種であり，コア材料は図 14.22 の C-2 材料を用い $D \fallingdotseq 90\%$ に締め固めた．崩壊の特徴は堤頂部のロックの転げ出しに始まり，コア部を中心として上下流方向に振動する．コアとロックとの振動の位相差により図 14.25 に

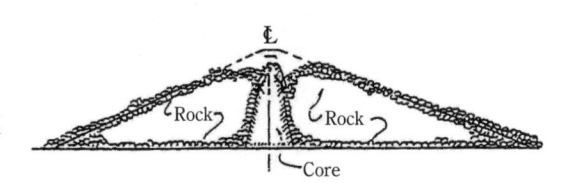

図 14.25 中心コア型ロックフィルダム模型の崩壊形状 (MODEL No-CR-1)

示したように不連続部が現れる．さらに振動外力を増すことにより，ロックの堤頂部は独立して円弧状になるが，その後はコア側面に沿って沈下し安定する．

14.6.2 フィルダムの崩壊の特徴

振動実験の結果から，各ダム型式の地震時の崩壊形状は，構築材料の力学的性質により特徴づけられることが明らかになった．実験結果によると粘性材料を主体として構築される道路やアースダム等の一般土質構造物と，非粘着性材料を主体とするロックフィルダムとは破壊の形態が全く異なる．両社の地震による崩壊の特徴を整理すると次のとおりである．

(1) 一般土質構造物の安定性の評価

アースダムで代表される一般土質構造物の地震時の挙動を応答解析により調べると，堤頂部付近の応答加速度が基盤面に対し 2～3 倍に増幅し，このことはすでに述べたように (図 14.19) 実ダムにおいても観測されている．土質構造物は地震時に頭部付近において縦

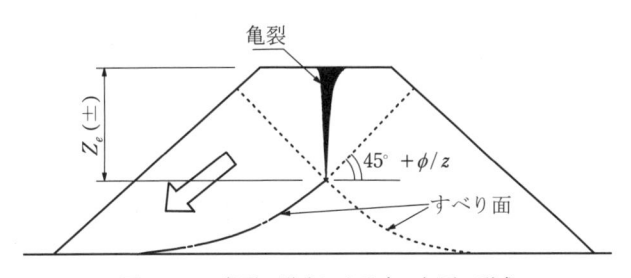

図 14.26 亀裂の発生によるすべり面の形成

方向の亀裂の発生することをすでに述べたが，このことは粘性土からなる斜面では静的条件下において，Rankine の土圧論からも知れるように頭部において引張領域が発生する．引張領域では粘着成分は有効に働かないので，このような土質構造物に地震動が作用した場合，亀裂の発生は容易に理解され，さらに曲げを伴う振動は亀裂の発生を一層助長することになる．このようなことから粘性を有する土質構造物は地震時において図 14.26 に示したように頭部に**楔状の土塊を形成し滑動**することになる．**写真 14.8** は宮城県沖地震 (1978 年) の際，溜池堤の頭部に発生した亀裂である．

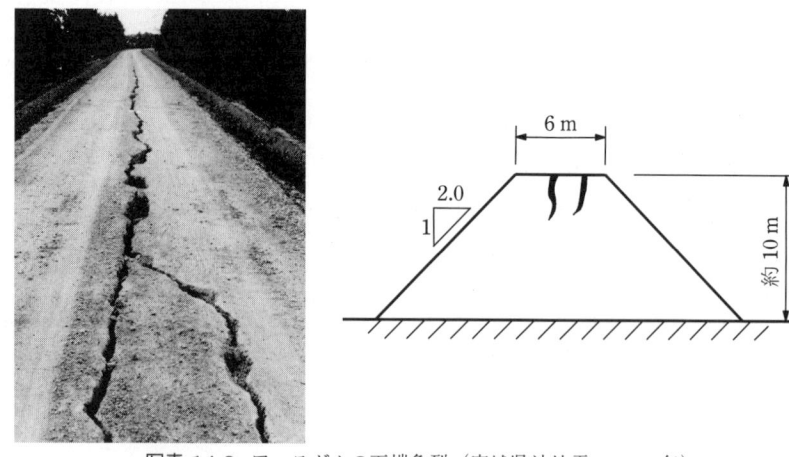

写真 14.8 アースダムの天端亀裂（宮城県沖地震，1978 年）

土圧論に基づく引張領域の深さ（z_c）は，静的条件下において

$$z_c = \frac{2c}{\gamma_t}\tan\left(45° + \frac{\phi}{2}\right) \tag{14.4}$$

となるが，堤体の曲げ振動による引張応力が動的条件下の z_c の値にどのような影響を及ぼすかは明らかではない．しかし，曲げ振動に起因する引張応力が z_c に対し正負のいずれに寄与しても図 14.26 に示した破壊面の形状を想定すると，z_c の値は式 (14.4) で得られる値を下回ることはない．

深さ z_c 内の土のせん断抵抗は実質的にはゼロであるので，安定解析においては，この部分を単に上載荷重として扱うべきである．これに対し静的条件下では $z_c = 0$ とし，この部分のせん断強度を安定解析に取り入れたが，このことは第 9 章で述べたように，解析手法や各設計値の決め方における精度的バランスや経験的妥当性等によるものである．

z_c の部分を単に上載荷重として扱う場合の安定解析法には図 14.27 (a)，(b) に示した 2 つの方法が考えられる．これらは以下のとおりである．

a) 解析法　その 1

この方法は，図 14.27 (a) に示したように，従来の震度法と同様にして，地震外力（$w \cdot k_h$）をすべり面上で与え，安定解析を行う．この場合，z_c の部分の強度をゼロ（$c' = 0$, $\phi' = 0$）とし，重量のみを考慮する．

b) 解析法　その 2

地震外力（$w \cdot k_h$）を，図 14.27 (b) に示したように，z_c 部を含む土柱の重心に作用させて安全率を求める．この方法は修正震度法のように，堤高方向に応答加速度が変化する場合に用いる．

ただし，W は水中部では飽和単位体積重量で，それ以外は湿潤単位体積重量で計算し，u はすべり面に作用する間隙水圧とする．

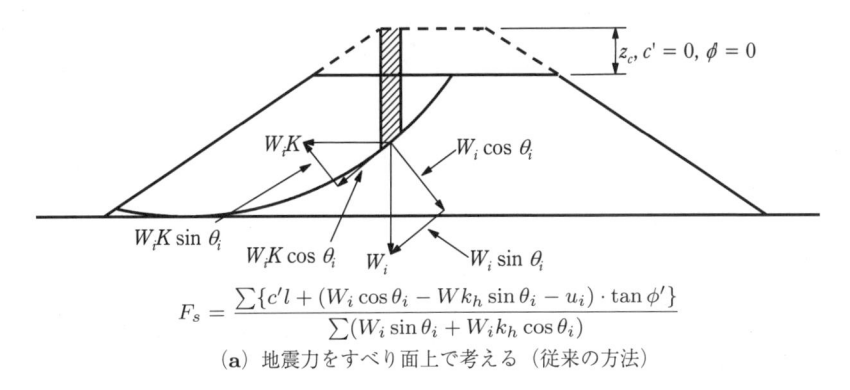

$$F_s = \frac{\sum\{c'l + (W_i \cos\theta_i - Wk_h \sin\theta_i - u_i)\cdot\tan\phi'\}}{\sum(W_i \sin\theta_i + W_i k_h \cos\theta_i)}$$

(a) 地震力をすべり面上で考える（従来の方法）

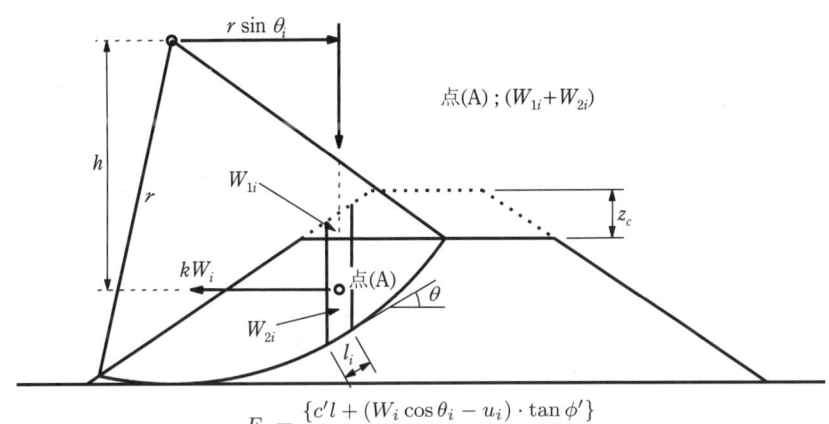

$$F_s = \frac{\{c'l + (W_i \cos\theta_i - u_i)\cdot\tan\phi'\}}{\sum\{W_i \sin\theta_i + k_h \cdot W_i \cdot (h/r)\}}$$

(b) 地震力を土塊の重心に作用するものと考える（修正震度法）

図 14.27 土質構造物の地震時の安定計算法

以上，仮定したすべり面上の質量に働く地震外力（慣性力）をすべり面上に与える解析法と，質量の重心に与える場合の解析法について述べたが，実務においては後者の質量の重心に地震外力を与える解析法は理論的に納得しやすい．なお，ここで述べた z_c の解析への導入は，現在のところ一般には採用されていないことに注意されたい．

(2) 非粘着性材料

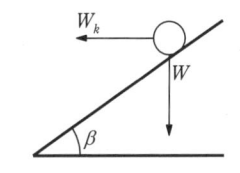

ロックフィルのように非粘着性材料を盛り上げた斜面の地震時の崩壊形状は，振動実験の結果によると，通常の震度法で仮定するような円弧状のすべり面にはならない．これは斜面に振動外力が作用した場合，鉛直応力のより小さい表層部

図 14.28 地震時に法面上のロックに働く物体力

においてロック相互の摩擦抵抗が最小となるからである．鉛直応力の最小値はロックの大きさに支配され，同時に摩擦抵抗の値もロックの大きさで決まる．したがって**地震時の崩壊は，ロックが転げ落ちるか，ずれ落ちる形で起こる**ので，安定性は震度法を適用して個々のロックに対して検討すればよいことになる．すなわち，安全率（F_s）は次式で与えられる．

$$F_s = \frac{(G'_s \cos\beta - k_h G_s \sin\beta)\tan\phi_i}{G'_s \sin\beta + k_h G_s \cos\beta} \tag{14.5}$$

ここで，G'_s はロックの有効重量であり，ロックが水中にあれば全重量 G_s から浮力 $\gamma_w V_s$ を差し引いた値をとり，空虚時は $G'_s = G_s$ とする．また ϕ_i はロックの内部摩擦角であるが，乾燥砂と同様に安息角あるいは静的安定角と呼んでよい．

上式において ϕ_i は F_s に大きく影響するが，三軸圧縮試験機や直接せん断試験機を用いてこれを求めるのはなかなか難しいので 14.6.4 項の方法が提案されている[24]．

14.6.3 大型実験による震度法の検証

建部らは，震度法の信頼性を調べるために次のような振動実験を行っている[24][25]．この実験は図 14.29 に示したように，大型振動台の上に円筒形の台を固定し，この上にカラーフレームを取り付け，この中に砕石を詰めた後，カラー部を引き上げる．この場合，同図に示した勾配 ϕ_s の斜面が形成されるが，この斜面に加振し，与えた加速度に対応する斜面の安定角（ϕ_d）を求めたものである．実験に用いた砕石は図 14.30 の 3 種類であり，その粒度分布はフィルダムの築堤に通常用いられているロック材料とほぼ相似したものである．

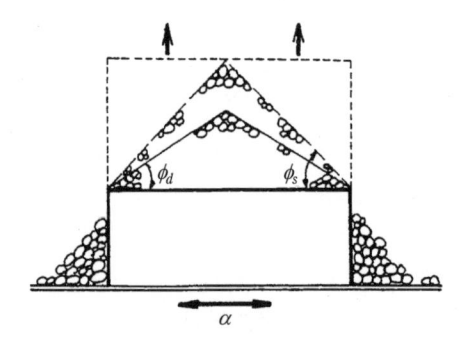

図 14.29 静的, 動的安定勾配試験

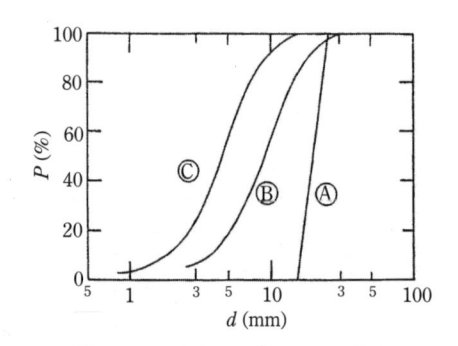

図 14.30 実験に用いた砕石の粒度

実験結果を図 14.31 に示した．実験結果によると，粒度 A の材料は $\phi_s \fallingdotseq 50°$，B，C 材料は $\phi_s \fallingdotseq 48°$ である．いずれの材料においても，初期の加振加速度 $\alpha \leq 110\sim 200\,\text{gal}$ において斜面勾配の変化は起こらないが，$\alpha \geq 110\sim 200\,\text{gal}$ になると α の増大に伴って ϕ_d は逐次減少する．図 14.31 の実線は実験結果の平均値を示しているが，この関係は $\alpha \leq 110\sim 200\,\text{gal}$ の範囲を除いて表層すべりに対し震度法を適用して求めた値と一致する．そこで図中の実線を $\alpha = 0$ まで延長し，この値を ϕ_i とし各材料に対する ϕ_i を求めてみると，A 材

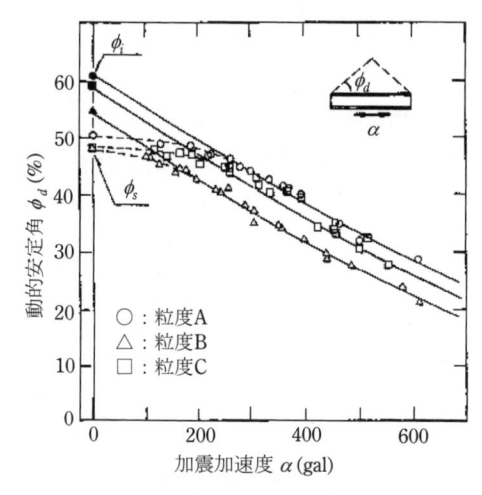

図 14.31 動的安定角と加振加速度との関係

料では $\phi_i \fallingdotseq 62°$，B材料では $\phi_i \fallingdotseq 54°$，C材料では $\phi_i \fallingdotseq 59°$ を得る．このことは ϕ_i を用いることによりロックフィルの地震時の表層すべりの評価に対し**震度法の適用の妥当性**を裏づけているものと思われる．ここで，ϕ_i は静的条件下のロックの安定角であるので，これを**静的安定角**，また ϕ_d は動的条件下での安定角であるので**動的安定角**と定義する．ϕ_i は先に求めた ϕ_s の値と等しくなければならないが，実際は $\phi_s < \phi_i$ である．このことは ϕ_s の定め方に問題があったものと思われる．事実，斜面の作製において図 **14.29** に示したように，円筒台のカラーを取り外す際に，砕石の崩れ落ちが起こるが，これによる斜面の撹乱によって ϕ_s の値は ϕ_i より小さくなったものと思われる．

以上のように，ロックフィルの地震時の安定性は，表層すべりに限定すれば震度法の適用はほぼ妥当であると考えて差し支えない．比較的均一粒径の円形以外のロックを注意深く積み上げた場合，その静的安定勾配は $60° \sim 70°$ にも及ぶことが知られている．いま，牧尾ダムの場合も $\phi_s \fallingdotseq 65°$ と仮定し，$F_s = 1$ となる加速度を震度法により求めてみると $\alpha = 920\,\mathrm{gal}$ となり，先に述べた推定応答加速度 $600 \sim 900\,\mathrm{gal}$ においてそれほどの被害が発生しなかったことが容易に理解される．$920\,\mathrm{gal}$ の応答加速度は多少過大のようにも思われるが，ダム天端において $1\,g$ を超えた例として，最近の地震では Pacoma Dam（$1.15\,g$，1971），Karakyr Dam（$1.18\,g$，1976），Coyote Dam（$1.3\,g$，1984）などが報告されており，全く否定される値ではないと考えられる．

14.6.4 ロックの静的安息角（ϕ_i）

震度法を適用して斜面表層ロックの滑動を評価するには，ロック材の静的安定角（ϕ_i）を精度よく求めなければならない．ϕ_i は **8.3.2** 項においても述べたように図 **14.32** に示した装置により求めた．ここで求めた ϕ_i を図 **14.31** に示した ϕ_i に当てはめると，A，B および C 材料のいずれの場合も両者はほぼ一致する．図 **14.33** は粒度の異なるロック材に対し，ϕ_i を求めた実験結果である．図は平均粒径（$\bar{D}_{50}$）と ϕ_i との関係を示したものであるが，図で明らかなように，平均粒径（$\bar{D}_{50}$）が大なるほど ϕ_i も大きくなり，ϕ_i の最大値は概ね $\phi_i \fallingdotseq 68°$ である．多くのロックフィル

図 **14.32** ϕ_i の実験

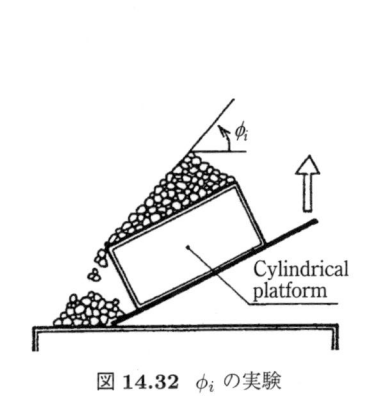

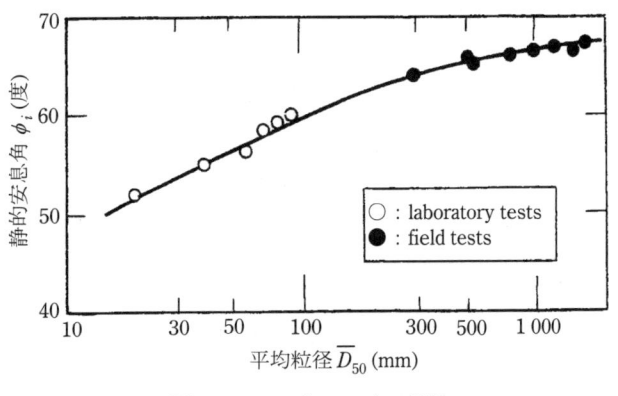

図 **14.33** ϕ_i と D_{50} との関係

ダムの表層ロックとして，通常 $\bar{D}_{50} = 500 \sim 1500\,\text{mm}$ のものが使われるが，この場合，$\phi_i \doteqdot 65°$ となるものと思われる．この値はせん断試験結果と対比し異常に大きいようにも思われるが，砂の安息角を考えると，それほど大きい値ではない．

14.6.5 加速度振動数と震度法

ロックフィルの表層すべり評価に対する震度法の適用性について上述したが，この実験では与えた加速度の振動周期が無視されている．震度法の適用にあたり振動周期の影響を明らかにするためロック材料の粒径を変え，図 14.29 に示した実験が繰り返し行われた[26]．この結果，ϕ_d, ϕ_i および λ の関係は次式で表示される．

$$\phi_d = \phi_i - \tan^{-1}\left(\frac{\alpha_B}{980 \cdot \lambda}\right) \tag{14.6}$$

ここで，λ は入力振動の周波数に関する補正係数であり，上式は $\lambda = 1.0$ において震度法に帰着する．また λ は基礎地盤の地質構成，構造および堤体材料の剛性等により異なるので，現場条件に応じて決定すればよい．

以上，ロックの表層すべりに対する震度法の適用性について述べたが，この場合，安全率 (F_s) は斜面勾配を α_s とすると，

$$F_s = \frac{\tan \phi_d}{\tan \alpha_s} \tag{14.7}$$

で表され，F_s は $F_s \geq 1.2$ 程度が適当と思われる．

14.6.6 ニューマークの地震時斜面安定評価法

ニューマーク（Newmark, 1965）は，震度法は静的慣性力が土構造物の最も危険な方向に常時働くと仮定して解析するため，あまりにも厳しすぎるという理由から，地震時の安定を，変形を尺度として評価する手法を提案した[27]．図 14.34 (a) において，盛土 bac の常時安全率が最小となるすべり面 bc を，傾角 β の直線で表されると仮定し，△bac の土量を W として，同図 (b) のような斜面上のブロックと簡略化した．そして，合成震度 $k = k_c$ が水平と θ 方向に働いて極限つり合いの状態にあるとすると，斜面に沿う摩擦関係は

$$W \sin\beta + k_c W \cos(\beta - \theta) = \{W \cos\beta - k_c W \sin(\beta - \theta)\} \tan\phi'$$
$$\therefore k_c = \frac{\tan\phi' \cos\beta - \sin\beta}{\tan\phi' \sin(\beta - \theta) + \cos(\beta - \theta)} = \frac{\sin(\phi' - \beta)}{\cos(\beta - \theta - \phi')} \tag{14.8}$$

一連の地震波（震度 k）の中で k_c を上回るパルスに対してブロックは下方に働く（図 14.34 (c)．この場合，斜面に沿って x 軸をとると，$0 < t < T/2$ で

$$\frac{W}{g}\ddot{x} = W\{\sin\beta + k\cos(\beta - \theta)\} - W\{\cos\beta - k\sin(\beta - \theta)\}\tan\phi'$$

なる運動方程式を得る．式 (14.8) を考えると，上式は

図 14.34 地震時の盛土のすべり

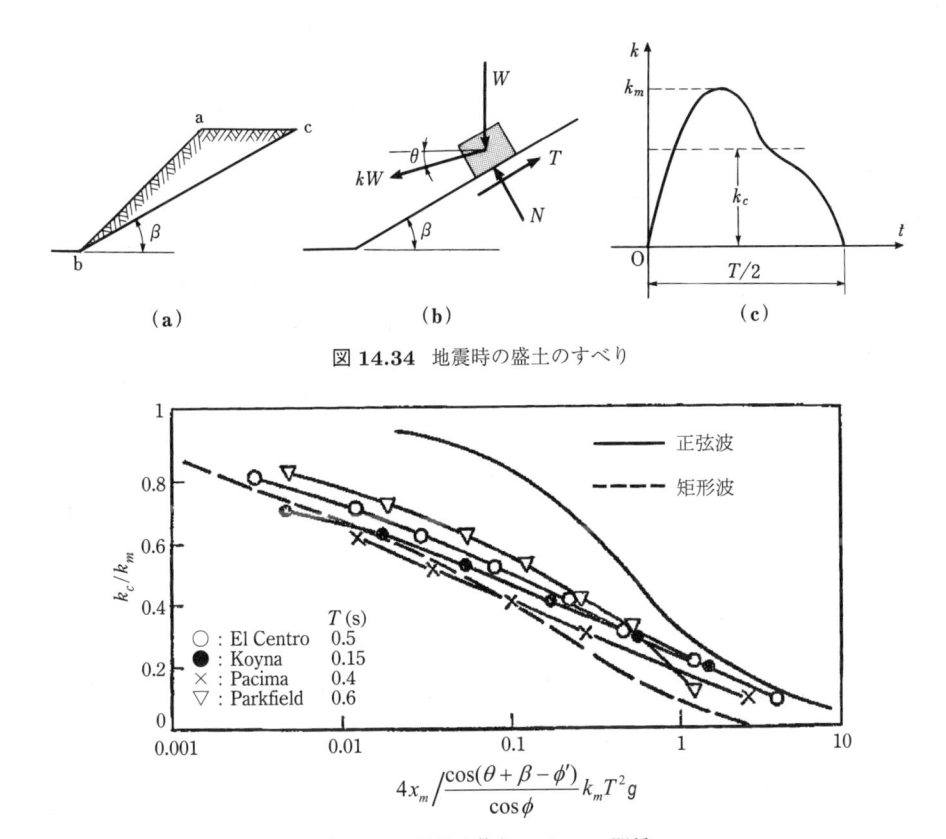

図 14.35 累積変位と k_c/k_m の関係

$$\ddot{x} = g\frac{\cos(\beta - \theta - \phi')}{\cos\phi'}(k - k_c)$$

となり，$k(t)\,(>k_c)$ の形が与えられれば，$t=0$ での条件で積分し，$T/2$ 間の移動距離 x_m が求められる．実際の地震波を考え最大加速度に応ずる震度を k_m とし，一つの k_c に対し $k_m \geq k > k_c$ の波を拾い出し，上式から x_m を求めて累積和をつくる．地震波の卓越周期 T で無次元した累積変位と k_c/k_m の関係は，図 14.35 のようになる．同図には地震波形が矩形波や，正弦波の場合についても示してある．k_c/k_m は震度法における安全率に相当するものであり，これが 0.9（<1.0）程度の場合，震度法の考えからすれば破壊を意味するが，無次元累積変位は 0.001 オーダー（実変位で 1 cm 前後）と十分小さく，工学的に見て盛土は安全な状態にあると考えられる．

一方，堤高の大きなダムに対しては地震応答解析（FEM）を行って応答加速度を求め，この値を用いて簡便法により安定計算を行い，安定性を評価する方法も提案されている[28]．しかし，この方法に関してはニューマークの指摘のように疑問の声があるのも事実である．特に，ロックフィル斜面ではすべり破壊が起こる前に，応答加速度の大きい堤頂部において，ロックの転がり落ち，またはずり落ちが起こり，加速度の大きさに応じた斜面勾配が形成され，円弧すべりのような崩壊の発生はほとんど考えられないからである．

14.6.7 ひずみによる安定性の評価法[23]

この方法は堤体に対し，地震時における時刻歴応答解析を行い，堤体の高さ方向のひずみ分布を求め，降伏ひずみを定義し，安定性を評価する方法である．

応答加速度の分布は，すでに述べたように堤頂部ほど大きくなるが，入力加速度を逐次大きくすると，これに伴い堤体内のひずみも増加し，遂にはひずみの急増点が現れる．模型実験によるとひずみの急増点は，現象的に斜面崩壊と見なし得るので，このひずみを**降伏ひずみ**と定義する．

図 **14.36**，**14.37** はそれぞれ均一型アースダムおよびロックフィルダムの模型振動実験（堤高約 2 m）の結果であり，横軸に加速度，縦軸に堤底部，中腹部および堤頂部の 3 ヶ所のせん断ひずみを示している．図 **14.36** において堤頂部のひずみは $\alpha_m \fallingdotseq 500\,\mathrm{gal}$ において急増しているので，この値を降伏ひずみとし $\overline{\gamma} = \overline{\gamma}_y(C) = 2.5 \times 10^{-4}$ とする．このとき，中腹部および堤底部のひずみ量は，それぞれ $\overline{\gamma}(M) = 3.9 \times 10^{-4}$，$\overline{\gamma}(B) = 6.2 \times 10^{-4}$ である．ここで，ひずみ量に関する安全率 $F_s(\overline{\gamma}_y)$ を

$$F_s(\overline{\gamma}_y) = \frac{1}{\overline{\gamma}_y/\overline{\gamma}(M,B)}$$

として表現すると，堤底部，中腹部および堤頂部に至る F_s の分布は右下の図のようになり，$F_s(C) \fallingdotseq F_s(M) \fallingdotseq F_s(B)$ と見なせるので，斜面のすべり形状は堤体内に深く及ぶものと思われる．

図 **14.37** はロックフィルダムの振動実験の結果である．前と同様にひずみの安全率 $F_s(\overline{\gamma})$ を求めると右下の図のようになり，堤頂部付近においてのみ降伏ひずみ $(\overline{\gamma}_y)$ が現れる．したがって，このときの斜面崩壊は堤頂部付近から始まることが知れる．

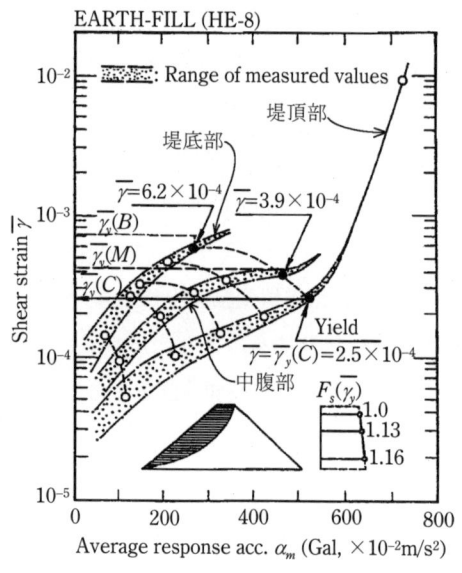

図 **14.36** 降伏ひずみによる安全率（アースフィル）

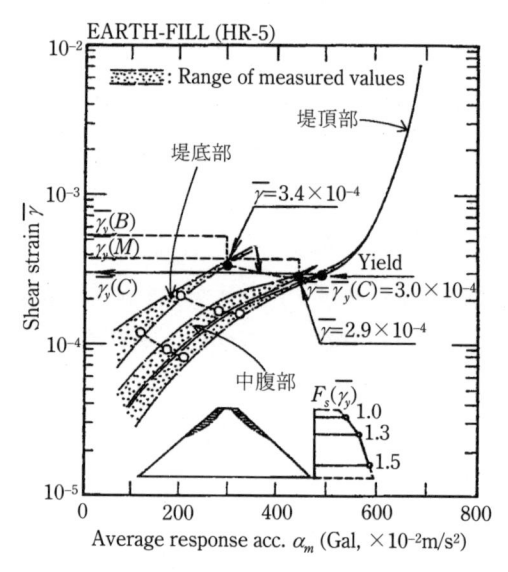

図 **14.37** 降伏ひずみによる安全率（ロックフィル）

以上，堤体の応答ひずみによる安定性の評価法に関し概略を述べたが，この評価法はすべり面を特定して安定性を検討するものではない．しかし，均一型土質構造物（アースダム等）やロックフィルの地震時の被災状況は本評価法により十分説明可能と思考される．この評価方法は震度法のように簡便ではなく，また，その精度は応答解析の結果に依存する．応答解析では材料の動的物性の拘束圧依存性や，基礎地盤の力学的特性により異なる地震波形の決定等において統一見解が示されていない今は，この方法を実務に適用するのは時期尚早のように思われる．今後この種の研究の推進が望まれる．なお，本評価のに関する詳細については文献[27]を参照されたい．

14.7 フィルダムの耐震設計指針（案）の紹介[29]

14.7.1 概　要

この指針は1991年（平成3）6月に(財)国土開発技術センターが建設省河川局開発課（現・国土交通省）の監修により発刊したものであり，冒頭には「本指針（案）は，わが国のフィルダムの耐震設計において満たすべき要件のうち，基本的な断面を決定する上での最小限の要件について述べたものである」と記されている．これは，解釈によってはフィルダムの耐震設計基準とも読み取れるが，ここで述べている内容はダム建設の社会的背景を考慮し地震時においてダムの崩壊事故があってはならない，という立場から安定性に対し最小限要求される要件を解説しているもので，設計基準とはしないことをも指摘している．

フィルダムの耐震設計法には，1) 震度法，2) 修正震度法，3) 時刻歴応答解析法などがあり，このうち震度法は従来からわが国で用いられている方法である．そして震度法により設計された大ダムが，過去，数多くの大地震を経験しているにもかかわらず，崩壊事故は皆無であるという事実から，本指針では震度法を基に議論を展開し，最終的に修正震度法が提案されている．この主な理由として，震度法ではダムの高さ方向に対し一様な震度分布を仮定しているが，実ダムの観測結果や時刻歴応答解析により得られる震度分布とは全く相違していること等が挙げられる．本指針（案）の適用は，高さ100m程度以下のゾーン型および均一型フィルダムを対象とし，表面遮水型についてはこれに準ずるとしている．

以下は指針（案）を要約したものである．

14.7.2 設計地盤震度

フィルダム耐震設計指針（案）の修正震度法において採用する地盤震度は，地域別に次の値をとる．この地域区分は，建設省告示昭和56年10月16日，第1715号に掲載されている．

強震帯地域　　0.18
中震帯地域　　0.16
弱震帯地域　　0.13

14.7.3 堤体震力係数

安定解析はすべり面を円弧と仮定して行う．堤体に作用する震力係数は，天端標高とすべり面の最も低い標高差を y，堤高を H としたとき，y/H の値に応じて図 **14.38** に示した値をとるものとする．すなわち，設計地盤震度を k_F とすると，k は次式で与えられる．

$$\left. \begin{array}{l} 0 < \dfrac{y}{H} \leq 0.4 \text{ の範囲} \quad k = k_F \times \left(2.5 - 1.85 \times \dfrac{y}{H}\right) \\ 0.4 < \dfrac{y}{H} \leq 1.0 \text{ の範囲} \quad k = k_F \times \left(2.0 - 0.60 \times \dfrac{y}{H}\right) \end{array} \right\} \tag{14.9}$$

図 **14.38** 堤体震力係数

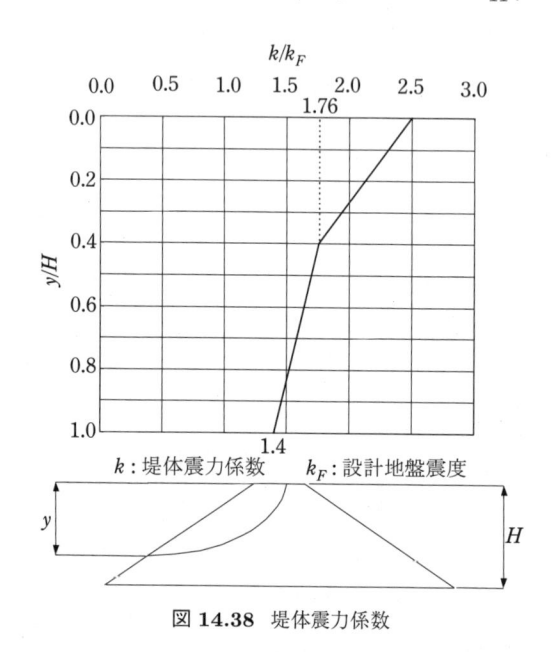

14.7.4 安定計算

安定計算ではすべり面を円弧と仮定し，スライス法を用いるものとする．しかし，堤体の構造上すべり面を円弧と仮定しにくい場合にはすべり面を任意の形状に仮定する．

14.7.5 安全率

安全率（F_s）は図 **14.39** 以下の手順に従って計算を進め，式 (14.10) により求める．式 (14.10) により求めた安全率は $F_s \geq 1.2$ とする．

$$F_s = \dfrac{r \sum (\tau_f \cdot l)}{\sum (M_D)} \tag{14.10}$$

ただし，τ_f（材料のせん断強度）については，材料試験の結果に応じて下記イ，ロ，ハのうち，いずれかにより求める．

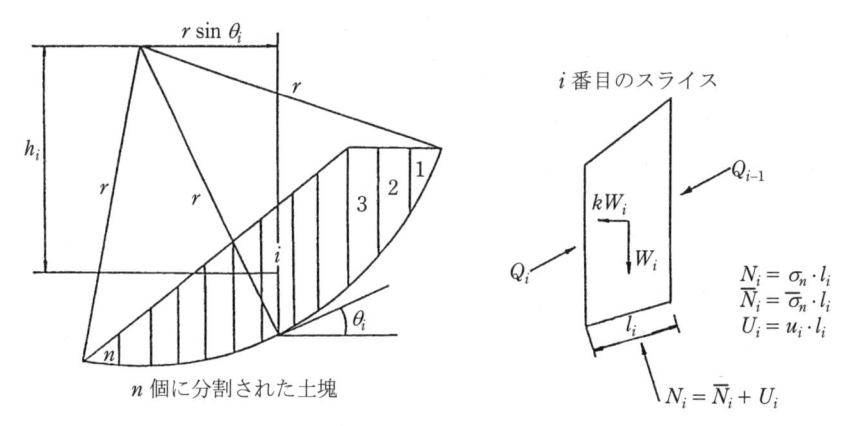

図 14.39　スライス法

$$
\left.\begin{array}{ll}
\text{イ.} & \tau_f = (c + \overline{\sigma}_n \cdot \tan\phi) \\
\text{ロ.} & \tau_f = A(\overline{\sigma}_n)^b \\
\text{ハ.} & \tau_f = \overline{\sigma}_n \cdot \tan\phi_0
\end{array}\right\} \tag{14.11}
$$

ここで，

$$\overline{\sigma}_n = \sigma_n - u \tag{14.12}$$

M_D：各スライスの滑動モーメント，静水圧下のスライスでは

$$M_D = \overline{W} \cdot r \cdot \sin\theta + k \cdot W \cdot h \tag{14.13}$$

$\overline{W}$ ：各スライスの単位幅当たりの有効土柱重量（自由水面下については水中重量，自由水面より上位については湿潤重量）

W ：各スライスの単位幅当たりの全土柱重量（自由水面下については飽和重量，自由水面より上位については湿潤重量）

θ ：各スライスの底面が水平となす角度

r ：すべり円弧の半径

h ：すべり円弧の中心と各スライスに働く地震力の作用線と垂直距離

l ：各スライスのすべり面の長さ

c, ϕ ：材料のせん断強度をモール・クーロン式表示したときの定数，それぞれ粘着力および内部摩擦角

A, b ：非粘着性材料のせん断強度に関する定数

ϕ_0 ：非粘着性材料の図 **14.40** で定義される内部摩擦角
　　　ϕ_0 の拘束圧依存性は，

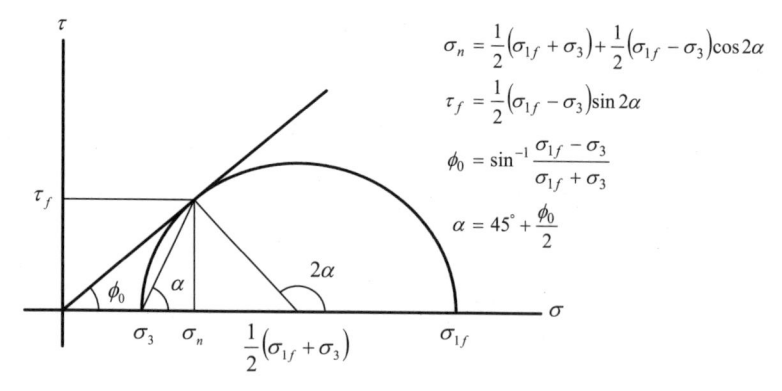

$$\sigma_n = \frac{1}{2}(\sigma_{1f} + \sigma_3) + \frac{1}{2}(\sigma_{1f} - \sigma_3)\cos 2\alpha$$

$$\tau_f = \frac{1}{2}(\sigma_{1f} - \sigma_3)\sin 2\alpha$$

$$\phi_0 = \sin^{-1}\frac{\sigma_{1f} - \sigma_3}{\sigma_{1f} + \sigma_3}$$

$$\alpha = 45° + \frac{\phi_0}{2}$$

図 14.40 内部摩擦角 ϕ_0 の定義

$$\left.\begin{array}{ll}\phi_0 = \phi_{\max} - a\log(\overline{\sigma}_n/\overline{\sigma}_0) & (\overline{\sigma}_n > \overline{\sigma}_0) \\ \phi_0 = \phi_{\max} & (\overline{\sigma}_n \leq \overline{\sigma}_0)\end{array}\right\} \quad (14.14)$$

ここに，$\phi_{\max}$ は拘束圧が小さいときの内部摩擦角の最大値，a は拘束圧が増すに従い内部摩擦角が一定の最大値 $\phi_{\max}$ となる応力で，いずれも実験から定まる定数

σ_n ：各スライスのすべり面に働いている垂直応力（全応力）

$\overline{\sigma}_n$ ：各スライスのすべり面に働いている垂直応力（有効応力）

u ：各スライスのすべり面に働いている間隙水圧

k ：堤体震力係数（すべり円弧の位置に応じて図 **14.38** に示される値）

ロック材料，砂礫材料などの非粘着性材料の内部摩擦角 ϕ_0 は，拘束圧，試験方法，材料の構造異方性などに依存するが，本指針（案）では，試験機として最も普及している三軸圧縮試験機の試験結果を用いることを想定している．コア材料などの粘着性材料については，直接せん断あるいは三軸圧縮試験によるものとする．なお，特別の事由があるときには，他の適切な試験方法を用いるものとする．

以上が「フィルダムの耐震設計指針（案）」の概要であるが，同指針（案）には指針（案）をまとめた経緯，理由等が詳細に示されている．また，このほかにも震害の事例を挙げ，フィルダムの耐震設計に対する心構えや注意を促している．

参考文献

1) 大根，建部，四俵，木村，奥村：1978 年宮城県沖地震の被害調査，愛知工業大学研究報告，第 14 号，1979
2) 大根 義男：牧尾ダムの耐震挙動，長野西部地震における斜面崩壊の実体とその教訓，第 20 回土質工学研究発表会特別セッション，1975
3) Marsal, R. J.: Lessons Learned from Measurements in Earth and Rockfill Dams, セミナー資料，

1987
4) Schakal, A. F., Sherburne, R. E. and Parke, D. L.: Principal features of the strong-motion data from The 1984 Morgan Hill Earthquake, The 1984 Morgan Hill, California Earthquake, Special Pubrication 68, pp.249–264, 1984
5) Suzuki, A.: Characteristic of Hyogoken-Nanbu Earthquake Motion, US-Japan Earthquake Engineering Workshop, 1996
6) Ohne, Y. et al.: Hydraulic Fracturing of a Rock-Fill Dam During The HYOGOKEN-NANBU Earthquake, UJNR/JSDE Workshop on Earthquake Engineering for Dams, May 1999
7) 大根 義男（代表）：フィルタイプダムの地震時における水理的破壊現象，2001年度年報（26回），(財)鹿島学術振興財団
8) Seed, H. B. and Lee, K. L.: Liquefaction of Saturated Sands during Cyclic Loading, J. SMFD, ASCE, Vol.92, No.SM6, 1966
9) 栗林 栄一・龍岡 文夫・吉田 精一：明治以降の本邦の地盤液状化履歴，土木研究所彙報，No.30，1974
10) 農林水産省農村振興局：土地改良事業計画設計基準 設計「ダム」技術書（フィルダム編），2003
11) 安田 進：液状化の調査から対策工まで，鹿島出版会，1988
12) 石原 研而：土質動力学の基礎，鹿島出版会，1976
13) 吉見吉昭：砂地盤の液状化，土質基礎シリーズ，技報堂出版，1980
14) 建部・四俵・木村・奥村：1978年宮城県沖地震の被害調査，愛知工業大学工業大学研究報告，第14号，1979
15) 日本港湾協会：港湾施設の技術上の基準・同解説，1979
16) 建設省土木研究所 地震防災部 動土質研究室：河川堤防の液状化対策工法設計施工マニュアル（案），1995
17) 奥村 哲夫：フィルダムの基礎地盤と堤体材料の動的強度・変形特性に関する研究，平成元年度東工大学位請求論文，pp.179–218，1990
18) 奥村・成田・大根：人工的にセメンテーション効果を与えた砂の非排水繰返し強度，土質工学会論文報告集，Vol.29，No.2，pp.169–180，1989
19) 松村 孫治：地震動による土堰堤の変形，内務省土木試験所報告，28号，1934
20) 當山 道三：土質力学，標準土木学講座，コロナ社，1958
21) 村松 郁栄，他：1984年長野県西部地震の震源域付近岩盤上における地震動の推定，昭和60年度地震学会春季大会講演予稿集，p.19，1985
22) 小林 啓美，他：長野県西部地震1984の断層について，昭和60年度地震学会春季大会講演予稿集，p.15，1985
23) Ohne, Y., Tatebe, H. and Narita, K.: The Study on Vibration Properties of Fill Dams, 12th ICOLD, Vol.4, pp.841–865, 1976
24) 建部 英博：フィルダムの動的挙動に関する実験的研究，昭和56年東工大学位請求論文，pp.127–136，1981
25) 大根，建部，成田，奥村：フィルダムの耐震設計に関する基礎的研究，土木学会論文集，第339号，pp.127–136，1983
26) Ohne, Y., Tatebe, H., Narita, K. and Okumura, T.: Discussion on Seismic Stability of Slopes for Rockfill Dams, International Congress on Large Dams (ICOLD), pp.407–417, 1987
27) Newmark, N. M.: Effects of Earthquakes on Dams and Embankments, Geotech, No.2, 1965
28) 渡辺啓行，馬場恭平：フィルダムの動的解析に基づくすべり安定評価手法の一考察，大ダム，97号，1981
29) 建設省河川局開発課監修，(財)国土開発技術研究センター発行，フィルダムの耐震設計指針（案），1991

第15章 施工管理

15.1 はじめに

　土やロックなどの自然材料の締固め密度の大きさは，主として材料の粒度組成と締固めエネルギーに支配される．粒度分布の良好な材料（well graded material）は十分な締固めにより粒子の比重の最大 85 % を上回る乾燥密度を得ることができる．一方，粗粒材料は一般に均等係数が比較的大きく粒度分布が良くない（poor graded material）ので，転圧により高い密度は期待できず，粒子の比重に対しせいぜい 80 % 程度である．しかし，粒度分布の悪い材料は材料の圧縮強度や粒子の形状により異なるが，高いエネルギーを与えて転圧することにより細粒化が起こり，比重の 85 % 程度までの締固めは可能である．

　自然材料のせん断強度は密度の大きさと正比例の関係にあることが知られている．このため設計では現場において経済的に施工可能な範囲で密度を特定し，これに基づいて設計値が決定される．一方，施工に際しては設計値を確保するためのより効率的な転圧機械を選定し，所定の撒出し厚，転圧回数に従って施工が行われる．施工時には設計諸数値が満たされているか否かの確認がなされるが，この作業を**施工管理**，またその試験を**施工管理試験**と呼んでいる．施工管理は，主として締固め密度について行われるが，施工に先立ち，必要に応じて材料の粒度や含水比が許容値範囲にあるか否かの確認が行われる．

　フィルダムはアースダムとロックフィルダムに大別されるが，施工に際し，構築材料を採取場から盛立て場に直送する場合と，一時的にストックした後に盛り立てる場合とがある．大型のロックフィルダムの建設では，多くの場合，土質材料は一時的に**ストック**されるが，これは次の理由によるものである．

1) 土質材料の施工は天候に支配されるので，盛立て速度はロック部の盛立てよりも遅れがちとなる．この遅れを少なくするためには土質材料を常に施工可能な状態に保存しておく必要がある．

2) 土質材料はロック材料と比較して変形性に富み，特に自然含水比の高い材料は圧縮性が高い．このため，土質材料部（コア）では不同沈下が起こり，ダムの安定上好ましくない様々な問題を引き起こすことがある．これを防止するためには，土質材料を乾燥したり，適当量の礫分を混入し均質な良質材料を生産することになるが，生産された材料は一時的にストックヤードに貯蔵することになる．

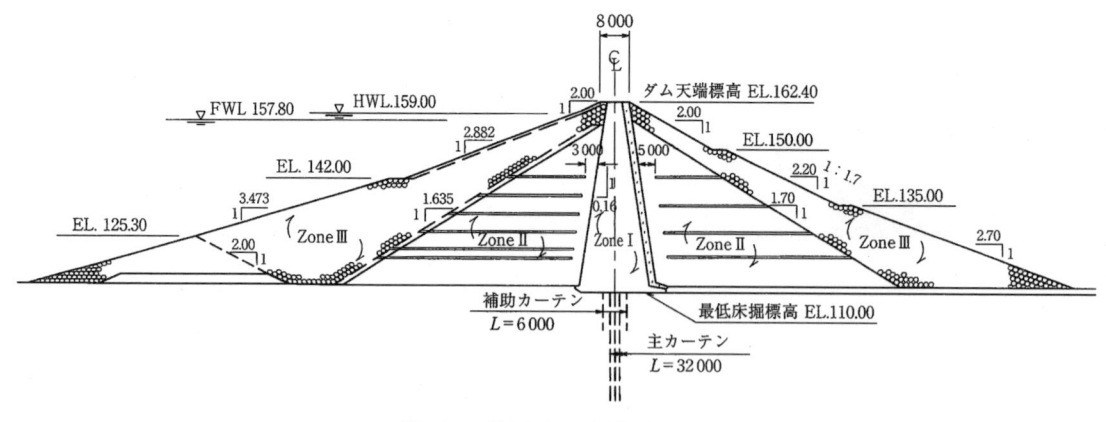

図 15.1　浪岡ダム　標準断面図

3) ダムサイト周辺で掘削された材料をダム本堤の構築用として流用することがあるが，施工計画や工程上，この種の材料は一時的にストックされる．

　以上のようにロックフィルダムの施工においては，土質材料は様々な理由から，ほとんどの場合，一時的にストックすることになるが，ストックすることにより工学的に理想的な材料を生産することができる．これに対し，アースフィルダムの建設では，特別な場合を除いて材料のストックは行われない．大量の土質材料のストックは二重手間となり，経済的に好ましくないからである．このため，設計段階において，土取場における自然含水比が考慮され，設計諸数値が決定され，設計強度に応じた斜面勾配が定められる．わが国の場合，土質材料の自然含水比は一般にかなり高いので，土取場において乾燥工程を加えたり，盛立て現場において乾燥作業を行わなければならないこともあるが，このような事態を極力少なくするため，設計段階において**ダムの構造上の配慮**が要求される．これは例えば，高含水比の材料をそのままの状態で盛り立てれば高い過剰間隙水圧が発生するので，斜面勾配は緩くなり経済的に好ましくない．このため過剰間隙水圧を速やかに消散させるための水平ドレーンを設置し，盛土量を軽減する方法が採用される（**図 15.1** は浪岡ダムの水平ドレーンの設置例である）．

15.2　フィルダムの盛立て管理

15.2.1　締固め度の基準

　アースダムの施工はほとんどの場合，上述のように土取場から採取した材料は施工現場に直送され，盛立てが行われるので，堤体はこのような施工条件を念頭に置いて設計されている．設計段階では土取場材料の調査，試験で得られた資料を基に施工性を考慮し，まず設計密度が決定される．設計密度は突固め試験結果を基に決定されるが，これは締め固めた土のせん断強度や工学的特性を密度をもって評価しようとするものである．

土質構造物の設計密度は，突固め試験結果において得られる最大乾燥密度を基準として決定される．この値を **D 値** と称し，次式で表示する．

$$\text{D 値} = \frac{\text{設計乾燥密度（または施工密度）}}{\text{突固めによる最大乾燥密度}} \times 100 \tag{15.1}$$

最大乾燥密度の値は，突固めエネルギーや土の粒度組成により変化するのは言うまでもないが，基準となる突固めエネルギーを任意に決定することはできない．基準とする突固めエネルギーは第 5 章で詳述したように，材料の土取場における自然含水比から施工時の含水比を想定して決定される．想定した施工時の含水比において突き固めた乾燥密度の値が D 値 ≒ 95 %（±）程度となるような突固めエネルギーを基準とすることが望ましい．このように考えると，土取場の材料は単一ではなく，複数種存在するので，それぞれの材料に対し基準を設けることになるが，その必要はなく，自然含水比の低い材料を基準として決定すればよい．

また，土質構造物を構築する場合，D 値は盛土の高さや目的により変えることになり，例えば，通常 10 m 以下の宅地造成や一般盛土では JIS エネルギーを基準とし，$D \geq 90\,\%$，フィルダム等の重要な水利構造物では $D \geq 95\,\%$ が採用されている．

しかし，わが国の場合，土取場の含水比は一般に高く，式 (15.1) で表示した $D \geq 95\,\%$ を確保するための施工はなかなか難しい．このため，設計では多くの場合 JIS エネルギーを与えた突固め試験の $D \geq 90\,\%$ を施工条件として設計値が決定される．この場合，$90\,\% \leq D \leq 95\,\%$ の締固め密度は図 15.2 に示したように次式で規定され，この値を **C 値** と呼び，$C \geq 98\,\%$ をもって施工管理値とする．

$$\text{C 値} = \frac{\text{現場において締め固めた湿潤密度}\,(\rho_{tr})}{\text{同じ材料を用いた突固め湿潤密度}\,(\rho_{tc})} \times 100 \tag{15.2}$$

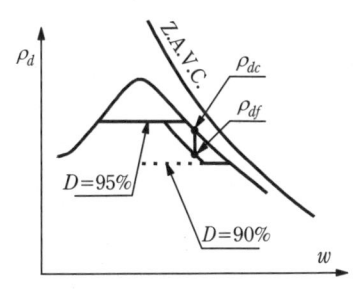

図 15.2 D 値と C 値の表示

15.2.2 一般土の施工管理基準の作成

土質材料の力学的性質は材料の粒度組成により異なり，また土取場の材料の組成は第 5 章に述べたように多岐にわたる．粒度組成が異なる材料は突固め特性を異にするので，所定のせん断強度を発揮する密度も異なる．例えば図 15.3 はアースダムの施工において土取場の全材料について，JIS 突固めエネルギーを与えて突固め試験を行い，その最大乾燥密度と最適含水比との関係を示したものである．図で明らかなように，最適含水比 (w_0)

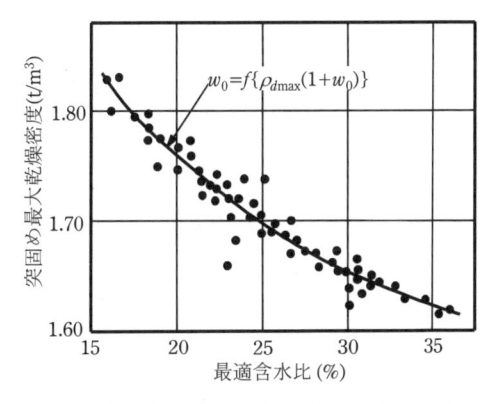

図 15.3 最大乾燥密度と最適含水比との関係

は $w_0 \fallingdotseq 35\sim15$ %の範囲に分布しており，土取場の材料の組成（種類）が多岐にわたっていることがわかる．このような材料を用いて土質構造物の盛立てを行う場合，D値やC値によって管理された盛土は，必ずしも設計値を満足するとは限らない．これは例えば，最適含水比の値が w_0 の材料に対し，せん断，透水試験を行った結果，図15.4 を得たとする．同図には設計値 ϕ'_s，c'_s および設計透水係数 k_s を示してあるが，この材料の場合，設計値 ϕ'_s は $D \fallingdotseq 93$ %，c'_s は $D \fallingdotseq 92$ %，k_s は $D \fallingdotseq 93$ %において満足されることになる．したがって，この材料の場合，設計値をすべて満足するD値は $D \geq 92$ %であり，施工許容含水比は $D \fallingdotseq 92$ %の得られる w_c と設計透水係数が確保される w_k の範囲内である．言うまでもなく，施工許容含水比は材料の組成によりことごとく変化するが，この値は材料の最適含水比またはD値をパラメータとして表すことができるので，**施工に先立ち各材料に対し各種実験を行い各材料の施工許容含水比を明らかにしておく必要がある**．なお，$D \leq 95$ %の締固め度はC値により管理される．

図 15.5 は土取場の各種材料に対し，以上のような実験を行った結果を基に**施工許容含水比の範囲**を定め，この結果を最適含水比の関係において示したものである．この場合，図から明らかなように，最適含水比が約22%以上の材料の自然含水比は施工許容含水比をわずかに上回る材料も存在するので，これらに対しては土取場または盛立て場において乾燥作業を行うことになる．

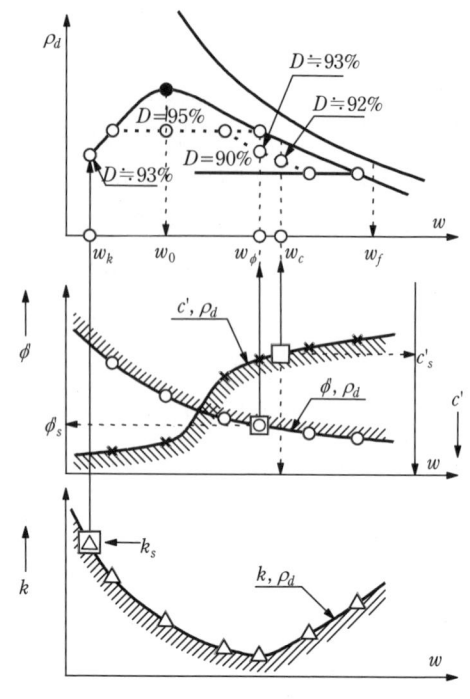

図 15.4 設計値の決め方

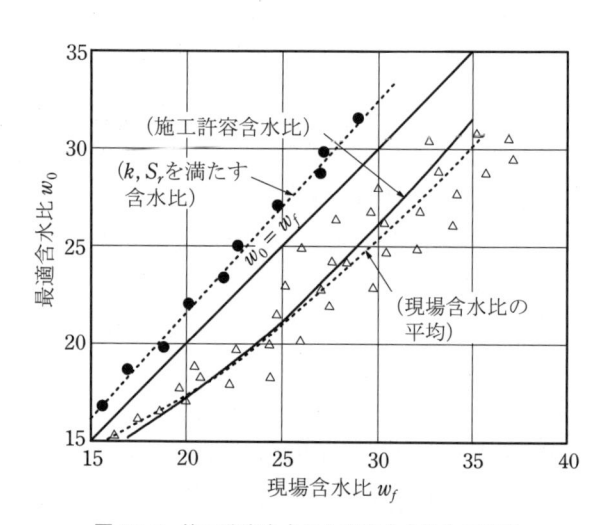

図 15.5 施工許容含水比と現場含水比との関係

15.2.3 コアの締固め管理

ロックフィルダムの，コア材料はほとんどの場合，前述の理由により一時的にストックされる．

このため，材料の粒度組成は全体を通じて比較的均質である．締固め密度は設計時に特定されたエネルギーを与えて突固め試験を行った結果を基準として決定される．設計では通常，$D \geq 95$ %で得られるせん断強度と飽和度 (S_r) が $S_r \geq 85$ %を設計値とする．ストックされた材料が均質とはいえ，$D = 95$ %において設計せん断強度および飽和度を常に満足するとは限らない．このため，前項 **15.2.2** に示した方法により D 値または最適含水比をパラメータとして**施工管理図**（図 **15.5**）を作成し，これに基づいて施工管理を行うことが重要である．

また，ストック材料の突固め試験結果の平均値を求め，この結果を基に D 値を評価する方法を採用している現場にしばしば遭遇するが，これは無謀と言わざるを得ない．D 値は材料のわずかな組成の変化により大きく異なるので，基準とする突固め試験は常に現場密度試験用穴およびその周辺から採取した試料を用いて行われなければならない．現場密度の管理試験結果において $D \geq 100$ %となる例やゼロ空隙線を上回る乾燥密度の得られる例は珍しくない．しかし転圧機械により $D \fallingdotseq 100$ %を得るのはそれほど容易ではなく，またゼロ空隙線を上回る乾燥密度は理論的にあり得ない．このような結果が得られた場合は，基準となる突固め試験結果または現場密度試験用穴の掘り方あるいは試験方法に問題がある．

15.3 施工管理試験

盛立て作業は材料を土取場から盛立て現場に直送する場合と，一時貯蔵し盛り立てる場合があることを述べたが，前者の場合は材料を盛立て現場に運搬する前に，材料の含水比が許容値内にあることの確認が必要である．また，後者の場合は通常，含水比が許容値内にあることを確認しながら貯蔵されるので，その必要はないが，盛立て現場に運搬された材料は所定の厚さに撒き出され，転圧されることになる．転圧された盛土が所定の密度に達しているか否かを確認するため，盛土面に穴を掘り，密度試験を行う．この密度は先に述べた D 値，C 値により評価される．密度試験は通常，転圧層 3〜5 層ごとに 1 回の割合で行われる．所定の密度に達していることが確認された後に次の撒出し，転圧作業が行われる．

15.3.1 現場密度試験

現場密度試験の測定方法にはモールドの打込み，JIS による砂置換法などがある．

モールド打込みによる方法は礫をほとんど含有しない場合に，また砂置換の方法は礫分を含有する盛土に対して適用される．しかし後者の方法では密度測定用の穴の大きさや深さによって砂の密度が一定値を示さない．このためおおよその穴の径や深さが決められ，砂の投入後，砂の密度が一定となるよう突き棒を用いて 20 回程度の突固めを行う．以下，この方法を紹介しておこう．

(1) 試験用具

a) ベースプレート：図 15.6 に示すような鉄製型板で，20 cm と 30 cm の 2 種類がある．内径 30 cm のものは礫分を多く含有する場合に用いる．

b) 突き棒：JIS A 1101「スランプ試験方法」に規定されている径 16 mm，長さ 50 cm の鉄棒．

c) カラー：砂を突く場合，締固めが均一に行われるようにベースプレートにカラーをかぶせる．内径はベースプレートと同じ 20 cm と 30 cm の 2 種で，その高さは 5 cm である．

d) レベリングエッジ：穴を掘る前に表面を平滑にする薄刃の包丁（図 15.7）．

e) ストレートエッジ：長さ約 40 cm の土質試験用のもの．

f) 砂：洗浄したもの．

g) 容器：ビニール袋またはその他の密閉できるもの．容積 30 l 程度のもの．

h) ふるい：4.75 mm の木枠のふるい．

i) はかり（秤）：容量 20 kg（径 20 cm のベースプレート使用のとき）また 50 kg（径 30 cm のベースプレート使用のとき），感量 10 g または 20 g のミノ皿ばかり（秤）か，卓上台ばかり（秤）．

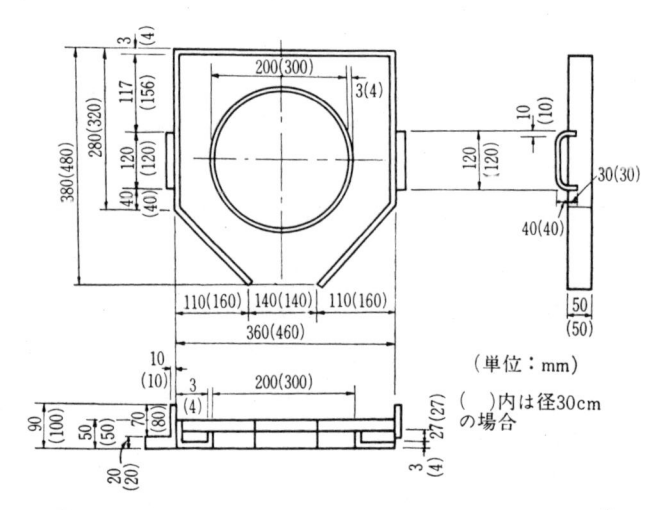

図 15.6 ベースプレート標準図（内径 20 cm および 30 cm）[1]

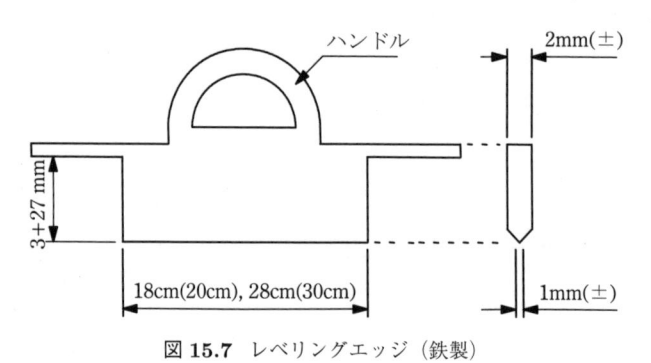

図 15.7 レベリングエッジ（鉄製）

(2) 砂の単位体積質量の検定と試験の準備

a) ベースプレートと同じ内径で高さ 20～30 cm の検定容器を製作し, カラーをはめ込んだ状態で検定する. 方法は, まずカラーの上面まで乾燥砂を注ぎ込み, カラーの上面でほぼ水平になるよう軽く均す.

次に容器内の砂を突き棒で, 全面にわたり一定密度になるまで (普通 40～50 回) 突く. 突込み深さは, 容器深さの 60～80 % までとする.

b) 突固め作業の終了後, カラーをはずし容器の上面をストレートエッジで平らに均し「容器＋砂」の質量を測定して単位体積重量を求める. この作業を 3～5 回繰り返して行い, 測定値のちらばりが少なければ, この平均単位体積重量を検定値とする.

c) 検定値を用い 8 l (径 20 cm のベースプレート使用の場合), 22 l (径 30 cm のベースプレート使用の場合) に相当する質量の砂を正確に計量し, 袋に入れて必要数だけ準備しておく. 保存の際, 砂が湿らないよう十分注意を要する.

d) 現場測定において残砂量を計量して穴の容積を求めるが, 残砂質量と穴の体積との関係を作図しておくと便利である. 一例を示すと図 15.8 のようである.

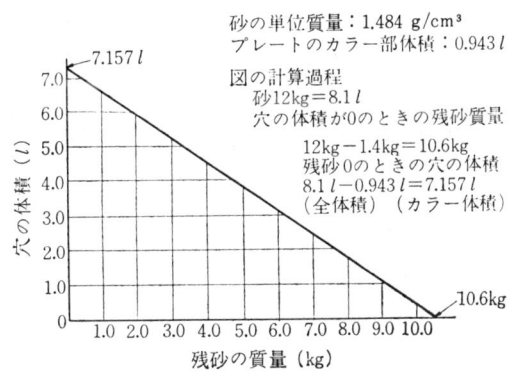

図 15.8 残砂質量と穴の体積との関係 (例)[1]

(3) 現場密度の測定

a) 地表の緩んでいる土を, ブルドーザーまたは人力によって, ほぼ平らにはぎ取る.

b) 締め固められた土に含まれる粗粒分の最大寸法が 50 mm 以下のときは, 径 20 cm のベースプレートを, また最大寸法が 50～100 mm の粗粒分を含むときは, 径 30 cm のベースプレートを使用する.

c) はぎ取った面を, さらに凹凸のないよう平面に仕上げ, その中央にベースプレートを水平に設置する. しかしベースプレートを水平にセットするのはなかなか難しい. このため, 図 15.9 に示したようにベースプレートの底面より土が

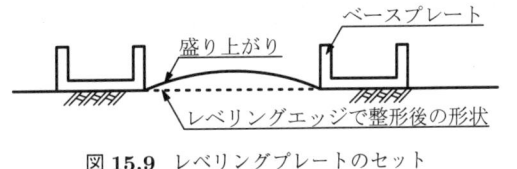

図 15.9 レベリングプレートのセット

幾分盛り上がるようにセットする. 盛り上がった部分をレベリングエッジで切り取る. 盛土面に礫が現れることがあるが, その場合はその礫を除去し, 細粒土を用い木槌で叩きながら均す. 木槌で叩くことによる密度変化が懸念されるが, 転圧機械によるエネルギーは木槌よりはるかに大きいのでそれほど心配はない.

d）レベリングプレートをセットした後，移植ゴテを用いてプレートの穴に沿って，できるだけ鉛直に穴の径と同程度の深さまで掘り，掘削した土を取り出す．

e）掘り取った土は，わずかな量でも失わないようにビニール袋などに入れ，全質量を測定する．この際，袋に穴の番号，測点番号などを記入しておく．土の乾燥，漏失などによる誤差を防ぐためには，現場で直ちに測定を行うことが望ましい．

写真 15.1　現場密度測定

f）次にベースプレートにカラーを取り付け，容器に入れて準備した砂を穴にいっぱい満たし，突き棒で全面にわたり，一定密度になるまで突く（普通 40〜50 回）．押込みの深さは，穴の深さの約 80 %までとする．

g）カラーをはずし，ベースプレートの上面をストレートエッジで平らにする．ベースプレート上に残った砂は，わずかな量も失わないようにして，元の容器に戻し残砂質量を測定する．この際，容器には穴の番号，測定番号などを記入しておく．これによって，例えば図 15.8 を用いて穴の体積を求める．使用した砂は土の混じっている部分を除くなどすれば，反復使用して差し支えない．ただし，検定した時点よりも湿った場合は再び乾燥して用いる．

h）締固め密度は

$$\text{盛土の湿潤密度}（\rho_t \text{値}）= \frac{\text{採取試料の質量}}{\text{穴の体積}} \ (\mathrm{g/cm^3})$$

で与えられる．

（4）室内測定

a）採取した試料は質量を測定した後，4.75 mm ふるい目の木枠ふるいを用いて，残留する粗粒分（礫）と通過分（土）とに分ける．この作業は土の乾燥を防ぐため急速に行われなければならない．

b）4.75 mm ふるいを通過した土は，標準突固め試験と含水比，比重試験に使用するため，密閉した容器に入れておく．

c）4.75 mm ふるいに残留した礫は，ふるい上で水洗いし，礫に付着している細粒分はよく洗い落とし，水を切った後，布きれで表面の水をぬぐいとり，表面乾燥飽和状態にして質量を測る．試料の湿潤質量に対する礫含有率 P' は，次式によって求められる．

$$P' = \frac{\text{礫の表乾質量}}{\text{採取試料の全湿潤質量}} \times 100 \tag{15.4}$$

d）岩質が同じで，数回の試験によって礫の見かけ比重が事実上一定と認められたときは，礫

の表乾質量を見かけ質量で除して礫の体積を求める．また，見かけ比重のばらつきが大きい場合，礫の体積は排水量，または水中，空気中質量を測定して求める．

e) $-4.75\,\mathrm{mm}$ の土のみの締固め度を次式から求める．

$$-4.75\,\mathrm{mm}\,盛土湿潤密度\,(-4.75\,\mathrm{mm}\rho_{tr}) = \frac{(全湿潤質量)-(礫の表乾質量)}{(穴の体積)-\left(\dfrac{礫の表乾質量}{礫の見かけ比重}\right)} \tag{15.5}$$

また乾燥密度（ρ_d）は次式により求まる．

$$\rho_d = \frac{1+\rho_t}{\rho_t} \tag{15.6}$$

f) 礫と土の含水比を測定すれば，盛土乾燥密度，乾土質量に対する礫含有率 P を，式 (15.7)～式 (15.9) より求めることができる．

$$\begin{aligned}盛土乾燥密度\,(\rho_{df}) &= \frac{\dfrac{全試料盛土湿潤密度}{1+(全試料の含水比)}}{\dfrac{(礫の表乾質量)+\dfrac{(-4.75\,\mathrm{mm}\,試料湿潤質量)}{1+(-4.75\,\mathrm{mm}\,試料含水比)}}{穴の体積}}\,(\mathrm{g/cm^3})\end{aligned} \tag{15.7}$$

$$\begin{aligned}-4.75\,\mathrm{mm}\,&盛土乾燥密度\,(-4.75\,\mathrm{mm}\rho_{df})\\ &= \frac{-4.75\,\mathrm{mm}\,試料盛土湿潤密度}{1+(-4.75\,\mathrm{mm}\,試料の含水比)}\end{aligned} \tag{15.8}$$

$$P = \frac{(礫の表乾質量)}{(礫の表乾質量)+\dfrac{(全試料湿潤質量)-(礫の表乾質量)}{1+(-4.75\,\mathrm{mm}\,試料含水比)}}\times 100 \tag{15.9}$$

以上現場密度の一般的測定法を述べたが，このほかにも最近ではラジオアイソトープを利用した方法も使われるようになった．この方法による場合，土，砂礫，あるいは岩など，それぞれの材料区分ごとあらかじめ試験をし，キャリブレーションをしておかなければならない．

15.3.2 D 値，C 値の評価

D 値の評価は所要のエネルギーを与えて突固め試験を行って得られた最大乾燥密度と，現場において転圧により得られた乾燥密度とを比較することにより評価されることをすでに述べた．すなわち，

$$\mathrm{D}\,値 = \frac{転圧乾燥密度\,(\rho_{df})}{突き固め最大乾燥密度\,(\rho_{d\,\mathrm{max}})}\times 100$$

$$\mathrm{C}\,値 = \frac{転圧湿潤密度\,(\rho_{tf})}{突き固め湿潤密度\,(\rho_{tfc})}\times 100$$

D 値を求めるためには，現場密度試験により掘り出した土およびその周辺の土を用いて突固め試験を行い $\rho_{d\,\mathrm{max}}$ を求め，この値と ρ_{df} とを対比する．また ρ_d を求めるためには土の含水比が既知でなければならない．含水比を明らかにするためには少なくとも 20 時間程度を要するので，現場において直ちに D 値を求め判定することはできない．このため，含水比を簡便的に求める方

法が提案されているが，どの方法でも，JIS で求めた結果と比較してよく一致する場合とかなり相違することがあり，精度的に満足できるものはない．含水比の簡便測定法は，例えば，

1) フライパンを用いて乾燥させる方法
2) アルコールで燃焼する方法
3) 赤外線を用いて乾燥する方法
4) 高周波を用いて乾燥する方法
5) ラジオアイソトープ（RI）による方法
6) 電子レンジを用いて乾燥する方法

などである．

　最近，土取場の材料を幾つかのグループに分け，これらに対し突固め試験を行い $\rho_{d\,\max}$ を定め，現場の材料をグループ分けした材料と対比し，現場を代表すると思われる材料をグループの中から選び $\rho_{d\,\max}$ を特定し，この値を基に D 値を求めるという方法が行われている現場を見かけるが，この方法はストック材においても注意したように全くの無謀であり，密度管理とは言いがたい．

　現場において迅速に D 値を評価する方法として，次節で述べる急速施工管理法が提案されている．しかし，最近，この方法を採用している施工現場はあまり見られない．この方法は，極めて合理的で，しかも理論的に納得しやすいので，今後本法の利用を奨励する．

15.3.3　ストック材料を用いた盛土の管理

　材料をストックすることにより，かなり均質な材料の生産が可能である．事実，ストック材料に対し，粒度試験を行っても粒度の相異はほとんど見られない．このことからストック材料に対して複数の突固め試験を行い $\rho_{d\,\max}$ の平均値を求め，この値と現場における転圧密度に対し，D 値評価の行われることがある．しかし，いかに粒度調整をし，ストックしたとしても，全く同じ粒度組成の材料はほとんど存在しないので，このような評価方法は先に述べたように好ましくなく，材料ごとに $\rho_{d\,\max}$ を求めて評価すべきである．

15.3.4　粗粒材料の施工管理

　フィルター，トランジションあるいはロック材料の締固め密度の管理は，基本的には土質材料と同様である．しかし，土質材料とは異なり，密度試験用の穴の直径は材料の最大粒径の少なくとも 5〜6 倍が必要である．穴の容積測定にはビニールシートやゴムシートが使われ，水を用いてその容積を計測する．密度の大きさは，主として材料の粒度組成により決まるので，所定の密度が得られないからと言って転圧回数を増しても，粒子が破砕しない限り顕著な密度増加は起こらない．問題は粒子の破砕が起こらない範囲でどれだけ締め固まっているかである．このため，締固まり度合は通常，相対密度により評価される．相対密度 (D_r) は次式により与えられるが，$D_r \geq 90\,\%$ が一般に採用されている値である．

$$D_r = \frac{e_{\max} - e}{e_{\max} - e_{\min}} \times 100 \tag{15.10}$$

ここで，D_r は相対密度，e は材料の締固め時の間隙比，$e_{\max}$ は最大間隙比（最もルーズ状態），$e_{\min}$ は最も密な状態の間隙比である．

15.3.5 品質管理

品質管理の目的は，品質のばらつきをできるだけ少なくし，施工時の欠点を未然に防止して，さらにその後の施工の指針を明らかにすることである．

品質管理は通常，管理試験の結果を統計的に処理する方法によって行われる．すなわち管理試験結果は，多くの場合，正規分布として扱い得るから分布確率は

$$f(x) = \frac{1}{\sigma\sqrt{2\pi}} e^{-\frac{1}{2}\left(\frac{x-m}{\sigma}\right)^2}$$

ここに，m はデータの平均値，σ は標準偏差である（図 15.10）．

品質評価では，試験結果（例えば，設計 D 値を $D \geq 95\%$ とした場合）は，$m \pm 1\sigma$ 内に 100% 収まらなければならない．

しかし，フィルダム等の大型土質構造物は多年にわたり施工が行われ，この間の圧密に伴う密度増加が大きいと認められる場合は，$m \pm 1.5\sigma$ 内にすべての試験結果が収まればよい，という意見もある．

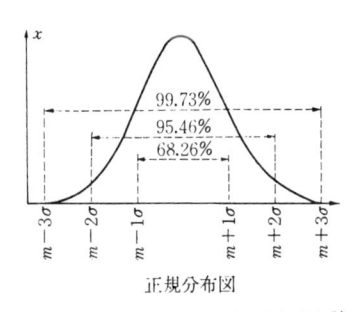

図 15.10 品質管理値（標準偏差）[2]

15.4 急速施工管理法

盛土の締固め度の判定はすでに述べたように D 値または C 値により評価される．

D 値による場合は式 (15.1)(15.2) で示したように，所定の仕事量を与えて得られる最大乾燥密度を基準とし，これと盛土の乾燥密度とを比較することによって評価される．このためには組成の異なる各材料の最大乾燥密度が既知でなければならない．最大乾燥密度は突固め試験を行えば容易に求め得るのは周知のとおりである．

しかし，標準突固め試験による場合は，その結果を得るために，少なくとも 24 時間は必要である．このように長い時間を要して管理試験結果を判定するのは，特別な場合を除いて実際にはほとんど役に立たない．このため急速施工管理法と称される，極めて短時間で D 値を求める方法が一般に用いられている．

この方法は米国開拓局で開発したものであり，別名 3 点法（Three Point Control）ともよばれ，D 値を迅速に求めようとするものであり，わが国でも，御母衣ダム，愛知用水のダムおよび水路の盛土管理などに広く採用され，好結果を得ている．

15.4.1 急速施工管理の原理 [3)4)]

いま現場において締め固めた湿潤密度を測定した結果を ρ_{tf} とする．そして同じ土を採取し，所定の突固め仕事量を与えて突き固めた結果，ρ_{t1} を得たとする．さらに同じ土に対し W_{wa} なる水量を加え十分混合した後，前と同様に締め固め，その結果，湿潤密度 ρ_{t2} が得られたとする．これらはいずれも含水比 (w) が未知であるから，乾燥密度を求めることはできない．

そこで，W_{wa} なる加水量を，含水率と似た表現として z で表すと（便宜上小数とする），

$$z = \frac{W_{wa}}{W} = \frac{(W_w + W_{wa}) - W_w}{W_s + W_w} = \frac{(W_w + W_{wa}) - W_w}{W_s \left(1 + \frac{W_w}{W_s}\right)} = \frac{w_2 - w_f}{1 + w_f} \tag{15.11}$$

となる．ただし，W_w は水の重量，W_s は土の重量，$W = W_w + W_s$，w_2 は W_{wa} を加えたときの含水比である．

z を用い加水後の湿潤密度 ρ_{t2} を乾燥密度の形（ρ'_{t2}）で表すと，

$$\rho'_{t2} = \frac{\rho_{t2}}{1 + z} \tag{15.12}$$

となる．ρ'_{t2} を乾燥密度の形に変形した湿潤密度，または単に変形湿潤密度という．式 (15.12) に式 (15.11) を代入すれば，

$$\rho'_{t2} = \frac{\rho_{t2}}{1 + \frac{w_2 - w_f}{1 + w_f}} = \frac{\rho_{t2}(1 + w_f)}{1 + w_2} \tag{15.13}$$

ここで，$\dfrac{\rho_{t2}}{1 + w_2} = \rho_{d2}$ であるから，

$$\rho'_{t2} = \rho_{d2}(1 + w_f) \tag{15.14}$$

となる．

このことから，z を変えて突固め試験を行い，図 15.11 に示したように $\rho'_t \left(= \dfrac{\rho_t}{1+z}\right)$ と z との関係を描き，その最大値を求めれば，

$$\rho'_{t\max} = \rho_{d\max}(1 + w_f) \tag{15.15}$$

となり，D 値を求めることができる．すなわち D 値は

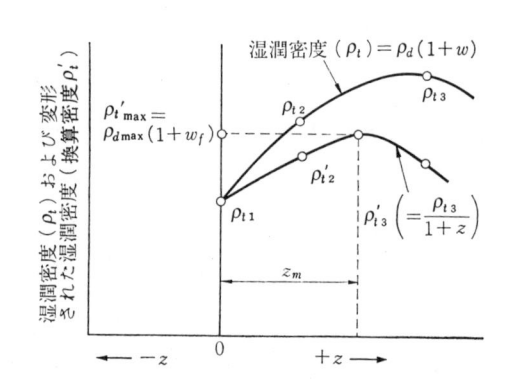

$$D = \frac{\rho_{df}}{\rho_{d\max}} = \frac{\rho_{df}(1 + w_f)}{\rho_{d\max}(1 + w_f)} = \frac{\rho_{tf}}{\rho'_{t\max}} \tag{15.16}$$

図 15.11 z と ρ_t, ρ'_t との関係

となる．なお，図 15.11 は最適含水比の値が現場含水比よりも湿潤側にある場合を示したものであるので，これより乾燥側にある場合は，z は当然マイナス側になる．ρ'_t と z 曲線の最大縦距離は突固め曲線の最大乾燥密度を求める場合と同じで，測点が多くなればそれだけ正確な結果が得られる．しかし，この曲線の最大値付近をパラボラであると仮定すれば，適当な間隔の最小 3 個の点によって図式で求めることができる．これが 3 点法の趣旨である 15.4.5 項参照）．

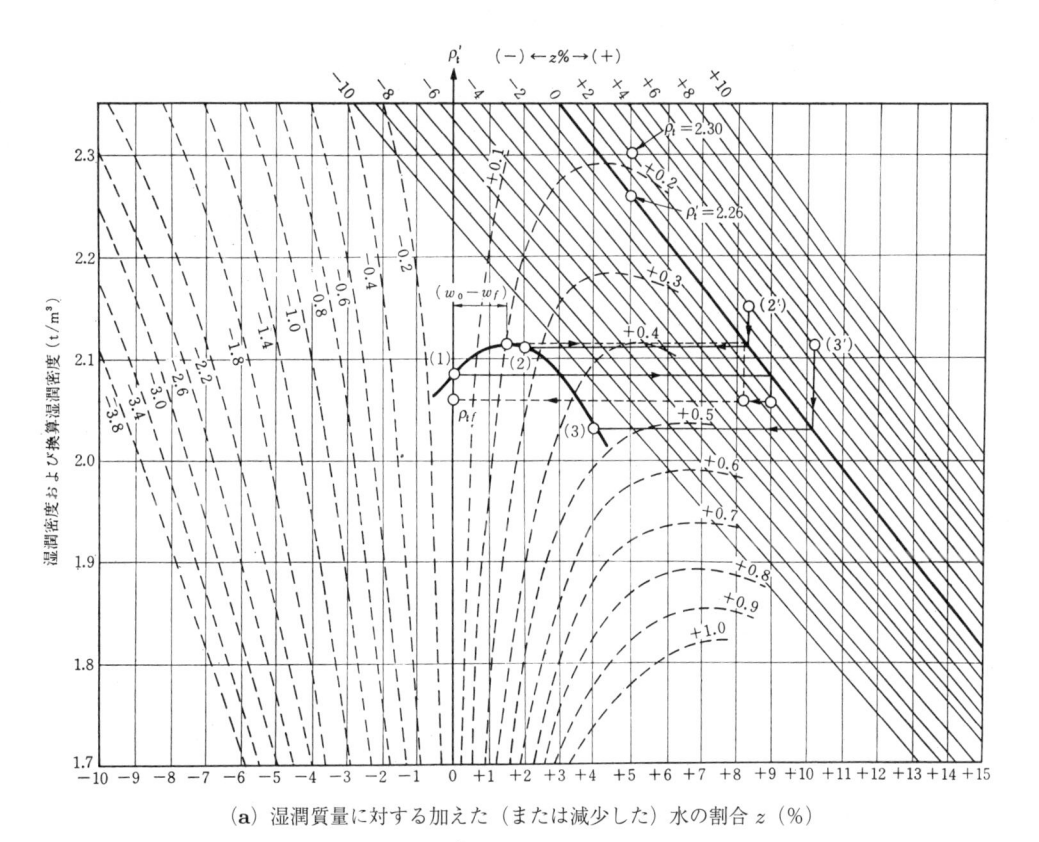

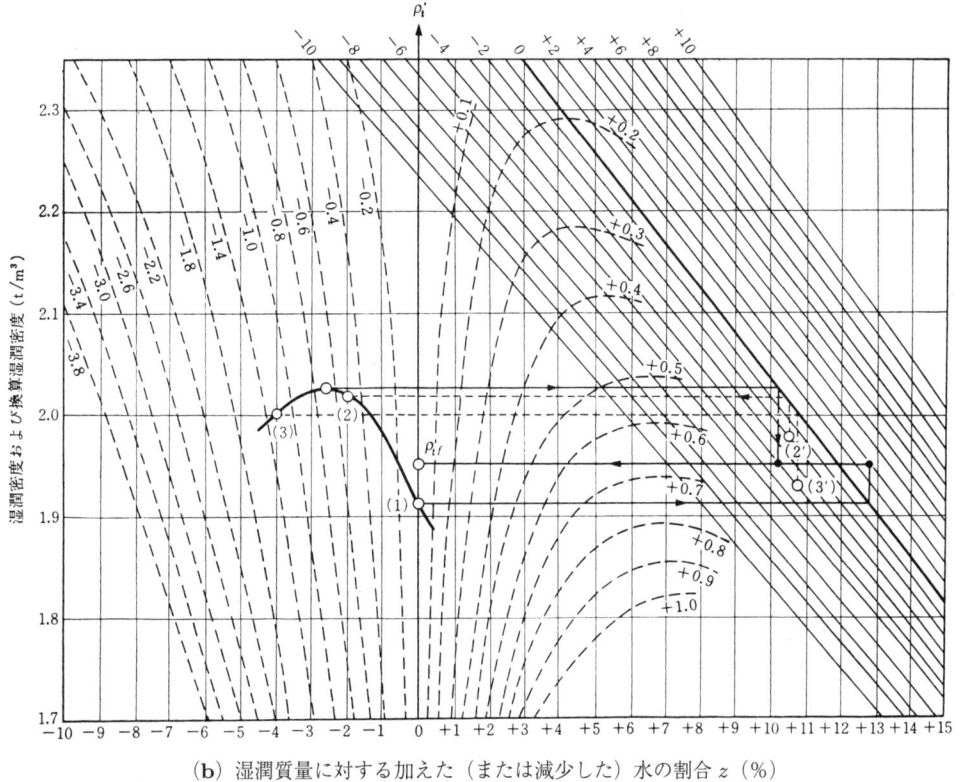

(a) 湿潤質量に対する加えた(または減少した)水の割合 z (%)

(b) 湿潤質量に対する加えた(または減少した)水の割合 z (%)

図 15.12 急速管理試験図表(曲線の頂点の $w_0 - w_f$ (%) は図中の曲線で修正する)[6]

式 (15.15) の D 値を簡単に求めるために，あらかじめ図表を作っておくと便利である．すなわち図 15.12 のように，ρ'_t の値を縦軸に，z の種々の値を斜線で描いて図上で $(1+z)$ で割ることができるようにする．例えば，図 15.12 において斜線の $z=2\%$，$\rho_t = 2.30\,\mathrm{t/m^3}$ について考えると，$\rho'_t = \dfrac{\rho_t}{1+z} \fallingdotseq 2.26\,\mathrm{t/m^3}$ となるから，この点を $z=0$ の斜線とする．したがって，この図を用いると z，ρ'_t は計算しないで図上で容易に求められる．さらに最大縦距離 $\rho'_{t\,\mathrm{max}}$ を求めた後，再び斜線を利用して D 値が求められる．

15.4.2 含水比の原理

ρ'_t，z 曲線の最大縦距離の位置から，土の含水比が最適含水比より乾燥側にあるか，湿潤側になるかの判定はできるが，最適含水比と現場含水比との正確な差を求めることはできない．

このため，まず式 (15.11) から

$$w_0 - w_f = z_m(1+w_f) \tag{15.17}$$

を得る．ただし，w_0 は最適含水比，z_m は曲線の最大値までの距離である．

z_m が 0 なら $w_0 - w_f = 0$ であるが，$z_m \neq 0$ であれば $w_0 \sim w_f$ の値を知るために w_f の値を求める必要がある．

式 (15.17) から，

$$1 + w_f = \frac{1+w_0}{1+z_m} \tag{15.18}$$

式 (15.17)，(15.18) から最適含水比との差は

$$w_0 - w_f = \frac{z_m}{1+z_m}(1+w_0) \tag{15.19}$$

式 (15.19) によっても，$w_0 - w_f$ を求めるのには，w_0 の値を知らなければならない．しかし，w_0 値に多少の誤差があっても $w_0 - w_f$ の誤差は非常に小さくなる．例えば，$z_m = +0.02$ で w_0 の誤差が 0.05 とすると $w_0 - w_f$ の誤差は 0.00098 で，このような誤差の値は管理目的に対しては問題にはならない程度である．

w_0 の値をいちいち求める必要をなくすために，一組の曲線群を求めておく．すなわち，最適含水比における湿潤密度と最適含水比との関係を求め (図 15.3)，これと図 15.11 とを組み合わせ最適含水比を求める修正曲線群を，例えば図 15.12 のように描いておくのである．これによって，変形湿潤密度曲線の最大値に対する w_0 の値は機械的に知ることができる．

アメリカ開拓局では 80 種の土質について，同局の標準突固め試験結果から，最適含水比における湿潤密度と最適含水比の関係を求め，図表を作成しているが，殿川ダムの場合は約 60 種の土の突固め試験結果（JIS）を基にして作成した（図 15.3）[5]．

図 15.11 と図 15.3 を組み合わせて求めた修正曲線群を図 15.12 (a)，(b) の破線で示した．これは修正値 Δ の等しい値の軌跡を表したものである．すなわち $\Delta + z_m = w_0 - w_f$ であるから

$$\Delta = w_0 - w_f - z_m \tag{15.20}$$

式 (15.19) の $w_0 - w_f$ を上式に代入して

$$\Delta = \frac{z_m}{1+z_m}(w_0 - z_m) \tag{15.21}$$

図 15.3 の曲線を $w_0 = f\{\rho_{d\max}(1+w_0)\}$ と表すと，式 (15.18) によって

$$\rho_{d\max}(1+w_0) = \rho_{d\max}(1+w_f)(1+z_m)$$

であるから

$$w_0 = f\{\rho_{d\max}(1+w_f)(1+z_m)\}$$

これを式 (15.21) に代入すれば，

$$\Delta = \frac{z_m}{1+z_m}[f\{\rho_{d\max}(1+w_f)(1+z_m)\} - z_m] \tag{15.22}$$

したがって，変形湿潤密度の最大値に相当する Δ の値を z_m に加えれば，式 (15.20) に示すように $w_0 - w_f$ の値が決まる．

15.4.3 使用法

図 15.12 は殿川ダムの用土について作成した管理図表である．本ダムの場合，突固めはすべて JIS 試験におけるエネルギーを考えた．

図中の点(1)は現場含水比のままの材料（−4.75 mm）を JIS 突固め装置で突き固め（ここでは JIS であるが一般には JIS とは限らない），その湿潤密度を 0 ％縦線上にプロットする．

次に 3.0 kg の材料に 60 cc（2 ％）の水を加え，混合してから突き固めた湿潤密度を +2 ％斜線上に点(2′)を求め，0 ％斜線に鉛直に投影し，さらにこれを水平に移動して +2 ％縦線と交わらせて点(2)を作る．点(2)の縦距離が点(1)よりも大きいときは，さらに加水（例えば 120 cc，4 ％）し，混合して突き固める．そして +4 ％斜線上にその湿潤密度点(3′)を求め，これを 0 ％斜線に鉛直に投影し，さらに水平に移動して +4 ％縦線と交わった点をプロットし，これを点(3)とする．

点(2)の縦距離が点(1)よりも小さいときは，試料を乾燥（例えば試料の重量が 40 g 減少すれば 1.5 ％含水比が低下したことになる）させて突き固め，湿潤密度の値を −1.5 ％斜線上に求め，これを 0 ％斜線に垂直に投影し，水平に移動して −1.5 ％縦線上に点(3)を求める．この点の縦距離は湿潤密度を $1 + (-0.015) = 0.985$ で割った値となっている．

以上のようにして 3 点が得られ，これを結ぶことによって密度の最大値が求まる．また最大値は次に述べるパラボラ法によれば，より合理的に求めることができる．

D 値：最大密度の値を水平に 0 ％斜線に移動し，現場湿潤密度の値まで垂直に投影する．D（％）は「100 + 斜線の読み」で与えられる．

C 値：点(1)を水平に 0 ％斜線に移動し，さらに現場湿潤密度の値まで垂直に投影する．C（％）は「100 + 斜線の読み」で与えられる．

$w_0 - w_f$ の値：この値は z の値と最大密度における破線の修正値を加えたもので与えられる．

以上のようにして，締固め密度，施工許容含水比などの管理を行うことができる．これに要する時間は材料を乾燥する必要がなければ約 30 分で，乾燥する場合でも 1 時間あれば十分である．

その後 $-4.75\,\mathrm{mm}$ 試料を炉乾燥して w_f の値が決定すれば，他の諸値は次のようにして計算できる．

- $-4.75\,\mathrm{mm}$ 部分の現場乾燥密度 $= (-4.75\,\mathrm{mm}$ 部分の湿潤密度$)/(1+w_f)$
- 標準試験の最大乾燥密度 $= ((大縦距離)/(1+w_f)$
- シリンダー乾燥密度 $= (点 (1) の縦距離)/(1+w_f)$
- 最適含水比 $= w_f + (1+w_f)$ （0 ％縦線から最大縦距離までの横距離）

15.4.4 計算例

(a) 現場含水比が最適含水比より低い場合

盛土の現場湿潤密度を $2.060\,\mathrm{t/m^3}$ とし，3 点の z および締固め密度を**表 15.1** の値とすると，変形湿潤密度は**図 15.12** (a) より同表の右欄が得られる．

表 15.1

試験項目 項目	湿潤密度 (t/m³)	z (％)	変形湿潤密度 (t/m³)
1	2.080	0	2.080
2	2.150	+2	2.110
3	2.110	+4	2.030
4	最大値	+1.5	2.115

$$D = 100 + (-3) = 97\ \%$$
$$C = 100 + (-1.3) = 98.7\ \%$$
$$w_0 - w_f = 1.5 + 0.2 = 1.7\ \% \ （乾燥側）$$

乾燥炉による現場含水比　　$w_f = 13.5\ \%$
$$\rho_{df} = 2.060/1.153 = 1.785$$
$$\rho_{dm} = 2.115/1.153 = 1.836$$

$$\rho_{dc} = 2.080/1.153 = 1.804$$
$$w_0 = 0.135 + 1.135 \times 0.015 = 0.152$$

(b) 現場含水比が最適含水比より高い場合

現場湿潤密度 $= 1.950\,\mathrm{t/m^3}$ とする．このとき，**表 15.1** に対応したものが**表 15.2** である．

表 15.2

試験項目 \ 項目	湿潤密度 (t/m³)	z (%)	変形湿潤密度 (t/m³)
1	1.910	0	1.910
2	1.975	−2	2.020
3	1.925	−4	2.000
4	最大値	−2.6	2.025

$$D = 100 + (-4) = 96\ \%$$
$$C = 100 + 2 = 102\ \%$$
$$w_0 - w_f = (-1.6) + (-0.7) = -2.3\ \%\ (湿潤側)$$

乾燥炉による現場含水比
$$w_f = 16.3\ \%$$
$$\rho_{df} = 1.950/1.163 = 1.677$$
$$\rho_{dm} = 2.025/1.163 = 1.741$$
$$\rho_{dc} = 1.910/1.163 = 1.641$$
$$w_0 = 0.163 + 1.163 \times 0.016 = 0.182$$

15.4.5 パラボラ法による最大湿潤密度の求め方 [7]

与えられた3点を通り，鉛直軸をもつパラボラの頂点を求める方法は次のとおりである．以下，図 15.13 において説明しよう．

左側の点 A を通る水平基線を引き，点 B より基線へ立てた垂線の足を D，AB に平行な直線 DE を引き，C を通る基線との交点を E，E を水平に投影し，垂線 BD との交点を F，AC に平行な直線 DG を引き，CE との交点を G，FG と基線との交点を H とすれば，AH の垂直二等分線がパラボラ軸となる．次いで，AB と軸との交点 J から基線に平行線 JK を引き，BD と K にて交わらせると，直線 KH と軸との交点 O がパラボラの頂点である．

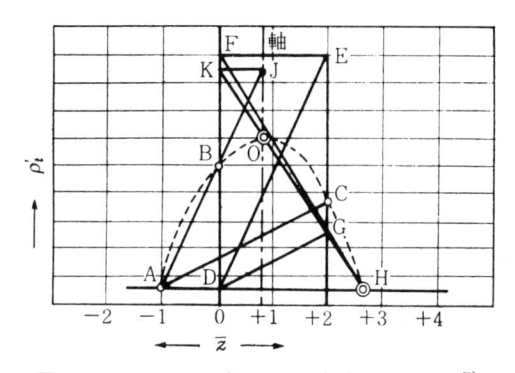

図 15.13 パラボラ法による最大値を求める図 [7]

15.4.6 改良法

点(2)の修正密度が点(1)より小さなときは点(3)を求めるのに試料を乾燥させたが，乾燥の手間を省き，所要時間を短縮させるために，次のような改良法を用いることもできる．

試料を乾燥させる代わりに，30 cc の水（1 %）を加え，混合して突き固める．この湿潤密度を +1 % 斜線上にプロットし，0 % 斜線に垂直に移し，さらにこれを水平に移動して +1 % 縦線と交わらせて点(3)とする．

点(3)の修正値が点(1)よりも大きいときは図 15.12 (a) の場合と同じようにパラボラ法によって点(0)を求めることができる．

点(3)の修正値が点(1)より小さいときは Y_1/Y_2 の値を求める．ここに，Y_1 は点(1)と点(3)の修正値の差，Y_2 は点(1)と点(2)の縦距離の差である．Y_1/Y_2 の値に対する z_m の値を図 15.14 から読み取れば，パラボラ軸を読み取ることができる．

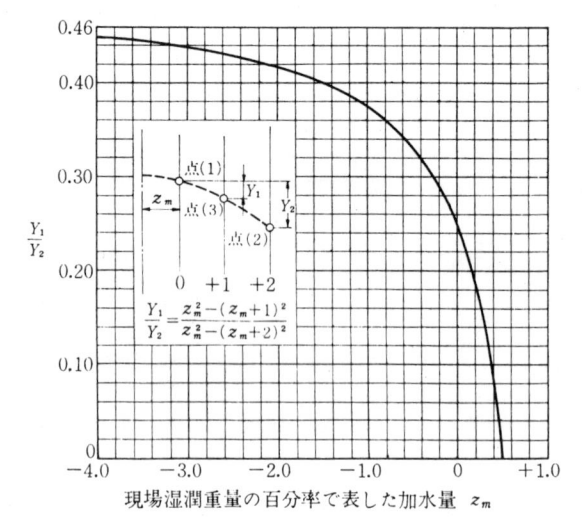

図 15.14 外挿によって最大値を求める図 [7]

参考文献

1) 農林省農地局：土地改良事業計画設計基準，第 3 部，フィルダム，1966
2) 山口 柏樹，大根 義男：フィルダムの設計および施工，技報堂出版，1973
3) 久野 悟郎：土の締固め，技報堂，1968
4) Hilf, J. W.: A Rapid Method of Construction Control for Embankments of Cohesive Soil, U. S. Bureau of Reclamation, 1959
5) 福岡県企業局：殿川ダム施工管理方法，1965
6) 市原 松平：土圧計並びに土圧測定法，土質調査法，土質工学会，1964
7) U. S. Bureau of Reclamation: Earth Manual, 1960

第16章 観測設備

16.1 はじめに

　地盤を掘削したり，盛土構造物を建設する場合，施工中および施工後の安全性を確認したり，管理する目的で，必要に応じて各種観測設備が設置される．例えば，軟弱地盤の掘削において，山留工が必要な場合は土留工の各部に対し応力計（土圧計含む）や変位計が設置され，また，ヒービングに対しては間隙水圧計（オープンピエゾメーターを含む）や地盤変位計（層別変位）等が設置され，いわゆる動的観測，監視の下で工事が進められる．一方，軟弱地盤上の盛土に対しては，地盤および盛土の横方向，鉛直方向の変位や間隙水圧等を観測するための各種計器が設置される．

　さらにフィルダムのような大規模土質構造物の建設にあたっては，通常基礎地盤内および堤体内に間隙水圧計，変位計（層別沈下計を含む）や，土圧計が設置されるが，このほかにも不透水部（コア部）の取付部付近に対しては，ダムの規模や基礎地盤の地質構造あるいはコアトレンチの形状に応じて変位計や間隙水圧計および土圧計等が設置される．しかし，これらの計測器のうち，土圧計による計測結果は信頼性に乏しいので，一般にはあまり重視されない．これは，通常，ダイアフラム型土圧計が用いられているが，この種の土圧計は受圧板のひずみを測定し，土圧強度を求める構造となっているため，計器と周辺土の相対的剛性の差や受圧板の変形によって，計器周辺でアーチ作用や応力集中が起こると考えられており，その程度を予測し求め，計測結果を修正することは不可能に近いからである．これに対し，非圧縮性の，例えばシリコンオイルを2枚の受圧板で封入し，その端部に圧力計を取り付け，油圧を計測する構造の土圧計は，受圧板にひずみを発生させないので，かなり高い精度で土圧を計測することができる[1]．

　以上，土工における各種観測施設の概要について述べたが，このうちフィルダムの建設にあたっては，間隙水圧計と変位計（層別沈下計を含む）の設置は不可欠である．設置位置については，ダム構造や基礎地盤の地質構造，地形条件により異なるので一概に定めることはできないが，両計器の設置目的を熟知しておくことにより，その位置の特定は可能である．以下に両計器設置の基本的な考え方を概説する．

16.2 間隙水圧計

間隙水圧計の設置目的を列記すれば，以下のとおりである．
1) 盛土の施工中に発生する間隙水圧の値が，許容値を上回ることのないように施工速度の管理を行う．
2) 盛土の不透水部における間隙水圧の適度の発生および消散傾向を監視することにより，品質評価を行う．
3) 不透水部において，盛土中に間隙水圧が発生しない，あるいは盛土終了後に間隙水圧が突然低下することがあるが，この場合は堤体内に亀裂などの異常が発生したことを意味する．この種の現象はアバットメント部やトレンチ内およびその付近において発生する可能性が大であるので，この部分の間隙水圧の挙動を監視する．
4) 湛水時において，貯水位の上昇に対し，堤体内の間隙水圧が直ちに反応する場合，その部の透水性はかなり高いことを意味するが，基礎地盤を含む堤体の浸透特性を監視する．
5) コア型フィルダムにおいて基礎地盤の動水勾配が極端に大となるのはコア部の動水勾配を大とするので好ましくない．これに対しては，例えば図 16.1 に示したようにコア底部の浸透路長を延長する工法が採られ，また岩盤の場合はブランケットグラウトやコンソリデーショングラウトが施工されるが，その効果の判定，監視を行う．

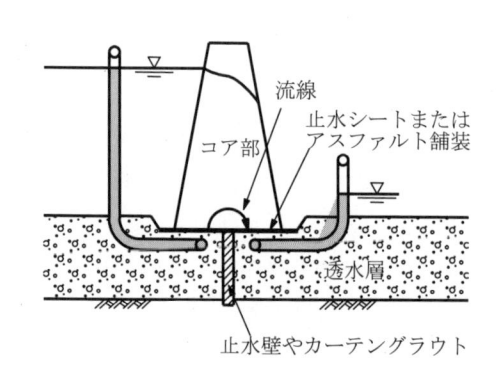

図 16.1 基礎地盤の浸透

16.3 沈下計

沈下計設置の目的は以下のとおりである．
1) 堤体内の沈下が均一に生じているか否かを監視，確認する．コア型ダムでは隣接するゾーンとの相対沈下の差により不同沈下の起こることがある．この結果，例えば第 13 章で述べた Bolder Head Dam のような水理的破壊現象を引き起こすことがあるので，この現象を監視する．
2) 中心コア型ダムの場合，アバットメント付近では不同沈下が起こりやすい．不同沈下の発生は，堤体内の引張亀裂発生の誘因となる（水理的破壊現象）ので，この現象の発生を監視する．
3) 堤高の大きいロックフィルダムでは，コア部の沈下量を抑制する目的で，材料の含水比をか

なり乾燥側で盛り立てることがあるが，飽和度の低い場合，浸水時に急激に沈下することがある．この種の沈下は水理的破壊の誘因となることがあるので，これを監視する．

4) 均一型アースダムの場合も 3) と同様，貯水時に飽和部が突然沈下することがあり，これが堤体の崩壊につながることがあるので，これを監視する．

5) 大型フィルダムでは初期湛水時や地震時に湛水側斜面が大きく変形することがあり，またロックフィルダムでは下流側斜面においても降雨時に沈下することがある．これらの沈下は堤体の局部的崩壊をもたらすことがあるので，沈下・変形量を常に監視する必要がある．

16.4 水平方向変位計

水平変位計設置の目的は，盛土のすべり破壊を予知し，また堤体内のせん断変形を把握するためである．

16.4.1 アースダムの盛立て中の変形

アースダムの施工においては，高含水比の材料をそのまま盛り立てることがあるが，この場合，高い間隙水圧が発生し，堤体は水平方向に変形することがある．この種の変形は盛土荷重の増加に伴って増大するので，一般には盛土を中止することにより収まるものである．しかし，時には盛土中止後も変形が増大することがあり，このような変形は堤体の崩壊につながることがある．変形が収束するか否かは，例えば次式 (16.1) により判定することが可能である．計測値を式 (16.1) と対比することにより，崩壊に発展する可能性を判定することができる．

$$\varepsilon_a = \varepsilon_f(1 - e^{-\mu t}) \tag{16.1}$$

ここで，ε_f は最終変形量であり，μ は図 16.2 の $\varepsilon \sim t$ 曲線より

$$\varepsilon_1 = \varepsilon_2 = \varepsilon_f(1 - e^{-\mu}) \tag{16.2}$$

によって求めることができる．

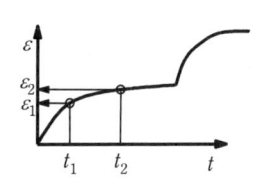

図 16.2 ひずみと時間との関係

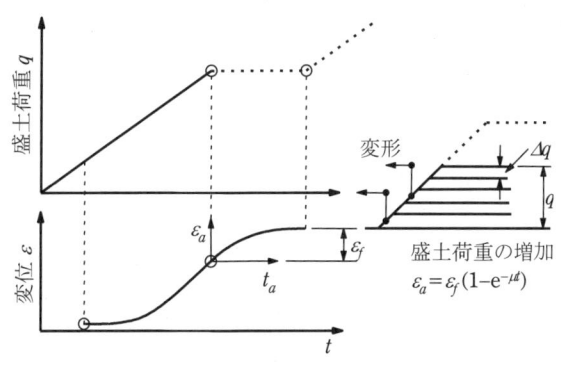

図 16.3 盛土中の法先変位

16.4.2 コア型フィルダム

コア型フィルダムでは，盛土終了後，天端の，特にアバットメント付近において堤軸方向に変形することがある．この種の変形は，堤内におけるせん断変形を意味し，水理破壊につながることがあるので，精度の高い観測が要求される．変形量は従来，トランシットや水糸を張り測定した（図16.4）．しかし，最近は精度的に優れ，自動計測の可能な光ファイバーを用いたセンサを利用する傾向にある．

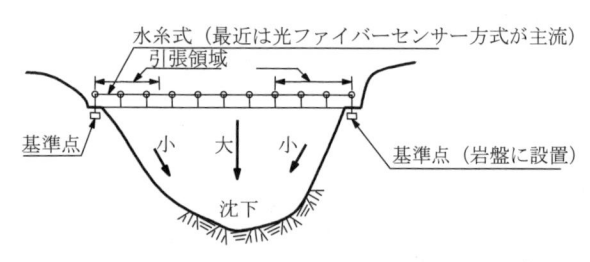

図 16.4 コア天端の変位計測

16.4.3 湛水時の斜面の変位

土質構造物の建設中および建設後の変位観測は，崩壊を予知する上で極めて重要である．建設中の変形については，様々な方法により計測されており，それほど面倒ではない．しかし，フィルダムの上流斜面の湛水時の変位を観測するのはなかなか難しい．フィルダムの上流側斜面は，初期湛水時と地震時において最も危険状態になると考えられているが，現在のところ，これらに関する観測資料は皆無である．水没部の斜面の移動観測には多額の費用が必要であり，経済的に好ましくない，との理由によるものである．しかし，最近光ファイバーを用いたセンサが開発され，水没部に対しても面的変位の経済的な計測が可能になった．今後，この種の計測器の設置により，初期湛水時や地震時の水没部の斜面挙動が明らかにされ，フィルダムの安全設計法がさらに確立され，また安全管理に適用されることが望まれる．

設置方法は，例えば次のように考えられる．

(1) 湛水時

湛水時の沈下は，水中における材料の摩擦抵抗の低下による粒子の再配列および細粒子の移動などにより図16.5（a）に示した方向に沈下する．これに対し材料の強度が満たされない場合は，崩壊を伴う変形となるので図16.5（b）に示したように斜面全体の変形が予想される．この傾向はアースフィルダムでも同様である．

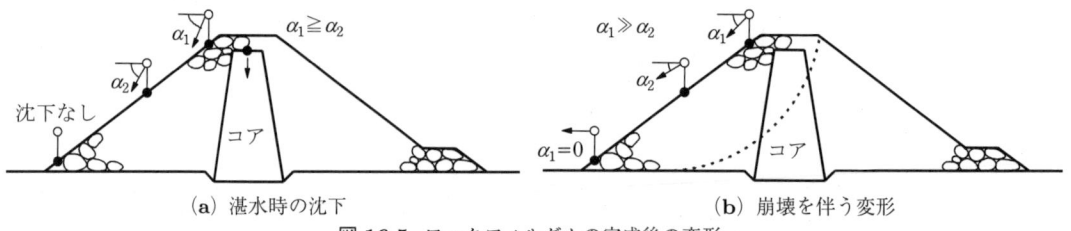

(a) 湛水時の沈下　　　　　(b) 崩壊を伴う変形
図 16.5 ロックフィルダムの完成後の変形

(2) 地震時の変形

地震時の斜面変形や崩落は，ロックフィルダムでは主として中腹部より上部の斜面において（図16.6 (a)），またアースダムでは斜面全体にわたって発生するものと想定される．さらに，ロックフィルダムでは表層ロックのすべり崩落が現れる．またアバットメント近くではコア部の上・下流方向（コア幅方向）に圧縮や引張現象の現れることが予想される（図16.6 (c)）．さらに，アースダムでは堤軸の変曲点付近における複雑な変形の起こることが予想される（図16.6 (d)）．

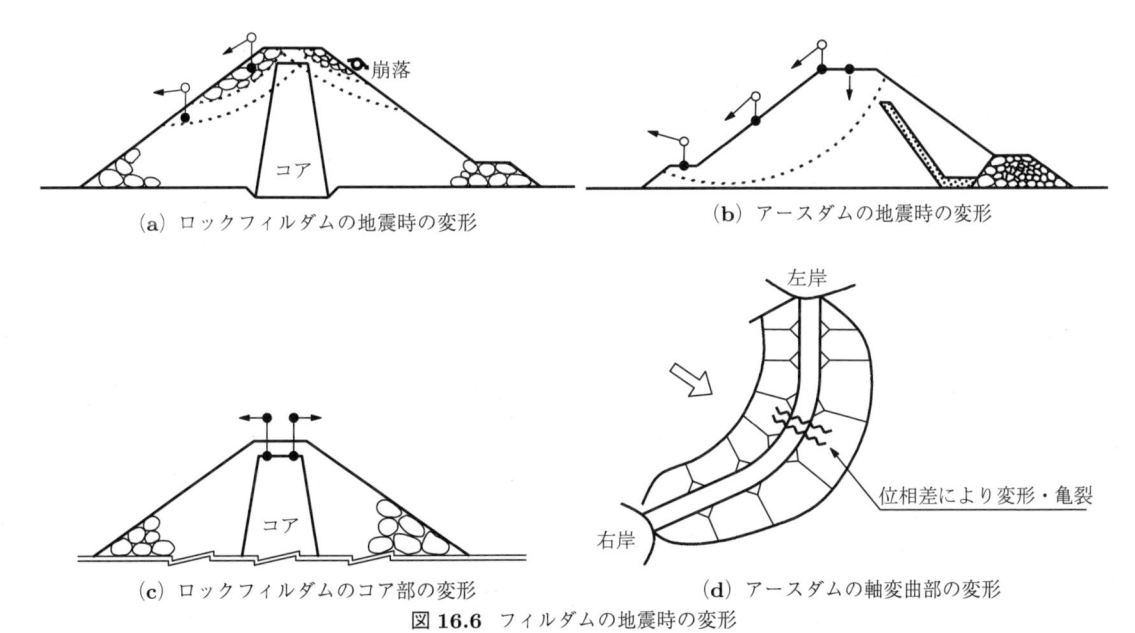

(a) ロックフィルダムの地震時の変形

(b) アースダムの地震時の変形

(c) ロックフィルダムのコア部の変形

(d) アースダムの軸変曲部の変形

図16.6 フィルダムの地震時の変形

地震時には以上のような斜面変形が予想されることから，斜面全体にわたって変形量を観測することが望ましい．しかし，そのためには経済的な負担が大きいので，堤高の小さい，例えばロックフィルダムでは60m以下（アースダムの場合は30m）の堤体に対しては上記の変形形態を想定し，特に重要と思われる箇所に対して観測点を設置すればよいであろう．

光ファイバーセンサは広域の観測には極めて有効であり，国土交通省では一部道路斜面の安全管理を始め，地すべりや河川堤防の安全管理等にも用いている．詳細は「光ファイバセンサを活用した道路斜面モニタリングに関する共同研究報告書」[3] に掲載されているので，参考にされたい．

16.5 地震計の設置

堤高の大きい，例えば堤高30mを超えるダム建設ではほとんどの場合，地震計が設置される．地震計測は，通常ダム軸方向，これと直交する方向（上下流）のそれぞれ水平動および上下動に対して行われる．地震計は堤高を2～3分割した各高さの堤軸上に設置される．このほかダムの3次元的挙動を把握する目的で，ダム両岸取付け部の堤軸上および堤体上下流の法面上に設置する

(a) ダム断面図　　(b) ダム平面図

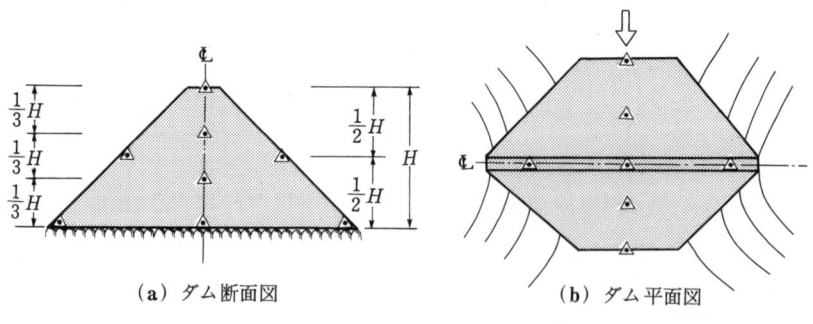

図 16.7　地震計設置位置

こともある（図 16.7）．

16.6　各種計器の観測事例

図 16.8〜16.13 に間隙水圧の計測結果の一例を示した．本ダムは図 16.8 に示したように，堤高約 55 m の中心コア型ロックフィルダムである．

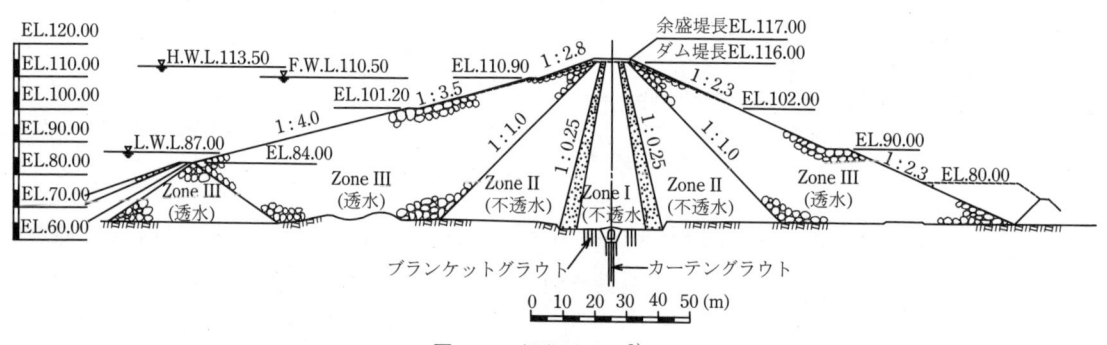

図 16.8　標準断面図 [2]

間隙水圧計の設置位置を図 16.9 に示した．盛土中における間隙水圧（u）の観測結果を，全応力（σ）との関係において図 16.10 に示した．また図 16.11〜16.13 はそれぞれ盛土高が約 50 %，80 % および完成直後の計測値であり，各図において (a) は間隙水圧の等圧力線であり，(b) は消散状況を示す流線網である．また，図 16.13 (c) には盛土標高約 EL.82 m における間隙水圧の発生状況を示したが，この図から知れるように，コアは均質で理想的に施工され，間隙水圧の消散も順調に進行していることがわかる．

16.6 各種計器の観測事例 / 315

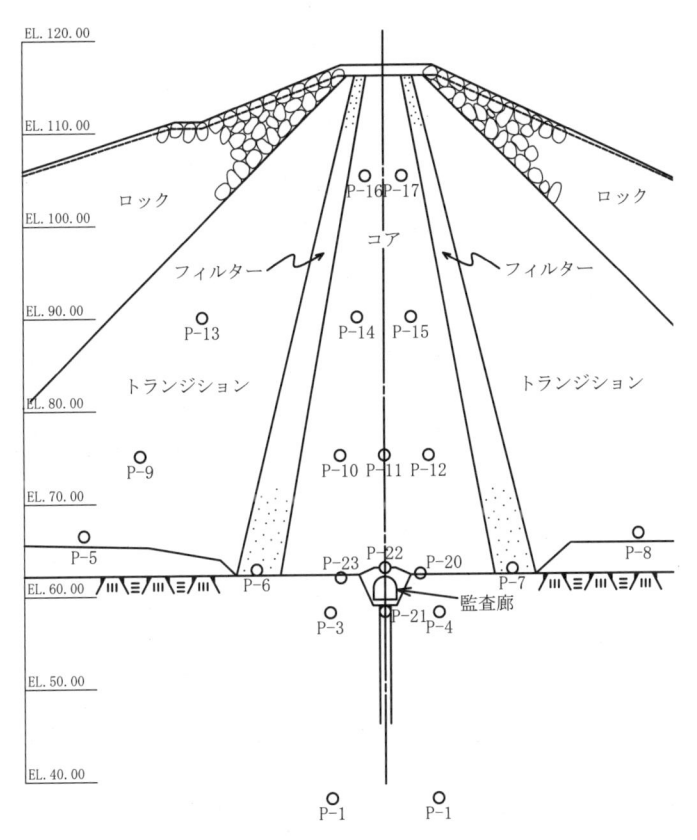

図 16.9 間隙水圧計設置位置図

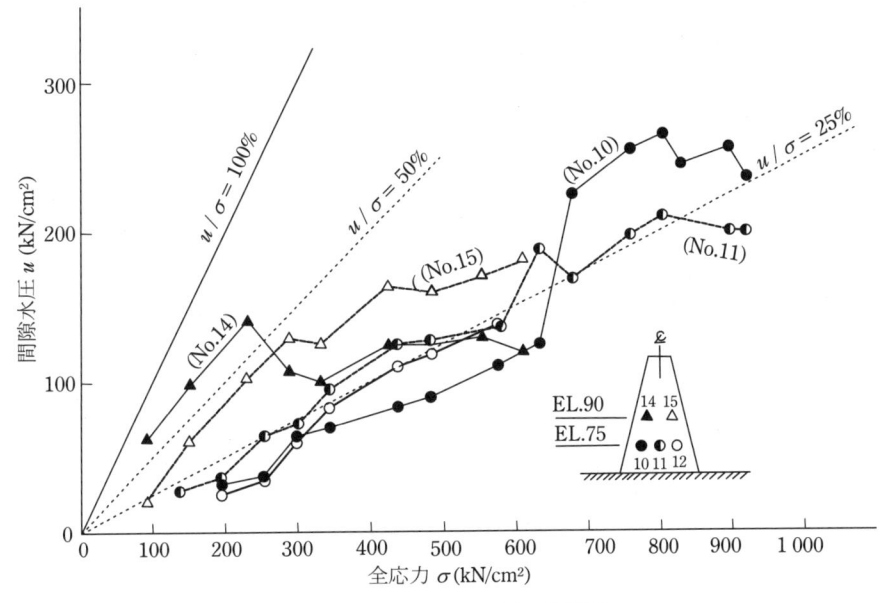

図 16.10 全応力〜間隙水圧計関係

316 / 第16章 観測設備

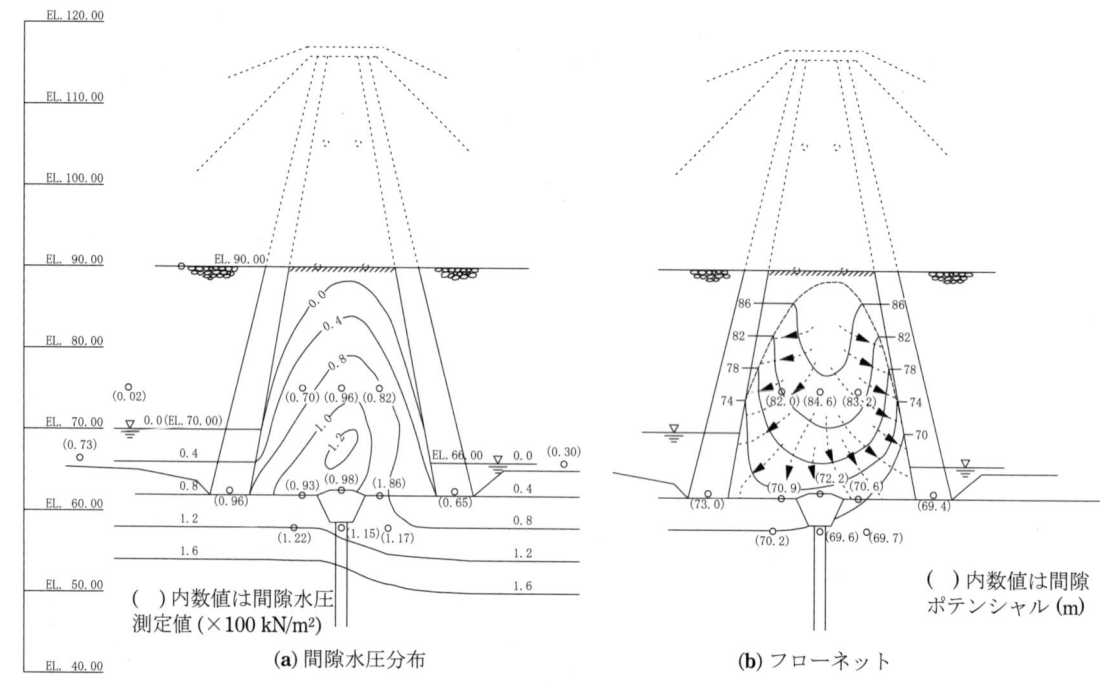

図 16.11 施工中の間隙水圧 (1) 昭和 56 年 1 月 6 日.
(a) 間隙水圧分布　( ) 内数値は間隙水圧測定値 ($\times 100$ kN/m²)
(b) フローネット　( ) 内数値は間隙ポテンシャル (m)

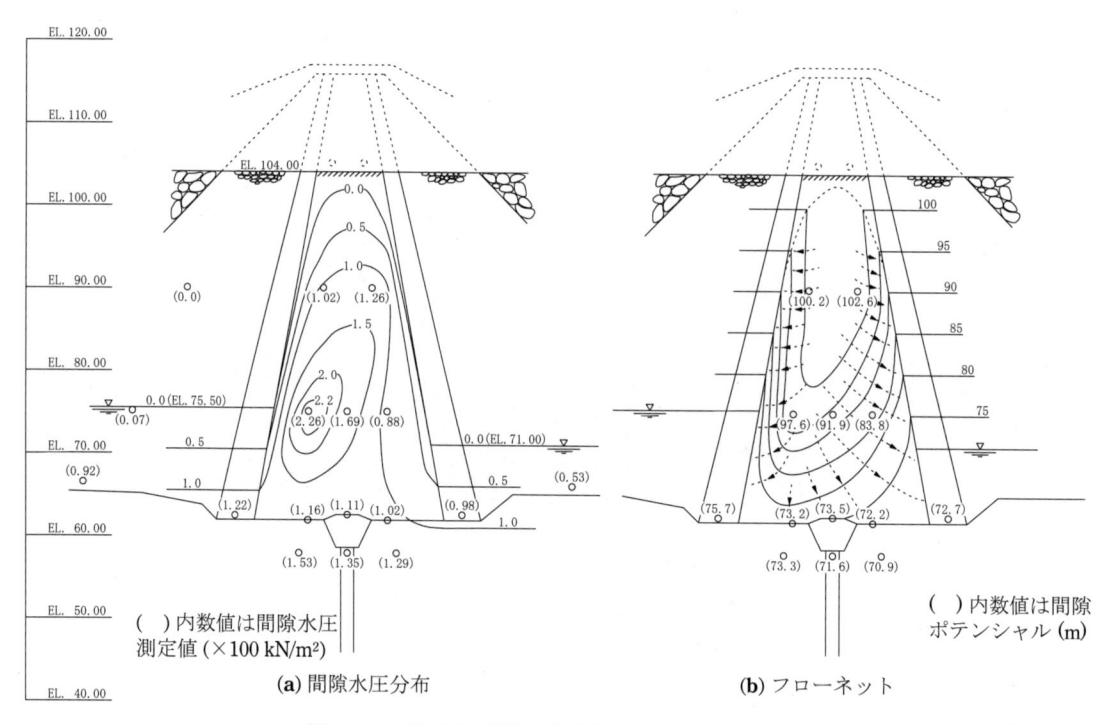

図 16.12 施工中の間隙水圧 (2) 昭和 56 年 3 月 7 日
(a) 間隙水圧分布　( ) 内数値は間隙水圧測定値 ($\times 100$ kN/m²)
(b) フローネット　( ) 内数値は間隙ポテンシャル (m)

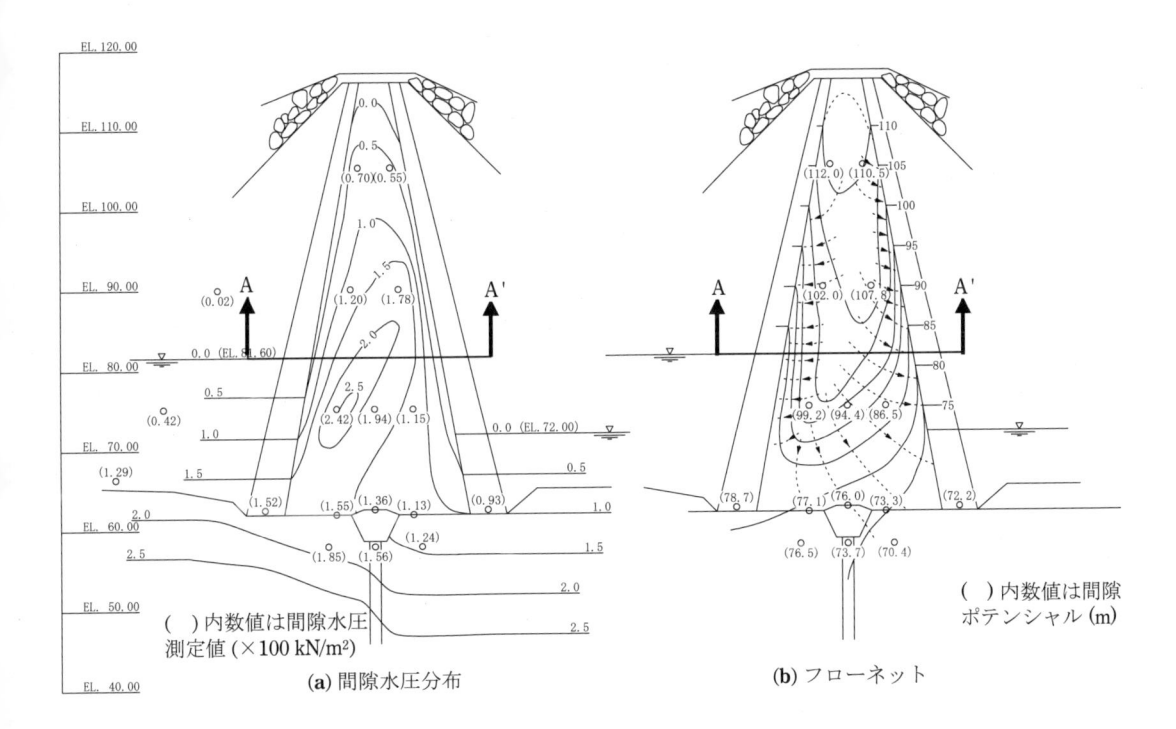

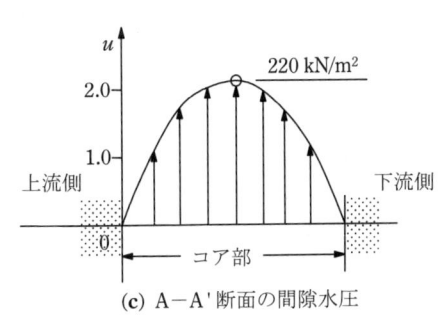

図 16.13 盛土完了直後　昭和 56 年 6 月 15 日

　間隙水圧の消散フローネットの流線は整然としてドレーン方向に向かっており，施工の均一性が裏付けされ，確認することができる．また，間隙水圧の最大値はコアの幾分上流側にあるが，このことは図から知れるように施工中，上流側の水位は EL.75.5（±），下流側 EL.71.0（±）に保たれているためである．

参考文献

1) 大根，成田，奥村：新たに開発した土圧計の精度と現場への適用性に関する実験，愛知工業大学研究報告，第 29 号，平成 6 年
2) 静岡県：都田川ダムの計測結果，1962
3) 独立行政法人 土木研究所：光ファイバセンサを活用した斜面崩壊モニタリングシステムの導入・運用マニュアル（案），整理番号第 292 号，2003

索 引

あ

アースアンカー 42
青サバ 173
アッターベルグ 3, 29
圧密 16
圧密現象 145
圧密沈下特性 82
圧密沈下量 156
圧密理論 145
アルカリ骨材反応 17
アロケーション 2
アロフェン 37
安山岩 42
安息角 162
安定解析法 186
安定性 188

い

維持管理 128
一軸圧縮強度 19
1万年以前 60
1万年前 8
一般土質地盤 8, 20, 41
一般土層 8
一般粘性土 38
異方性 8
異方性地盤内のフローネット 93
イライト 36
岩基礎 11
岩材料 11
インターセプター型ダム 102
インターロッキング 160

う

ウェーブローラー 71
ウェルポイント工法 51

Walker - Holtz 66
ウォークアウト 75
迂回浸透流 113
運積土 8

え

鋭敏 36
鋭敏比 226
液状化 20
液状化型 261
液状化現象 59, 182
液性限界 29
液体状 29
FEM 148
円弧すべり面 187

お

応力集中 179
オーガー孔透水試験 137
オープンピエゾメーター 128
押え盛土 202

か

過圧密土 148
外殻 7
開口 199
塊状 40
解析方法 6
界面効果 221
概略設計 2
カオリナイト 36
化学試験 17
化学性堆積岩 42, 43
化学的地盤改良工法 53
化学的性質 17
花崗岩 42

320 / 索引

Casagrande	98, 117
火山岩	42
火山砕せつ堆積岩	42, 43
火成岩	42
滑動型	272
滑動モーメント	173
噛み合わせ	168
環境変化	171
間隙水圧	188
間隙水圧計	310
間隙水圧が正	199
岩礁	42
完新世	175
完全液状化	59
乾燥密度	212
関東ローム	38
岩盤	11
岩盤面上の排水	202
簡便分割法	187

き

基準突固めエネルギー	185
基礎地盤	18
基本放物線	98
逆解析	6
吸着水層	29, 215
急速施工管理	301
吸着水による結合力	39
丘陵地	201
吸水性	17, 29, 37, 215
強度増加率	165
強度低下率	210
切土	175
輝緑岩	42
亀裂	36
均一ダム	99
均一透水性地盤	90
均一粒径材料	35
均等係数	206

く

クイックサンド現象	56, 235
Coulomb	159
クチャ	173

屈折法則	95
グラウチング	172
グラウト圧の管理	175
Creager	88

け

計画設計	2, 4, 14
計画段階	11
経験的知見	40
傾斜	14
傾斜コア型ダム	101, 104
頁岩	3, 94
ゲル	37
原位置載荷試験	15
原位置試験	3, 4, 18
限界応力比	232
限界値	29
限界動水勾配	239
限界流速	236
現場せん断試験	15
現場密度試験	295
現場盛立て試験	84
玄武岩	42

こ

広域変成岩	44
工学的性質	17
硬岩	18
公称接地圧	78
更新世	175
洪積世	8, 60
洪積層	8
拘束圧	210
降伏ひずみ	291
コーン貫入抵抗値	23
固結シルト	173
固結粘土	173
Göshenen ダム	49
コラプス現象	178, 185, 219, 235
コンシステンシー限界	29

さ

載荷試験	4
細粒化	10, 36

細粒化現象	83
細粒化工程	215
細粒分	35
細粒分の移動	35
材料採取場	16
サウンディング	18, 20
サクション	216
サクション効果	168
砂質土のせん断強度	160
差分表示	104
差分法	148
三角座標	31
三角座標法	31
3次元的浸透	112
残積土	8
サンド・コンパクション・パイル工法	53
サンドパイル工法	45, 51
残留間隙水圧	151

し

C値	186, 295
シープスフートローラー	71
支持杭	42
支持力	59
支持力ゼロ	56
地震外力	175
地震外力	175
地震計	313
止水機能	180
自然含水比	68
自然材料	1
実施設計	2, 4, 11, 14
実質流速	87
浸潤面	98
浸潤面の形状確定	97
締固め	30, 68
締固め度	185
締固め密度の管理	221
斜面の安定確保	180
斜面崩壊の誘因	180
収縮限界	29
自由水	29
周辺地盤の沈下問題	41
周辺地山	180
浚渫地盤	164

上流側斜面崩壊	235
初期粒度	210
シラス	94
シルト	7
シルト質粘土	30
侵食	175
深成岩	42
深層混合による固化	42
深層地盤改良工法	54
振動ローラー	74

す

水浸時の強度低下	18
水成砕せつ堆積岩	42, 43
水平震度	272
水平ドレーン型ダム	103
水利構造物	180
水利構造物の建設	180
スウェーデン式サウンディング試験	24
数値解析	5
ストック	293
ストックトン・クリークダム	241
ストレートフートローラー	71
砂	7
スパイクローラー	70
スライム	27
スレーキング現象	37, 42, 206

せ

正規圧密土	148
静的安定角	281
精度的なバランス	6, 187
精度的評価	6
正方形の網目	94
石英斑岩	42
施工	155, 188
施工管理	291
施工管理試験	291
施工管理図	295
施工順序	4
施工図	4
施工方法	4
石灰	53
設計	188

設計変更 5, 40
接触変成岩 44
接地圧 78
　公称の接地圧 78
節理 42, 172
セメンテーション効果 37, 39
セメント 53
全応力 186
全応力解析 166, 186, 188
全応力強度 160
全応力表示法 164
先行圧密荷重 148
先行圧密工法 51
潜在亀裂 199, 201
全体実施設計 2, 4
せん断 30
せん断キー 52
せん断強度の増分 49
せん断試験 4, 16
せん断梁理論 273
せん断変形に起因 55
閃緑岩 42

そ

双極分子 29
走行 14
相乗効果 55
相似粒度 63
層内空洞 61
層理 42, 172
層流 20
ゾーン型フィルター 260
塑性限界 29
塑性図 31
粗粒材料のせん断強度 161
ゾル 37

た

ターンフートローラー 72
耐久性 17
第三紀層 8
第三紀の堆積土層 60
堆積岩 42, 43
タイヤローラー 72, 74, 94

第四紀 175
ダイレイタンシー 160
ダッチコーン貫入試験 23
立坑 4
Darcy の法則 87, 145
タルボット（Talbot）指数 34
短期安定問題 56
弾性波速度 19
断層面 173
タンピングローラー 74, 75

ち

地殻 7
地下水 175
地下水位の上昇 180
置換工法 42, 52
チキソトロピー 37, 38, 222
地質構造図 3
地質調査 11
知多ダム 49
柱状図 3
中心コア型ダム 100, 103
沖積地盤 20, 41
沖積世 8
沖積層 8
沖積粘土地盤 164
長期安定問題 56
調査坑 11
沈下 206
　盛土の沈下量 155
沈下計 310

つ

突固め 16
突固めエネルギー 68, 185
突固め試験（礫混じり土） 68
突固め密度 68

て

D 値 293
泥岩 3, 94
定常浸透 96
定常的 97
定常揚水試験 134

ティトンダム	245
テーパードフートローラー	71
テストピット	4, 17
鉄製ドラム型ローラー	73
転圧エネルギー	70
転圧機種	70
転圧密度	68
テンションクラック	196
点的排水	202

と

等価透水係数	108
踏査	11
透水	30
透水係数	87
透水試験	4
透水性	81
透水性の異方性	90
透水性の低下	179
透水性材料	35
動態観測	59
動的安定角	284
動的円錐貫入試験	22
動的応答解析	281
動的応力比	261
等ポテンシャル線	93, 95
土質基礎	11
土質構造物	1
土質材料	11
土質試験	11
土質地盤	11, 18
土質柱状図	4
土たん	173
トップリング現象	172
トラフィカビリティ	36
土粒子流失	81
土量換算係数	16
ドレーン	35, 36, 180
帯状のドレーン配置	180
局所的なドレーン配置	182
面的ドレーン配置	180

な

内殻	7

流れ盤	172
軟岩	18
軟弱地盤	8, 41
軟弱層	8

に，ね

2次元的（圧密）	149
2次元的浸透	112
日本統一分類法	31
粘土	8, 30

は

排水	180
排水施設	180
不十分な排水施設	180
排水のみの重視	180
ハイドロリックフラクチャー	255
パイピング現象	56, 61, 96, 235
パイピング防止用フィルター	16
Boundary ダム	49
破砕試験	10
発破試験	10
Barron, R. A.	46
半深成岩	42
斑れい岩	42

ひ

被圧水	41
ヒービング	41, 42, 55
ピエゾメーター工法	138
Bishop	159
非定常浸透	121
非定常的	97
非定常揚水試験	135
標準貫入試験	3, 14, 20
表層土の改良	54
Hilf の方法	150
ひん岩	42
品質	40

ふ

負圧	199, 204

| van der Waals力 222
| フィルター 35, 36
| 風化 40, 172, 175
| 風化率 209
| 深井戸工法 51
| 不均一地盤でのフローネット 95
| 複合すべり面法 187
| 複合転圧 77
| 複数層の累層 90
| 不静定応力 187
| 物理試験 5, 14
| 物理探査 3, 11
| 不透水材料 17
| 不透水性 35
| 不同沈下 236
| 浮遊状態 59, 182
| ブランケット 61
| 　ブランケットの設計 123
| ブランケット工法 123
| プレシオメーター 202
| プレローディング 51
| フローネット 106
| 噴砂現象 59, 184

へ

| Hazen 88
| ペーパードレーン工法 50
| ベーン試験 26
| 変位計 311
| 変形 41
| 変成岩 42, 44

ほ

| 崩壊 41, 209
| 崩壊形 260
| 膨張 40, 42, 206
| 膨張圧 204
| 　膨張圧を上回る拘束圧 37
| 膨張性鉱物 36
| 飽和水帯 87
| ポータブルコーン貫入試験 25
| ボーリング 3
| ボーリング機械 11
| ボーリング孔 27, 139
| ボールダー・ヘッドダム 241
| 舗装型ダム 17

ま

| マグマ 42
| 摩擦抵抗 73
| まさ土 94
| マントル 7

め, も

| メッシュローラー 71
| 毛管上昇 216
| 毛根の地盤内密集 178
| 盛立て試験 40
| 盛立て中の安定性 175
| 盛立ての確保 233
| 盛土 175
| 　盛土の沈下量 155
| 盛土終了後 175
| 盛土内部 180
| モンモリロナイト 36

ゆ, よ

| 有害物質 17
| 有機性堆積岩 42, 43
| 有効応力 59, 186
| 有効応力解析 187
| 有効応力解析法 196
| 有効応力がゼロ 56
| 有効応力強度 160, 167
| 有効応力表示法 164
| 揚圧力 55
| 横坑 4
| 予備設計 2, 3

ら, り

| Rough River ダム 49
| ランダムな材料の使用 185
| 乱流状態 20
| 力学試験 5

力学的特徴（泥岩） 206	
粒径 4.76 mm 31	
粒径 75 mm 31	
粒子相互の移動抵抗力 73	
流線 93, 95	
流線網 93, 104	
流動崩壊 36	
粒度特性 29	
粒度分布 29	
粒度分布の良い材料 34	
粒度分布の悪い材料 35	
流紋岩 42	
リラクゼーション 104	
リリーフウェル 16, 61, 124, 127	
リリーフウェル工法 127	

る，れ，ろ

ルジオン値 20	
ルジオンテスト 20	
Reinius 118	
礫 7	
礫混入量 81	
礫混じり土の突固め試験 68	
連続ドレーン 202	
漏水防止用バルブ 182	
ロッド長さ 27	

著者略歴

大 根 義 男（おおね　よしお）

1956 年 3 月	中央大学理工学部土木工学科卒業
1956 年 4 月	愛知用水公団（現独立行政法人水資源機構）
1968 年 8 月	愛知工業大学教授
1998 年 4 月	愛知工業大学総合技術研究所所長（併任）
1999 年 4 月	愛知工業専門学校校長（併任）
2002 年 12 月	中国・河海大学名誉教授
2004 年 3 月	愛知工業大学定年退職，後同大特任教授．現在に至る NPO 法人養賢科学技術研究所理事長

学位・資格：工学博士（東京工業大学），技術士（建設部門）

主　著：「フィルダムの設計および施工」（共著，1973，技報堂出版）
　　　　「土質工学ハンドブック」（第 7 章，1982，土質工学会）

実務者のための土質工学　　　　　　　　　　　定価はカバーに表示してあります

2006 年 11 月 1 日　1 版 1 刷　発行　　　　　　ISBN 4-7655-1710-1 C3051

著　者　　大　根　義　男
発行者　　長　　　滋　彦
発行所　　技報堂出版株式会社

〒101-0051　東京都千代田区神田神保町
　　　　　1-2-5（和栗ハトヤビル）

日本書籍出版協会会員　　　　　　　電話　営業　(03) (5217) 0885
自然科学書協会会員　　　　　　　　　　　編集　(03) (5217) 0881
工学書協会会員　　　　　　　　　　FAX　　　　(03) (5217) 0886
土木・建築書協会会員　　　　　　　振替口座　　00140-4-10
Printed in Japan　　　　　　　　　　http://www.gihodoshuppan.co.jp/

Ⓒ Yoshio Ohne, 2006　　　　　　　　装幀　冨澤　崇
　　　　　　　　　　　　　　　　　　印刷・製本　三美印刷

落丁・乱丁はお取り替えいたします．
本書の無断複写は，著作権法上での例外を除き，禁じられています．